业余无线电通信

Amateur Radio Communications

6th Edition

第六版

童效勇（BA1AA）陈方（BA4RC）◎编著

人民邮电出版社

北京

图书在版编目（CIP）数据

业余无线电通信 / 童效勇，陈方编著. -- 6 版.
北京 : 人民邮电出版社，2025. 1. -- ISBN 978-7-115
-64732-0

Ⅰ. TN92

中国国家版本馆 CIP 数据核字第 2024ML7142 号

内 容 提 要

本书系统地介绍了开设、操作业余电台的基本知识和管理法规，主要内容包括业余无线电通信的发展历程、业余无线电通信操作实践、收发报技术的自我训练、业余电台的奖励证书和竞赛活动、业余波段的应用、业余短波天线、业余无线电收发信机、业余电台的依法设置和使用等。

本书既可作为开展业余电台活动的参考书，也可作为业余无线电爱好者的自修读本和手册。

◆ 编　　著　童效勇（BA1AA）　陈　方（BA4RC）
责任编辑　胡　艺
责任印制　马振武

◆ 人民邮电出版社出版发行　　北京市丰台区成寿寺路 11 号
邮编　100164　　电子邮件　315@ptpress.com.cn
网址　https://www.ptpress.com.cn
三河市祥达印刷包装有限公司印刷

◆ 开本：787×1092　1/16
印张：19.75　　2025 年 1 月第 6 版
字数：505 千字　　2025 年 5 月河北第 4 次印刷

定价：89.90 元

读者服务热线：(010)53913866　印装质量热线：(010)81055316
反盗版热线：(010)81055315

编著者的话

业余爱好是人类社会进步的产物，是社会文明进步的标志。古今中外但凡发明创造者都有其业余爱好，而伟大的发明出自业余爱好者之手的例子更是不胜枚举。电气研究先驱富兰克林12岁就当印刷学徒且从未离开过印刷业；揭示电磁感应的法拉第也曾是报童、装订工，后来还成为一名化学专业研究者；电报机的发明者莫尔斯发明电报时正从事大学的工艺美术教学……科学巨匠爱因斯坦说："智慧并不产生于学历，而是来自对于知识终生不懈的追求。"孔子也说："知之者不如好之者，好之者不如乐之者。"不要被拜金主义、享乐主义和其他世俗的观点淹没了你的兴趣、爱好和激情！我们的祖国正需要千千万万个爱迪生式的发明家，而当今世界人才的激烈竞争也正呼唤着每一个有志者在自己的业余爱好中去钻研、去实践、去塑造，以发现崭新的自我。

业余无线电通信活动以其极为丰富的内涵吸引了并将继续吸引着无数爱好者。其科技性、先进性、实用性、群众性、国际性使这项活动与其他任何业余兴趣活动有着很大的不同；培养高素质的技术人才，丰富人们的文化生活，为抢险救灾提供有效的通信服务，促进各国人民间的交流，增进友谊，这一切正是改革开放不断深入的我国所迫切需要的。正因为这样，业余无线电通信活动及其标志——业余电台正越来越受到国家和各有关方面的重视，推动发展和加强管理的一系列法规、政策也已日趋完善。

我国有着大量的无线电技术爱好者，但进行业余无线电通信实践的人还不是很多。编写本书的目的是帮助更多的朋友学习和掌握业余无线电通信的基本知识和技能，尽可能地为乐于此道的爱好者们提供一本较为翔实的、可进行自我训练的图书。

改革开放的春风已吹绿了中国业余无线电通信芳草地，业余电台正如雨后春笋般出现在神州大地。愿爱好者在这里汲取更多的雨露和阳光，培育出更加绚丽夺目的HAM之花！

1995年1月

修订说明

《业余无线电通信》一书自1995年出版以来，历经了数次改版、重印，2021年推出的第五版，也已陆续重印了近二十次。这说明在无线电技术和电子科学迅速发展的今天，这本“入门砖”性质的小册子，在广大业余无线电爱好者群体中还是颇受欢迎的。能够为我国业余无线电的发展尽一份微薄之力，这让我们感到十分欣慰。

2024年1月，我国工业和信息化部公布了新修订的《业余无线电台管理办法》，为加强业余无线电台管理，维护空中电波秩序，保证相关无线电业务的正常进行提出了新要求。对《业余无线电通信（第五版）》进行修订改版，就是为能使本书继续与时俱进，以便更好地服务于广大读者。

《业余无线电通信》的每一次修订，都得到了许多业余无线电组织、业余无线电家和爱好者的帮助，在此一并向他们致谢。衷心感谢中国无线电运动协会，江苏、上海、天津等省、市无线电运动协会，中国无线电协会业余无线电分会以及龚万聪（BA1DU），陈平（BA1HAM），范斌（BA1RB），焦亮梅（BD1AYL），尹虎（BD1AZ），穆新宇（BD1ES），李彬（BA4REB），陈新宇（BA4RF），李家伟（BA4WI），卜宪之（BD4RG），姜锦中（BD4RQ），王龙（BD4RX），薛立人（BA5RX），郑英俊（BA5TX），陈衡（BD5RV/4），刘旭（BA8DX），刘虎（BG8AAS）等HAM在书稿校对、资料提供、翻译、新增内容的撰写等方面所给予的无私帮助，同时也感谢指正原书中的错漏之处并提出修改意见和建议的读者朋友们！

读者可扫描下方二维码，输入关键字“64732”，即可获得本书出版后的更新与修订信息。

编著者

2024年2月22日

目 录

第 1 章　什么是业余无线电通信 1
1.1　什么是业余电台 1
1.2　业余无线电通信的起源及在我国的发展历程 2
1.2.1　业余无线电通信的起源 2
1.2.2　我国的业余无线电通信简史 3
1.2.3　我国业余无线电爱好者在突发事件中的几个真实故事 6
1.3　怎样寻找业余电台 7
1.3.1　电磁波及波段的划分 7
1.3.2　业余电台的分区 11
1.3.3　业余电台的呼号 11
1.3.4　业余电台通信使用的时间 13
1.4　业余电台的活动内容 14
1.4.1　多种多样的通信操作实践 14
1.4.2　各种数据通信研究 15
1.4.3　各种图像通信研究 18
1.4.4　业余无线电卫星通信 18
1.4.5　月面反射通信研究 26
1.4.6　移动通信研究 27
1.4.7　小功率通信研究 27
1.4.8　V/U波段通信 27
1.4.9　网络业余无线电通信 28
1.4.10　业余无线电测向 30

第 2 章　业余无线电通信操作实践 31
2.1　业余电台的通信内容 31
2.2　业余电台的信号报告 32
2.3　业余电台地理位置的报告 33
2.4　业余电台的QSL卡片 35
2.4.1　什么是QSL卡片 35
2.4.2　如何制作QSL卡片 35
2.4.3　如何填写QSL卡片 39
2.4.4　如何交换QSL卡片 42
2.5　业余电台的登记 45

2.5.1 电台日志 45
2.5.2 收听日志 46
2.6 业余无线电通信的语言 47
2.6.1 通信中的“字母解释法” 47
2.6.2 通信用Q简语 48
2.6.3 电码符号 49
2.6.4 无线电通信用的缩语 50
2.6.5 通信用语 50
2.7 业余无线电通信基本程序 56
2.7.1 呼叫前的准备工作 56
2.7.2 普遍呼叫 57
2.7.3 区域性呼叫 57
2.7.4 回答程序 58
2.7.5 预约联络呼叫 59
2.7.6 未听清对方呼号时的询问呼叫 59
2.7.7 双方沟通后的联络程序 60
2.7.8 异频工作的呼叫方法 61
2.7.9 插入呼叫的方法 62
2.8 完整通信程序举例 62
2.9 网络通信 63
2.10 遇险通信和应急救援通信 66
2.10.1 遇险通信 66
2.10.2 应急救援通信 67

第 3 章 收发报技术的自我训练 74
3.1 正确地记忆电码符号 74
3.1.1 准确把握“点”“划”比例和“间隔” 74
3.1.2 怎样记忆电码符号 75
3.2 收报训练 76
3.2.1 收报的基本知识 77
3.2.2 收报的自我训练 77
3.2.3 巧用CW学习软件 78
3.2.4 适时进行机上抄收 86
3.3 发报练习 86
3.3.1 手键发报 86
3.3.2 自动键发报 89
3.4 严格自我要求，保证练习质量 90

第 4 章 业余电台的奖励证书和竞赛活动 91
4.1 业余电台的奖励证书 91

4.1.1 联络到中国Ø～9区（Worked Chinese Ø～9 district）奖状 91
4.1.2 联络到世界各大洲（Worked All Continents，WAC）奖状 91
4.1.3 联络远距离电台俱乐部（DX Century Club，DXCC）证书 92
4.1.4 联络全美（Worked All States，WAS）奖状 92
4.1.5 联络全部CQ分区（Worked All Zone，WAZ）奖状 92
4.2 业余电台的竞赛 93
4.2.1 业余电台竞赛的一般要求 93
4.2.2 主要的国际性竞赛介绍 94
4.2.3 国内的业余无线电比赛 104
4.3 IOTA（空中之岛）活动 106
4.3.1 IOTA岛屿编号 106
4.3.2 IOTA奖状 107
4.3.3 IOTA活动常用频率 107
4.3.4 IOTA远征 107
4.3.5 IOTA竞赛 108
4.4 FCC业余无线电执照资格考试 110

第5章 怎样运用不同的业余波段 112
5.1 无线电波的传播方式 112
5.2 电离层与天波传播 112
5.2.1 电离层概况 112
5.2.2 电离层对电波传播的影响 113
5.3 太阳黑子的影响 114
5.4 怎样利用几个不同的主要业余波段 115
5.4.1 160m波段（1.8～2.0MHz） 115
5.4.2 80m波段（3.5～3.9MHz） 115
5.4.3 40m波段（7.0～7.1MHz） 115
5.4.4 20m波段（14.0～14.35MHz） 116
5.4.5 15m波段（21.0～21.45MHz） 116
5.4.6 10m波段（28.0～29.7MHz） 116
5.4.7 6m波段（50～54MHz） 117
5.4.8 2m波段（144～148MHz） 117
5.4.9 70cm波段（430～440MHz） 118
5.5 业余波段上的信标 118

第6章 业余短波天线 120
6.1 天线 120
6.1.1 天线的主要特征 120
6.1.2 常用天线 124

6.1.3 天线的安全架设 129
6.2 传输线 130
6.2.1 传输线基础知识 131
6.2.2 传输线和天线之间的匹配 132
6.2.3 平衡-不平衡变换 134
6.2.4 天线假负载 136
6.2.5 自制短波小环天线 136

第 7 章 业余无线电收发信机 141
7.1 短波收信机 141
7.1.1 业余无线电通信对收信机的要求 141
7.1.2 收信机介绍 144
7.1.3 收音机改装简易收信机实验 146
7.1.4 RTL-SDR（软件定义的无线电接收机）入门应用 150
7.2 短波发信机 160
7.2.1 对发信机的要求 160
7.2.2 DIY CW QRP收发信机介绍 167
7.2.3 AX94 DIY单边带发信机介绍 174
7.3 超短波收发信机 178
7.3.1 FM（频率调制）通信 178
7.3.2 超短波数字化通信 180
7.4 成品业余无线电收发信机介绍 182
7.4.1 手持式对讲机 182
7.4.2 车载电台 183
7.4.3 中继台 184
7.4.4 短波电台 185
7.5 收发信设备中常见英文名字的意义 188
7.5.1 收信部分 188
7.5.2 发信部分 189
7.5.3 共用部分 190
7.6 自己动手制作辅助器材 190
7.6.1 功率计和驻波表 190
7.6.2 DIY电子电键 195

第 8 章 依法设置和使用业余电台 198
8.1 业余电台的分类管理及相应操作能力要求 199
8.2 个人设置业余电台的基本条件和申办程序 200
8.3 单位或团体设置业余电台的申办程序 203
8.4 特殊业余无线电台站 204

8.5 竞赛中的临时专用呼号 204
8.6 如何申办和使用业余无线电中继台 205
8.7 业余电台涉外交流活动方面的有关规定 207
8.7.1 有关外籍人员在华操作的规定 207
8.7.2 境外爱好者如何申请、办理《来访者业余无线电台临时操作证书》 208

附 录 209
附录1 《中华人民共和国无线电管理条例》 209
附录2 卡片局各区分局负责人及各省（自治区、直辖市）联络站联系人 218
附录3 我国部分BY业余电台呼号 220
附录4 我国普通邮件及港澳台地区函件资费表（节选） 224
附录5 各类无线电通信业务通用的Q简语（节录） 225
附录6 无线电通信常用缩语表（节录） 230
附录7之（1） CRSAØ～9区奖状式样 238
附录7之（2） CRSAØ～9区奖状申请表 239
附录8 DXCC基本证书式样 240
附录9 五波段WAS奖状式样 240
附录10 计算通信方位角和大圆距离的BASIC程序 241
附录11 国际电信联盟《无线电规则》有关业余无线电部分的摘录 243
附录12之（1） 《业余无线电台管理办法》 245
附录12之（2） 《中华人民共和国无线电管制规定》 259
附录13之（1） 业余无线电台操作技术能力验证暂行办法 261
附录13之（2） 关于修订《各类别业余无线电台操作技术能力验证考核暂行标准》的通知 262
附录13之（3） 业余无线电中继台信息填报注意事项 263
附录14 CRAC业余频率使用及应急频点推荐规划 264
附录15之（1） 《内地业余无线电操作者逗留或到访香港特别行政区时申请业余电台牌照及操作授权证明的指引》 266
附录15之（2） 香港业余电台牌照的操作权限——操作频率及功率限制 268
附录15之（3） 《内地居民来港申请业余电台牌照/操作授权证明表格》 271
附录16之（1） 《来访者业余无线电台临时操作证书》申请办法 274
附录16之（2） 工业和信息化部关于香港特别行政区永久性居民在内地设置和使用业余无线电台有关事项的通告 275
附录17 A类业余电台操作证书考试内容提要 277
附录18 在轨业余卫星状态表 291
附录19 我国岛屿的IOTA编号表 292
附录20 业余无线电测向机的设计与制作 294

第1章　什么是业余无线电通信

在科学技术迅速发展的今天，无线电通信已经深入到包括人们日常生活在内的各个领域。无论是天上的飞机、卫星，海上的轮船、舰艇，陆地上的各种车辆，还是人们熟悉的收音机、电视机、移动电话、Wi-Fi网络……全都离不开无线电通信技术。

业余无线电通信（以下有时简称“业余通信”）是整个无线电通信世界当中一个重要的组成部分。它是一项鼓励人们去从事无线电收信和发信实践的业余兴趣爱好活动。业余无线电通信的英语名字是“Amateur Radio”，符合国际电信联盟（ITU）定义的业余无线电爱好者是“Radio Amateur”，在世界上又普遍被称为“HAM”。由于“HAM”在英语中被解释为“火腿”，所以“火腿”又成了从事业余无线电通信的爱好者们的另一个名字。

业余无线电通信技术是一项内涵极其丰富的专门技术，所以人们还把获得发信执照、精通业余无线电技术和通信的爱好者称为“业余无线电家”，以区别于一般的电子技术爱好者。业余无线电通信的天地是博大的，当打开自己的收信机、发信机时，你可以听到来自世界各个角落的HAM的声音。当你获得业余无线电执照后，你可以轻松地和任何一个国家和地区的HAM交谈而不需要办理护照，也可以从无数不见面的朋友那里得到技术上的支持。你会为自己第一次成功地和远方的朋友通信而兴高采烈，更可能会为自己在电子技术、通信技巧以及语言、人文地理等许多方面知识才能的迅速提高而大吃一惊！到那时，你才会更深切地体会到：业余无线电通信确实是一项遍及全世界的十分有意义的兴趣爱好活动。

1.1　什么是业余电台

联合国下设的专业机构ITU根据不同的用途将全世界所有无线电通信分为若干种业务（Service），其中有两种业务用于业余无线电通信（Amateur Radio）：“业余业务”（Amateur Service）和“卫星业余业务”（Amateur-Satellite Service）。ITU对业余业务的定义是：“供业余无线电爱好者进行自我训练、相互通信和技术研究的无线电通信业务。业余无线电爱好者是指经正式批准的、对无线电技术有兴趣的人，其兴趣纯系个人爱好而不涉及谋取利润”。ITU对卫星业余业务的定义是：“利用地球卫星上的空间电台开展的与业余业务相同目的的无线电通信业务。”用于业余业务的电台称业余电台（Amateur Radio Station）。业余电台是经过国家主管部门正式批准，业余无线电爱好者为了试验收发信设备，以及进行技术探讨、通信训练和比赛而设立的电台。

根据设台者的身份，业余电台可分为个人设置和团体（单位）设置两种。根据电台核准使用的频率和发射功率，我国又将业余电台分为A、B、C三类，以及特殊业余电台。只收听而不发射的电台被称为收听台，简称“SWL”（Short Wave Listener）。SWL虽然不发出信号，但它同样可以体会到HAM世界的美妙风光，帮助你和其他爱好者取得联系，而不用担心在稠密的住宅群中因为你的发信干扰了邻居电视节目的正常播放而招来不快。世界上有许多收听爱好者。

由团体（单位）申请设置的业余电台常被称为俱乐部电台（Club Station），我国曾于2013年前将这种电台定义为“集体业余电台”，并曾规定这类电台的呼号前缀（见本章1.3.3）为“BY”。这些“BY电台”多为学校、各类校外青少年教育机构、协会所设立，曾经为普及业余无线电知识、增进青少年爱好者对无线电科技爱好的兴趣发挥了积极作用。目前，仍有不少BY电台活跃着。现在，俱乐部电台和个人电台的呼号前缀已不做区分。本书附录3记录了部分BY电台的呼号作为备查的资料，以便于读者了解这段历史。

个人业余电台是指爱好者本人申请设置并由其本人操作使用的电台。当今世界200多万个业余电台中，绝大多数是个人业余电台。

在任何国家、任何地方，未经国家主管部门批准的无线电发信（包括试验发信）都是被严格禁止的。关于如何在我国申请、设立和使用业余电台，请参阅本书第8章。

1.2 业余无线电通信的起源及在我国的发展历程

1.2.1 业余无线电通信的起源

业余无线电爱好者在无线电技术的发展和应用舞台上发挥了无可替代的重要作用。19世纪60年代，科学家麦克斯韦建立了完整的电磁场理论。1887年，德国物理学家赫兹第一次用实验证实了电磁波的存在。将这些科学成就应用到实践中，则首推业余无线电鼻祖意大利人马可尼。1895年，21岁的马可尼在意大利波伦亚他父母的别墅楼上与相距1.7km的附近山丘之间成功地进行了电报通信实验，他的这一业余科研成果使无线电通信成为现实。经过不断实验，1901年12月马可尼又成功地实现了电波横跨大西洋的实验。先驱们的行动激励了世界各地更多的业余无线电爱好者去进行探索和研究，澳大利亚、英国和美国分别于1910年、1913年、1914年先后成立了业余无线电爱好者组织，业余无线电爱好者的队伍日益壮大。

在商业和政府对无线电通信需求量大增的情况下，业余无线电通信被赶到了当时人们普遍认为没有实用价值的短波段，业余无线电爱好者们开始了新的试验。1921年，意大利罗马近郊发生了一场火灾，一台几十瓦功率的业余电台在短波段上发出了求救信号，结果却被远在千里之外的丹麦业余电台收听到了。1923年，美国的两位业余无线电爱好者正在本土用短波相互联络，法国的一位业余无线电爱好者意外地收听到了他们的信号。于是，3人完成了这次具有历史意义的远距离通信。短波可以用于远距离通信的事实引起了轰动，从此成为远程通信的主要波段，这也成为短波是业余无线电爱好者首先发现的经典证明，这个故事被广为传颂。

业余无线电爱好者们执着不懈地涉猎各种未知的通信模式。20世纪50年代初期，美国空军发展新一代的轰炸机，在设计时去掉了报务员的位置，采用不用电报只用语音的通信方式，但却带来了原有的调幅、调频通信难以满足距离要求的问题。贝尔实验室估计需要花费上亿美元的研究费用才能解决这个问题。但空军中的无线电爱好者莱曼和葛利斯伍德将军十年前就开始在自己的业余电台上试验“单边带”，这是一种效果比传统方式好得多的新技术。他们把自己的业余电台装到了一架飞机上，环球一周，电台始终保持了与位于美国内布拉斯加的司令部的联系。这种通信设备后来被无线电界广泛应用。

1.2.2　我国的业余无线电通信简史

我国的业余无线电通信活动始于20世纪初。西方先进科学技术的涌入和无线电广播业在华夏大地的萌动，激起国人对无线电技术的爱好与追求，他们从简单的矿石收音机收听起步，进而提高自己的收信水平直至发信，成为我国第一批业余无线电爱好者。如张让之（AC8ZT/XU8ZT/C1ZT）从清朝光绪卅年（1904年）就迷上了电器机械，20世纪初，他又请友人从美国带回一套三灯机的材料，装成后昼夜收听CW（电报模式，见本章1.4.1节），开始了业余无线电通信的研究。1930年他又开始研究短波发射，此后一直为我国业余无线电通信事业的发展贡献力量，直至1949年逝世。而供职于天津海关的蒋宗衡（X2AY/AC2AY/ XU6AY），1923年就用X2AY的呼号开始了业余短波通信。

在我国，出现最早的业余无线电组织是由在华的外国业余无线电爱好者于1929年成立的"中国国际业余无线电协会（IARAC）"。他们虽然在将业余无线电活动介绍到中国方面起到了一定的积极作用，但却无视我国主权，自定AC（Asia China的意思）呼号冠字、擅划中国业余无线电通信分区。他们在业余无线电界的霸道行为，引起国人的愤慨。

第一个由中国人建立的业余无线电组织为"中国业余无线电社（China Amateur Radio Union，简称CARU）"，系"中国无线电工程学校"校长方子卫（AC8FG）基于日本军国主义制造的震惊中外的"九一八"事变而发起的。方子卫于1931年10月在《新闻报》上呼吁我国业余无线电爱好者组织起来，效法欧美各国，平时进行科学实验，一旦国家需要，即服务于国家。呼吁发出，得到广大业余无线电爱好者的积极响应。1932年年初，CARU在上海正式成立，方子卫（AC8FG）任会长，由当时在无线电界有较大影响的张让之（AC8ZT）任副会长并进行实际运作。

CARU奉国际业余无线电爱好者遵循的6条规例为《业余无线电家之法典》，办有社刊《QSP无线电杂志Amateur Radio》，积极宣传业余无线电，努力引导业余无线电爱好者开设业余电台。为抵制外国人擅用的AC呼号和擅划的业余无线电通信分区，CARU在国际分配给中国的字头中启用了XU为业余呼号冠字，划定了全国的业余无线电通信分区，活动开展后又向政府主管部门提交了由正副会长签署的请愿书，要求政府颁布法规，使业余电台活动合法化，但未果，政府对业余无线电仍采取抑制态度。由于CARU是以无线电工程学校为依托的群众团体，发展的会员多为本校学员和周边地区及各地极少数积极分子，活动又得不到政府支持，所以到1935年年底后就逐渐淡出业余无线电界了。但这是我国第一个由中国人自己组织起来的业余无线电团体，在普及无线电知识与技术、振奋科学精神、团结和启蒙爱好者开展业余无线电通信活动方面起到了先锋作用。

CARU淡出后，全国各地仍有不少的业余无线电爱好者在进行业余无线电通信。为把大家团结起来，争取政府对业余电台活动的认可，并以团体的力量来抗衡IARAC，1936年4月，杭州业余无线电家赵振德（XU8UX）发起成立"中国振中业余无线电研究社"（Chinese Calling Radio Club of China，CCRCC），同年11月更名为"中华业余无线电社"（China Radio Club，CRC）。

CRC是一个管理较为完善的团体，由各地爱好者代表组成了理事会，发起人赵振德（XU8UX）、济南黄小芹（XU3ST）分别被选为正、副社长，出版社刊《QSL》，建立全国QSL卡片管理系统，统一分配和管理社员呼号，重新划分业余无线电通信分区，定期举办社员联谊会、技术讲座，组织竞赛活动、为抗日募捐等。不到一年时间，CRC社员及电台数量迅速增长，远远超过IARAC。一些大专院校也加入成为团体会员，大、中城市成立起分会、支会，在国际上也有了一定的影响。CRC也曾向政府提出申请，以便合法进行活动，但这种热情不仅未得到主管当局支持，反而在1937年5月被交通部下令解散。

而此时日寇侵华步伐加快，不久就在卢沟桥制造了“七七事变”。业余无线电爱好者们更是义愤填膺，愤于报国无门，赵振德又先后与杭州、上海的原CRC理事、干事和积极分子多次协商，于1937年8月11日在上海交通大学召开了请愿大会，一致决议成立“中华业余无线电社非常时期服务部”，并于9月派出专人前往南京向国民政府提出申请。迫于当时国共合作、全国人民一致抗日的形势，申请很快获准，正式命名为“军事委员会第六部业余无线电人员战时服务团”，后更名为“军事委员会政治部业余无线电人员战时服务团”（以下简称“战时服务团”）。

“战时服务团”团长实为挂名，实际领导人为副团长朱其清（XU4KT/C1KT），隶属于郭沫若为厅长的第三厅，成立时间为1937年10月，从此业余电台活动得到了合法的地位。

“战时服务团”成立后，为抗日救亡做了大量工作，如向抗日游击队提供通信设备，为抗战培养无线电人才，侦察、干扰日伪电台，宣传抗战、揭露日寇罪行，坚持敌后联络等。有爱好者更是直接奔赴抗日前线参加战斗，如中华人民共和国成立后曾任福建省冶金厅厅长的高振洋（XU7CK）等。

1940年5月5日，“战时服务团”创办了第一届空中年会，并将此日定为中国业余无线电节，每年举办一次，1949年后虽有中断，但自海峡两岸相继恢复业余电台活动后，又开始并延续至今，为爱好者相互交流、向社会宣传业余无线电通信活动提供了一个极好的平台。

1940年9月，“战时服务团”改组为“中国业余无线电协会（CARL）”，获准在社会部登记备案，原来的正副团长改为正副会长，实际负责人仍为副会长朱其清。

CARL有完整的协会章程、会徽、会歌、会员证、广播电台，并根据抗战胜利后国民政府重新划分的行政区域，划分了业余无线电通信分区，决定全国业余电台统一使用“C”为呼号冠字，印制了业余电台执照，制定了电台设台手续和管理规定，颁布分会、支会组织法，完善了协会各级组织，出版了会刊《CQ协刊》和《无线电世界》，还面向社会举办无线电讲座，积极参加公益活动，为国民政府第七届全运会提供通信服务等。同时，CARL积极介入国际交往，1947年加入“国际业余无线电联盟”（IARU），朱其清还作为业余无线电界的代表参加中国代表团出席1947年在美国大西洋城召开的国际电信联盟（ITU）大会，到会后又被聘为“国际业余无线电联盟”（IARU）代表。到1949年，CARL会员数量已逾5000人，电台超过400部。

朱其清在上海解放一个月后，代表CARL召开各界代表座谈会，探讨业余无线电如何为新中国服务，上海分会还专门在原爱多亚路的南京大戏院西邻租房办公，发展会员、举办讲座、出版刊物、号召爱好者为新中国出力。一些地方分会的爱好者为了迎接解放，保卫新生政权，在保护设备免受破坏、剿匪、监视国民党残余势力活动、宣传新中国等方面都做出了很大贡献。可以说，CARL时期是新中国成立前我国业余无线电活动发展的鼎盛时期。

纵观民国时期的业余无线电活动，从CARU开始到CRC，再到“战时服务团”和CARL，这些由国人组织起来的业余无线电团体及其创始人、组织领导者和许多老业余无线电家们，在中国业余无线电通信的发展历程中做出了不可磨灭的贡献。他们在逆境中奋进，热爱科学、热爱国家，勇于奉献的精神，为后人留下了一笔可贵的财富。

中华人民共和国成立之初，鉴于形势需要，业余电台及其相关的活动被全部禁止。1952

年开始在全国范围开展“国防体育”活动，以便向军队输送技术兵和作为国防后备资源。无线电作为“国防体育”的一个项目，在各地“国防体育协会”下属的“无线电俱乐部”领导下有组织、有计划地在群众中尤其是青少年中被广泛开展起来。

1958年，“国防体育”合并到体育运动委员会系统，各项活动改由各级体育运动委员会组织管理。原来这些科技含量较大的项目，融入了更多的体育比赛内涵。当时无线电活动开展的项目为工程制作和报务（即抄收和拍发电报）两项，主要在全国各地的大、中、小学和青少年科技活动场所开展。20世纪60年代初，又增设了无线电通信多项和无线电测向两个项目。

为便于对外交往，1964年中国无线电运动协会（CRSA）成立，隶属于体育总会，不发展个人会员。

业余电台的恢复得益于1958年在北京举办的“国际快速收发报竞赛”。保加利亚代表团团长报到后随即建议设立业余电台供参赛各国有执照的爱好者联络，组委会采纳了这一提案，并由竞赛总裁判长、原邮电部党组书记、中国人民解放军通信兵部部长王诤亲自负责，建立了中华人民共和国的第一个业余电台，并亲自命名呼号为BY1PK（寓意中国第一个业余电台在北京），结束了我国大陆（除台湾外）自1949年以来没有业余电台发信的历史。该电台限用CW方式操作（详见第1.4.1节）且只能与当时的社会主义国家联络。1963年后，北京、长春、西安、长沙、成都各建起一座集体业余电台。

1975年，军事体育（即原“国防体育”）在全国恢复，无线电活动也逐步开展起来。

改革开放之后，众多老业余无线电家积极呼吁恢复业余电台，全国人民代表大会代表老业余无线电家周海婴（BA1CY）还向全国人民代表大会提交了提案，外国业余无线电爱好者或团体也通过各种渠道希望中国开放业余电台。

1981年6月，我国无线电通信界的老前辈，原电子工业部副部长、中国电子学会理事长孙俊人院士，在北京召集有关部门领导和部分老业余无线电家、无线电及电子行业的老专家开座谈会，大家一致认为应该尽快恢复业余电台活动。根据会议精神，国家体育运动委员会于同年11月向国务院上报了《关于恢复开展业余电台活动的请示》，获准后，首先恢复了集体业余电台活动。关闭了16年之久的BY1PK终于在1982年3月恢复发信，并且取消了只准联络社会主义国家的限制，不久又取消了只能使用CW操作的规定。同年国家无线电管理委员会、国家体育运动委员会联合颁布《业余无线电台管理暂行规定》，确定了开展业余电台活动的积极意义。

20世纪80年代和90年代初期，集体业余电台在全国得到迅速发展，各地有条件的体育运动委员会系统以及很多大、中学校和青少年教育基地，乃至有些小学和工商企业都先后建台，分布范围达20多个省份和全国10个业余无线电通信分区。

1984年6月我国在“国际业余无线电联盟”（IARU）的席位得到恢复。这一时期集体业余电台的活动，在普及科技知识、拓宽爱好者尤其是青少年的知识领域、丰富人们文化生活、宣传业余电台活动以及加强国际交流等方面，都起到了积极的作用，同时，也为业余电台活动积累了管理经验，为恢复开放个人业余电台打下了基础。

随着改革开放的不断深化，人民生活水平不断提高，爱好者们要求恢复开放个人业余电台的呼声不断增长。1992年3月16日，孙俊人院士再次邀请主管部门领导、老业余无线电家和有关方面负责人，就进一步发展我国业余无线电台活动，恢复开放个人业余电台问题进行研讨，大家一致认为，应加快步伐，尽快恢复开放个人业余电台，以适应国内外形势发展的需要。会后国家无线电管理委员会办公室根据会议精神和有关领导的指示，于4月22日向国家无线电管理委员会提交了《关于进一步开放业余无线电台的请示》，很快获得批准。根据批示，国家无线电管理委员会和国家体育运动委员会共同制定了《个人业余无线电台管理暂行办法》，并于1992年8月14日正式颁布。

1992年12月22日，第一批20多名老业余无线电家的个人业余电台正式发信。不久又开始在全国范围进行了“个人业余电台操作证书”考试，取得证书的爱好者纷纷建台。从此大批爱好者，尤其是青年爱好者源源不断地加入，业余无线电爱好者人数迅速增加。到2012年年底，我国内地业余电台数量已逾十万，并几乎涉足世界业余无线电领域的所有项目。由我国爱好者自行设计、参与制造的业余卫星“希望一号”，于2009年12月15日搭载“长征四号丙”运载火箭成功升空，填补了我国在这一领域的空白。在各种突发自然灾害和紧急救援中，业余无线电爱好者们作出了积极的贡献，社会对业余无线电的认知度不断提高。

工业和信息化部于2012年颁布了《业余无线电台管理办法》，于2024年1月发布了新版《业余无线电台管理办法》。这些举措简化了对爱好者设置业余电台的审批手续，方便了爱好者们对无线电技术的探索、研究和各类活动的开展，体现了国家对开展业余无线电通信技术的科学研究、科普宣传和教育教学活动的鼓励和支持。

1.2.3　我国业余无线电爱好者在突发事件中的几个真实故事

业余无线电在突发事件中的积极作用，早已被世界各国所公认，近年来如1995年日本神户大地震、2001年美国的“9·11”事件以及2004年的东南亚大海啸中都有业余无线电爱好者们作出贡献的事迹。随着我国业余无线电活动的深入发展，中国业余电台和业余无线电爱好者们也创下了许多可圈可点的业绩。

1988年5月5日，中国、日本、尼泊尔三国联合登山队，分别从南北两侧攀登世界第一高峰——珠穆朗玛峰，成功地实现了两支队伍在顶峰会师并分别从另一侧顺利下撤的“双跨”壮举，在世界登山史上写下了辉煌的一页。然而在登顶、会师过程中，当北侧的中方队员第一个登上顶峰后，却迟迟不见南侧队员到达。已在高寒缺氧的顶峰创纪录地不用氧停留了80分钟的中方队员，还要不要继续等待下去，必须由北京总指挥部决策。而此时的主峰云雾缭绕、气候变化莫测，盘旋在上空的侦察飞机也无能为力。设在大本营的业余电台BTØZML将顶峰及两侧队员的情况，通过拉萨业余电台BTØLS及时传到CRSA的集体业余电台BY1PK，使前线的情况及时到达总指挥部，指挥部的决策命令又沿同样的路径返回传达到了登顶队员的耳中，这一“路径”一直保持到会师、下撤。5月8日23时50分，由于天气迅速变坏，北侧大本营三国指挥员对是否还要进行第2次、第3次突击顶峰产生了严重的意见分歧，必须请示北京总指挥部做出最后决策。可是通信网的约定联络时间已过，北侧大本营业余电台操作员想到了世界各地随时都会有爱好者活跃于业余频段上，他立即发出“普遍呼叫”（见第2章2.7.2节）。求助信号被一位日本爱好者听到了。这位爱好者马上从东京通过长途电话唤醒了在北京的总指挥部。零点刚过，北京的业余电台即开机发信，传达了总指挥部的决策命令，圆满解决了难题。

1991年夏，洪水肆虐苏南大地。6月的一天，江苏省无线电运动协会业余电台（BY4RSA）的爱好者正在进行对外联络，一位澳大利亚业余电台着急地要求通话，原来操作者是该国业余无线电救灾通信网的主任。他说，他们那里的爱好者已经做好准备，要为中国灾区募集医药物资，要组织医疗队到中国来。江苏的爱好者立即和有关方面取得联系，并和澳大利亚业余无线电救灾通信网保持了不间断的联络。不久，美国的业余无线电救灾通信网也加入进来。经过爱好者们的努力，10多吨医疗物资分别从澳大利亚、新西兰、美国送到了江苏灾区。

2008年5月12日，四川汶川发生特大地震，业余无线电通信以其台站数量大、分布范围广、爱好者技术全面且勇于奉献等优势，在抢险救灾中作出了突出的贡献。地震发生后不到3分钟，成都的业余无线电应急通信网启动并开始呼叫，立即得到省内外的大量HAM响应，十几分钟内，就从各地爱好者的报告中得知震中及省内其他所有震区的位置，还和有业余电台的震区取得了联系，并得知汶川及很多重灾区的正常通信已全部中断，于是又立即动员了省内外爱好者携带设备进入震区和交通中断的地区。经无线电管理局同意，13日四川省业余无线电应急通信网指挥中心成立，以BY8AA作为主控台呼号，纳入省抗震救灾指挥系统，对所有参加四川救灾的业余电台进行统一指挥、调度。在正常的通信系统恢复前，业余无线电应急通信网成为抗震救灾指挥通信的主要渠道。为了尽快恢复各地的通信，13—14日，各大无线通信设备经销商、运营商和信息产业局等有关单位全部出动，但是技术人员出现很大缺口，指挥中心又从省内外调集了多批技术全面的爱好者前往支援。各种专业通信网建立后，业余无线电爱好者们的主要工作又转向了为志愿者的行动及救援物资调度等提供通信服务。到5月17日，电台值班联络日志上的记录就有300多页，仅在日志上出现的HAM就有1900多名。投入各类通信设备超过6000台套，参与调度车辆8000余台次，转运伤员近万名，以上仅是短短6天的不完全统计。“生命救援”阶段结束后，业余无线电爱好者继续为后续救助提供服务，依托迅速有效的通信手段，形成了规模最大、效率最高的民间志愿者调度枢纽。HAM们在抗震救灾期间的突出表现，受到了当地政府、无线电管理机构、商业无线电部门以及民众的一致赞扬，美国业余无线电转播联盟（ARRL）也将2008年人道主义奖授予了四川抗震救灾的业余无线电爱好者们。

1.3　怎样寻找业余电台

1.3.1　电磁波及波段的划分

人类对无线电通信的认识是从电磁波开始的。当电流流经导体时，导体周围会产生磁场；当导体和磁力线发生相对切割运动时导体内会感生电流，这就是电磁感应。如果流经导体的电流大小、方向以极快的速度变化，导体周围磁场大小和方向也随之变化。变化的磁场在其周围又感生出同样变化着的电场，而这电场又会再一次感生出新的磁场……这种迅速向四面八方扩散的交替变化着的磁场和电场的总和就是电磁波，其磁场或电场每秒钟内周期变化的次数就是电磁波的频率。频率的基本单位是赫兹（Hz）。人们进而发现，各种可见光、各种射线和上面所说的电磁波具有同样的性质，它们都是电磁波，只不过各自有着不同的频率。于是，人们把频率在3000GHz（详见表1-1说明）以下，不通过导线、电缆或人工波导等传输媒介，在空间辐射传播的电磁波定义为无线电波。无线电波和其他电磁波一样，在空间传播的速度是3×10^8m/s。波速和频率（单位为Hz）的比值称为波长，单位是米（m）。人们发现，在无线电波到达之处，导体又能从中感生出电流，而这个电流的大小、方向的变化规律和起初产生电磁场的电流的变化规律完全一致。也就是说，无线电波可以使信息（即初始电流的某种变化规律）通过空间传播实现远距离传递，这就是无线电通信。

为了便于研究和管理，ITU把无线电波划分为12个频段。无线电频段和波段如表1-1所示。

表1-1　无线电频段和波段

<table>
<tr><th>段号</th><th>频段名称</th><th>频率范围</th><th colspan="2">波段名称</th><th>波长范围</th></tr>
<tr><td>1</td><td>极低频</td><td>3～30Hz</td><td colspan="2">极长波</td><td>1×10^7～1×10^8m</td></tr>
<tr><td>2</td><td>超低频</td><td>30～300Hz</td><td colspan="2">超长波</td><td>1×10^6～1×10^7m</td></tr>
<tr><td>3</td><td>特低频</td><td>300～3000Hz</td><td colspan="2">特长波</td><td>1×10^5～1×10^6m</td></tr>
<tr><td>4</td><td>甚低频（VLF）</td><td>3～30kHz</td><td colspan="2">甚长波</td><td>1×10^4～1×10^5m</td></tr>
<tr><td>5</td><td>低频（LF）</td><td>30～300kHz</td><td colspan="2">长波</td><td>1～10km</td></tr>
<tr><td>6</td><td>中频（MF）</td><td>300～3000kHz</td><td colspan="2">中波</td><td>100～1000m</td></tr>
<tr><td>7</td><td>高频（HF）</td><td>3～30MHz</td><td colspan="2">短波</td><td>10～100m</td></tr>
<tr><td>8</td><td>甚高频（VHF）</td><td>30～300MHz</td><td colspan="2">米波</td><td>1～10m</td></tr>
<tr><td>9</td><td>特高频（UHF）</td><td>300～3000MHz</td><td>分米波</td><td rowspan="4">微波</td><td>0.1～1m</td></tr>
<tr><td>10</td><td>超高频（SHF）</td><td>3～30GHz</td><td>厘米波</td><td>1～10cm</td></tr>
<tr><td>11</td><td>极高频（EHF）</td><td>30～300GHz</td><td>毫米波</td><td>1～10mm</td></tr>
<tr><td>12</td><td>至高频</td><td>300～3000GHz</td><td>丝米波</td><td>0.1～1mm</td></tr>
</table>

说明：1. 频率基本单位为赫兹（Hz），简称赫。1000赫等于1千赫（kHz），1000千赫等于1兆赫（MHz），1000兆赫等于1吉赫（GHz）。

2. 频率范围均含上限，不含下限。

科学技术的发展使人类对无线电通信的需求越来越多，电磁波频率这个人类共享的资源日渐紧缺。于是，各国政府通过ITU对各种无线电业务（如固定、移动、广播及导航等）可以使用的频率进行了规定和划分。当然，对通信做出巨大贡献的业余无线电作为业余业务也堂堂正正地占有一席之地，这就是可供全世界业余无线电爱好者使用的“公共跑道”——业余频段。

为划分和合理使用频率，ITU将世界分为3个区，因划分时间较早，有些国家和地区的划分与现在不尽相同，划分得比较粗略。第1区：欧洲、非洲、亚洲的伊朗（不含）以西以北的区域、俄罗斯的亚洲部分、土耳其的亚洲部分、蒙古国。第2区：北美洲、南美洲；第3区：亚洲（第一区未包含的伊朗及以东的亚洲部分）、大洋洲。中国属于第3区。

ITU对3个区的频率划分不完全相同，例如3.5～3.9MHz的业余频段，在第1区是3.5～3.8MHz，第2区则是3.5～4.0MHz……这是我们在运用中必须加以注意的。

ITU对世界3大区业余业务频率的划分以及我国的业余业务频率如表1-2所示。

表1-2　　业余业务频率

（本表内容根据工业和信息化部2018年7月1日起施行的《中华人民共和国无线电频率划分规定》整理）

<table>
<tr><th rowspan="2">序号</th><th colspan="3">中华人民共和国无线电频率划分（业余业务和卫星业余业务部分）</th><th rowspan="2">ITU 第 3 区（业余业务和卫星业余业务部分）</th></tr>
<tr><th>中国大陆</th><th>中国香港</th><th>中国澳门</th></tr>
<tr><td colspan="5">（以下频率单位为kHz）</td></tr>
<tr><td>1</td><td>135.7～135.8** 业余 次要*</td><td>—</td><td>—</td><td>135.7～135.8 业余 次要</td></tr>
<tr><td>2</td><td>—</td><td>—</td><td>—</td><td>472～479 业余 次要**</td></tr>
<tr><td colspan="5">（以下频率单位为MHz）</td></tr>
<tr><td>3</td><td colspan="4">1.800～2.000业余 主要（和其他业务共用，以下简称“共用”）</td></tr>
<tr><td>4</td><td colspan="4">3.500～3.900业余 主要（共用）</td></tr>
<tr><td>5</td><td colspan="4">5.3515～5.3665 业余 次要***</td></tr>
<tr><td>6</td><td colspan="4">7.000～7.100 业余、卫星业余 主要</td></tr>
<tr><td>7</td><td colspan="4">7.100～7.200 业余 主要</td></tr>
<tr><td>8</td><td colspan="4">10.100～10.150 业余 次要</td></tr>
<tr><td>9</td><td colspan="4">14.000～14.250 业余、卫星业余 主要</td></tr>
<tr><td>10</td><td>14.250～14.350 主要（共用*）</td><td colspan="3">14.250～14.350 主要</td></tr>
<tr><td>11</td><td>18.068～18.168 主要（共用）</td><td colspan="3">18.068～18.168 主要</td></tr>
<tr><td>12</td><td colspan="4">21.000～21.450 业余、卫星业余 主要</td></tr>
<tr><td>13</td><td colspan="4">24.890～24.990 业余、卫星业余 主要</td></tr>
<tr><td>14</td><td colspan="4">28.000～29.700业余、卫星业余 主要</td></tr>
<tr><td>15</td><td>50～54主要（共用）</td><td>50～51.5主要
51.5～52.85主要（共用）</td><td colspan="2">50～54主要（共用）</td></tr>
<tr><td rowspan="2">16</td><td colspan="4">144～146 业余、卫星业余 主要</td></tr>
<tr><td>146～148.业余 主要（共用）</td><td>—</td><td>—</td><td>146～148主要（共用）</td></tr>
<tr><td>17</td><td colspan="4">430～440 业余 次要</td></tr>
<tr><td colspan="5">（以下频率单位为GHz）</td></tr>
<tr><td>18</td><td>1.24～1.30次要</td><td>—</td><td colspan="2">1.240～1.300次要</td></tr>
<tr><td>19</td><td>2.30～2.45次要</td><td>—</td><td colspan="2">2.300～2.450次要</td></tr>
<tr><td>20</td><td>3.30～3.50次要</td><td>—</td><td colspan="2">3.300～3.500次要</td></tr>
<tr><td>21</td><td>5.65～5.85次要</td><td>5.725～5.850次要</td><td colspan="2">5.650～5.850次要</td></tr>
<tr><td>22</td><td>10～10.5次要</td><td>10.45～10.50次要</td><td colspan="2">10～10.45业余 次要
10.45～10.5 业余、卫星业余 次要</td></tr>
<tr><td>23</td><td>24～24.05
业余、卫星业余 主要（共用）</td><td>24.00～24.05
业余 主要（共用）</td><td colspan="2">24.00～24.05
业余、卫星业余 主要</td></tr>
<tr><td>24</td><td colspan="4">24.05～24.25 业余 次要</td></tr>
<tr><td>25</td><td colspan="4">47.00～47.20 业余、卫星业余 主要</td></tr>
<tr><td>26</td><td colspan="4">76～77.5 业余、卫星业余 次要</td></tr>
<tr><td>27</td><td colspan="4">77.5～78 业余、卫星业余 主要</td></tr>
<tr><td>28</td><td>78～81
业余、卫星业余 次要</td><td>78～79
业余、卫星业余 次要</td><td colspan="2">78～81 业余、卫星业余 次要</td></tr>
<tr><td>29</td><td>122.25～123 业余 次要</td><td>—</td><td colspan="2">122.25～123 业余 次要</td></tr>
</table>

续表

序号	中华人民共和国无线电频率划分（业余业务和卫星业余业务部分）			ITU 第3区（业余业务和卫星业余业务部分）
	中国大陆	中国香港	中国澳门	
30	134～136 业余 主要（共用）	—	134～136 业余 主要（共用）	
31	136～141 业余、卫星业余 次要	—	136～141 业余、卫星业余 次要	
32	241～248 业余、卫星业余 次要	—	241～248 业余、卫星业余 次要	
33	248～250 业余、卫星业余 主要（共用）	—	248.00～250.00 业余、卫星业余 主要（共用）	

*根据《中华人民共和国无线电频率划分规定》，一个频带被标明划分给多种业务时，这些业务按“主要业务”和“次要业务”的顺序排列。次要业务台站不得对已经指配或将来可能指配频率的主要业务电台产生有害干扰，不得对已经指配或将来可能指配频率的主要业务电台的有害干扰提出保护要求，但可要求保护不受来自将来可能指配频率的同一业务或其他次要业务电台的有害干扰。“共用”是指多种业务共用同一频带，相同标识的业务使用频率具有同等地位，除另有明确规定者外；遇有干扰时，一般应本着后用让先用、无规划的让有规划的原则处理；当发现主要业务频率遭受次要业务频率的有害干扰时，次要业务的有关主管或使用部门应积极采取有效措施，尽快消除干扰。

**使用该频率的业余业务台站的最大辐射功率不得超过1W（e.i.r.p.详见本书第7章7.2.1节。在135.7～137.8kHz频段内频率的业余业务台站不应对在蒙古国、吉尔吉斯斯坦和土库曼斯坦等国家内运行的无线电导航业务台站造成有害干扰。

***使用5.3515～5.3665MHz频段的业余业务台站的最大辐射功率不得超过15W（e.i.r.p.详见本书第7章7.2.1节）。

值得一提的是，长期以来第1区和第3区的业余业务与广播等其他业务围绕7MHz的频率之争，终于在2003年ITU世界无线电通信大会上有了结果，会议对第1区和第3区7MHz频段中的业余频段进行了扩展。尽管这个结果还不全尽如人意，但应该说毕竟是向前迈了一步。对于这次调整，具体的扩展情况如表1-3所示。

表1-3　第1区和第3区7MHz频段扩展情况

	ITU 第1区	ITU 第2区	ITU 第3区
7000～7100kHz	业余　卫星业余	业余　卫星业余	业余　卫星业余
7100～7200kHz	业余	业余	业余
7200～7300kHz	广播	业余	广播

每个国家根据业余无线电爱好者所持执照级别以及通信方式等方面的不同，对业余频率的使用又有一系列具体规定。所有业余无线电爱好者都应认识到：对无线电频率实行科学管理是整个无线电管理工作中最重要的一环。如同繁华的交通要道口不能没有红绿灯一样，如果没有频率管理，空中电波将是一片混乱。对于无线电频率管理工作，每个爱好者都具有双重任务：严格遵守规定，当一名守法的公民；积极参加对业余频率的监听，及时向当地无线电管理机构反映所发现的问题，当一名认真的义务管理人员。

现行《中华人民共和国无线电管理条例》系2016年11月11日由国务院和中央军事委员会签发（附录1）。根据这一法规要求，所有经批准设置的各种无线电台站都必须持有无线电管理机构核发的中华人民共和国无线电台执照，并只准使用执照核准的频率。任何无照设置的发射装置都是非法的；任何私自买卖、装置无线电发射设备也都是非法的。业余无线电是整个无线电通信事业的一个组成部分，每一个参加者都必须学习和遵守国家对无线电管理的法规。

1.3.2　业余电台的分区

为便于管理，国际上相关机构根据地理位置将世界划分为若干分区（ZONE），最常用的国际性分区主要有ITU的“ITU分区”和美国*CQ*杂志的“CQ分区”两种。

ITU分区将世界分为75区，中国属于其中的第33、42、43、44、45（钓鱼岛）、50（黄岩岛）区。CQ分区将世界分为40区，中国属23、24、25（钓鱼岛）、27（黄岩岛）区。

国内分区是指有些国家或地区把本国或本地区范围内的业余电台按其地理位置划分的区域，我国境内除港澳台地区外的业余电台分区共分为10个（即0～9区），具体见下一节。

1.3.3　业余电台的呼号

虽然我们找到了宽广的“跑道”，了解了各不相同的分区，但在纷杂的无线电信号中怎样才能找到自己需要的某个业余电台呢？这就需要我们熟悉它们的名字——业余电台的呼号。

每个业余电台呼号都是唯一的，只代表一个特定的电台，电台呼号没有“同名同姓”。

工业和信息化部于2024年颁布的《业余无线电台管理办法》（见附录12），对中华人民共和国境内（不包括港澳台地区）业余电台呼号的申请、分配、指配、使用、撤销等相关管理进行了详尽的规定与说明。

业余电台呼号通常由呼号前缀（Prefix）、本国或地区业余电台分区编号（Number）、呼号后缀（Suffix）组成。我国业余电台的呼号前缀由2部分组成，首字母为国际电信联盟分配给中国电台使用的呼号前缀B，第2位字母表示业余电台的种类。

呼号前缀位于呼号的最前面，一般由1～2个英文字母或字母和数字组合而成，例如BA、W、A5、3X等。呼号前缀由各国根据ITU排定的“国际呼号序列分配表”分配给本国或地区业余电台使用，是业余电台所属国家或地区的标志。当你听清了一个呼号的前缀后，可以从“国际呼号序列分配表”查出这个电台所属国家或地区（可通过扫描本书“修订说明”页刊印的二维码获取本书电子资料）。例如前面列出的4个呼号前缀就分别属于中国、美国、不丹和几内亚。

ITU划分给中国的呼号前缀共有5个系列，即BAA～BZZ，XSA～XSZ，3HA～3UZ，VRA～VRZ，XXA～XXZ。

我国业余电台呼号前缀使用BAA～BZZ系列中的BA～BZ双字母部分，其中第1位字母B，第2位字母用于区分不同序列的呼号后缀或表示某些特定种类的业余无线电台，某些特殊情形下第2位字母空缺。第2位字母中，G、H、I、D、A、B、C、E、F、K、L用于一般业余无线电台呼号；J用于空间业余无线电台呼号；R用于业余中继台和业余信标台呼号；S、T、Y、Z以及其他字母序列的业余无线电台呼号由国家无线电管理机构保留。我国台湾地区目前使用BV、BX序列，香港和澳门两地区业余电台呼号分别使用VR2和XX9序列。

不少国家和地区向南极洲派出科考队并在那里建立了科考站，业余电台也随之进入了南极。目前中国正在南极洲地区建立第5个科考站，我们期待着中国HAM早日在自己的科考站内发出业余无线电信号。

南极洲各科考站业余无线电台呼号前缀分布图见本书电子资料。

我国业余电台呼号前缀第2位字母所代表的业余电台种类如表1-4所示。

表1-4　　我国业余电台呼号前缀第2位字母所代表的业余电台种类

代表字母	业余电台种类	备注
G、H、I、D、A、B、C、E、F、K、L	一般业余电台	按使用先后顺序指配，由国家无线电管理机构负责分配使用。2013年前已经启用的电台呼号不变。业余电台分类详见第8章
J	卫星业余电台	分区数均使用“1”
R	业余中继台和业余信标台	
S、T、Y、Z以及其他字母序列		由国家无线电管理机构负责分配

呼号的第2部分是“本国或地区业余电台分区编号”，用1位数字（Number）表示。我们可以根据其分区数字了解这个电台位于该国的哪个地区，从而使联络更具针对性。呼号中的数字“零”应读作“Zero”，为不和字母“O”混淆，书写一般以“Ø”表示。

我国除港澳台地区外的10个业余分区是：

第1区——北京、卫星业余业务；

第2区——黑龙江、辽宁、吉林；

第3区——天津、河北、内蒙古、山西；

第4区——上海、山东、江苏；

第5区——浙江、江西、福建；

第6区——安徽、河南、湖北；

第7区——湖南、广东、广西、海南；

第8区——四川、重庆、贵州、云南；

第9区——陕西、甘肃、宁夏、青海；

第0区——新疆、西藏。

呼号的最后一部分是后缀（Suffix），是这个电台在本分区内的编码，由不超过4位的字母或者字母和数字的组合表示，其中最后一位应为字母。这些字母或数字的排列原则由各国自行决定，一般以领取执照的先后为序。有的国家的呼号后缀含有特定的意义，如日本的呼号后缀第一个字母用“Y”或“Z”代表集体电台。我国幅员辽阔，所以后缀第一个字母还代表了同一分区内不同的省、直辖市、自治区。比如4AA～4HZZ、4QA～4XZZ分别为上海、江苏范围内的业余电台呼号后缀。以上3个部分合起来便组成了具有世界唯一的电台自己的“名字”。

中华人民共和国（不包括香港、澳门、台湾地区）各省、自治区、直辖市业余电台的呼号双字母、三字母后缀分配如表1-5所示。其中，1位、4位呼号后缀或者带有数字的呼号后缀由国家无线电管理机构保留。根据《业余无线电台管理办法》，我国业余电台呼号均由国家无线电管理机构负责分配。

表1-5　各省、自治区、直辖市（不包括香港、澳门、台湾地区）业余电台呼号后缀分配

地　区	业余无线电台呼号后缀		地　区	业余无线电台呼号后缀	
北　京	AA～XZ	AAA～XZZ	湖　北	QA～XZ	QAA～XZZ
黑龙江	AA～HZ	AAA～HZZ	湖　南	AA～HZ	AAA～HZZ
吉　林	IA～PZ	IAA～PZZ	广　东	IA～PZ	IAA～PZZ
辽　宁	QA～XZ	QAA～XZZ	广　西	QA～XZ	QAA～XZZ
天　津	AA～FZ	AAA～FZZ	海　南	YA～ZZ	YAA～ZZZ

续表

地　区	业余无线电台呼号后缀	地　区	业余无线电台呼号后缀
内蒙古	GA～LZ　GAA～LZZ	四　川	AA～FZ　AAA～FZZ
河　北	MA～RZ　MAA～RZZ	重　庆	GA～LZ　GAA～LZZ
山　西	SA～XZ　SAA～XZZ	贵　州	MA～RZ　MAA～RZZ
上　海	AA～HZ　AAA～HZZ	云　南	SA～XZ　SAA～XZZ
山　东	IA～PZ　IAA～PZZ	陕　西	AA～FZ　AAA～FZZ
江　苏	QA～XZ　QAA～XZZ	甘　肃	GA～LZ　GAA～LZZ
浙　江	AA～HZ　AAA～HZZ	宁　夏	MA～RZ　MAA～RZZ
江　西	IA～PZ　IAA～PZZ	青　海	SA～XZ　SAA～XZZ
福　建	QA～XZ　QAA～XZZ	新　疆	AA～FZ　AAA～FZZ
安　徽	AA～HZ　AAA～HZZ	西　藏	GA～LZ　GAA～LZZ
河　南	IA～PZ　IAA～PZZ		

说明：1．无线电通信业务缩略语QOA～QUZ及SOS、XXX、TTT等可能与遇险信号或类似性质的其他信号混淆的字母组合不用作呼号后缀。

2．BS7H为黄岩岛业余无线电台呼号。

表1-5中说明的第1条是按照ITU的规定而设，因为这些字母的组合另有特定的含义，如用于呼号会引起混乱，它们是：①可能与遇险信号或其他类似性质信号相混淆的组合，比如“SOS”是遇险求救信号，“XXX”是紧急信号，“TTT”是安全信号等；②保留供无线电通信业务用的缩语（详见第2章）组合，比如“Q简语”等。

在通信中我们还会遇到这样的情况：在一个符合上述规律的呼号的前后多出了一些字符，比如CW及其他数字通信中呼号中有斜线“/”符号，语音通信中呼号里出现了“portable”或“slash”单词（在此均表示斜线符号），在这些字符前面或后面还有一些字符。这些都是对所操作电台附加说明的惯用办法，应该如实记录。

常见的“呼号附加说明”有两类，一是表示电台的状态，如“/M”“/AM”“/MM”，分别表示该电台在陆地、空中、水上移动中，“/QRP”表示使用者正在使用5W及以下的的小功率电台。另一类是表示电台当下所在的业余分区或呼号前缀区域，该电台正在进行跨区域临时发射。如“KH6/W6KZ”表示美国6区电台正在夏威夷呼叫，“JG3AY/6”表示JG3AY电台在日本6区工作。根据我国《业余无线电台管理办法》，跨省区操作不改变原有呼号，所以在国内通信中不会出现后一类的情况。

根据我国管理规定，一个爱好者或一个单位在设置业余无线电台并取得电台执照的同时，就可以取得一个业余电台呼号。当电台类别发生变化时（如先设A类电台，后来又设立B类电台）呼号不变。

无线电管理机构依法注销业余无线电台执照时该电台呼号也将被同时注销。被注销的呼号在注销1年后可以重新投入分配。但该电台被注销后设置人又申请设台，如果原呼号尚未投入重新分配，无线电管理机构将指配原呼号。

1.3.4　业余电台通信使用的时间

现在你已经了解了业余频段和知道如何在众多的电台中识别你所需要的业余电台。但如果你想进行国际无线电通信，那么你还必须了解国际无线电通信使用的时间——协调世界时（UTC）。我们知道，地球在不停地由西向东做自转运动，因此在不同的地方日出日落的时间不一样。在日常生活中，人们总是习惯使用根据当地日出日落而确定的地方时间（如“北京时间”“东京时间”“莫斯科时间”等）。但在国际无线电通信中，如果仍使用各自的地方时间，那将会十分麻烦。假如一个日本电台每天在东京时间8时工作，我们中国爱好者在北京时间每天8时去找他，则永远不会成功。这是因为日本在中国的东面，他们的当地时间要比中国的北京时间早一个小时，我们只有在北京时间7点钟去找他才行。因此，ITU规定，在国际无线电通信中，除另有指明者外，均应使用UTC。根据ITU规定，UTC应用4位数字（即“时时分分”）表示，如8时25分应写成“0825UTC”，16时30分应写成“1630UTC”等。

什么是UTC呢？UTC是由国际无线电咨询委员会规定和推荐，并由国际时间局（BIH）负责保持的以秒为基础的时间标度，是国际上作为标准时间、标准频率发播的基础。

UTC相当于本初子午线（即经度0°）上的平均太阳时，过去曾用格林尼治标准时（GMT）来表示。如果时间使用了协调世界时，它所表示的日期和时间就是本初子午线上的日期和时间。例如“1990年7月15日0000UTC”即为本初子午线上的1990年7月15日零时整，这时的北京时间已是7月15日上午8时整，而美国旧金山时间却是7月14日的16时整。

UTC与各地的地方时如何换算呢？全世界共有24个时区，以本初子午线（即经度0°）为基准，向东、向西各12个时区。地球是圆的，它的经度共分为360°，东经、西经各180°。时区被划分为24个，每个时区各占15°。也就是说，经度每隔15°即为一个时区，时间就相差1小时。

世界上时区划分的具体方法是：从经度0°开始，向东、向西各7°30′（即东经7°30′和西经7°30′之间的区域）共15°为0时区，东经7°30′到东经22°30′和西经7°30′到西经22°30′之间15°的区域分别为东一区和西一区。0时区的中央子午线是0°，东一区、西一区的中央子午线分别为东经和西经15°。其余按此方法类推。从本初子午线向东每增加一个时区，时间就增加1个小时，向西则每增加一个时区时间就减少1个小时。在前面的例子中，北京在东八区，当地时间比UTC增加8小时，所以是8时整；而旧金山在西八区，要比UTC减少8个小时，所以是前一天的16时。

1.4 业余电台的活动内容

业余电台的活动内容广泛，如以提高操作技能为主的通信实践，以科研创新为目的的各种研究试验，以自力更生研制设备、提高动手能力为目的的各种工程制作，各国爱好者之间人员、信件频繁往来的友好交往等。而这些活动所需要的基础，如电子、物理、通信、计算机技术，以及外语、地理知识乃至爱好者个人的品德素养，又促使爱好者不断地学习和提高。

1.4.1 多种多样的通信操作实践

业余电台通信是和世界科学技术同步发展的。在无数次相互联络中，人们使用各种方式进行无线电通信的操作实践，并称之为“ON AIR”。常见的通信方式有以下两种。

（1）语言通信。根据语音信号对载频调制的不同方式，语言通信可分为调频话、调幅话和单边带话等。前两种发射效率较低、占用频带宽，一般限于在超短波、小功率下运用。在短波（HF）段一般采用占用频带较窄的单边带话，简称SSB方式。在通信中，双方直接利用语言，主要是英语明语以及“通信用Q简语”和缩语（详见第2章）交谈。由于这种方式的操作比较容易，虽然所需设备比较复杂，但仍深受广大爱好者尤其是初学者的青睐。

（2）等幅电报通信，简称CW方式。这种通信方式有着悠久的历史。它通过电键控制发信机产生短信号“.”（点）和长信号“—”（划），并利用其不同组合表示不同的字符，从而组成单词和句子。CW方式所需设备最为简单、占用频带很窄而发射效率较高，在同等条件下通信距离更远。而且，CW语言是一种真正的“世界语”，学习CW技术基本不受爱好者原有文化程度影响，所以虽然其技术“古老”，但在业余通信中仍占有重要的位置，资深爱好者的熟练技巧也往往在CW中得以淋漓尽致地发挥。和许多国家一样，我国也把CW技术作为爱好者取得发信资格的必要条件之一。现在，由于手机的普及以及电子电键、计算机的出现，爱好者自学CW技术已非难事，如果每天坚持利用闲暇时间保持一定的练习，数月之内达到可以上机操作的水平是完全可能的。

1.4.2　各种数据通信研究

随着计算机技术的普及，数据通信的研究水平也越来越高。

1．无线电传

无线电传（RTTY）是一种对设备要求较低的数据通信，它用“频移键控”（FSK）的方式发射，即用键盘操作，发出的信号以不同的频率表示“1”或“0”，用若干个“1”和“0”的不同组合代表不同的字符。RTTY常用2125Hz代表“1”（亦称“记号”或Mark），2295Hz代表“0”（亦称“空号”或Space），也有以1275Hz代表“1”、1445Hz代表“0”的，然后再用这两种频率的信号去调制高频信号。发射出去的信号则是两个高频——高频的基本频率与上述两个音频之差。

在进行RTTY操作时，调制解调器把由键盘操作产生的字符信息转换成由两个不同频率信号组成的“五位码”（Baudot），再用这些表示数据“0”或“1”的一串串音频信号通过单边带方式调制并发射出去。接收端把这些信号还原成字符并在监视器屏幕上显示出来。收发双方轮流操作，可以进行“空中笔谈”。我国的青少年爱好者曾利用“娃娃计算机”和一台黑白电视机加上他们自己制作的简单调制解调器成功地进行了RTTY通信试验，上海的爱好者还编出了用计算机直接进行RTTY操作的软件。由于空间存在各种干扰电磁波，接收RTTY时屏幕上有可能会出现许多莫名其妙的字符，所以进行远距离RTTY试验时要有充分的耐心。在发射RTTY信号时，发信机将处于持续输出大功率状态，这对发信机的安全是很不利的。为保护发信机，应事先降低输出功率，采用“半功率”输出，而且不允许长时间不间断发信，这是RTTY初试者必须牢记的。

2．AMTOR方式通信

这是一种具有纠错码功能的电传通信方式。它的原理是把RTTY代码转换成“7单元恒比码”。这种代码的特征是，组成每个字符的7位数据总是包含4个“0”和3个“1”。接收台就利用这个特征，自动检测收到的信息中“0”和“1”是否保持4∶3的比例，如果符合就认为是正确的，如不符合，接收台就自动做出相应的反应。当人们在进行AMTOR键盘操作时，计算机把信息编为3个字符一组，每发出一组，电台便有一暂停，由接收台自动应答。这个应答包含一个字符，表示刚才接收的一组信息是否正确，再由发信台自动确定继续发下一组还是重复前一组信息。

AMTOR的速率为100Baud。这种方式的抗干扰能力比较强，在信号很弱的情况下也能保持正确无误，而且每发一组信息仅需要210ms左右，可以不用担心发信时间过长的问题。你可以细心搜索一下收听频率，如果听到一种短促的像两只蟋蟀轮流振翅鸣叫一样的声音，那便是AMTOR信号。

3．业余无线电分组数据交换通信（Packet Radio）

前面两种数据传输方式都是把字符信息一个接一个顺序向外发射，即所谓“实时信息交换”，而且需要双方都有人在机上操作，如果你停止键盘操作，信息也会停止发送。Packet则不同，计算机以及专用的终端节点控制器（TNC）自动将要传输的内容分成若干段，并在每一段的头尾加上接收端地址和发送端地址等信息，形成一个个“数据包”，由电台发射出去。接收端对数据包检测并发出应答信息，要求发射端重复或继续发送下一组数据。用这种方法，你可以将事先存入计算机的信件文章或程序软件、图像文件准确无误地发出去。操作者不用去关心这些信息是不是按顺序发的，接收方计算机会自动接收，正确辨认，并且可以自动存盘而不必有人守候；双方也可以通过键盘“笔谈”。

与前两种方式不同，在Packet方式下你不必等对方“讲”完一句再回答，双方可以同时进行，计算机会自动把收、发内容分别显示出来。世界上有许多爱好者运用Packet技术组成了数据交换网、中继网，我们可以从这些网内的计算机里获取许多有关业余无线电的信息，也可以把自己的信息迅速传送到世界任何地方。

我们在HF段常用的Packet信号调制方式类似于RTTY，在电台里听起来好像吹哨子的声音，传送速率一般为300Baud。在超短波用“调频”方式传送，速率可达1200Baud。另外还有一种用“相位调制”方法工作的Packet，在短波传送的速率就可达1200Baud。

世界上有许多爱好者把自己的设备义务贡献出来，组成了国际业余计算机无线电通信网络。我们可以在14.101MHz、14.111MHz或21.101MHz和21.111MHz用“下边带”方式听到这些电台的信号。任何一个爱好者都可以把自己的计算机和这些网联系起来，从中读取各种有关业余无线电的资料信息。如果取得了相应的发射许可，也可以把自己的信息提供给大家或是由这些网络自动转发到你指定的地方。

4．APRS（自动位置报告系统）

当全球定位系统给人们带来极大方便时，许多HAM便开始了APRS试验。全球定位系统可以让你了解自己所在位置，而APRS则是通过无线电把全球定位系统数据发射出去，让别人知道你在什么地方。

1992年，美国爱好者Bob（WB4APR）首创了APRS。1999年，APRS开始接入互联网，爱好者可以通过因特网把自己的位置信息发布到遥远的地方。

移动APRS由一个全球定位系统加上一个控制转换电路和一部电台组成。控制转换电路把全球定位系统的定位数据转换成音频数字信号并控制业余电台加以发射。把接收端电台收到的信号输入计算机声卡，经软件解调后便在电子地图上显示出发射台所在位置及其移动轨迹的详细信息。现在，这项技术已经商业化，许多厂商在产品电台里嵌入了APRS模块，APRS在社会许多领域里发挥出重要作用。

5．极弱信号数据通信实验

随着计算机科学的发展和数字信号处理（DSP）技术日臻成熟，使得在极弱信号条件下进行可靠的无线电通信成为可能。

月面反射通信（EME）是爱好者从20世纪40年代就开始的极弱信号无线电通信实验之一。由于传播路径长、月球表面粗糙且不规则，虽然发射功率有数百瓦或更大，但收到的反射信号依然十分微弱，用模拟信号如SSB或CW方式实现EME十分困难。直至出现了基于DSP技术、对所交换的信息具有自动侦测、重复、纠错和解码功能的通信协议程序（通信模式），才使更多的爱好者使用普通的设备以更高的频率完成了EME实验。

最著名的极弱信号数据通信模式当属JT65。该协议程序由天体物理学家、诺贝尔物理学奖获得者Joe Taylor（K1JT）编写，多用于进行EME、高速流星散射等通信实验。近些年来，爱好者将这种模式用于地面上的QRP（小功率）或恶劣传播条件下的DX（远距离）通信实验，获得了“意外的惊喜”，许多面向微弱信号条件的通信模式应运而生。常见的有FT4、FT8、JT4、JT9、JT65、QRA64、ISCAT、MSK144和WSPR，以及称为Echo的通信协议等。在这些通信模式当中，最受欢迎的当属FT8。

FT8由K1JT（Joe Taylor）和K9AN（Steve Franke）创建，使用8频率FSK（频移键控）方式调制，具有FEC（前向纠错）功能，解码阈值为−20dB，在极弱信号远距离通信中表现突出。

FT8受到世界各国爱好者追捧的原因还在于它具有自动、半自动的操作方式。所谓自动方式是指FT8在主动呼叫CQ的状态下，具有自主发出呼叫信息并检测是否有应答信号，如果有应答，便自动回复，完成QSO（直接通联）并自动保存通联记录，如果没有应答或未能解析出有效应答信息，则继续发出CQ呼叫，整个过程全部自动完成。

半自动方式是指FT8在监测状态下可自动识别频率上正在以这种模式发出呼叫CQ的信息，如果你想回复这些电台，就可以在其完成一次呼叫后立即手动操作发出自动生成的应答信号，如果收到正确的回复信息，这次QSO便可得以完成。

目前最常用的操作FT8模式的通信软件是WSJT-X。这是一款免费、开源软件，适用于前文所述的多种极弱信号数据通信模式，其当下最新版本WSJT-X 2.2.2及软件使用手册、开源代码等，均可从相关网站下载。

WSJT-X已经推出简/繁体中文版本，增加了和常用比赛通联日志（如N1MM）关联功能，使爱好者可以非常方便地进行FT8模式DX通信联络和参加国际比赛。爱好者还编写出了远程控制操作电台程序，通过这种第三方软件，在异地或移动中，监控、操作家里的计算机和电台，非常轻松地用FT8模式自动实现了与人耳无法分辨的极弱信号DX电台的通信联络。当然，在用这种“机器人操作”方式工作时，电台的收/发信时间是1:1，且发射信号是恒定包络的连续波，对于电台及其电源的散热、安全以及对电磁环境可能造成的负面影响都是不可忽略的问题，而且这种由机器人代劳完成的通联也少了几分战胜困难、提升技艺的乐趣。

1.4.3 各种图像通信研究

图像业余通信的发展反映了现代通信技术的突飞猛进，更体现着HAM执着的追求。目前常见的图像业余通信方式有以下3种。

（1）无线电传真（FAX）。发送端的传真机通过光电转换将文稿图片的黑白信息变成电信号发射出去，接收端再将电信号转换成光电信号，从传真机上便可以得到原稿真迹。

（2）业余电视（ATV）。在业余波段上传送HAM自己的电视是十分有趣的尝试。1987年在上海举办的全国运动会赛艇比赛中，起点的观众就是通过上海市业余电台的业余电视观看众多选手终点冲刺情形的。在我国无线电测向比赛中也多次进行过ATV试验。但是，ATV在业余微波频段传播距离有限，目前还没有大范围的业余电视转播网出现。

（3）慢扫描电视（SSTV）。普通电视为保证其清晰、动作逼真，每秒需传送50幅图像（隔行扫描），要占用6MHz宽的频带。业余频段范围比较窄，难以传送一般的电视信号。爱好者们采用几秒传送一幅图像的办法，用图像信号的慢变化来减少所占频带的宽度，使在短波波段传送图像的愿望得以实现。SSTV方式把画面的明暗转换成不同的频率信号，再用以调制射频并发射出去。因为接收一帧完整的画面要好几秒，以前SSTV的接收端总是用中长余辉显像管做显示器以减小图像的闪烁感。现在，许多爱好者借助于计算机技术，使彩色图像的传递试验也获得了成功。

慢扫描电视的标准如表1-6所示。

表1-6　慢扫描电视的标准

参数	8.5s制	17s制
行频	15Hz	15Hz
帧周期	8.5s	17s
每帧行数	128	256
行同步脉宽	5ms	5ms
帧同步脉宽	30ms	30ms
同步电平频率	1200Hz	1200Hz
黑电平频率	1500Hz	1500Hz
白电平频率	2300Hz	2300Hz
工作频率	300～3000Hz	300～3000Hz

1.4.4 业余无线电卫星通信

1. 业余无线电卫星通信简史

业余无线电卫星通信的研究与世界其他卫星工程的起步在时间上相差不多。1958年1月至5月，苏联的卫星Sputnik和美国的探索者一号相继升空。与此同时，美国的一些爱好者萌生了发射业余无线电通信卫星的设想。他们组织起来并将这个计划命名为OSCAR（Orbiting Satellite Carrying Amateur Radio），目标就是制造和发射业余无线电通信卫星。4年之后，他们的努力获得成功，世界上第一颗业余通信卫星OSCAR-1号在美国加利福尼亚的范登堡空军基地由发现者36号火箭携带升空。

历经了几十年的探索，现在的OSCAR卫星，在技术上有了重大进步。但在开发过程中，爱好者的“业余”传统一直延续了下来，并体现在最新的卫星设计上。比如OSCAR-13，这是一颗AMSAT Phase 3卫星，其中大部分子系统是自制的，有些部件甚至是从二手市场上购买的。卫星内部连接各模块的玻璃纤维杆是在AMSAT（业余无线电卫星组织）一位副主席家厨房里的炉子上加工的；用于制造导热毯的材料来自捐赠，由一位志愿者在他家地下室里用手缝制而成。另外一个业余通信卫星Phase 3-D的很多部件用的也都是类似的“廉价”的制作手段。比如，用以展开和固定太阳能电池组的装置，实际上跟普通门闩的结构没什么两样。卫星构架用的是普通铝片，许多天线用的也是一般材料，加速发动机和电池用的则是一些废旧边角料，其中很多材料是各国航天公司捐赠或从他们那里低价购得的。

尽管业余无线电卫星制作成本低廉，但其精致程度足以与运营中的商业卫星相媲美。自20世纪80年代以来发射的业余无线电卫星已具相当水平。根据国际AMSAT网站资料显示，目前在轨运行的业余无线电通信卫星有40多颗，有些星携带有BBS系统，爱好者可以9600bit/s的速率与之连接并使用它。利用现在的业余无线电数据分组通信卫星（PACSAT）所组成的网络，理论上爱好者们可以在地球上任意两地收、发信息，而这一过程只需几秒。业余无线电卫星的语音转发器使得爱好者可以有更多的操作模式选择，从CW到SSB再到FM。有些卫星还允许地面上的电台之间通过它进行快扫描电视（FSTV）或慢扫描电视（SSTV）的通联。更重要的是，业余爱好者作为开拓者，为小型卫星的将来开辟了一条道路。如今，一些商业集团已经投资数十亿美元发射上百颗类似的小型卫星用于数据存储和转发。在业余爱好者开创先河之后，这些小型卫星的发射带来了更多技术上的革新与突破。

由于业余无线电卫星技术上的进步与队伍的壮大，业余无线电卫星通信已被ITU确认为一项专门的无线电业务——卫星业余业务（Amateur Satellite Service），其定义是利用地球卫星上的空间电台开展与业余业务相同目的的无线电通信业务。

2. 与社会成功合作，努力降低升空成本

业余无线电爱好者有很强的技术能力，能够制作出高水平的卫星，但没有一个爱好者或组织有能力将卫星发射到太空中去。因此，大多数的业余无线电卫星是搭载政府或商业火箭升空的。近年来聪明的爱好者将此概念又推进了一步，他们利用自身的知识，进行大量的科技创新，通过技术手段帮助提供商增加发射空间和有效载荷，而发射方以搭载业余无线电卫星作为回报。由欧洲空间局（ESA）和AMSAT联合开发的ASAP结构就是最好的例证。20世纪80年代后期，AMSAT建造了一系列微卫星，但要将这些（6个）业余无线电卫星发射升空则困难重重。于是，AMSAT的志愿工程师们向ESA提出可以在阿丽亚娜Ⅳ型火箭上开发一些当时没有利用的空间。由AMSAT帮助设计并制造一种叫作“用于辅助载荷的阿丽亚娜火箭结构”（简称ASAP结构）的大型装载结构，用于发射小型卫星。这种结构安装在阿丽亚娜火箭末级的底座上。1990年，ESA利用此技术将6颗业余无线电卫星全部送上轨道，AMSAT节省了大量发射成本，ESA也使用ASAP结构将类似的小型商业卫星不断地送上轨道。这种互相帮助的方法，使业余无线电爱好者获得了免费发射业余无线电卫星的机会，并且推进了太空探索的技术发展，还为商业发射机构找到了提高服务质量和增加收入的新方法。

在业余无线电卫星的设计和制造领域，世界各国的业余无线电卫星组织与高校开展了紧密的合作。比如AMSAT与韦伯大学达成互助协议就是一个成功的事例，现在Phase3-D（AO-40）卫星的模型就是由韦伯大学宇航技术中心的一群学生负责建造的。对于青年学生

来说，有这样亲手制作飞行部件的实践机会是非常宝贵的，而高校学生具备的良好素质也满足了项目的要求，AMSAT用很低的成本使用到高级人才。许多年来，AMSAT从这些合作项目中受益匪浅。

再比如，美国业余无线电转播联盟（ARRL）和业余无线电卫星组织为NASA（美国国家航空航天局）的航天飞机研制了适应新空间的业余无线电设备。爱好者们总是无偿地将他们在通信技术领域的技能奉献给每一次承担有业余无线电通信任务的航天飞机飞行计划。近几年SAREX计划（航天飞机业余无线电实验）的实施，使得很多国家的在校学生可以通过无线电与航天飞机上的航天员进行联络。而“国际空间站业余无线电通信计划”（ARISS）更是吸引了众多的爱好者。

3. 业余无线电卫星通信的操作

（1）业余无线电卫星通信的准备工作可大致按以下步骤进行。

① 设定联络目标，即打算使用的模式和卫星。

业余无线电卫星通信使用的模式可分为两大类，即模拟模式和数据模式。在模拟模式中SSB和CW最为普遍，据统计，超过75%使用业余无线电卫星的地面电台装备了SSB和CW的设备。数据模式中最常用的是业余无线电分组数据交换通信（Packet Radio）。

② 收集卫星最新的状态信息（频率、转发器的工作状态、是否可用等）。

AMSAT网站为全球爱好者提供了业余无线电通信卫星方面的丰富资讯。其“AMASAT在轨OSCAR卫星状况”页面列出了由世界各国爱好者提供的在轨业余无线电卫星最新的工作状态报告，以及部分卫星详细资料的链接。本书附录18是这个页面的部分截图。

③ 学习如何跟踪卫星，并准备好电台设备。对于想利用业余无线电卫星联络的地面电台来说，最关键的是接收设备和天线。

④ 调好、校好电台，包括收发机、变频器、前置放大、天线及馈线等各个环节，然后在卫星的下行频率上守听。

⑤ 尝试在卫星的上行频率上发射，并和别人通联。

（2）架设电台时应着重考虑的问题有如下几方面。

① 在选择使用模拟方式还是数据方式进行通信时，大部分刚开始尝试业余无线电卫星通信的爱好者，都选择使用模拟方式（SSB/CW）进行通联，因为这种方式简单易行。

② 上下行频率：不管采用什么模式进行通信，都需要一台能够在所选卫星转发器上行频率上使用的发信机和下行频率上使用的收信机。注意，对于SSB/CW通信来说，由于必须在发射的同时收听，所以一台简单的收发信机是不够的。大多数爱好者是利用现有的设备进行通联，所以15m /10m /2m /70cm波段上的业余无线电卫星活动是最广泛的。一般来说，使用频率越高，收发信机制作难度就越高，但通信连接的质量也越高。因此，卫星的设计者在选择转发器的时候会充分权衡各方面的因素。

③ 卫星的高度：常用的业余无线电卫星分为低轨道地球卫星（LEO）和高轨道地球卫星（HEO）两种。低轨道地球卫星的高度一般在300～1500km，只比航天飞机的飞行高度略高；而高轨道地球卫星的飞行高度近地点在2500～4000km，远地点则在20 000～45 000km。除此以外，还有地球静止轨道（GEO），高度在36 000km；居于LEO和HEO之间的中地球轨道（MEO/ICO），高度在6000～20 000km。卫星高度的优、劣比较如表1-7所示。卫星高度示意如图1-1所示。

表1-7　　卫星高度的优、劣比较

低轨道地球卫星（LEO）		高轨道地球卫星（HEO）	
优势	劣势	优势	劣势
（1）可以以低功率和简单的天线进行通联； （2）一般使用比较低的频率，收发设备易寻	（1）覆盖有限，每天从头顶通过4～6次，每次不超过20分钟，最大通联距离不超过9000km； （2）由于频率低，易受电离层干扰，链路不稳定	（1）覆盖范围大，通联距离可达18000km以上。10～12小时绕地球一周； （2）链路可靠； （3）新卫星携带有大功率转发器和高增益天线，对地面电台的要求下降，如P3D	高度高，要求地面电台有更高的功率、指向性天线和灵敏的收信机

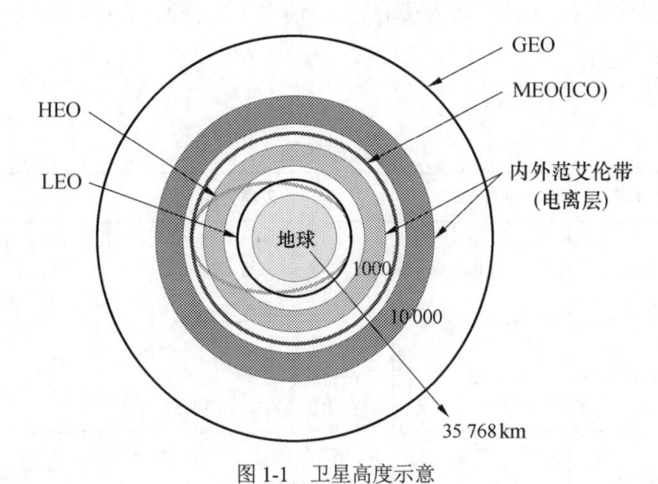

图 1-1　卫星高度示意

（3）业余无线电卫星通信操作需要的设备。根据目前正在运行的和即将发射的业余无线电卫星情况，一个最基本的业余无线电卫星地面电台由以下部件组成。

① 收信机（能支持29MHz、145MHz、435MHz、2.4 GHz、10GHz和24GHz）。

② 发信机（能支持21MHz、146MHz、435MHz、1.2 GHz、2.4 GHz和5.7GHz）。

③ 天线。要能支持你所需的全部频段。此外，由于卫星转发器都是设计成跨段收发的，所以要求天线收、发分离。同时也因为目前业余无线电卫星多为沿轨道绕地旋转的，所以天线的仰角和方位角必须分别控制。天线系统对于地面业余电台来说十分关键，接收天线要能够提供良好的信噪比（噪声系数小于2dB），而发射天线则应能将足够的能量发送到卫星（增益大于12dB）。综合起来，天线需要着重考虑以下因素。

a. 方向特性（增益值、增益方向）。

b. 发射和接收特性。

c. 效率。

d. 极化方向（收信天线圆极化）。

e. 连接效果（法拉第旋转和旋转调制）。

如果使用数据模式，还需要一个调制解调器和计算机以及相应的软件。

4. 卫星转发器

卫星转发器有处理模拟信号和数字信号两类。目前模拟信号转发器为大多数爱好者所使用，模拟信号转发器又称线性转发器，它的作用是将上行频段内一组连续频率（频带）的信号经过放大，在另一个频段同样频宽的频带上重新发射。转发器将转发这个频带内的所有信号：SSB、CW、FM、数据、噪声、合法电台及非法电台等。业余无线电卫星转发器的频带宽度一般为40～250kHz。

在描述卫星转发器的时候，通常将上行频率（或者波长）放在前面。比如“带有144MHz/29MHz转发器的卫星”就是表示这颗卫星的转发器能将144MHz上的某个频带转发到29MHz上。我们也可以将这个转发器称为2m/10m转发器或者A模式转发器。

5. 业余无线电卫星的模式

通信卫星的模式代表了该卫星转发器的上行频率（波长）、下行频率（波长）和发射方式。目前流行的命名法有两种。

（1）老式命名法，如表1-8所示。

表1-8　老式命名法

模式	上行频率	下行频率	发射方式	代表卫星
A	2m	10m	SSB/CW 支持语音和电报	AO-6，AO-7，AO-8，RS-1，RS-2，RS-5，RS-6，RS-7，RS-8，RS-10/11，RS-12/13，RS-15
B(U)	70cm	2m	SSB/CW 支持语音和电报 部分卫星支持RTTY和SSTV	P3A，AO-10，AO-13，RS-14/AO-21，AO-24
J	2m	70cm	SSB/CW 支持语音和电报 部分卫星支持FM语音	OSCAR-4，FO-12，FO-20，FO-29，AO-27
JA(J Analog)	同上	同上	SSB/CW	同上
JD(J Digital)	同上	同上	2m FM， 70cm SSB/CW 支持Packet Radio	FO-12，FO-20，FO-29，UO-14，UO-22，K O-23，K 25，AO-16，LO-19，IO-26
JL	2m，24cm	70cm	J模式和L模式的结合	AO-13
K	15m	10m	SSB/CW 支持语音和电报	RS-10/11，RS-12/13，Iskra-2，Isk ra-3
K A	15m，2m	10m	K模式和A模式的结合	RS-10/11，RS-12/13
KT	15m	10m，2m	K模式和T模式的结合	RS-10/11，RS-12/13
L	24cm	70cm	SSB/CW 支持语音和电报	AO-10，AO-13
S*	70cm	13cm	SSB/CW 支持语音和电报	AO-13，AO-24，AO-40
T	15m	2m	SSB/CW 支持语音和电报	RS-10/11，RS-12/13

注：S模式原先设计为24cm上行频率/13cm下行频率，但这个约定从来没有被遵守。许多爱好者使用13cm～2m的变频器来将下行信号转换到一个2m的接收机上，而不必购买2.4GHz的接收机。

（2）新式命名法，如表1-9所示。

表1-9　新式命名法

频率	波长	代码	频率	波长	代码
21MHz	15m	H	2.4GHz	13cm	S
29 MHz	10m	T	5.7GHz	6cm	C
145MHz	2m	V	10.5GHz	3cm	X
435MHz	70cm	U	24GHz	1.5cm	K
1.2GHz	24cm	L			

新旧命名法对照如表1-10所示。

表1-10　新旧命名法对照

老式命名法	新式命名法	老式命名法	新式命名法	老式命名法	新式命名法
Mode　A	V/T	Mode K	H/T	Mode L	L/U
Mode　B	U/V	Mode K A	H，V/T	Mode S	U/S
Mode　J	V/U	Mode K T	H/T，V	Mode T	H/V

6．业余无线电卫星的分类

根据卫星运行轨道和功能，业余无线电卫星可分为以下5类。

（1）Phase 1，以OSCAR 1和2为代表的早期业余无线电卫星，发射于20世纪60年代初期。这些卫星只携带低功率的信标台，寿命只有几个星期，如OSCAR 1～5。

（2）Phase 2，以OSCAR 6/ 7/ 8为代表的业余无线电卫星，当前大部分可用的业余无线电卫星均属此类。这类卫星最明显的特征是运行于低轨道（南北极地轨道或者低高度东西赤道轨道），因此爱好者只能在有限的时间内连接卫星，通联的范围也大大受到限制，如OSCAR 6～9，OSCAR 11～12、OSCAR 14～23、OSCAR 25～36，RS1～8、RS10～16等。

（3）Phase 3，Phase 3卫星的研究开始于20世纪70年代中期，这类卫星运行于长椭圆轨道之中。10～12小时绕地球一周，如OSCAR 10、13、40。P3E是在2004—2005年间发射的。

（4）Phase 4，位于地球静止轨道上的业余无线电卫星，目前此类的业余无线电卫星都处在设计阶段。

（5）Phase 5，围绕月球或火星轨道运转的业余无线电卫星，目前正在计划发射P5A。

7．卫星的跟踪

对于地面上的爱好者来说，业余无线电卫星是移动的物体。因此，要想通过业余无线电卫星进行联络，必须首先解决以下两个问题：我的电台何时能够“看”到某颗卫星？我的天线应该指向何处？

这两个问题曾经困扰了早期从事业余无线电卫星通信的先驱们，随着计算机和信息技术的发展，人们开始利用计算机程序来找出答案。今天，计算机程序能够告诉我们更多的信息。

（1）卫星的操作约定，比如某颗卫星哪些转发器是开着的，使用哪一个信标（地面的控制人员有可能会切换卫星上的设置来改变卫星的操作方法）。

（2）计算频率的偏移，即多普勒效应。当波源与接收者之间相对运动时，接收者接收到波的频率会发生变化，这种现象被称为多普勒效应。明显的例子就是当你坐在汽车里听对面来车按喇叭时的感觉，声音由低到高再由高到低。由于业余无线电卫星对于地球存在相对的运动，所以地面业余电台和卫星之间建立起来的连接也存在着频率漂移的现象。

（3）计算卫星天线朝向与地面电台天线朝向间的夹角以及卫星和地面电台间的距离。这些数据和通联信号的质量密切相关。

（4）当前卫星覆盖的区域，也就是当前能够通过卫星通联的地区。

（5）当前卫星是在阳光之中还是在地球的阴影之中。有一些卫星只能在位于阳光之中时操作。

（6）下一次和某地点能够通联的时间。由于卫星每次过顶的角度和高度不同，所以并不是每一次卫星过顶时都能够和某地点进行通联。许多爱好者还用辅助软件来控制天线的指向、补偿多普勒频率漂移或解码卫星的遥感数据。有一些软件甚至还可以定时开关电台，并自动获取卫星上的数据。

常用卫星追踪软件如表1-11所示。

表1-11　　常用卫星追踪软件

软件名称	操作系统	备注	费用
Nova	Windows 9x /NT/2000/XP	被NASA、美国空军和许多爱好者采用	付费
PreDICT	Linux，UNIX，DOS，MacOS	开放源代码的卫星跟踪软件。此软件由KD2BD编写	免费
WinOrbit	Windows		免费
WinTrak	Windows		付费
WiSP	Windows	包含完整的电台自动控制功能，为卫星数据通信设计	免费
InStAntTrack	Windows	由AMSAT开发	付费
JTrack	Web（基于JAVA）	由NASA开发	免费

8．我国的“希望”系列业余无线电通信卫星

我国恢复开放业余电台以来，涉足业余无线电卫星通信的爱好者越来越多，国家对于普及卫星通信科学知识也给予了高度重视。

2009年12月15日10时31分，我国首颗搭载着业余无线电转发器的公益卫星“希望一号”（XW-1）在太原卫星发射基地升空并准确进入预定轨道。“希望一号”填补了我国业余无线电通信卫星项目上的空白，在国际业余无线电界引起了热烈反响，国际业余无线电卫星组织将这颗卫星列入了国际业余无线电卫星序列，编号为HO68。

2015年9月20日，我国又利用一箭多星技术，成功发射了“希望二号”系列业余无线电通信卫星。希望二号系列卫星包括了XW-2A和2B、2C、2D、2E、2F共6颗卫星。

为能让更多的爱好者参与实验，国家无线电管理机构还于2010年1月做出决定，允许持有三级操作证书（2013年之后转换为A类操作证书）的业余无线电爱好者使用145.800～146.000MHz业余频段用于业余无线电卫星通信实验。

XW-1采用整星框架加承力板结构设计，非等边的八边形立柱式结构，星上能源采用体装

太阳电池阵与锂离子蓄电池联合供电方式，卫星质量为60kg，包络尺寸为680mm×480mm。这颗卫星运行轨道类型为太阳同步轨道，高度为1200km，倾角为105°，轨道周期为109分钟。所携带的遥测信标发射机发射频率为435.7900MHz，以CW方式工作；调频转发器下行频率为435.6750MHz；线性转发器下行频率为435.7650～435.7150MHz，采用SSB/CW模式；数据包存储转发器下行频率为435.6750MHz，采用AFSK 1200bit/s模式。线性转发器上行频率为145.9250～145.9750MHz，采用SSB/CW模式。其他方式上行频率均为145.8250MHz，其中数据包存储转发器标准为AFSK 1200bit/s，基于AX.25的PACSAT通信协议，星上的线性转发器和调频转发器不同时开启，开启方式由地面测控中心控制。

“希望一号”升空以后，我国爱好者通过星上转发器和国内外业余电台进行了频繁联络，许多爱好者用简单的天线装置就接收到了它的信标信号，在全国青少年业余无线电通信比赛中，小朋友们还练就了用手持简易天线和便携电台在户外快速跟踪和抄收卫星播发的遥测信号的本领。

希望二号A星（XW-2A）是一个边长为400mm的等边六面体，质量为25kg，能源采用体装三结砷化镓太阳能电池阵和锂离子蓄电池联合供电方式。希望二号B、C、D星较小，均为边长250mm的等边六面体，质量为9kg，能源采用方式和XW-2A一样。XW-2E和XW-2F则更为小巧，质量各为1.5kg。所有6颗卫星都配有基本相同的业余无线电有效载荷，每颗卫星包括一个U/V模式线性转发器、一个CW遥测信标和一个数字遥测发射机。其中XW-2A运行在高度约450km的太阳同步轨道上，其他卫星运行在高度约530km的太阳同步轨道上。

希望二号系列卫星上行频率见表1-12，下行频率见表1-13。根据国际业余无线电卫星组织网站截至2020年9月底的报告，各星通信载荷均工作正常。可以肯定，随着希望二号系列卫星的顺利发射，我国爱好者在业余无线电空间通信试验中一定会取得更加丰硕的成果。

表1-12　　希望二号系列卫星上行频率

卫星	频率范围/MHz	带宽/kHz	应用
希望二号A星（XW-2A）	435.030～435.050	20	线性转发（频谱倒置）
希望二号B星（XW-2B）	435.090～435.110		
希望二号C星（XW-2C）	435.150～435.170		
希望二号D星（XW-2D）	435.210～435.230		
希望二号E星（XW-2E）	435.270～435.290		
希望二号F星（W-2F）	435.330～435.350		

表1-13　　希望二号系列卫星下行频率

卫星	呼号	应用	频率范围/MHz	带宽/kHz	发射功率/dBm	调制体制
希望二号A星（XW-2A）	BJ1SB	数字遥测	145.640	30	20	9.6kbit/s或19.2kbit/s，GMSK
		CW信标	145.660	0.1	17	22wpm，CW
		线性转发	145.665～145.685	20	20	
希望二号B星（XW-2B）	BJ1SC	数字遥测	145.705	30	20	9.6kbit/s或19.2kbit/s，GMSK
		CW信标	145.725	0.1	17	22wpm，CW
		线性转发	145.730～145.750	20	20	
希望二号C星（XW-2C）	BJ1SD	数字遥测	145.770	30	20	9.6kbit/s或19.2kbit/s，GMSK
		CW信标	145.790	0.1	17	22wpm, CW
		线性转发	145.795～145.815	20	20	
希望二号D星（XW-2D）	BJ1SE	数字遥测	145.835	30	20	9.6kbit/s或19.2kbit/s，GMSK
		CW信标	145.855	0.1	17	22wpm，CW
		线性转发	145.860～145.880	20	20	
希望二号E星（XW-2E）	BJ1SF	数字遥测	145.890	16	20	9.6kbit/s，GMSK
		CW信标	145.910	0.1	17	22wpm，CW
		线性转发	145.915～145.935	20	20	
希望二号F星（XW-2F）	BJ1SG	数字遥测	145.955	16	20	9.6kbit/s，GMSK
		CW信标	145.975	0.1	17	22wpm，CW
		线性转发	145.980～146.000	20	20	

1.4.5　月面反射通信研究

月球是地球唯一的天然卫星，能不能利用月球把地面上发射出去的信号反射到地球上的另一个地点从而实现远距离通信呢？爱好者对此做出了巨大的努力，直至1960年由W6HB和W1BU两个美国业余无线电团体在1296MHz上首次实现利用月球表面无源反射进行的业余无线电双向通信。这种通信方式被称为“月面反射通信”（EME）。从此之后，探索者的队伍迅速壮大，世界各国的爱好者不懈努力，进行着各种模式的EME实验。在计算机技术尚不发达的时候，爱好者经常在50～1296MHz的各业余频段上用CW、SSB模式进行双向联络。美国ARRL等一些国家的业余无线电组织还组织EME的国际比赛。我国清华大学的业余电台BYIQH也曾在1997年10月19日，用2m波段成功地和瑞典SM5FRH等业余电台进行了我国第一次双向EME试验。

随着计算机技术的发展和普及，具有自动纠错功能的数据交换方法和程序不断涌现并被用于无线电通信，业余无线电爱好者也编写出了如著名的JT65那样的适用于极弱信号环境下的无线电通信协议（见本章1.4.2节），实现可靠EME的愿望已不是遥不可及。

1.4.6　移动通信研究

与穿梭在城乡天地间安装在各种交通工具上的业余电台、临时架设进行业余无线电通信实验和竞赛的电台、参与配合突发事件应急通信的业余电台间的通信都属于业余无线电移动通信。如何在没有商业移动通信网络（如手机、卫星电话）条件下，利用广泛生存于民间的设备搭建起畅通的业余无线电移动通信网，是世界各国爱好者又一个不懈努力的方向，而要获得可靠、快速、多模式的通信效果，依然面临着许多待解之难题。

许多国家定期举行大范围的移动通信活动日，如美国每年6月最后一周的星期六和星期日为“户外日”（Field day），每到这一天，爱好者就把自己的电台设备带到野外相互联络，唯一的要求就是不用市电。我国爱好者也经常组织各种活动，如“业余无线电应急通信演练”“无盲区天线通信比赛”“V/U通信日”等，试验和改进天线装备，检验和熟练运用各种通信手段的能力技巧，锻炼和提高了业余无线电爱好者在突发性自然灾害中服务于社会应急通信并为之作出贡献的能力。

1.4.7　小功率通信研究

世界上许多爱好者热衷于用只有几瓦甚至更小功率的电台进行远程通信试验，他们为如何利用尽可能小的发射功率，联络到距离尽可能远、范围尽可能广的业余电台而发着“高烧”，并因此而不断地推出一些性能优良的小功率电台，而利用不到5W功率的QRP（小功率）业余电台，沟通全球并取得WAC奖状的爱好者，在世界上已不乏其人。在对保护电磁环境的要求越来越高的今天，用尽可能小的发射功率实现更远距离的通信有着非常重要的现实意义，而层出不穷的面向微弱信号无线电数字通信软件也使得QRP（小功率）通信有了更加广阔的天地。

1.4.8　V/U波段通信

V/U波段通信泛指30～3000MHz的通信，其中30～300MHz为VHF（甚高频）段，300～3000MHz为UHF（特高频）段。

许多国家制定的业余无线电操作等级标准都规定了初级操作员只能使用V/U波段进行发射活动。我国也是如此，V/U波段成为所有爱好者加盟业余无线电之后的首用频率。

在我国，VHF段中的业余频段有50～54MHz、144～146MHz、146～148MHz，这3段均为和其他业务共用的频段。UHF段中属于业余频段的有430～440MHz、1240～1300MHz、2350～2450MHz，而且业余业务都是次要业务。

V/U波段包括了大量专业业务的通信，如航空导航、卫星通信、广播电视及交通、公安、消防等固定或移动业务，这些通信关系着人民的生命财产，关系着社会的安全稳定，十分重要。每一个业余无线电爱好者，都必须严格遵守国家有关法令，不在这些非业余无线电频率上进行发射和收听。对于业余业务属于次要业务的频段，各地无线电管理机构根据当地的情况，有可能对业余无线电通信采取部分禁用或限用的措施，我们应该严格遵守。

V/U波段电磁波的传播方式主要是直线传播，“视距通信”是这个波段通信的特点。在这个波段里，一般情况下通信距离取决于电台所在位置，双方天线之间没有高大建筑物或山地阻挡，小功率也可以实现远距离通信。

在V/U波段中，144MHz（2m）频段和430MHz（70cm）频段是爱好者的“入门波段”，也是业余无线电“人气”最旺的地方，世界上数以百万计的爱好者中，70%的爱好者活跃在这个波段上。爱好者们可以通过手持式对讲机或车载电台，在数千米范围内进行实时联络，也可以通过由业余无线电组织设置的中继台在数十千米范围内相互交流通信，十分方便。

如何选择V/U波段通信设备？常见的设备均为FM调频模式，除了工作频率及发射功率必须是在无线电管理机构批准的和你的业余通信操作允许范围内，其实用性是最主要的。通过销售商用计算机设置频率（即写频）的设备也可以使用，但不很方便。收、发频率最好可以分别设置，这对于设备能否使用当地的中继系统是很重要的。电池块、充电器等配件、附件应较易获得。有关业余无线电设备的介绍见本书第7章。

我国每年的5月、6月、7月，是144MHz传播条件最好的时候，“中、日、俄、韩2m通信试验”已经吸引了我国的许多爱好者，通信距离的纪录不断被刷新。144MHz也是EME（月面反射通信）的常用频段。这些通信实验一般使用SSB模式，爱好者通常选用集短波和超短波于一体、功率较大的设备进行实验。

50MHz（6m）频段是高频与甚高频之间的临界频段，其传播特性也最为奇特。冬季的早晨，周边国家的信号如同本地台那样清晰响亮，捕捉“突发性E层”和捉摸不定的流星余迹进行超远程通信是这个频段最具魅力的课题之一。不过，我国南京等城市因为广播电视仍在使用这个频段，6m波段业余通信还只能停留在“收听”阶段。

对于1200MHz以上频段，我国爱好者也已涉足，并取得一定的成绩。在这些频段，利用其比较宽的频带进行速度更快、保密性更强的无线电数据通信，如“扩频通信”已经成为现实。1200MHz以上频段，由于波长极短，天线、元器件出现了新的形态，延长相互间的通信距离变得更为困难。向更高的频率进军，开发新的电磁波资源，正是这些频段对无线电爱好者提出的挑战。

1.4.9 网络业余无线电通信

1. VoIP网络业余无线电通信

在国际互联网和计算机技术飞速发展的浪潮中，一种将业余无线电和网络技术结合起来的新的通信方式应运而生。人们把这种通信方式称为VoIP。VoIP（Voice-Over-IP）即语音信号通过互联网在不同的IP地址之间传递。司空见惯的“网络通话”过程是，语音信号经计算机声卡转变为数字信号，通过相应软件的调制，经过互联网的传递，再由另一台计算机将此数据流接收下来并经过相应软件处理，还原成语音输出。而VoIP与这种通常的网络通话方式不同的是，语音信号的来源和输出对象都是业余电台。一部移动使用的手持式对讲机或是一部车载电台通过中继装置（被称为“节点”）与互联网中特定的服务器相连，自己的声音被传送到网络另一端，再通过接收端中继台和另外一个移动或者固定的业余电台进行QSO（通联）。当然，也可以直接利用计算机通过网络呼叫这个VoIP系统中的其他电台，完成“交叉”方式EQSO（在线通联）。

世界各国的爱好者在这一通信试验中，建立了不同的数据标准，编写了不同的软件，通过不同的硬件和网络系统中的服务器，建立了不同的VoIP系统。爱好者们可以通过计算机找到这些网站，下载相应的软件，在电台和计算机之间建立起必要的连接，并按照要求加入这些系统中去。目前常见的VoIP系统有以下几种。

（1）IRLP。它的设计者是加拿大爱好者David Cameron（VE7LTD）。IRLP系统自1997年11月问世以来，经过不断的完善和改进，有了比较成熟的软硬件支持，获得了众多爱好者的青睐。

（2）EchoLink。这是我国爱好者比较熟悉的一个VoIP系统。各地的业余无线电网，如本地的中继台，通过“地方主控台”也即“节点”，汇合到网络中的会议服务器上。一些分散在偏远地方的HAM也可以直接进入会议室。通过系统软件，我们可以看到遍布世界各地登录在EchoLink系统中的全部成员的动态信息，并有可能听到其中任一电台的声音并与之QSO。EchoLink网站可以指导你如何成为这个系统中的一员。

（3）WIRES-Ⅱ。这个系统最初是由美国爱好者创立的，经过不断的改进和完善，现在成为日本YAESU公司生产商品的一部分，由该公司为业余无线电设备提供完整的网络连接硬件和软件包。据称日本近80%的HAM、世界各国有近两千个业余电台加入这个系统。

（4）D-star。这个VoIP系统是由日本业余无线电联盟（JARL）创造的，现在已经嵌入日本Icom公司生产的收发信设备当中。

VoIP通信把分散在世界各地的业余电台通过互联网紧紧联系到了一起，DX变得不再遥远，QSO更加便捷可靠。由于在应急通信中发挥的独特作用，这种通信方式得到业余无线电组织和社会各界越来越多的关注和重视。

当然，由于技术和网络安全，目前还没有办法把各种VoIP系统统一为一体，让人们体验到与真正的DX联络一样的宽广和自由，但可以相信，爱好者的这个梦想一定会变为现实。

2．WebSDR（网络软件无线电）

软件无线电（SDR）是20世纪90年代兴起的一项新技术，其基本思想是将硬件作为通用的基本平台，把尽可能多的无线电通信功能通过可编程软件来实现，使无线电系统可以灵活地实现各种功能，并可以在硬件平台基本结构不变的情况下，通过改变软件来改进升级、使用新技术。SDR已经成为现代无线电技术的重要发展方向。

WebSDR，我们把它称为网络软件无线电。它是软件无线电技术和互联网技术相结合的产物。爱好者们运用计算机技术设计制造出高质量的宽频带收信机，并在电磁环境良好的地方建立收信台。他们把收信机收到的信息实时上传到互联网上，只要登录这些网站，你的计算机就成了一台软件无线电收信终端，可以收到从异国他乡收信台上传的各种无线电信号，不必架设电台便可领略业余波段上热闹非凡的奇妙景象。

要体验WebSDR并不困难，先下载免费的Java系统，然后浏览WebSDR链接中的收信台网址。这时，业余波段的频谱图便显示在网页下方。你可以任意选择其中的波段、频点，变换工作模式和频带宽度，非常清楚地收听到欧美“本地电台”在和远方的DX电台通联。如果你已经有了短波电台，还可以通过WebSDR检测一下自己的信号是否够强，能传到远方。

3．OpenWebRX（开源网络软件无线电）

OpenWebRX 是无线电爱好者Andras Retzler（HA7ILM）创建的开源项目，也是基于Web的频谱接收解调工具，该工具已在全球200多个服务器中使用。与WebSDR不同，OpenWebRX更加开放，更加注重在小型轻量化硬件设备上实现各种模式，尤其是数字通信模式的解调，比如与OpenWebRX同时推出的KiwiSDR硬件项目，在安装完成OpenWebRX系统后只需要插上电源和网线，即是一台可以随时访问的、同时显示0～30MHz带宽的在线SDR设备，支持多用户同时访问，并且不需要第三方软件就可在网页上完成如CW、DRM、SSTV等模式的解调工作。另外在PC（个人计算机）或“树莓派”上结合RTL-SDR设备也同样可以实现以上功能，甚至还可实现在线解调（如FT8、DMR、PACKET等）功能。

OpenWebRX原项目创始人已停止开发，但作为开源项目，多个分支团队继续进行更多功能的开发工作，如果感兴趣可登录相关网站获得更多信息。

4. SDR-RADIO V3网络软件无线电

SDR-RADIO V3网络软件无线电是Windows平台上功能强大的SDR接收软件，其中提供了将本机所使用的SDR设备转变成可在线远程操作的服务端应用。与上述网络软件无线电不同的是，SDR-RADIO V3自身支持的SDR硬件相当丰富，另外即使远程连接在线SDR服务器，其操作同控制本地设备那样完全相同。由于可以轻松搭建服务器，远程用户体验感更好，扩展性更强，受到广大无线电爱好者喜爱，全球也分布着众多的服务器。

5. SDR#网络软件无线电

与SDR-RADIO V3类似，SDR#也是一款广受欢迎的SDR软件，其中也集成了远程SDR的连接客户端功能。不同的是，硬件主要集中在自己开发的AIRSPY系列硬件和市场较多的RTL-SDR设备。

6. 电台远程控制系统RCForb

RCForb是一个无线电团体合作开发的一款电台远程遥控软件，可以安装在手机或者计算机上。这样，无论身在何处，只要拿出手机或者计算机，就可对家中或俱乐部电台的天线和短波电台设备，包括转向器、功放及天线切换器进行遥控操作，享受操作远程电台的乐趣。

RCForb软件可在Remotehams网站注册并下载。

1.4.10 业余无线电测向

业余无线电测向（ARDF），又被称为“猎狐”（Fox Hunting），是由欧洲的爱好者于20世纪40年代发起的集业余无线电技术和户外运动于一体的一项活动。爱好者们借助自己制作的具有准确方向性的天线和接收机，运用电波传播知识和业余无线电操作技能，准确探测出发射机方位并迅速找到这些电台是这项活动的基本形式。国际业余无线电联盟（IARU）为业余无线电测向活动规定了使用频率（3.5MHz和144MHz业余波段范围内）和测向电台的专门呼号（MOE、MOI、MOS、MOH、MO5及终点信标MO等），并制定了业余无线电测向世界锦标赛竞赛规则。

由于这项活动所特有的趣味性和竞技性，几十年来吸引了世界各国大量业余无线电爱好者和青少年，IARU和许多国家的业余无线电组织也把这项活动作为帮助更多的人了解和体验业余无线电乐趣的户外运动项目来加以普及和推广。IARU每2年举办一届ARDF世界锦标赛和世界青少年锦标赛，IARU各分区也有本区的国际比赛。在我国，无线电测向运动是一项传统的群众体育运动项目，各类ARDF竞赛和体验活动为业余无线电通信的宣传和推广发挥了重要作用。

本书附录20介绍了业余无线电测向机的设计与制作方法，旨在帮助有兴趣的朋友更多地了解这方面的知识。

第 2 章　业余无线电通信操作实践

2.1　业余电台的通信内容

业余无线电通信是借助业余电台来完成的，业余电台的性质确定了它的通信内容，在正常情况下仅限于技术交流、个人情况的介绍以及竞赛。在遇到自然灾害或紧急救援等特殊情况时，经受灾国家主管部门同意，业余电台可临时用于抢险救灾。业余无线电通信不以谋取利润为目的，除用于紧急救援外，使用业余电台为第三方传送国际通信是绝对禁止的。在业余通信中不涉及政治、宗教是全世界爱好者恪守的信条，把业余电台用于广播娱乐、传递不宜公开的消息、泄露国家机密更是国家法律所不允许的。在业余电台上漫无边际长时间的聊天甚至调笑则是全世界爱好者都十分讨厌的。

无线电管理法规要求任何单位或者个人在使用业余电台时遵守下列规定：

（1）不得通过任何形式发布、传播法律、行政法规禁止发布、传播的信息；

（2）未经批准不得以任何方式进行广播或者发射通播性质的信号；

（3）应使用明语或者业余无线电领域公认的缩略语、简语，以及公开的技术体制和通信协议；

（4）不得用于谋取商业利益等超出业余电台使用属性之外的目的；

（5）不得故意干扰、阻碍其他无线电台（站）通信；

（6）不得故意收发业余无线电台执照载明事项之外的无线电信号，不得传播、公布或利用无意接收的信号；

（7）不得擅自编制、使用业余无线电台呼号；

（8）不得涂改、倒卖、出租业余无线电台执照；

（9）禁止向境外组织或者个人提供涉及国家安全的数据参数资料，包括（但不限于）境内电磁波、气象、水文、地理坐标和其它敏感信息；

（10）不得从事法律、行政法规禁止的其他活动。

按照惯例业余电台还应遵守以下几点：

（1）只准与业余电台联络；

（2）至少每10分钟发出1次呼号；

（3）语言、态度文明礼貌，通信联络简明扼要；

（4）不得在机上调笑、嬉闹；

（5）每次联络必须如实填写电台日记，并长期保存；

（6）承担按国际惯例交换QSL卡片的义务。

一次成功的联络，至少应包括3件事：双方都正确地抄收了对方的呼号，交换信号报告，将这次联络情况正确地记录在电台日记上。

一般情况下，业余通信还应包括这样一些内容：介绍自己的姓名，电台所在的地理位置，交换相互通信的凭证——QSL卡片的地址或途径，交换所用设备的情况、天气情况等。

友好是全世界爱好者的信条之一，所以在每一次联络中都少不了热情的问候。说一声“73”是HAM向对方致敬的独特方式，也是业余通信与其他业务通信用语区别之一。

以上内容在每次联络中如何筛选，则应视当时联络的情况而定，双方收听情况良好且频率空闲，则可多选内容，甚至可超出上述范围，交谈双方都感兴趣且为法则所允许的内容可多讲，反之则应少讲甚至不讲。

2.2 业余电台的信号报告

业余无线电通信的宗旨之一就是交流技术，而收听到对方信号的情况则是最必要的技术数据，所以业余通信中有义务首先向对方报告信号。

业余电台的信号报告由代表信号可辨度的“R”（Readability，信号的清晰程度）、代表信号强度的“S”（Strength，信号的大小）以及代表信号音调的“T”（Tone，信号的质量）3部分组成，所以信号报告也常被称为“RST”。在语言通信中，只报告前两项；在电报、电传及其他一些数字通信中应报告全部3项。

信号可辨度“R”位于信号报告的第1位，共分5级，用1～5中的一位数字表示，具体如下。

1——信号不可辨。

2——不容易辨别，偶尔个别字可辨。

3——能辨别，但困难。

4——能辨别，没什么困难。

5——非常清楚。

信号可辨度的判断依靠主观经验。在通常情况下，有经验的HAM对于能顺利进行联络的信号总是给予最高等级——5的报告。

信号强度“S”位于信号报告的第2位，共分9个级别，用1～9中的一位数字表示，具体如下。

1——刚有些知觉，极弱。

2——很弱。

3——弱。

4——强度尚可。

5——信号还好。

6——好信号。

7——有一定强度的信号。

8——强信号。

9——特别强的信号。

信号强度可以借助收发信机面板上的仪表指示判读。一般情况下，收信部分仪表的指针能随着信号的大小摆动。仪表度盘上有一条标有“S”的弧线，上面有1～9的刻度。只要观察指针摆动幅度最大时指示的位置便可准确地给出信号强度。当特别强的信号使指针摆动超过9时，你可将超出指示的读数“10，20，…，60”等报给对方，这些读数的单位是分贝（dB），如指针读数超过9之后，读数为20，就表示了信号强度为9级20dB。有些收信机，如大多数手持式对讲机没有信号强度数字指示，则应参照上述定级标准依靠主观判断。

信号音调“T”位于信号报告的第3位，也用1～9中的一位数字表示，每一级差代表接收的信号功率相差6dB。

数字1表示有很强的交流声，以后随着数字增大，表示音质不断改善，直至数字9，它表示非常纯正悦耳的声音。信号音调依赖于主观判断。在用语言通信中，信号报告不含本项，只需信号可辨度和信号强度两项。而且，由于设备质量的提高，现在一般的商品机都能保证发出的信号不含有明显的交流声，也没有明显的音调漂移，因而很容易得到音调“9”的报告。

在报告信号时，代表“RST”的3位数字应同时报出，因此，对于好信号，在语言通信中报告就是“59”，而在电报、电传等通信中的报告就是“599”了。

准确的信号报告，可以使双方了解自己收、发信设备的效率、电磁波的传播情况等，以保证通信的顺利进行或采取有效的改进措施。

2.3　业余电台地理位置的报告

业余电台之间通信联络时，在一般情况下，除应及时向对方报告信号和自己的姓名外，还应详细地报告自己电台所在的地理位置，这也是重要的技术数据。在两个电台沟通联络后，虽然从呼号中可以知道电台的大致位置，但终究范围太大。为便于对方结合信号报告，更好地分析电波传播情况及收发信机的性能，知道报告信号的电台具体地理位置无疑是非常重要的。报告地理位置的方法通常有以下几种。

（1）直接报告自己电台所在地的名称，这种方法一般是用“Q”简语中的QTH来进行报告的，示例如下。

【My QTH in Shanghai China】我的电台位置是中国上海。

【My QTH in Tianjin 】……我的电台位置在天津。

有的爱好者还在报告的地方名称后面加些具体的说明，示例如下。

【My QTH in Beijing The capital city of China】我的电台位置在中国首都北京。

【My QTH is Gaobeidian Hebei Near Beijing】我的位置是河北省高碑店，在北京附近。

有时还可进一步加上在某大城市的什么方向以及距离多少千米等，以便使对方能更容易地知道你电台所在的位置。

这里应注意的是，QTH简语的含义是地理位置，而不是通信地址。通信地址与地理位置是两个不同的概念，通信地址有时可以是信箱，如中国无线电运动协会总部电台BY1PK的通信地址是北京6106信箱。如果报告QTH时，报成My QTH is P.O.Box 6106 Beijing China，那是错误的。

（2）报告自己电台所在的经纬度。这种方式尤其适用于正在移动着（如在海洋中航行等）的电台。报告时也是使用Q简语的QTH，示例如下。

【My QTH is E 116°28′43″ and N 39°58′34″】我的位置在东经116°28′43″，北纬39°58′34″。

【My QTH is W 58°22′12″ and S 34°37′13″】我的位置在西经58°22′12″，南纬34°37′13″。

（3）利用业余无线电网格定位系统，即梅登黑德网格定位系统（Maidenhead Locator System），报告自己电台的地理位置。

该系统因1980年业余无线电VHF（甚高频）管理人员在英国伦敦附近的梅登黑德开会时被提出而得名。这是一种用4～6个字符就能报告电台精确位置的方法，用这种方法可以减少很多设在非著名城市的电台在报告自己位置时需做的繁杂解释，也可以避免在用经纬度报告地理位置时，报出一大串数字，既费时又易出错的。如果遇到干扰或用CW联络，要发出或抄对一大串数字则更为困难。

那么这些网格是如何划定的呢？它是将整个地球的表面分成18×18＝324个“场”（field），各占经度20°，纬度10°；每一个“场”又被分为10×10＝100个“方”（square），各占经度2°，纬度1°；再把每个“方”分为24×24＝576个“块”（subsquare），各占经度5′，纬度2.5′，这样整个地球表面即被分为18 662 400个小网格（块）。其中每个“场”在地球上的位置用AA～RR间的两个字母表示，每个“方”在“场”中的位置用00～99之间的两个数字表示，每1个“块”在“方”中的位置又用AA～XX之间的两个字母表示。以上每两个字符中的第1个均表示经度方向的序号，第2个均表示纬度方向的序号。网格位置的起点设在东（西）经180°的南极端，经度的序号由西向东排列，纬度的序号由南向北排列。粗略的网格位置可用4个字符表示，如上海为“PM01”；比较精确的网格位置，则可用6个字符表示，如北京为“OM89FV”。使用该系统只要有6个字符就可报出误差不超过10km的地球上任何地点。为了使爱好者们能了解世界上任何一点的网格定位的具体数据，下面列出了一个BASIC程序，只要输入你所求地点的经度和纬度，即可求出该地网格定位系统的6位数据了。

BASIC程序示例如下。

```
5cls
10 print″请依次输入所求地点经度的度、分、秒，中间用逗号隔开，″
20 input″东经为正、西经为负：″；a，b，c
30 x＝a＋b/60＋c/3600+1/1000000
40 if x<–180 or x>180 then print″输入错误，请重新输入...！″：cls：goto 10
50 print″请依次输入所求地点纬度的度、分、秒，中间用逗号隔开，″
60 input″北纬为正，南纬为负：″；d，e，f
70 y＝d＋e/60＋f/3600＋1/1000000
80 if y<–90 or y>90 then print″输入错误，请重新输入...！″：cls：goto 50
90 a＝x/20＋9：b＝int（a）
100 L $＝chr $（B＋65）：c＝y/10＋9：D＝int（c）
110 L $＝L $＋chr $（D＋65）：a＝（a–b）*10：B＝int（a）
120 L $＝L $＋chr $（B＋48）：c＝（c–d）*10：D＝int（c）
130 L $＝L $＋chr $（D＋48）
140 b＝int（（a–b）*24）：L $＝L $＋chr $（B＋65）
150 d＝int（（c–d）*24）：L $＝L $＋chr $（D＋65）
160 print″″
170 print″****************************″
180 print″你所求地点的网格位置是：″；L$。
```

```
190 print"**************************"
200 end
```

现在我们已经知道什么是业余无线电网格定位系统，那么在实际通信联络中如何使用呢？向对方索取网格定位系统位置的方法如下。

用等幅电报（CW）方式或数据传输通信联络时，一般可用【Pse ur loc？…】。

用语音（话）方式通信联络时，一般可用【What is your grid location？…】。

这两句话的意思都是“请告诉你台在网格定位系统的什么位置上？”。

回答的方法如下。

用等幅电报（CW）方式或数据传输通信联络时，一般可用【My loc is OM16VB…】。

用语音（话）方式通信联络时，一般可用【My grid location is OM16VB…】。

这两句话的意思都是“我的电台在网格定位系统的OM16VB位置上（即兰州）”。

以上是几种报告业余电台地理位置的常用方式，爱好者可根据情况及需要灵活选用，有时也可合并使用，如下所示。

【My QTH is Liaoyuan Jilin and grid location is PN22MW】即我的电台在吉林辽源，网格定位系统的位置是PN22MW。

应注意的是，无论用什么方法报告电台位置，在用语音（话）方式通信联络时，所有的字母都应使用本章2.6节中所述的字母解释法，逐个进行解释。

2.4　业余电台的QSL卡片

2.4.1　什么是QSL卡片

“QSL”在通信用的Q简语中是“收妥了”“给收据”的意思。QSL卡片是业余电台特有的一种确认联络或收听的凭证，所以每个电台都应有自己的QSL卡片。得到尽可能多的不同国家、不同地区寄来的卡片是爱好者不懈的追求目标。国际和许多国家业余无线电组织颁发的业余电台奖状，是以QSL卡片为申报凭证的，许多重要的国际业余电台竞赛也是以收到的QSL卡片作为评定成绩的依据。所以，把自己的QSL卡片及时寄给对方是每一个爱好者应尽的义务和诚信的体现。随着互联网的普及，也有一些电台在QSO时就声明只交换电子卡片（E-QSL Card），所以也有必要设计好一张有个性的电子QSL卡以备这样的需要。

2.4.2　如何制作QSL卡片

QSL卡片一般长为14～15cm，宽为9～10cm。为邮寄方便，以取下限值为好。

QSL卡片必须印有醒目的本台呼号。除此之外，卡片上还应包括以下内容。

（1）发至何台。

（2）确认双方的联络或收听台的报告，如果是收听台卡片，此项也可以不要。

（3）联络的年、月、日、时、分。

（4）联络时所用的频率。

（5）联络时所用的操作方式。

（6）对方的信号情况，即RST报告。

（7）本台所在地及交换QSL卡片详细地址的中英文说明，个人电台应有本人姓名的中文和汉语拼音的印刷体标志。

（8）单位设置的电台应有本台的中英文台名。

（9）收听台卡片还应有收听对象的工作情况即WKD/CLG栏，其中WKD表示对方和谁联络过，CLG表示对方在呼叫谁。

（10）操作者签名。

除以上必须包括的内容外，许多QSL卡片还印有自己所属业余无线电组织的会徽，所处的ITU和CQ分区、所获"奖状"、介绍设备、天气情况及附言等栏目。

收听台向听到的业余电台寄发自己的QSL卡片，称收听报告卡片，也就是通常所说的SWL卡片。这种卡片的制作要求和QSL卡片基本相同。

QSL卡片（包括SWL卡片）的式样可以是多样的：可以加入必要的图案、照片等；可以双面印刷，也可以把所有内容都印在一面。

现介绍几种常见的QSL卡片和SWL卡片的样式。

1．双面印刷的QSL卡片

双面印刷的QSL卡片，一般在正面印刷图案、照片和自己的呼号等，反面则为需要报告的各项内容。图2-1（a）和图2-1（b）所示即为双面印刷带有图案的BY1PK卡片的正、反两面。

（a）卡片正面

图2-1　双面印刷的QSL卡片

AMATEUR RADIO STATION OF CHINESE RADIO SPORTS ASSOCIATION

TO RADIO ________________ CFM OUR QSO/YOUR REPORT

DAY	MONTH	YEAR	BJT/GMT	BAND	MODE
RST	TX		RX	ANT	WX

TNX/PSE　YOUR QSL!　　VY 73!　OP ________

RMKS:

中国无线电运动协会业余电台　P.O.BOX 6106 BEIJING P.R.CHINA
中国 · 北京　6106　信箱

（b）卡片反面

图 2-1　双面印刷的 QSL 卡片（续）

2. 单面印刷的QSL卡片

单面印刷的QSL卡片，就是把自己的呼号和要报告的内容都印在卡片的一面，这种卡片简单、明了，且印刷成本较低，所以也为不少爱好者所青睐。图2-2所示即为单面印刷的我国个人业余电台卡片。

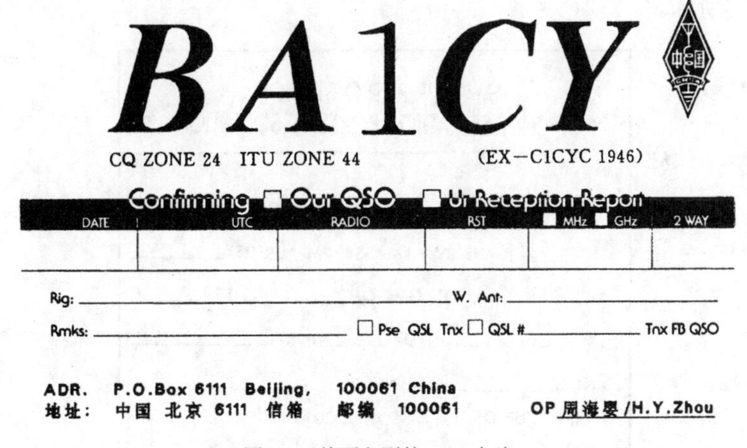
BA1CY

CQ ZONE 24　ITU ZONE 44　(EX—C1CYC 1946)

Confirming ☐ Our QSO ☐ Ur Reception Report

DATE	UTC	RADIO	RST	☐ MHz ☐ GHz	2 WAY

Rig: ________ W. Ant: ________

Rmks: ________ ☐ Pse QSL Tnx ☐ QSL # ________ Tnx FB QSO

ADR.　P.O.Box 6111　Beijing,　100061 China
地址：中国 北京 6111 信箱　邮编　100061　OP 周海婴/H.Y.Zhou

图 2-2　单面印刷的 QSL 卡片

3. 收听报告（SWL）

收听报告（SWL）卡片与确认联络的卡片并无多大差别，只是多一个收听情况的报告栏，一般用“WKD/CLG”来表示。另外由于收听台不存在给别人回寄确认卡片的问题，所以确认对方联络或收听报告的一栏（CFM OUR QSO/YOUR REPORT）可以不要。图2-3所示是一张单面印刷的集体（单位）电台的收听报告（SWL）卡片。

根据我国有关法规，只有收听功能的设备不属于无线电台，不能指配呼号，所以对于不打算设立电台的收信爱好者来说，只能准备一张没有“本台呼号”的SWL卡片了，但对于参加设置在集体（单位）的电台收听活动的爱好者，可以填、发图2-3所示的卡片，这是一张集体（单位）电台的SWL卡片。

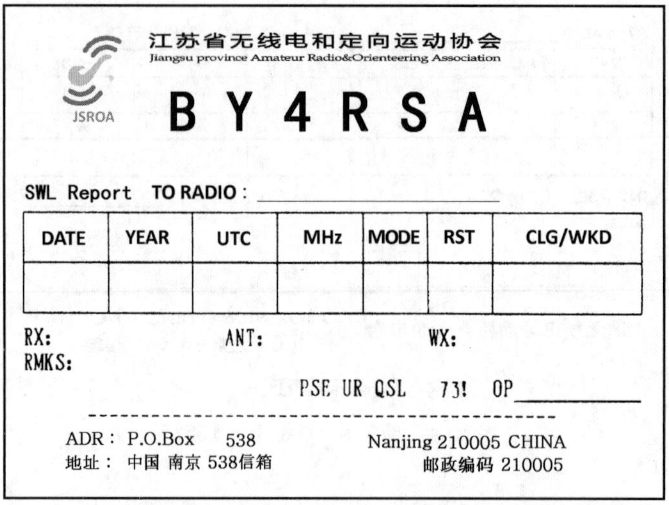

江苏省无线电和定向运动协会
Jiangsu province Amateur Radio&Orienteering Association
JSROA

BY4RSA

SWL Report TO RADIO：

DATE	YEAR	UTC	MHz	MODE	RST	CLG/WKD

RX: ANT: WX:
RMKS:

PSE UR QSL 73! OP

ADR：P.O.Box 538 Nanjing 210005 CHINA
地址：中国 南京 538信箱 邮政编码 210005

图 2-3 单面印刷的集体（单位）电台的 SWL 卡片

4. 填空式卡片

以上所示卡片实例的填写格式均为表格式。也有些爱好者（包括SWL）把卡片内容印成填空式，如图2-4所示。

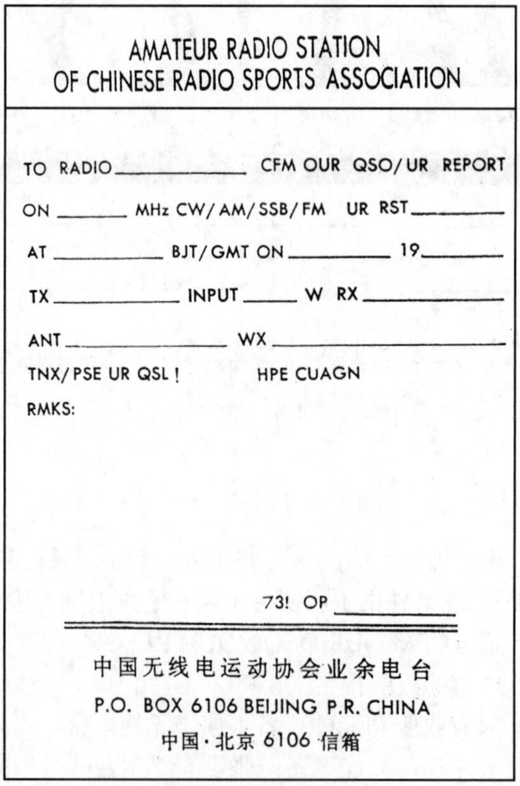

AMATEUR RADIO STATION
OF CHINESE RADIO SPORTS ASSOCIATION

TO RADIO________ CFM OUR QSO/UR REPORT
ON ______ MHz CW/AM/SSB/FM UR RST________
AT ________ BJT/GMT ON ________ 19______
TX ________ INPUT _____ W RX ________
ANT ________ WX ________
TNX/PSE UR QSL ! HPE CUAGN
RMKS:

73! OP ________

中国无线电运动协会业余电台
P.O. BOX 6106 BEIJING P.R. CHINA
中国·北京 6106 信箱

图 2-4 填空式卡片

2.4.3　如何填写QSL卡片

1．卡片上常见英语缩语的意义

（1）TO...或TO RADIO...表示这张卡片是寄给哪个台的，应该用大写印刷体字母填写对方呼号，数字“0”的中间常加一道斜线，写成“Ø”，以便和字母“O”区分。

（2）CFM或Confirming表示确认。它和后面两个选择项（OUR QSO/UR REPORT）连在一起表示一个完整的意思。选择前一项表示确认双方的联络，选择后项则表示确认收信台寄来的收听报告。SWL卡片上不需要这一项。

（3）“DATE”或“DAY，MONTH，YEAR”是日期栏。对于日、月、年分开的卡片，应据实分别填写实际联络的日期。对于年月日没有分开的卡片，最好用英文缩写表示月份，如“1993年10月12日”应写成“12，OCT.1993”或“OCT.12，1993”。由于世界各地对年月日的排列次序习惯不一样，所以月日全部用数字很容易混淆。

（4）UTC是“协调世界时”的英语缩写，也有的卡片上还用“GMT”即格林尼治标准时，两种时间等效。填写卡片一律使用UTC，一般填双方开始联络的时间。

（5）MHz栏表示联络当时的工作频率，一般保留2～3位小数。有些卡片不用MHz而用BAND（波段），填写的是当时工作所在波段，用波长（m）表示。

（6）MODE栏系指联络时所用的操作方式，如SSB或J3E（单边带话）、CW或A1A（等幅电报）等。也有些卡片这一项用2×或2WAY表示。

（7）RST是指给对方的信号报告。填写时一定要和联络时给对方的报告相一致。

（8）RIG是装配、配备的意思，在这里表示自己使用的收发信设备；ANT是英语“天线”Antenna的缩写，填写使用天线的型号，如“5ELE YAGI”的意思是“5单元八木天线”。

（9）RMKS即Remarks，附言栏，可写上一些其他方面的简单内容。

（10）PSE是英语“请”的缩语，TNX是“谢谢”的缩语，这两个选择项之一和下面的QSL卡片交换地址相连，表示请把卡片寄到该地址或感谢对方先把卡片寄来。

（11）VY73是表示爱好者最崇高的敬礼，OP是英语Operator即操作者的缩写，中国人常用自己的姓签字。

（12）SWL卡片上的CLG/WKD填写被收听到的电台当时的工作内容，详见收听报告（SWL）卡片的填写一节。

（13）选择项的选中符号，中国常用“√”表示，而国外常用“×”表示。也可以把不需要的部分划去。

2．QSL卡片的填写方法

如何正确填写QSL卡片是许多爱好者所关心的，现就各类卡片的填写方法举例说明如下。

（1）确认双方联络的QSL卡片的填写方法

① 确认双方联络的表格式QSL卡片的填写方法如图2-5所示。

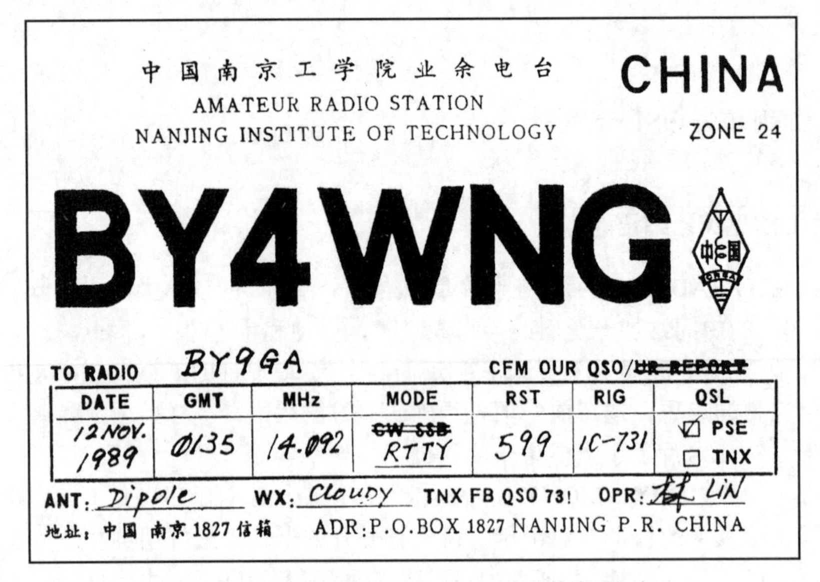
中国南京工学院业余电台 CHINA
AMATEUR RADIO STATION
NANJING INSTITUTE OF TECHNOLOGY ZONE 24
BY4WNG
TO RADIO BY9GA CFM OUR QSO/~~UR REPORT~~

DATE	GMT	MHz	MODE	RST	RIG	QSL
12 NOV. 1989	0135	14.092	~~CW SSB~~ RTTY	599	IC-731	☑ PSE ☐ TNX

ANT: Dipole WX: Cloudy TNX FB QSO 73! OPR: 林 LIN
地址：中国 南京 1827 信箱 ADR: P.O.BOX 1827 NANJING P.R. CHINA

图 2-5 确认双方联络的表格式 QSL 卡片的填写方法

② 确认双方联络的填空式QSL卡片的填写方法如图2-6所示。

（2）收听报告（SWL）卡片的填写方法

尽管现行的法规不再给没有发射设备的爱好者指配呼号，但仍有一些爱好者热衷于只听不发，同时对刚刚入门或者参加课外业余无线电活动的青少年爱好者来说，“收听”并填写收听报告卡片，也是尽快掌握业余无线电通信技术的一个有效途径，填写SWL卡片，除“WKD/CLG”以及“RST”两栏外，其他各栏的填写方法与确认双方联络卡片相同。现就不同部分说明如下。

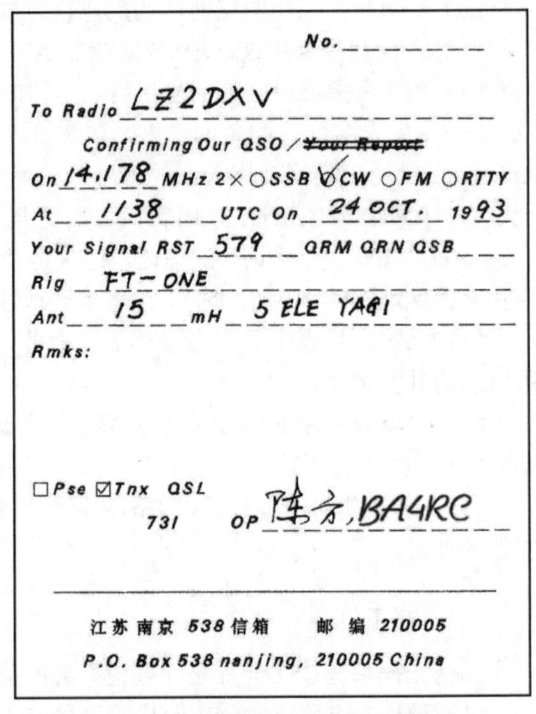
No.________
To Radio LZ2DXV
Confirming Our QSO / ~~Your Report~~
On 14.178 MHz 2× ○SSB ✓CW ○FM ○RTTY
At 1138 UTC On 24 OCT. 1993
Your Signal RST 579 QRM QRN QSB ___
Rig FT-ONE
Ant 15 mH 5 ELE YAGI
Rmks:
☐Pse ☑Tnx QSL
731 OP 陈方, BA4RC
江苏 南京 538 信箱 邮编 210005
P.O. Box 538 nanjing, 210005 China

图 2-6 确认双方联络的填空式 QSL 卡片填写方法

① “CLG / WKD”是一个选择项，填写时应把不需要的部分划去。其中“WKD”是WORKED的缩写，表示你听到的这个电台曾和某台工作过的意思。“CLG”是CALLING的缩写，表示你听到的电台当时正在呼叫。图2-7所示的例子是收听台听到BY1PK和BY5QA等电台联络的报告，所以填写时应保留“WKD”而划去“CLG”。如果你听到了双方的信号，可以向双方电台寄SWL卡片，只听到其中的一方，只能向听到的一方寄发SWL卡片。假如你仅听到某个电台在呼叫CQ或呼叫另一个台，则在填写时把“WKD”划去，填上对方呼叫的内容（“CQ”或呼号）。这种在听清了一方的呼号及呼叫内容的情况下，向这个台寄发SWL卡片是可以的。

② “RST”在这里是指你对所听到电台的信号评价而不是电台联络双方互报的信号报告。

如果你要报告他们互报的RST或其他内容，可在备注栏（RMKS）中说明。

填写好的SWL卡片如图2-7所示，这张卡片以及图2-8所示SWL卡片上的“本台呼号”显示的是2013年前我国收信台呼号格式，其后缀部分为数字（世界上多数SWL呼号后缀也为数字）。

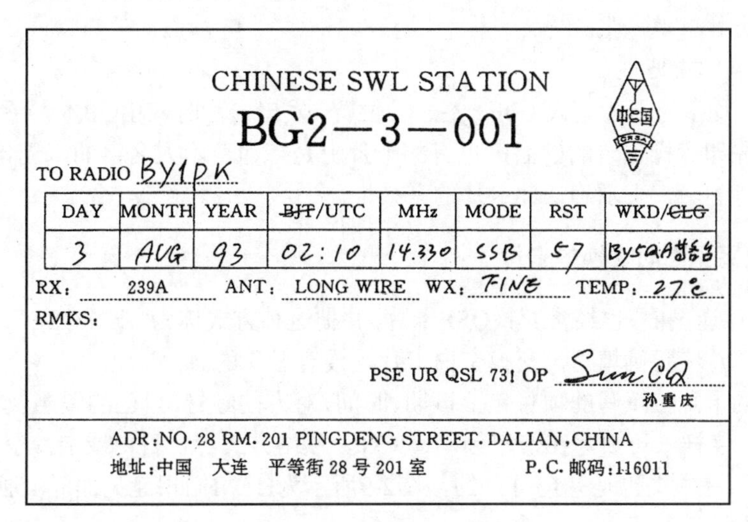

CHINESE SWL STATION

BG2—3—001

TO RADIO BY1PK

DAY	MONTH	YEAR	~~BJT~~/UTC	MHz	MODE	RST	WKD/~~CLG~~
3	AUG	93	02:10	14.330	SSB	57	BY5QA

RX: 239A　ANT: LONG WIRE　WX: FINE　TEMP: 27℃

RMKS:

PSE UR QSL 73! OP Sun CQ 孙重庆

ADR: NO. 28 RM. 201 PINGDENG STREET. DALIAN, CHINA

地址：中国　大连　平等街 28 号 201 室　P.C. 邮码：116011

图 2-7　填写好的 SWL 卡片

（3）确认对方收听报告的卡片填写方法

在收到收听报告卡片后，应向寄发收听报告卡片的收信台填发确认卡片，这类卡片大部分内容和确认联络卡片基本相同。不同点主要有以下几点。

① 应划去确认QSO部分，或选择确认对方报告（即UR REPORT）这一项。

② 收听台没有发信功能，因而在“RST”项中没有信号报告可以给对方，可以改为WKD或CLG，并按其报告如实填写加以确认。如不在此栏内填写，则应将此栏划去而将对方在“WKD/CLG”栏内报告的内容在备注栏内加以确认。

图2-8所示为填好的确认收听报告的卡片。

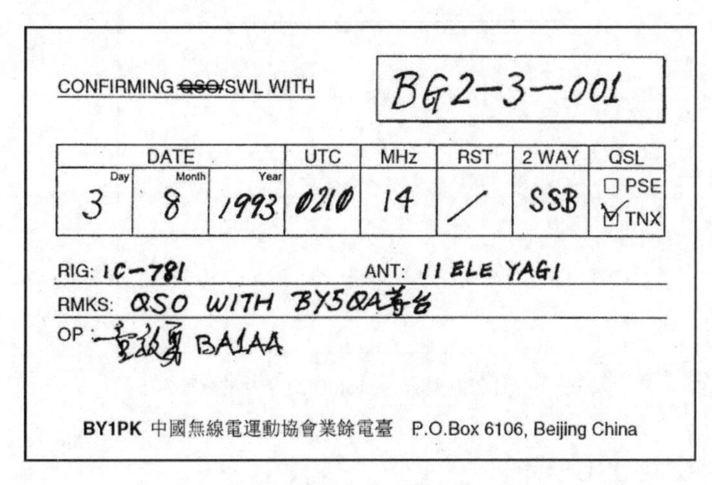

CONFIRMING ~~QSO~~/SWL WITH　BG2—3—001

DATE Day	Month	Year	UTC	MHz	RST	2 WAY	QSL
3	8	1993	0210	14	/	SSB	□ PSE ☑ TNX

RIG: IC-781　ANT: 11 ELE YAGI

RMKS: QSO WITH BY5QA

OP: BA1AA

BY1PK 中國無線電運動協會業餘電臺　P.O.Box 6106, Beijing China

图 2-8　填好的确认收听报告的卡片

以上列举的只是一些填写QSL卡片的基本方法和常见的例子，在实际使用中，可能还会遇到各种不同的卡片式样，但基本内容不会有很大区别，所以只需参照以上方法填写即可。但必须注意，QSL卡片反映着本台的面貌，填写每一张卡片都应认真、正确，所有填写在QSL卡片中的内容是绝对不能涂改的，因为在申请任何奖状时，凡经涂改的卡片不仅一律无效，而且还有可能使申请人蒙受私自涂改卡片的“不白之冤”。所以在填写卡片时一定要小心，一旦填错就应作废并重填一张。

（4）OP签名的重要性

QSL卡片上均留有卡片主人（OP）签名的位置，发出卡片时应由OP本人手写签名或盖章。有的卡片上事先印有操作者的姓名，也有的卡片上是打印着本人名字的，无论如何，都应该再加上本人亲笔签名，表示确认此卡片的有效性。

3．如何填写见面时交换的卡片

HAM朋友相逢见面，也经常交换QSL卡片，并把这种方式称为“眼球QSO”（eye ball QSO）。见面时交换的卡片应正确填写，交换空白卡片是没有意义的。

见面交换的卡片应填写的项目包括日期、时间，对方的呼号，自己的签名及“Eye ball QSO”或“Eye QSO”字样（可填写在使用频率、RST、联络方式等栏目内或卡片空白处），当然写上“见面留念”等中文也是完全可以的，图2-9所示为HAM们相逢见面时交换的比较典型的QSL卡片填写方法。

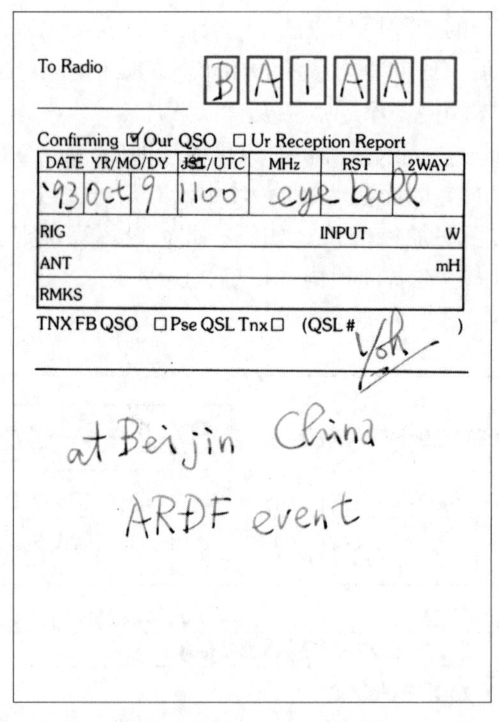

To Radio BA1AA

Confirming ☑ Our QSO ☐ Ur Reception Report

DATE YR/MO/DY	JST/UTC	MHz	RST	2WAY
'93 Oct 9	1100	eye ball		

RIG INPUT W

ANT mH

RMKS

TNX FB QSO ☐ Pse QSL Tnx ☐ (QSL #)

at Beijin China

ARDF event

图 2-9　比较典型的 eye ball QSO 卡片的填写方法

2.4.4　如何交换QSL卡片

QSL卡片的交换通常采用直接交换、经过卡片管理局或经过卡片管理人交换等方法。

（1）直接交换：就是将卡片按联络对方的通信地址直接投寄，因此在联络时应将对方的详细通信地址询问清楚。同样，如果希望对方也将卡片直接寄给自己，在联络时应将自己的详细通信地址报给对方。这种方法可在较短的时间内得到对方的卡片且不易遗失，但数量多时邮资耗费较大。

（2）经过卡片管理局交换：很多国家和地区，尤其是电台多的国家和地区，都设有全国性或地方性的卡片管理局，专门负责转寄国外爱好者寄给本国或地区各业余电台及本国或地区各业余电台发至国外的QSL卡片。经过卡片管理局交换卡片，就是将对方的卡片寄给其所在国家或地区的卡片管理局，再由卡片管理局寄给你的联络对象。通过卡片管理局交换卡片，可以将同一国家或地区的所有卡片集中起来一起投寄，所以对爱好者来说比较方便，也可以节省邮资，但由于中转环节较多，时间较长，也有遗失的可能。

世界部分国家和地区（含我国内地及港澳台地区）QSL卡片管理局地址从IARU网站上可以查阅和下载。中国无线电协会业余无线电分会卡片管理局的地址是北京邮政信箱100029－73号，邮政编码为100029；内地各区分局负责人及各省（自治区、直辖市）联络站联系人信息见附录2。

（3）经过卡片管理人交换：有一些爱好者不直接处理自己的卡片，而是通过自己的卡片管理人（即QSL MANAGER）进行处理。他们随时把自己的电台日记寄给卡片管理人，由其负责完成卡片的收、发事宜。当你在联络时听到对方说："QSL VIA MANAGER"或把QSL经过（发给）某某人（一般不报人名而报呼号）时，这就是要求你把卡片寄给他的卡片管理人而不是寄给他本人。如果你不知道这位管理人的地址，就应在联络时询问清楚。同样，如果你的卡片是经过卡片管理人处理的，那么你就应把自己卡片管理人的地址在联络时告诉对方。

在交换卡片时，为请对方尽快回寄卡片，许多爱好者还附去一个写好回信地址、贴好邮票（或附寄足够回寄邮资）的信封，即SASE（Self Address Stamped Envelope）。应该注意，在信封中夹寄现金是违反邮政部门规定的。一般是附寄国际通用的"国际回信邮资券"即IRC（International Reply Coupons）。IRC是可以在万国邮政联盟成员国范围内使用的有价证券，用它可以在邮局换取一封寄往国外平信起始重量所需的邮票。IRC由万国邮政联盟发行，到2010年11月万国邮政联盟已经发行过多个版本的IRC，使用过的式样如图2-10所示。

图 2-10　国际回信邮资券式样

以往还有两个版本的IRC，其式样如图2-11所示，这些版本的IRC均已停止使用。现行的IRC均印有截止日期，这是我们在使用中必须加以注意的。

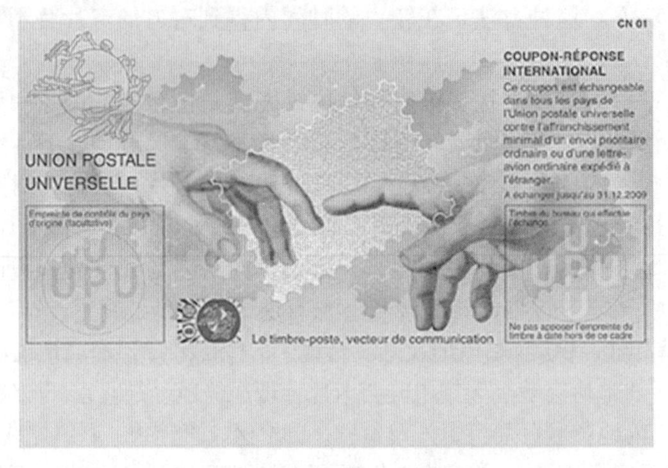

（a）一种较早停止使用的 IRC

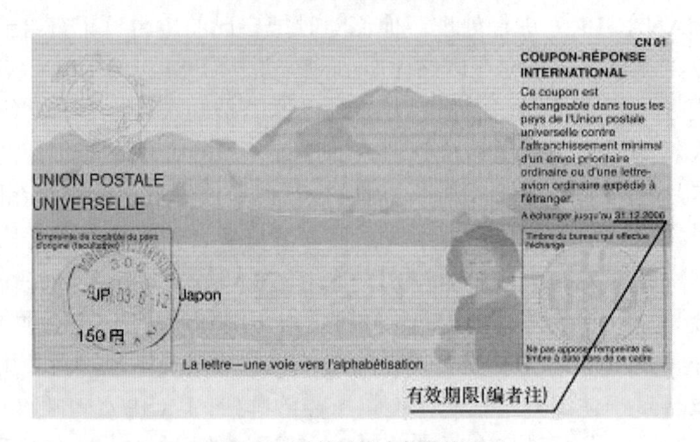

（b）另一种较早停止使用的 IRC

图 2-11　较早停止使用的两种国际回信邮资券式样

爱好者之间为了交换QSL卡片，必须通过邮寄才能到达对方手中。因此我们应该了解邮寄卡片的一些知识。

有的卡片按照明信片的格式印制，可以直接作为明信片邮寄，但必须经邮政部门认可。

大多数卡片是装在信封内投递的。根据我国规定，装入信封的卡片要按照信函投寄。

我国普通邮件及港澳台地区函件资费表见附录4。

寄往国外的信封书写格式与我们平时使用的国内信函不一样。国际信函的信封收信人的姓名地址写在右下方，寄信人的姓名地址写在左上角或写在信封的背面。姓名、地址的书写顺序也正好与国内信函相反，姓名在地址前面，地址应由小到大排列。

国际信函的信封书写格式如图2-12所示。

在上述实例中，该信是由江苏无线电定向运动协会BY4RSA业余电台寄往美国的。中间的4行内容从上到下分别为收信人姓名、门牌号及街道名、城市名及州名的缩写和邮政编码、国名。

BY4RSA
P.O.Box 538
Nanjing，210005
CHINA

Jan D Perkins
524 Bonita Canyon Way
Brea，CA 92621
U.S.A

图 2-12　国际信函的信封书写格式

在使用对方寄来的写好收信人地址的信封（SASE）时，要注意检查一下，是否有收信人的国名，如果没有，应该加上。也不要忘了写上寄信人自己的姓名（或台名）、地址。

鉴于QSL卡片在业余电台活动中的重要地位，能否给联络对方以及寄来SWL卡片的收听台及时寄发自己的QSL卡片，就成为衡量一个电台声誉好坏的标志之一。那种只收不发或很少寄发卡片的电台是不被广大爱好者所欢迎的。同时，你如果想索取对方（包括国内的）卡片或需要对方回信，不要忘记寄出一个SASE，这不仅可使自己较快地收到对方的回卡或回信，而且也是无线电爱好者处处为他人着想的一种美德。我们应充分认识这些问题，保持并提高中国业余电台在交换QSL卡片中的良好声誉。

2.5　业余电台的登记

2.5.1　电台日志

设置业余电台的单位和个人，应当将每次通信内容，包括通信时间、通信频率、通信模式和通信对象等事项如实加以记载。记录通信内容的文档称为“电台日志”，即station log。法规要求电台日志应保留2年以上，业余爱好者的习惯是长期保存。

电台日志是无线电爱好者们在电台联络时用来登记各种数据、资料以及联络情况的原始记录，它也是寄发或交换QSL卡片以及许多比赛成绩的依据。所以每一个爱好者都应该认真地填写和保存好自己的电台日志。各国电台日志样子有所不同，但需要填写的内容大致一样。

电台日志的填写应在联络过程中进行，各项内容应按以下方法填写。

日期——联络当天的月、日。年份应在每页的第一行注明，变换年份应随时注明或另起一页并注明。

联络时间——一律使用协调世界时（UTC），以双方沟通的时间为开始时间，双方联络结束的时间为结束时间。

频率——联络时使用的收发信频率，以兆赫（MHz）为单位，保留小数点后两位。

对方呼号——对方电台的呼号，应该用大写印刷体填写。

操作方式——双方使用的如SSB、CW等工作方式。

RST——双方的信号报告。应在“收”栏中填写对方给你的信号报告（即对方听你的电台发出的信号情况），在“发”栏中填写你给对方的信号报告（即对方电台的信号情况）。

内容摘要——填写对方的姓名、地址及双方通信的主要内容。

QSL——作为自己收到对方的卡片和发出自己卡片的记录之用，应填写收发卡片的日期。

值机员——工作结束时应在“值机员”栏中签名。在集体业余电台工作，应把自己的全名签上。

我国电台日志的一般格式和填写方法如图2-13所示。

电　台　日　志　(STATION LOG)

日期 DATE	联络时间		频率 MHz	对方呼号 CALLSIGN	操作方式 MODE	RST		内容摘要 CONTENT SUMMARY	QSL		值机员 OP
	开始	结束				收	发		收	发	
89 9APR	Φ241	Φ253	21.212	JA2PX	SSB	57	59	对方报设备：TRX.TS-950 ANT，TH7DX	89 18MAY	89 9APR	陈方
4OCT	1143		14.Φ31	UA3KAA	CW	559	579	QSL VIA PO BOX88 MOSCOW	90 3FEB	89 5OCT	〃
5 〃	1334	1342	7.Φ07	N6XF	LSB	53	55	约：18OCT Φ13ΦUTC,21.185 QSO ON,SSB	89 15DEC	89 6OCT	王权
〃	1345		〃	A71AN	〃	55	55	QTH：DOHA.NAME JHON		〃	〃
25 DEC	1418	1425	14.235	VK6HD	SSB	57	57	互祝圣诞！	90 4MAR	89 25DEC	〃
90 2JAN	1226		21.185	3Y1QH	SSB	59	59	要求转告BY4WNG,1300在此频率联络。	90 5FEB	90 2JAN	陈方

图2-13　我国电台日志的一般格式和填写方法

2.5.2　收听日志

收听日志为业余收信台（SWL）专用，它和电台日志基本相同。收听日志主要是把听到的联络双方的情况记录下来。

收听日志格式和填写方法如图2-14所示。

在收听日志中，“呼号”栏和“联络对象”栏分别填写你听到的联络双方的呼号。如果一方是在呼叫CQ，则在“联络对象”栏中填写“CQ”。“RST评价”填写联络双方的信号情况。如果只听到一方，则只填写“甲”栏的一个RST；如果联络双方都已听到，则在左面“甲”栏内填第一个电台的RST，右面“乙”栏内填“联络对象”栏所填电台的RST。应注意这里的RST必须是听者对所听电台信号的评价，而不是联络双方互相报告的RST。互报的RST可填入内容摘要栏。收听日志及其他内容的填写方法和要求与电台日志相同。

收　听　日　志

日期 DATE	收听时间 开始	收听时间 结束	频率 MHz	方式 MODE	呼号（电台甲）CALLSIGN	联络对象（电台乙）WKD WITH	RST 评价 甲	RST 评价 乙	内容摘要 CNTENT SUMMARY	QSL 卡片 收	QSL 卡片 发	签名 OP
93 2MAR	Φ1Φ2	Φ115	14.185	SSB	BA1CY	BA7KE	59	57	甲给乙55 乙给甲57 互相讨论天线	93.5/3 93.18/3	93 2MAR	洪青
8MAY	Φ718		21.173	SSB	JH1KST	CLG CQ	57	/	CLG CQ NA		9 MAY	〃
13 AUG	1225	1235	7.Φ3	CW	BY1SK	BY6RC	579	539	BY6RC QRP/5W	93.1/8 93.30/8	14 AUG	〃
28 OCT	1127	11.39	14.Φ75	RTTY	BY9GA	UA9ADF	599	579	甲给乙579 乙给甲599	93.17/10	28 OCT	〃

图 2-14　收听日志格式和填写方法

2.6　业余无线电通信的语言

在业余无线电通信中，当用语音（话）方式与不同国家联络时，使用的是国际通用的“Q简语”和英语，在国内电台相互联络则一般用汉语；在用电报方式相互联络时，使用的则是“Q简语”、无线电通信用的缩语及英语；在数据通信中则常常混合使用上述各种语言。俗话说“三句不离老本行”，爱好者见了面，也总是要说上几句这样的“行话”。应该再次强调的是，在业余通信中不得使用任何形式的暗语、密码、暗令及代号等只有通信双方自己理解的语言。

2.6.1　通信中的“字母解释法”

在通信中，双方的呼号、姓名、地址以及许多情况的说明都离不开英文字母。在语言通信中，由于口音的不同，有些字母发音相近（如S和X等），信号在传播过程中会受到干扰、产生失真或衰减等，使我们对有些字母的听辨变得十分困难。为解决这一问题，人们约定用一些大家熟悉的单词来代表、解释相应的字母，就好像我们常用“草头黄”“木子李”来解释中国姓氏中的黄、李一样，这就是“字母解释法”。

根据ITU的规定，业余通信中运用国际民航组织（ICAO）使用的解释法作为其“标准解释法”。此外也经常用一些人们熟识的地名、人名等来解释字母，形成了大家习惯使用的其他解释法。

字母解释法如表2-1所示。

表2-1 字母解释法

字母	标准解释法		其他解释单词	字母	标准解释法		其他解释单词
	单词	音标注解			单词	音标注解	
A	ALFA	[ˈæLFə]	AMERICA	N	NOVEMBER	[nəʊˈvembə(r)]	NORWAY
B	BRAVO	[ˈbrɑːˈvəʊ]	BOSTON	O	OSCAR	[ˈɔskə]	ONTARIO
C	CHARLIE	[ˈtʃɑːli]	CANADA	P	PAPA	[pəˈpɑ]	PETER
D	DELTA	[ˈdeltə]	DENMARK	Q	QUEBEC	[kwɪˈbek]	QUEEN
E	ECHO	[ˈekəʊ]	ENGLAND	R	ROMEO	[ˈrəumiəʊ]	RADIO
F	FOXTROT	[ˈfɑksˌtrɑt]	FLORIDA	S	SIERRA	[sɪˈerə]	SUGAR
G	GOLF	[gɔlf]	GERMANY	T	TANGO	[ˈtAŋgəʊ]	TOKYO
H	HOTEL	[həʊˈtel]	HONOLULU	U	UNIFORM	[ˈjuːnifɔːm]	UNITED
I	INDIA	[[ˈɪndɪə]	ITALY	V	VICTOR	[ˈvɪktə(r)]	VIRGINIA
J	JULIET	[ˈdʒuːljət]	JAPAN	W	WHISKEY	[ˈwɪski]	WASHINGTON
K	KILO	[ˈkiːləʊ]	KILOWATT	X	X-RAY	[ˈeksrei]	
L	LIMA	[ˈliːmə]	LONDON	Y	YANKEE	[ˈjAŋki]	YOKOHAMA
M	MIKE	[maɪk]	MEXICO	Z	ZULU	[ˈzuːluː]	ZANZIBAR

在实际运用中还可能听到一些不在表2-1所列范围内的解释方法，这就需要我们不断丰富自己的经验，根据对方报出的单词迅速做出正确的判断。

熟记字母解释法是每个HAM进行上机操作前首先应完成的自我训练任务。即便只打算参加中国人之间的交谈，也必须会运用字母解释法，这是因为在业余无线电通信联络中，双方的电台呼号以及姓名、地址等一些必须听抄准确的内容都要用字母解释法逐个拼读其每一个字母。如果对方对某个字母的解释听不清或抄收错误，应使用不同的解释法帮助对方辨别纠正。

进行听抄呼号练习的方法是，根据字母解释法把听到的每个单词所代表的字母记录下来，而不需要将整个解释单词抄下来。书写格式应符合电报报文的抄收要求，即一个个呼号从左到右逐个排列。在书写中，数字可比字母高半个字，数字“0”要加一道斜杠，以便与字母“O”有明显区分，字母一般用大写印刷体书写。

2.6.2 通信用Q简语

在通信中，常用一些以字母“Q”开头、由3个字母组成的词组来表达完整的句子或意思，构成了特殊的通信语言——Q简语。Q简语是所有通信业务中都使用的，总共有100多个，详见附录5，现将业余无线电通信中最常用的一些Q简语如表2-2所示。

表2-2　业余无线电通信中常用的一些Q简语

Q 简语	读音	问句含意	答句含意
QRA	QRA	你的电台名称是什么？	我的电台名称是……
		（实际运用中电台名称常指本人名字）	
QRH	QRH	我的频率稳定吗？	你的频率不稳定。
QRL	QRL	你忙吗？	我很忙（或与……很忙），请不要干扰。
QRM	QRM—MIKE	你受到干扰吗？	我现在正受到……干扰。
QRN	QRN—NOVEMBER	你受到天电干扰吗？	我正受到天电干扰。
QRP	QRP	要我减低发信机功率吗？	请减低发信机功率。
		（在业余通信中QRP常用来指5W以下的小功率电台）	
QRT	QRT	要我停止拍发吗？	请停止发信。
QRU	QRU	你有什么发给我吗？	我无事了。
QRV	QRV	你准备好了吗？	我已准备好。
QRX	QRX	你什么时间再呼叫我？	我将在……点钟（用……频率）呼叫你。
QRZ	QRZ—ZED？	谁在呼叫我？	……正在（用……频率）呼叫你。
QSB	QSB	我的信号有衰落吗？	你的信号有衰落。
QSL	QSL？	你能承认收妥吗？	我现在承认收妥。
		（在业余通信中还有确认QSL卡片的意思）	
QSO	QSO	你能和……直接联络吗？	直接联络或我能和……直接联络。
QSY	QSY	要我改用别的频率吗？	请改用别的频率（或……频率发信）。
QTH	QTH	你的电台的地理位置。	我的电台地理位置是……
		（地理位置根据经纬度、城镇名或其他标志表示）	

在业余无线电通信中，Q简语可以独立使用，也经常嵌入其他明语中使用。请看以下实例。

（1）我的QRA是陈。

【我的名字是陈。】

（2）这是一次非常好的QSO，非常感谢你的QSO。

【这是一次非常好的直接联络，非常感谢你的直接联络。】

（3）这里QSY UP（DOWN）。

【这里把频率改高（改低）一些。】

（4）这里的QTH是南京。

【我的电台设在南京。】

2.6.3　电码符号

电报通信的语言是由电码符号组成的。现在世界通用的电码符号是美国的莫尔斯在1844年发明的，也被称为莫尔斯电码（Morse code）。

电码符号由两种基本信号和不同的间隔时间组成：短促的点信号“.”，读“的”（Di）；保持一定时间的长信号“—”，读“答”（Da）。由于各国文字不同，电码符号也不尽相同，比如中国、日本及俄罗斯都有代表本国文字的电码符号。在业余无线电通信中，大家都用莫尔斯电码。莫尔斯电码如表2-3所示。

表2-3　　莫尔斯电码

字母及标点符号				数字	
字符	电码符号	字符	电码符号	字符	电码符号
A	•—	Q	— —•—	1	•— — — —
B	—• • •	R	•—•	2	• •— — —
C	—•—•	S	• • •	3	• • •— —
D	—• •	T	—	4	• • • •—
E	•	U	• •—	5	• • • • •
F	• •—•	V	• • •—	6	—• • • •
G	— —•	W	•— —	7	— —• • •
H	• • • •	X	—• •—	8	— — — • •
I	• •	Y	—•— —	9	— — — —•
J	•— — —	Z	— —• •	0	— — — — —
K	—•—	@	•— —•—•		
L	•—• •	?	• •— —• •（问号）		
M	— —	/	—• •—•（斜线）		
N	—•	()	—•— —•—（括号）		
O	— — —	—	—• • • •—（破折号）		
P	•— —•	•	•—•—•—（句号）		

在以上电码符号中，代表字母的叫“字码”，代表数码的是“长码”。

在我国以往使用的明码电报通信中，每个汉字都由4个数字代表，如“0001”是“一”、“1728”是“张”等。组成中文电报的数字是用“短码”拍发的。短码不可以和字码在一起混用，所以在业余无线电通信中不用短码代表数字。短码的电码符号如下所示。

1 • —　　2 •• —　　3 ••• — —　　4 •••• —　　5 •••••

6 — ••••　　7 — — •••　　8 — ••　　9 — •　　0 —

汉字的电报数字代码可以从《标准电码本》中查到。

2.6.4　无线电通信用的缩语

在业余无线电通信中，Q简语还不能充分表达各种意思，所以要用英语作为补充。但在用电报方式通信时，要拍发一串串英语单词又显得太长了，这就产生了“缩语”。当然，如果你拍发完整的单词也并非不可，只是增加了收发双方的难度和时间，在传播情况不好时很可能因此而无法工作。

通信用缩语（节录）请见附录6，其中有“*”符号的建议你先记住它，因为这些可能是你在使用电报通信时首先要遇到的。

2.6.5　通信用语

通信联络中的英语习惯与日常用语有点不同。对许多新手来说，单边带通信特有的失真以及各地口音的不同也会使你感到难以分辨。当我们了解了常用的通信用语后，就可以较快地听懂别人所说的主要意思并用适当的语句回答。下面列举部分用语，可供参考。

1．有关问候的用语

在双方刚一沟通联络时，主动向对方问候会使这次联络有一个热情洋溢的良好开端。常用语句有以下几个。

（1）Good Morning（afternoon，evening）!

早上（下午、晚上）好!

【在有时间性的问候时，不要忘了“时差”。在联络中要大体记住各大洲当地时间和北京时间的差别，比如我们这里是下午，欧洲则是上午；我们的中午十一点多，那么日本已过了十二点。应该根据对方的当地时间问候，这样更亲切。】

（2）Very good morning to you，my friend!

你好，早安，我的朋友!

（3）Hello，my friend!

你好，我的朋友!

（4）I'm very glad to meet you.

非常高兴遇见你。

2．有关感谢联络的用语

成功的DX联络依赖其他电台的积极应答。所以，爱好者在每一次联络中总是要多次地感谢对方给予的热情帮助。即使在最紧张的比赛联络中，我们也还经常向不见面的朋友表示一下感谢。常用的感谢用语如下。

（1）Thank you for coming back to my call.

谢谢你回答我的呼叫。

（2）Thanks for your call.

非常感谢你的呼叫。

（3）Thanks for the nice QSO.（Short QSO，nice contact）

非常感谢这次好的直接联络（短促的联络、好的联络）。

（4）Thanks for the nice report.

非常感谢你的报告。

（5）Thank you so much for the best enjoyable contact.

非常感谢这次愉快的联络。

（6）Thank you very much for the information.

谢谢你告诉我这些消息。

（7）I'm very glad to meet you.

遇到你非常高兴。

（8）I'm very glad to contact with you.

我非常高兴和你联络。

（9）I'm so pleasure to see you for the first time.

初次见面非常高兴。

（10）It's a great happiness to contact with you again.

和你再次联络非常愉快。

【我们应尽量记住曾经联络过的空中朋友。外国HAM总是把和中国业余电台的联络珍藏在自己的记忆中，如果你总是要等对方提醒才想起来，那就只好向对方致歉了。】

3．有关祝愿的用语

以下这些语句一般用在联络结束之前。尤其是“73”（seventy-three），应在最后。

（1）Have a good time.

祝你玩得愉快。

（2）Have a good holiday（weekend）.

祝你假日（周末）愉快。

（3）Please drive carefully（to work）.

请小心些开车。

【在与汽车上的移动电台联络时你可以亲切地嘱咐一声。】

（4）Best wish to you and your family！

向你和你的全家致以最美好的祝愿!

（5）Good DX（DXing）and seventy-three.

祝你取得远距离通信的好成绩并向你致敬。

（6）Good luck and good DX。

祝你好运和取得远距离通信的好成绩。

（7）Best wish and seventy-three！

致以最美好的祝愿，向你致敬!

（8）Merry Christmas and happy new year！

圣诞愉快并新年好!

【一般在重大节日前，都应向对方表示祝贺。】

4．有关呼叫的用语

（1）CQ Europe，this is BY4RSA…BY4RSA calling CQ Europe and standing-by.

BY4RSA呼叫欧洲台，请回答。

（2）CQ W1，（I'm）especially looking for Vermont for my WAS，this is BY1PK calling CQ and standing by.

BY1PK呼叫前缀为W1的电台，特别是佛蒙特州的电台，因为我希望获得WAS奖，请回答。

（3）CQ DX，especially looking fo zone 2 for my WAZ.

呼叫远距离台特别是2区的台，因为我想获得WAZ奖。

（4）CQ Ten，CQ Ten，this is BY2AA...calling CQ and standing by.

BY2AA在10m波段上呼叫，请回答。

5．有关呼号的用语

（1）QRZ？Please call me again，this is...

（2）QRZ？Please come in again，this is...

（3）QRZ？Please give me another call，this is...

谁在呼叫？请再呼叫我，我是……

（4）JA1 something，this is BY3AA，I didn’t copy your suffix，please call me again.

JA1，这里是BY3AA，我没有抄上你呼号的后缀，请再呼叫我。

（5）You have my prefix wrong. It is not BY5，but BZ4，Bravo Zulu Four...

你把我呼号的前缀抄错了，不是BY5，应该是BZ4……

（6）You have my suffix wrong. It is not RCA，but RSA...

你把我呼号的后缀抄错了，不是RCA，是RSA……

（7）You have a wrong number. It is not five，but four. One，Two，Three，Four...，QSL？

你抄错了数字。应该是4，不是5。是1、2、3、4的4……抄对了吗？

（8）What is the last letter in your call sign？

你呼号的最后一个字母是什么？

（9）My callsign is not BY5RSE. The last letter of my callsign is A like in Alfa，BY5，Romeo Sierra Alfa. Do you roger？

我的呼号不是BY5RSE，最后一个字母是A，BY5RSA。明白了吗？

（10）I’m sorry I didn’t copy your callsign because of QR—MiKe（due to QR—MiKe），please give me another call slowly.

对不起，因为其他电台干扰，我没有抄上你的呼号，请慢慢地重复。

6. 有关信号报告的用语

（1）Thanks for coming back to my call，your signal is five and nine，fifty nine...

谢谢回答我的呼叫，你的信号是59……

（2）You are readability five and strength ten dB over nine hear in NanJing.

你的信号在南京听起来可辨度为5，强度超过9级10dB。

（3）Your signal is five and nine plus.

你的信号比59还要好。

（4）Your signal is five and nine over ten dB. You are coming-in like a local.

你的信号是59加10dB，传过来的信号好像本地电台。

（5）You are five and one. Although you are very weak，I read you one hundred percent，because there is no QR—MiKe（interfrence）.

你的信号只有51。虽然你的信号很弱，但我还是能百分之百地听到你，因为这里没有干扰。

（6）I’m sorry I didn’t copy my signal report，please repeat it.

对不起，我没有抄上关于我的信号报告，请重复。

（7）I didn’t get my signal report because of QRM...

因为有其他电台干扰，我没有抄上我的信号报告……

（8）I wasn’t able to copy my signal report because the band was very noisy.

因为这个波段噪声非常大，所以没有抄上给我的信号报告。

（9）Your signal is quite weak，QSB.

你的信号相当弱，信号衰落了。

（10）Is my signal getting weaker？

我的信号变弱了吗？

（11）I think your signal is going to fade out.
我想你的信号衰弱了。
（12）I think the band is going out.
我想这个波段关闭了（传播不好不能使用了）。

【在进行关于信号报告的交谈时，不要把“我的信号”“你的信号”这两个概念搞错了。“我的信号”是指对方听我的信号情况，由对方报告给我；“你的信号”则是由我报告给对方的关于对方传过来的信号情况。也不要把“信号报告”（signal report）的概念搞错，在业余电台通信中，“信号报告”是一个专用名词，相当于“信号情况”的意思。如说“我的信号报告”是指我的信号而不是我给对方的报告。】

7. 有关姓名的用语

（1）My name is Li，Lima India，Lima India，Li is my handle.
我姓李，李是我的名字。
【在业余无线电通信中，爱好者常用一个简化了的名字，称之为“handle”。】
（2）I missed your name，please say again.
我没抄上你的名字，请再说一遍。
（3）What is your name？I missed it due to QR—MiKe，please say again.
你叫什么名字？因为其他电台干扰，我没抄上，请再说一遍。
（4）My QRA is Li，Lima India，Lima India，Li is my handle，QSL？
我的名字是李，抄上了吗？
【在运用字母解释法解释呼号、姓名等内容时，一般应重复两到三遍。】

8. 有关地址和交换卡片的用语

（1）My QTH is NanJing，November alfa november juliet India November golf...，P.O.Box is 538，538...
我的电台位置在南京，邮政信箱是538号……
（2）My QTH is OK in the Callbook.
我的地址在《呼号手册》上可以查到。
（3）Can I have your QSL information？
能告诉我你交换QSL卡片的地址吗？
（4）Please QSL via the bureau.
请把QSL卡片通过卡片管理局寄给我。
（5）Please QSL direct.
请把QSL卡片直接寄来。
（6）QSL via the bureau，OK？
QSL卡片经过卡片管理局寄来，好吗？
【在联络过程中，经常有朋友提出这样的要求，不要忘了给对方一个回答。】
（7）No problem，I will send my QSL card to your bureau.
没问题，我将把QSL卡片寄到你的卡片管理局。
（8）I will QSL to you 100％（One-hundred percent）.

我将百分之百地把QSL卡片寄给你。

【业余电台应该守信用，在寄QSL卡片的问题上不可以言而无信，损害自身形象。】

（9）I'd like to have your QSL.

我将很高兴得到你的QSL卡片。

（10）My QSL manager is W6AL.

我的QSL卡片管理人是W6AL。

（11）What's your zip code?

你的邮政编码是什么？

9．有关设备的用语

报告设备情况一般包括收发信机的型号、发射功率以及天线的形式和其高度等内容。世界上活跃着许多老爱好者，他们对自制设备、改进天线有着丰富的经验。经常交流设备方面的情况可以使你的技术水平得到不断的提高。

（1）My transceiver is a FT-ONE，Foxtrot Tango one. It is old but very well.

我的收发信机是FT-ONE，虽然旧但很好。

（2）I'm using a homebrew transmitter which is running 15 watts，the type of my receiver is 239 used by military in China.

我使用自制的发信机，输出15W，收信机是239型，这是中国制造的军用品。

（3）I'm using a TS-940 and a linear which is about 500 watts output.

我用的是TS-940加一台线性放大器，输出大约500W。

（4）I am using a three-band five-element beam.

我用的是3波段5单元定向天线。

（5）My antenna is a five-element Yagi for 15，20 and 40 meters bands，a three-element Yagi for ten meters band which is homebrew.

我的天线在15m、20m和40m波段，是一副5单元八木天线，在10m波段是一副自制的3单元八木天线。

（6）My antenna is on the roof about thirty meters high from the ground.

我的天线在房顶上离地面30m高。

（7）I'm using a two-element quad and it's ten meters high.

我使用两单元方框天线，10m高。

（8）My beam was damaged（breakdown）by a violent typhoon at last week，so I'm using a inverted-V（Diple，Vertical）antenna and it's only five meters high.

我的定向天线上星期被一股强台风刮坏了，所以现在用的是一副“倒V”天线（双极水平天线、垂直天线），它只有5m高。

（9）My antenna is a vertical antenna. Because I have some space limit. In the big city，we have this type of problems.

我的天线是一副垂直天线。因为我的空间受到限制，在大城市我们有这方面的问题。

（10）I'm sorry that I'm not QRV on the 16 meters band.

对不起，我还没有准备好在16m波段上工作。

在以上这些句子里，出现了许多常用的收发信设备和天线的名字。关于它们的具体情况将在以后的章节里介绍。每个HAM应充分了解自己所用的设备以及英语的表达方法，这对于提高水平、增强彼此之间的了解是非常必要的。

10．有关电波传播情况的用语

（1）The condition must be very nice today. How much power do you guess I am running？

今天的传播情况一定很好。你猜我现在的输出功率有多少？

（2）The propogation is badly today，so very strong noise on this band now.

今天电离层情况不好，现在这个波段上有很强的噪声。

（3）You have a beautiful signal coming here but I'm using long path to you.

你的信号传到这里非常好，但我是用“长传播”对着你的。

【当使用定向天线时，将方向直接对着对方的传播方式称“短传播”（Short path)；如果将天线方向背对着对方，使电波绕地球一周到达对方的传播方式则称为“长传播”（Long path)。在以后的内容中我们将会看到，有的时候“长传播”的效果比“短传播”好。】

（4）Please wait a minute（QRX)，While I turn my beam to your side.

请稍等，我把天线方向转向你这边。

2.7 业余无线电通信基本程序

每个人都有打电话的经历，当你拨通电话说声“喂？”双方便开始了交谈。可以是一人讲一人听，也可以两个人同时说，只要你能反应得过来，但在电台上相互联络就不一定能行了。一般业余电台在同一时刻内只能在“收信”或“发信”，两种状态中选择一项，不能同时进行，即所谓“单工工作”方式。如果你没等对方讲完便贸然插话，只会是“白说”，对方听不见而只能令其他收听者哑然失笑。为了保证通信的顺利进行，我们必须遵循不同于寻常谈话方式的“通信程序”。

2.7.1 呼叫前的准备工作

一定要在你准备使用的频率上收听一会儿。业余频段上工作的电台很多，互相之间要避免干扰。如果听到频率上已经有电台在工作，就应主动换频率。

要问一下这个频率是否有人在使用。有些时候频率上两个电台正在联络，其中有一方我们恰恰听不到。为防止干扰，应首先问一声“这个频率上有人吗？”。英语则用：

Is this frequency in use？或者

Is this frequency occupied？或者

Any body here？

如果听到有人回答，就应主动换一个频率。当然，如果你占用的一个频率正在联络，你听到有人问以上问题时则应回答并请对方改一下频率，英语可以是：

Yes，the frequency has been in use，please QSY，thank you.

在通信过程中要经常报出自己的呼号。国际电信联盟《无线电规则》规定：各业余电台在发信过程中，应该每隔一段时间就要发送他们的呼号。在调整发信机发出试机信号时，可以有自己的习惯用语，但一定要说明试机“Testing”和自己的呼号。正确的用语是：

1，2，3，4 Aha testing BY1PK testing...

在双方联络中，更应遵循下面的各种程序要求，经常重复自己的呼号。

2.7.2　普遍呼叫

没有特定联络对象的主动呼叫称普遍呼叫。听到普遍呼叫后任何台都可以回答。发出普遍呼叫的台应友好地逐个联络回答的电台。故意不理睬某个台，或是在回答过程中忽然和其中的某个台长谈起来而置其他电台于不顾都是不礼貌的行为。在众多的回答中如果听到QRP（小功率）台或是女士的呼叫，则应适当地优先回答。

普遍呼叫的程序如下。

（1）中文程序

CQ　　3遍
这里是　　1遍
本台呼号　　3遍
请回答　　1遍

（2）英语程序

CQ　　3遍
This is　　1遍
本台呼号　　3遍（其中至少有2遍用字母解释法）
Standing by　　1遍

（3）CW程序

CQ　　3遍
DE　　1遍
本台呼号　　3遍
K　　1遍

在没有听到回答时应重复上述程序。用语言呼叫时应注意语气亲切、平稳，速度较慢，用CW方式呼叫时应发音清楚平稳。

2.7.3　区域性呼叫

在许多情况下，区域性呼叫有特定条件，例如呼叫某个地区的电台或某个网络内的电台、比赛中的呼叫等。这种呼叫和普遍呼叫程序基本一样，只要在CQ后面加上你的附加条件即可。

比如呼叫欧洲电台，应该是：

CQ EUROPE，CQ EUROPE，CQ EUROPE…

同样，当只呼叫中国电台时，应该是：

CQ BRAVO，CQ BRAVO，CQ BRAVO…

呼叫不包括本国或地区在内的远距离电台时则应：

CQ DX，CQ DX，CQ DX…

比赛中的呼叫则应该是：

CQ CONTEST…

在进行这种有明确范围的呼叫时，应拒绝回答不在此范围内的电台，否则便失去了这种呼叫的意义。这样不仅可以增加捕捉到自己需要电台的概率，提高联络质量，又可"名正言顺"地拒绝回答不想联络的电台，减轻QSL的压力。同理，当听到其他电台在进行区域性呼叫而自己又不在被呼叫的范围内时不要应答。

许多爱好者习惯在呼叫中表明所用的波段，比如21MHz（即15m波段），则呼叫中可以这样：

CQ Fifteen，CQ Fifteen，CQ Fifteen…

也有些时候我们发出普遍呼叫，但特别希望某个地区的电台回答（注意，这和仅仅呼叫某个地区是不同的）。比如我们特别希望欧洲台回答，可以把呼叫远距离电台的程序改成：

CQ DX　　3遍
This is　　1遍
本台呼号　　3遍
Calling CQ DX beaming to Europe and standing-by

2.7.4　回答程序

在听到某台的普遍呼叫、区域性呼叫而自己属于被呼叫范围之内，你也准备与其联络，或听到某台呼叫本台后，即应适时应答。回答的程序如下。

（1）中文程序

对方呼号　　1～3遍
这里是　　1遍
本台呼号　　1～3遍
请回答

（2）英文程序

对方呼号　　1～3遍
This is　　1遍
本台呼号　　1～3遍
Over　　1～2遍

【Over和Standing-by都是表示自己已讲完话请对方说的意思，但Over多用于已经和对方联系上以后，Standing-by则用于尚未和任何台建立联络时用。】

（3）CW程序

R（听到了）　　1～2遍
对方呼号　　1～3遍
DE　　1遍
本台呼号　　1～3遍
K　　1～2遍

2.7.5　预约联络呼叫

这是对某个事先约定好的特定电台的呼叫，在进行这种呼叫时要说明是预约的，在最后应用Over或Go only结束。示例如下。

VK2BVS this is BY4RSA calling on schedule，SAM，are you on？Over.

VK2BVS，这里是BY4RSA，预约呼叫。SAM在这里吗？请回答。

过了预约时间还没有听到对方回答，可以用Anybody relay？

（即谁可以中转）要求中转方法是：

VK2BVS This is BY4RSA4RSA BY4RSAcalling VK2BVS and anybody relay？Over.

VK2BVS，这里是BY4RSA正在呼叫VK2BVS，谁能中转？请回答。

在许多情况下同一地区的爱好者会帮你转达，或打电话把你预约的台叫出来。

2.7.6　未听清对方呼号时的询问呼叫

当你发出CQ呼叫后，许多电台会回答。但多个电台同时说话，常令初学者难以分辨；有的电台回答时非常简洁，只报一遍呼号，也常使你措手不及。在这种情况下，必须熟练地运用“询问程序”。

在基本没有听清谁在呼叫时的询问主要是使用“QRZ？”，但同时应报出你自己的呼号。具体程序如下。

（1）中文程序

QRZ？	1～2遍
这里是	1遍
本台呼号	1～3遍

（2）英文程序

QRZ？	1～2遍
This is	1遍
本台呼号	1～3遍

（3）CW程序

QRZ？	1～2遍
DE	1遍
本台呼号	1～3遍

也可以在本台呼号后面再加一个“QRZ？”。应该注意的是，有的初学者在听不清对方呼号时很着急，在询问QRZ时便不自觉地把这种情绪流露出来，“QRZ”说得很快很急；有的爱好者对于别人的QRZ似乎很不耐烦，不愿意尽量为对方提供帮助，这都是应该克服的不良情绪。即使是因为对方熟练程度，根据国际业余无线电规则，我们也有责任“慢慢地，一个一个地解释清楚”，这是应遵守的基本礼仪。

当听清了对方呼号某一部分时，就不要用QRZ询问了，这样可以避免多个电台再次同时回答。在英语通信中，一般可用Something（某东西）或用Question marK（问号）来代替没有听清的部分回答对方，示例如下。

Something 4 EVV（抄上部分应该用解释法读）

This is **** over.

也可根据呼号的3个组成部分分别提问，请对方重复，示例如下。

What's the prefix of your callsign？

你呼号的前缀是什么？

用CW工作时，则用“？”代替未抄上部分就可以了，示例如下。

？4EVV DE BY4RSA K

在抄收很困难时，我们可以要求对方重复慢一些，示例如下。

Would you please say your callsign again slowly and phonetically？

你能慢一点用字母解释法把你的呼号重复一遍吗？

在听不清对方说的数字时，还可以请对方用Counting即数数字的方法重复，示例如下。

问：Sorry，you are very weak，so very difficult to copy the number of your callsign，please count the number.

对不起，你的信号很弱，所以抄你呼号中的数字很困难，请数数。

回答是：My callsign is BY3AA the number is 3.　1，2，3.　1，2，3…

我的呼号是BY3AA，数字是3。1、2、3，1、2、3的3…

2.7.7　双方沟通后的联络程序

当双方已经相互抄上对方的呼号后，就可进行其他各项内容的交流。基本程序如下（以下程序中的对方呼号和本台呼号一般不用字母解释法）。

（1）中文程序

明白了　　1遍
对方呼号　　1遍
这里是　　1遍
本台呼号　　1～2遍
通信内容；
对方呼号　　1遍
这里是　　1遍
本台呼号　　1～2遍
请回答　　1遍

（2）英语程序

Roger　　1～2遍
对方呼号　　1遍
This is　　1遍
本台呼号　　1～2
通信内容；
对方呼号　　1遍
This is　　1遍
本台呼号　　1～2遍
Over　　1～2遍

（3）CW程序

R　　　　　　　　1遍
对方呼号　　　　　1遍
DE　　　　　　　　1遍
本台呼号　　　　　1～2遍
通信内容；
对方呼号　　　　　1遍
DE　　　　　　　　1遍
本台呼号　　　　　1～2遍
K　　　　　　　　1～2遍

应该注意，只有在对方讲的内容全部听清时，才可以在回答中用“Roger”单词。和Roger用法相同的还有QSL和Solid copy。一面说“Roger”，一面却又要对方重复某些内容是不正确的。

“通信内容”应按照前面有关内容的说明，首先给对方信号报告，然后再说其他。具体可参照后文给出的实例。

每次通信内容应力求简洁，不要长谈。我们应尽量减少空中电波可能引起的干扰，而且应避免因传播条件变坏导致通信中断的情况。在沟通联络后，应先向对方问好，这也是爱好者最起码的礼貌。

2.7.8　异频工作的呼叫方法

在很多情况下使用异频工作（SPLIT）可以收到特别的效果。如果我们在40m波段上要用SSB和二区国家的电台联络，只有通过异频工作才行。当有很多电台一起呼叫自己时，众多的信号有可能压住我们而使得别人听不到我们。在这种情况下用异频工作就可以避免这个问题。异频工作的呼叫方法是要经常报出自己守听的频率。请看下例。

比如，BY8AA在7.080MHz发信，想在7.160MHz收听，呼叫的方法是：

CQ North America，This is BY8AA，listenning on 7.160MHz...

在许多时候只需报出守听频率后几位数字，如上例中只要说Listenning on 160也就可以了。

如果开始的时候我们用同频工作，但工作了一段时间后改用异频工作方法，这时应该说：

Please QRX，I Will Work SPLIT，let me find a clear frequency.

然后再告诉其他台自己的收听频率。

当呼叫自己的电台很多时，也可以把收听频率保持在一个小范围内，其他电台会适当改变其发信频率，减少重叠，使收听较为容易。例如设在拉萨的特设台在14.200MHz发信，收听频率在14.210～14.220MHz，可以这样呼叫：

QRZ？QRZ？This is BTØZML listenning from 14.210 to 14.220MHz，QRZ？

2.7.9 插入呼叫的方法

有两个电台正在联络，你想呼叫其中的一个，可以等他们讲完后或谈话告一段落时插入呼叫，方法是自报呼号和“Break in”。

例如：BY7QNR Break in.

插入呼叫要简短，然后看对方反应。如果对方不打算回答你，就不应该再呼叫。如果被叫的一方告诉你这个频率不是他的，就应该改频后再与之联络。在这种情况下对方可能这样说：

This frequency has been in use，please QSY up.

这时你应该把频率改高一点，在不干扰其他电台的地方再呼叫对方。

插入呼叫只适用于已听清了正在联络的双方的谈话进程，而自己非常有必要呼叫其中之一时。随便插入或打断别人的谈话，都是不礼貌的行为。

电波的传播是没有国界的，即使是功率很小的电台也可以进行DX联络。所以，无论是对外联络还是和国内熟悉的朋友在空中交谈，每一个爱好者都应时刻遵守业余电台的通信规则，在热情、礼貌、规范的通信用语中向全世界显示出自己良好的精神风貌。

2.8 完整通信程序举例

一个完整的通信程序如表2-4所示。

表2-4　　完整的通信程序

英语	CW	中文
BY1PK： CQ CQ CQ This is BY1PK，BRAVO YANKEE ONE PAPA KILO，BY1PK calling CQ and standing-by	CQ CQ CQ DE BY1PK BY1PK BY1PK K	CQ CQ CQ，这里是BY1PK，向所有的电台呼叫并等待回答
JA1BK： BY1PK BY1PK，This is JA1BK，JULIETT ALFA ONE BRAVO KILO，JA1BK（In ToKyo calling you and）standing-by	BY1PK BY1PK DE JA1BK JA1BK K	BY1PK，这里是JA1BK（在东京）呼叫你并等待你的回答
BY1PK： JA1BK，This is BY1PK，dear friend，good morning and thank you very much for coming back to my call.You are five and nine，fifty nine. my name is Wang，Whiskey Alfa November Golf，Wang is my handle，and my QTH in BeiJing，how do you copy？JA1BK，This is BY1PK，over	JA1BK DE BY1PK R DR OM GM ES TNX VY for UR CALL.UR RST 599 599.MY NAME IS WANG ES MY QTH IN BEIJING. HW？JA1BK DE BY1PK K	JA1BK，这里是BY1PK。亲爱的朋友，早上好，谢谢你回答我的呼叫。你的信号是59。我姓王，我的位置在北京。你都听清楚了吗？JA1BK，这里是BY1PK，请回答
JA1BK： BY1PK，This is JA1BK，roger. Dear Wang，good morning to you and thank you very much for nice report. Your signal is five nine，five and nine. My name is KAN，Kilo Alfa November and my QTH is Tokyo. T，Tango，O，Oscar，K，Kilo，Y，Yankee，O，Oscar Tokyo，the capital city of JAPAN. The weather here is cloudy，the temperature is fifteen degrees centingrade in my shack. My equipment is transceiver TS nine fifty and antenna is TH7DX. I hope you are reading me OK. BY1PK this is JA1BK，over	BY1PK DE JA1BK R DR OM WANG GM ES TNX FOR NICE RPRT.UR RST 599 599. MY NAME IS KAN ES QTH IS TOKYO.WX HR IS CLOUDY TEMP IS 15C IN MY SHACK. MY RIG TRX IS TS950 ES ANT IS TH7DX.OK？BY1PK DE JA1BK K	BY1PK，这里是JA1BK。亲爱的老朋友王，早安，谢谢你很好的报告。你的信号是59。我的名字是KAN，在日本首都东京。这里的天气是阴天，机房里的温度是15℃。我的设备是TS950收发信机和TH7DX型天线。希望我所讲的你已都听清楚了。BY1PK，这里是JA1BK，请回答

续表

英语	CW	中文
BY1PK： JA1BK this is BY1PK. Thank you for fifty nine report. I'm using the transceiver FT-ONE with the amplifier HL3K. My antenna is eleven elements Yagi about thirty five meters high. I will send my QSL card to you. Please send your QSL card to me Via P.O.Box 6106 BeiJing China. Do you roger，Dear Kan？ JA1BK from BY1PK，go ahead please	JA1BK DE BY1PK OK FB DR OM KAN TNX FOR 599 RPRT. HR RIG IS TRX FT-ONE ES AMP HL3K.MY ANT IS 11ELE YAGI ABT 35M HI.MY QSL SURE PSE UR QSL VIA BOX 6106 BEIJING CHINA OK？ DR KAN JA1BK DE BY1PK K	JA1BK，这里是BY1PK。谢谢你给我59的信号报告。我用的是FT-ONE收发信机加上HL3K的放大器。我的天线是11单元八木天线，大约35m高。我将寄给你我的QSL卡片。请把你的卡片通过北京的6106信箱寄给我，好吗？亲爱的KAN，JA1BK，这里是BY1PK，请回答
JA1BK： Roger BY1PK，this is JA1BK. Dear Wang thank you so much for the information of your equipment. Yes I will send my QSL card to you via P.O.Box 6106 BeiJing China. Your QSL please via the bureau. Now here is QRU. I hope to see you again very soon. Seventy three to you and your family. Good bye，dear Wang. BY1PK this is JA1BK，bye-bye	BY1PK DE JA1BK R DR WANG TNX FOR INFO OF UR RIG.YES MY QSL VIA P.O.BOX 6106 BEIJING CHINA TO U.UR QSL PSE VIA BURO.NW QRU HPE CUAGN SN 73 TO U ES UR FAMILY GB DR WANG-BY1PK DE JA1BK SK TU E E	BY1PK，这里是JA1BK。亲爱的老朋友王，谢谢你告诉我有关你设备的详细资料。好的，我的QSL卡片经过北京6106信箱给你寄去，你的QSL卡片请通过卡片管理局寄给我。现在没有事了，希望能很快再联络到你。向你和你的家庭致敬。亲爱的王，再见。BY1PK，这里是JA1BK，再见
BY1PK： JA1BK this is BY1PK，thank you very much for the QSO. I hope to meet you again also，good luck to you and best DX. Seventy three，Dear KAN good bye.JA1BK this is BY1PK，bye-bye	JA1BK DE BY1PK TNX FOR QSO HPE CUAGN ALSO.GL TO U ES BEST DX 73 DR KAN GB JA1BK DE BY1PK SK TU E E	JA1BK，这里是BY1PK。谢谢这次联络，同样希望再一次联络到你，祝你好运和取得良好的DX成绩。亲爱的KAN，向你致敬，再见。JA1BK这里是BY1PK，再见

以上介绍的是从呼叫“CQ”到联络结束的一个最基本的联络过程。在实际工作中使用的语句及内容都可以根据情况予以增减和灵活运用。但双方的信号报告是不能没有的，否则就是一次无效联络。从上例中还可看到，用CW联络在结束时往往多发两个点，这是一种习惯做法，大概用来表示“意犹未尽”吧。

2.9　网络通信

在业余频段里有着许多组织有序的通信网络，比如我国的“BY网络”、其他国家国内或某地区性质的网络及专为DX联络组织的网络等。要加入某个网络的通信，必须首先了解这个网，然后才能在适当的时机插入。

常见的用语音（话）工作的网一般是同频工作的“纵式（主从式）网”，即由一个网络控制台（主台）和若干个属台组成。主台可以和任何一个属台纵向联络，属台之间不可以横向联络。

如果属台之间需要联络，必须经过主台同意并由主台安排。在网络中发信应尽量简短，以避免浪费其他电台的时间。属台之间未经主台同意就占用网络的频率相互联络，在网络的频率上调试发射或呼叫CQ等都是不应该的。

在DX通信网中也可看到有一个主控台、一个或若干个副控台的情况。比如一个网，主控台在美洲，亚洲、大洋洲各有一副控台，各洲均有一批属台等。在这种情况下主控台、副控台之间可以保持联络，各属台都要听从主控台的安排。

主控台应当具有能较好连通网络上所有（或大部分）电台的条件（如较好的地理位置、

设备、传播条件等），操作员也应具有能较好地控制网络秩序的经验和技巧。

网络控制台（Net Control Station）在开始工作呼叫各属台时，一般应将网络的名称、目的、频率、方式、时间及主控人的姓名报出，请看下例。

CQ BY，CQ BY，CQ BY，This is BY1PK，The net control. The BY net meets on 14.330MHz at 10AM every Tuesday for the purpose of handling traffic in China. My name is Tong，any one who wants to Join the net，please give me your suffix.

【CQ BY，这里是BY1PK，网络的主控台。BY网络每星期二上午10点工作，频率为14.330MHz，目的是进行国内联络。我姓童，要进网络的电台请报呼号后缀。】

各属台报出自己的呼号后，由主控台一一登记。主控台还应询问是否有急事以及小功率台、移动台、远距离台加入或有无要中转的，以免漏听。

想在网络工作过程中加入进去的电台应该在主控台不发信时以最简单的语言呼叫，并等待主控台的安排，比如BY4RSA想中途插入，应呼叫：

4RSA check in.

【4RSA登记加入。】

在业余波段上还活跃着许多自发组织的DX通信网，目的是给爱好者联络远距离电台提供帮助。这些网络由一个主控台负责组织，有时还有一个或一个以上的副控台。这些网络的组织者呼叫CQ，欢迎包括许多“稀有”电台在内的远距离台入网，然后组织周围所有想和这些远距离台联络的爱好者轮流呼叫，逐个完成QSO。参加这类网络工作，是对自己操作水平的锻炼和检验。它不仅能为平时不容易听到我们的朋友提供机会，还能联络上许多平时难以找到的“稀有”电台。比如15m波段1000UTC在21.155MHz由DK9KE和UW4CW组成的欧洲DX通信网络，我们可以从中听到众多的欧洲电台以及一些非洲台；20m波段1100UTC在14.225MHz由VK4OH或VK4MZ主控，并有北美的几个副控台组成的北美网络，我们可以通过这个网联络到北美和大洋洲、南美洲的电台。

怎样才能进入这样的网络？首先要经常守听这些网，了解这些DX网的活动规律、目的和工作程序，或在适当的时候询问一下主控台。在不了解这些基本情况时不要贸然呼叫，以免干扰别人的正常工作。

在DX网络正式开始之前，主控台通常会在网络频率上介绍参加该网的远距离电台的情况。如果有第一次参加网络的DX台，主控台会主动询问他的QSL地址等情况，以便向各台介绍。网络开始，主控台呼叫CQ并宣布有哪几个远距离台参加，接着请想入网的电台报呼号（一般只需要呼号后缀），主控台一一登录。当主控台登录了一些呼号后会叫“暂停”，然后根据登录先后顺序组织这些台和DX台联络。也有的主控台按DX台的顺序，介绍一个DX台，接着登录一批想和这个DX台联络的台并组织他们呼叫联络，然后再介绍一个DX台，再登录一批并组织联络。在整个过程中主控台会不断地询问还有没有远距离台加入？还有谁要进网？并经常介绍网络的情况。

下面以BY4RSA进入DK9KE主控的DX网为例说明这一过程。

DK9KE：Any DX check in？This is DK9KE net，any DX check in？

【这里是DK9KE网络，有DX台登记吗？】

BY4RSA：BY4RSA check in.

【BY4RSA登记。】

DK9KE：OK，BY4RSA，welcome to this DX net. Please stand by. Any DX check in？

【BY4RSA，欢迎你加入这个DX网，请等待。还有哪个DX台登记？】……

DK9KE：Today in this frequency are EA8BTR，J28GG，BY4RSA，HL1PE…If you want to QSO with these DX stations，please give me your suffix，QRZ？

【今天在这个频率上有EA8BTR，J28GG，BY4RSA，HL1PE等电台。如果你想和这些台直接联络，请给出你的呼号后缀，谁在呼叫？】

在进行过上面这番联络后，BY4RSA已经在网络里登记，这时应该守在这个频率，注意主控台的说话内容，随时准备和其他台联络。下面这段对话就是这次联络的继续。

DK9KE：DL3YDQ，make your call.

【DL3YDQ，你开始呼叫。】

DL3YDQ：BY4RSA，BY4RSA，please copy，this is Delta Lima three Yankee Delta Quebec，your signal is 57，57，QSL？

【BY4RSA，请抄收。这里是DL3YDQ，你的信号是57，抄上了吗？】

BY4RSA：DL3YDQ，this is BY4RSA，your 58，58. Thank you. Back to net.

【DL3YDQ，这里是BY4RSA。你的信号是58，谢谢你。我们返回网络。】

通过类似以上的联络，许多台会和BY4RSA联络。当然也有可能在一段时间里其他台不呼叫你而呼叫另外的远距离电台，我们应该耐心地等在边上。如果你必须离开这个频率，要事先向主控台打招呼说明原因。如果你没有足够的时间，就不要随便加入网络。

在网络里，你也可事先告诉主控台你想和另外的远距离台联络，主控台在适当的时候也会安排DX台之间的相互联络。仍以上述网络为例，BY4RSA想和另一个远距离台J28GG联络，具体如下。

DK9KE：BY4RSA，Do you have any call？

【BY4RSA，你要呼叫哪个？】

BY4RSA：Yes，J28GG，J28GG，please copy. This is BY4RSA，your signal is 55，QSL？

【是的。J28GG，请抄收。这里是BY4RSA，你的信号是55，抄上了吗？】

J28GG：BY4RSA，this is J28GG. Your also 55，thank you. Back to net.

【BY4RSA，这里是J28GG。你的信号也是55，谢谢你。我们返回网络。】

当然，如果你不想和另外的DX台联络，在主控台询问你时可以如实告诉他：No call，thank you.

在通信过程中，主控台会经常报告各DX台交换QSL卡片的地址，我们应该注意听抄。实在没听到，可以通过主控台询问。但应该记住，在网中联络要力求简洁，并应听从主控台的安排。

在进行通常的DX联络中，有时会出现很多电台蜂拥而上一起呼叫你的情况。这时候你可以组一个临时网，把呼叫你的电台先登记一下，然后由你一个一个地呼叫，进行快速联络。请看下例。

BY4RSA：Please stand by every one，this is BY4RSA，BY4RSA from China，please stand by. I will have a list and call you one by one. Please give me your suffix，only suffix，QRZ？

【大家请停一下。这里是BY4RSA，在中国。我将列一个表，一个一个顺序呼叫。请告诉我你的呼号后缀，只要后缀。谁在呼叫？】

接下来的事就是集中精力听抄呼号。一种办法是听一个立即重复一下，如下所示。

BY4RSA：Echo Charli，please stand by，next one（or have any one）

…

Uniform Quebec X-ray，next one.

…

Charlie Whiskey Whiskey，next one.

…

Papa Uniform Kilo. OK，that's all. Echo Charlie，now you please.

…

一次列表一般为10～15个呼号，在整个过程中可以插进介绍自己情况的内容，如名字和交换QSL卡片的地址等。组织这种临时网要有比较强的机上工作能力，如果听抄呼号速度不快或错误百出，别人是会被吓跑的。

也可以在一段时间内只抄收呼号（后缀）而不一个一个地回答，当抄到了10个左右的呼号后请各台暂停，然后再一个个地呼叫回答。

在这种通信中还可以按地区呼叫，如1区、2区、3区……或是按呼号的字母顺序呼叫等。

在平常的通信联络中，比较多的情况是我们听到别的电台在组织网络。比如一个“稀有”台在频率上，很多台在叫他，他就会用上述的方法组织临时网络。这时如果你想和他联络，就得设法使他听到你的呼号或呼号后缀。当他呼叫你后，你一定要尽量迅速地和他沟通。在这种情况下不要主动介绍自己的情况，以免“阻塞交通”，影响他人。

2.10 遇险通信和应急救援通信

2.10.1 遇险通信

遇险通信是指某些船舶、航空器或车辆等在受到严重而且是紧急危险的威胁，必须立即救援时人们所从事的通信活动。

除业余业务以外的各通信业务要进行国际通信，必须事先经有关双方国家的主管部门同意，然后再按规定的程序通知对方才行。而业余频段不受国际规则或通知程序的限制。而且业余电台数量多、分布广，每天24小时都有电台在业余频段上活动。业余无线电爱好者们又都具备着助人为乐的高尚品质，所以遇险电台往往会到业余频段上进行呼叫。因此，每个业余电台及其爱好者，都应该非常熟悉遇险通信的有关知识及规定，以便在需要时能应用自如。

遇险后发出的信号：电报是“SOS”，即“ •••— — —•••”；语音（话）是“MAYDAY”，其发音应是法语的“m'ai-der”。

根据ITU的规定，用电报拍发遇险信号时，其速度一般不得超过每分钟16个字；用语音（话）时应缓慢而清晰地读出每一个字，以利于抄收。

遇险呼叫的方法如下。

遇险信号（SOS或MAYDAY）	3次
DE（或This is）	1次
遇险电台的呼号	3次

所有业余电台必须牢记，遇险呼叫相较于其他一切发送有绝对的优先权。所有听到这种呼叫的电台应立即中止可能干扰遇险通信的任何发信，并应在遇险呼叫的发射频率上继续守听。

遇险电台或遇险通信的控制台，可以强制任何干扰遇险通信的电台或该地区所有移动业务电台保持沉默，其指令如下：

电报：简语QRT紧随着遇险信号，即QRT SOS；

语音（话）：SEELONCE MAYDAY，其读音如法语“Senlence m’aider”。

这个强制性的指令，可以发给所有电台（即CQ），也可发给某一个电台。一旦听到以上指令，就说明自己的发射可能已经干扰遇险通信，应立即无条件地停止。

遇险通信的解除：

当遇险通信结束时，遇险通信的控制台会马上对所有电台发出通知，该频率就可以恢复正常使用，其方法是：

SOS（或MAYDAY）；

CQ（3次）；

DE（或This is）；

发送通知电台的呼号；

通知交发的时间；

曾经遇险的电台名称或呼号；

QUM或QUZ（话SEELONC FEENEE或PRU-DONCE，分别读作法文silence fini或prudencl）。

所有在遇险通信频率上的电台，只有在听到以上通知后，才能改变沉默状态，恢复正常工作。

应该特别指出的是，随着现代科学技术尤其是卫星通信技术、数字技术和计算机技术的飞速发展，自1999年以后，在辽阔的海洋上“服役”了近一个世纪，并且挽救过成千上万个生命的“SOS”“ MAYDAY”遇险信号，已光荣“退役”，取而代之的是“GMDSS”（Global Maritime Distress and Safety System）即“全球海上遇险和安全系统”。这个系统在船只遇难时，不仅能向更大的范围更迅速、更可靠地发出求救信息，还能以自动、半自动的方式取代昔日的人工报警，所以能更及时、有效地对海难进行救助。但是对于尚未安装GMDSS相关设备的船只以及航空器和其他救难事件来说，以上的遇险通信仍然是适用的。

2.10.2 应急救援通信

应急救援通信是指遇有危及国家安全、公共安全、生命财产安全等紧急情况时所从事的无线电通信活动。在应急救援通信情况下，可以不经批准临时设置、使用业余无线电台，但应当在48小时内向电台所在地的无线电管理机构报告，并在紧急情况消除后及时关闭。为满足突发事件应急处置的需要，业余无线电台可以与非业余无线电台通信，但通信内容应当限于与突发事件应急处直接相关的紧急事务。

1. “求救呼叫”和“求救报告”

突发事件发生的第一时间，往往伴随着电力供应以及公众电信、道路交通等设施遭到破坏，与外界的联系暂时中断等情况，灾害现场出现的人员伤亡、财产损失仍在继续，而又缺乏必需的救援力量。这时，灾害现场的业余无线电爱好者，首要任务是迅速开设电台，向外呼救。应尽快找到可供收信机、发信机使用的电源（如小型发电机、蓄电池、汽车电源等），选择有利地形，迅速架设天线，并立即进行紧急“求救呼叫”。“求救呼叫”的方法与“遇险呼叫”相同，如仅在V/U段，可用汉语直接进行“求救呼叫”。

“May Day、May Day、May Day！BA1AAA求救，BA1AAA求救，BA1AAA求救！听到请回答。”

在求救呼叫得到灾害现场以外地区的回答时，呼救电台向外发送的信息首先应包括以下内容。

（1）受灾的精确地点及性质（即遭受何种灾害）。

（2）受灾的程度及受灾现场的情况。

（3）灾害现场现有的救援力量及迫切需要何种救援。

（4）其他一切有利于援助的资料。

如“求救呼叫”未能得到及时回答，也可将上述内容以盲发的方式，直接作为“求救报告”进行间歇性地重复发送，直至收到回答为止，但重复发送的间歇时间应当充裕，以便让准备回答的电台有时间启动其发信设备。

发送“求救报告”的程序如下。

SOS或MAYDAY或“紧急求救”　　1～3次
“我是（This is）”或DE　　1次
呼救台呼号　　1～3次
求救报告（即上述1～4项内容）；
报告完毕　　1次
呼救台呼号＋“呼救”　　1次
听到请回答。

“求救呼叫”和“求救报告”是最高级别的信号，任何业余电台收听到“求救呼叫”和“求救报告”时，不论是否正在联络，必须立即无条件中断发射，改为守听状态并给予必要的协助。“求救呼叫”和“求救报告”只有第一现场的电台在直接报告涉及人员生命危险且尚未得到有效救助的情况下才可使用。

2. 对“求救呼叫”和“求救报告”的回答

（1）非受灾现场的电台对“求救呼叫”和“求救报告”的回答

对“求救呼叫”回答的格式如下。

SOS或MAYDAY或“紧急救援”　　1～3次
呼救台呼号　　1～3次
“我是（This is）”或DE　　1次
本台呼号　　1～3次
“我在”××××（本台的位置）；
对方信号报告；
“听到请回答”　　1次

对“求救报告”的回答格式如下。

SOS或MAYDAY或“紧急救援”　　1～3次
呼救台呼号　　1～3次
“我是（This is）”或DE　　1次
本台呼号　　1～3次
对方信号报告　　1次
“你的求救报告收妥”　　1～3次
“听到请回答”　　1次

沟通后，首先应报告你所在的位置和明确告知可能给予的援助。

在受灾地区尚未与外界救援机构取得联系或得到有效救助时，作为非受灾现场的业余电台，必须尽一切努力帮助其把灾情通知到有关救援机构，协助救援机构与灾区取得联系，并尽自己所能，积极参加或协助组织救援力量对受灾地区进行救援，在呼救频率上继续保持守听，以便保持与灾区求救电台的联系。

下列各有关机构，可作求救援助的参考。

各级政府重大突发事件快速应急机制的有关部门，军队，各级民政部门，各级红十字会，各级地震局（地震灾害时），受灾现场附近或其上级的公安、消防机构，医疗机构、急救中心，新闻媒体，其他民间的一切救援、慈善机构等。

（2）灾害现场的电台对“求救呼叫”和“求救报告”的回答

因为同属灾害现场电台，为不干扰其他现场电台的呼救，以及任何外界电台对“求救呼叫”和“求救报告”的回应，同时也为了节省时间和能源，应迅速商定相互间共同呼救的协调方案。协调方案包括频率、时间、方式上的交叉，设备、位置的调整等。如你已与外界救援机构取得联系或有救援力量，沟通后则应迅速协调救援力量的使用或继续求援的方案，必要时可由你或外界救援机构电台负责立即组成临时“应急救援通信网”（关于“应急救援通信网”，本节以下条款将有介绍），进行统一调度、指挥，应避免灾害现场电台之间无谓的情况交流。

灾害现场电台对“求救呼叫”和“求救报告”的回答程序同非受灾现场的电台。

3．紧急救援联络

“紧急救援联络”是指对“求救呼叫”和“求救报告”回答后，在呼救电台未得到有效救援发出“解除求救”信号时和呼救电台之间进行的联络。联络程序是在每次呼叫和回答前加呼救信号。

SOS或MAYDAY或“紧急救援”（呼救台为“紧急求救”）　　1～3次
对方呼号　　1～3次
“我是（This is）”或DE　　1次
本台呼号　　1～3次
通信内容；
“请回答”　　1次

“紧急救援联络”直接关系到拯救生命，在频率上的所有电台，凡听到冠以SOS或MAYDAY或“紧急救援”（呼救台为“紧急呼救”）的联络，也均应立即停止发射，改为静候守听并尽自己的力量参与救援。

4．解除求救

当灾害现场已与相应的救援机构建立联系，救援力量已经到达，现场的人员伤亡、财产损失已经得到抑制，伤残人员正在得到处理，紧急情况得到缓解时，呼救电台或“紧急救援联络”的控制台应及时发出“解除求救”的信号，以免其他电台继续长时间守听。“解除求救”的格式见“遇险通信的解除”，如系普通话联络也可直接用普通话解除求救，格式如下。

SOS或MAYDAY　　3次
“各台注意”或CQ　　3次
“我是×××××（发送该通告电台的呼号）”　　1次
“现在是北京时间××：××，××××××（求救电台的呼号）解除求救”　3次
QUM　　1～3次

5．“解除求救”后的通信联络

“解除求救”不等于整个救灾通信的结束，只是“紧急情况得到缓解”，但受灾现场的救援工作仍在继续进行，受损的设施及社会秩序尚未完全恢复，所以这时救灾通信仍应保持，只是联络时不再冠以SOS或MAYDAY等遇险信号，按正常的联络程序进行联络。这时业余无线电爱好者的任务如下。

（1）协助救援机构对救援力量、受灾民众及救援物资的组织、调度。
（2）对水、电、气、通信、医疗等机构的抢救、恢复工作给予通信支持。
（3）收集周围灾民的需求、健康、情绪等情况，反映给救援机构。
（4）协助救援机构传播一切需要受灾民众了解的信息。
（5）协助做好有利于稳定社会秩序的工作，如协助寻找失散亲属、传递平安家信等。
（6）向外界和媒体通报灾区的情况，争取尽可能多的援助。

6．业余无线电应急救援通信网

抢险救灾时的业余无线电应急救援通信网（以下简称“应急救援通信网”）有两种：一种是事先已经组织好、按照预定方案启动的专门“应急救援通信网”；另一种是突发事件发生时，临时组建的“应急救援通信网”。无论何种“应急救援通信网”均为“主从式”的纵式通信网。

专门的“应急救援通信网”：根据许多国家和地区的经验，应由全国性业余无线电社团和地方性业余无线电社团分别组成全国性和地方性的业余无线电应急救援通信网，平时通过演练保持网内成员间的联系和设备器材的机动能力，一经启动，主、从各台即到位。

临时组建的“应急救援通信网”：在未建有专门“应急救援通信网”的地方，为保证良好的通信秩序，避免多个台自由发信，造成信号重叠混乱、影响通信效率，应由灾害现场的呼救电台负责，组织临时“应急救援通信网”。一般情况下，此时的主控台应由负责组织的电台担任，如组织者因某种原因不能担任主控台，则应请身处救援指挥中心的电台担任，或指定一个能较好连通网络上大部分电台（尤其是呼救电台）和操作员具有控制网络秩序经验、技巧的电台担任主控台。必要时，还应指定一个有经验的爱好者担任副控台。

临时“应急救援通信网”组建时的呼叫、回答格式如下。

SOS或MAYDAY或“求救呼叫”　　1～3次
“我是（或This is）”＋呼救台呼号　　1～3次

“现在组成应急救援通信网”，由我（或指定已应答的某台呼号）担任主控，现在请××
×××回答（按所记已听到的应答电台逐个呼叫）。

如果指定某台担任主控台，被指定电台应立即按主控台的点名程序开始点名。

网络通信的基本规则在本章“网络通信”一节中已有叙述，只是在“应急救援通信网”中更应严格遵守，以确保网络有序和重要的救援信息不被干扰。鉴于“应急救援通信网”的特殊性，对网络中的“主”“从”各方都提出了更高的要求。

（1）主控台。主控台是整个网络的总指挥，各台报到时应认真记录其呼号、所在位置和一切有关信息并列表备用，然后应随时根据网上各台的位置、求救项目、救援力量、可供资源等情况，协调、指挥相关电台的联络或转信。当听到有其他电台在网上进行一般性通联或网内电台未经许可而相互呼叫时，主控台应予以制止，酌情让其保持守听或改频，保证整个网络的有序、畅通，以求受灾现场得到最有效的救援。在网络相对空闲时，主控台还应按列表进行“点名”，请网上的电台逐个报到，列表电台点名完毕，还应询问频率上有无新的电台报到，以便随时掌握整个网络的变化情况。

（2）副控台。副控台应协助主控台维护网络秩序，尤其对那些因传播条件等，主控台不能很好连通的电台，副控台则应根据主控台的需要，对这些电台进行协调、指挥，所以主控台要做到的一切，副控台同样也应做到。

网络中的一般电台（属台亦即从台），在“应急救援通信网”中，则更应严格遵守“只对主控台”“一切听从主控台指挥”的规则，即使听到有呼叫你的电台，也不应回答。如果未经主控台同意，擅自在网络内呼叫、回答或转信（QSP），势必扰乱网络秩序，影响救援工作的进行。如某台确有紧急事项要与网上的另一电台联络，也只能等正在联络的两个电台转换收、发方式的瞬间，用急速插入的方法，短暂地叫你的对象到另一个空闲频点去。此时呼号可只用后缀，频率在同一频段内，可只报尾数，如“4RC QSY 155”或“4RC 155”，对方回答也应简短，如“OK”“QSY”或“Let’s go”。当主控台按列表点名时，应静候其呼叫，不得在呼叫它台时抢先回答，如属自行报到，已经报到过的电台，也应再次报到，但呼号可只用后缀（回答列表点名时也可只用后缀）。在给出主控台信号报告后，如有可供调用的资源也应向主控台报告，以便主控台在网上进行动态调度。如属没有报到过的电台，则应用完整的呼号报到，并给出自己的精确位置。

“应急救援通信网”的点名与回答。

主控台列表点名的呼叫、回答格式如下。

主控台：“CQ、CQ，这里是×××地区‘应急救援通信网’，我是主控台BA3AAA。现在按列表点名，BA3BBB请回答。”

BA3BBB：“我是3BBB，你的信号59，没有新情况，请回答。”

（因是主控台对BA3BBB，的单一指向呼叫，在“应急救援通信网”中为节省时间，BA3BBB回答时，可不叫主控台呼号和省略本台呼号的前缀）。

主控台：“3BBB，我是3AAA，请继续守听，再见，（按列表叫下一个台）BA3CCC请回答。”

BA3CCC：“我是3CCC，你的信号59，10分钟后我要离开半小时，请回答。”

主控台：“3CCC，我是3AAA，可以离开，再见。”（呼叫列表中的下一个台，直至列表完。）

主控台：“CQ、CQ，这里是×××地区‘应急救援通信网’，我是主控台BA3AAA，是否还有电台报到。”

BA3RRR："BA3AAA，我是BA3RRR，你的信号59，我在×××××（本台所在的位置，如有可供救援的资源，再报告资源情况），请回答。"

主控台："BA3RRR，我是BA3AAA，你的信号59，明白，请守听，再见，我是×××地区'应急救援通信网'主控台BA3AAA，是否还有电台报到。"

主控台不按列表点名，请各台自行报的呼叫、回答格式如下。

主控台："CQ、CQ，这里是×××地区'应急救援通信网'，我是主控台BA3AAA。现在点名，网上各台请报到。"

属台：回答的方式同列表点名属台的回答格式。

7. 应急通信频率

业余无线电应急通信频率请见附录15，但只要是"求救呼叫"或发送"求救报告"，为了尽快得到回应，可插入任何有较多业余电台正在通联的频点中去，联通后再根据干扰、传播等情况决定是否改频（QSY）到受到保护的"应急通信频率"上去。

8. 应急救援通信中应注意的事项

（1）应急救援通信时，每次呼叫完整、清楚地报出自己的电台呼号特别重要。由于救灾时的指挥命令对人员、物资等调度有严格的指向性，所以更应严格坚持至少每10分钟报一次完整呼号的规定，以使所有（尤其是新的）收听电台能正确判别正在联络电台的位置、身份及所发内容针对何台。

（2）用普通话联络时，在通信内容中涉及1～9的数字时，可分别用幺、两、三、四、五、六、拐、八、勾、洞来解释或直接报读。例如"17"用"幺拐"解释或报读，"279"在必要时，也可直接读作"两拐勾"而不说"二百七十九"等。

（3）在业余电台之间联络时，凡涉及呼号或其他带有字母的信息时，应严格使用国际标准解释法。但也应注意，在进行应急救险通信时，其他业务电台也可能进入业余频段。这些电台可能不熟悉英文字母的国际标准解释法，在与他们联络时，应选择语言简单、容易理解和互相不易混淆的词汇进行解释。在对通信内容中其他关键词进行解释时，亦应注意不使用与救灾当时相关的地名、人名、物资、设施等一切事物相似的词汇作为解释用语。

（4）联络中对方所发的一切信息都应逐一给予是否正确抄收的回复。一般应在呼叫完后，根据抄收情况用"完全抄收（或抄收、Roger）""部分抄收""没有抄收（或无法抄收、No copy）"表示。如有未正确抄收的部分，应请对方重复，或将抄收无把握的信息主动发给对方核对。对于重要的数据即使已完全抄收，也应复诵一遍，请对方确认。

（5）在"应急救援通信网"中，由于要求网络中各台严格遵守"没有主控台的许可，不得随意呼叫、联络"的规定，因此，主控台应充分意识到本身的责任，必须随时密切注意网络中各台轻、重、缓、急的情况变化，进行动态指挥和调度，只有心中有数，才能指挥若定。

（6）在网络点名时，如果主控台没有回答你的报到，则应耐心等待，在主控台发出再次"请报到"的指令时，再作报到，严禁强行抢答，造成网络的混乱。

（7）在求救通信中，如第一现场的供电系统已遭破坏，呼救电台在未得到可以补充的电源时，应注意合理发信，以节约能源。

业余无线电为救灾服务是业余业务在ITU获得业余频段保护的主要理由之一，也是业余无线电直接服务于社会的一项主要贡献。历史上的意大利救火、1984年墨西哥城大地震以及近年来在美国的龙卷风和“9·11”事件、日本阪神及中国台湾、汶川地震等，业余无线电爱好者都有过积极的贡献。世界上不少国家和地区都成立有“ARES（业余无线电应急服务）”组织，中国无线电协会业余无线电分会（CRAC）也在积极筹划，建立全国性的“业余无线电应急服务（ARES）”。各地的HAM也应积极行动，主动和当地的无线电管理部门及其他与救灾有关的医疗、消防、地震、街道等机构建立联系，了解政府建立的重大突发事件快速应急机制，争取得到政府有关部门的指导，构筑地方性业余无线电应急通信网络。

业余无线电应急通信网需要定期进行演练，建立明确分工，各成员应按要求保持通信设备的良好状态，不断积累如何利用最少的电台沟通本地各主要地区之间联络以及野外作业的经验，还应备份部分应急电源、简易天线及一些工具、仪表等，真正做到“招之即来，来之能通”。

第3章　收发报技术的自我训练

电报通信在业余无线电活动中占有重要的地位。在纷乱复杂的电磁干扰环境中，微弱的CW信号清晰可辨；数瓦甚至更小功率的电台却能把CW信号传遍全世界。在通信手段高度发展的现代社会，电报通信在各类官方和商务等领域，已不再是主要的通信手段并逐渐退出历史舞台，但其魅力丝毫不减。电报操作更是HAM充分展示个人技巧和风格的方式，为此，世界上有很多为CW而设的奖状和比赛。虽然计算机技术使键盘发报和程序发报不再是难事，自动解码也有了可能，但仍然有许多爱好者由于兴趣，通过自我训练熟练掌握了人工收、发报技术，并乐此不疲。

3.1　正确地记忆电码符号

在第2章的“业余无线电通信的语言”中，我们已经知道了电报通信的语言就是电码符号，而且这些电码符号是由两种基本单元“点”和“划”构成的。如果能将代表每个字符的电码符号都背得滚瓜烂熟，使电码和字符在大脑里建立起条件反射式的联系，即一听到电码信号马上能写出它所代表的字符，或是一看到某个字符马上就能正确地读出其电码符号，那就说明你已经具备掌握收、发报技术的基础了。

3.1.1　准确把握“点”“划”比例和“间隔”

不论收、发报速度有多快，构成电码符号的点和划以及点与划之间，字符之间，单词之间的间隔必须保持一定的比例关系。否则，就会像说话发音含混不清那样，发出的电报让别人无法抄收。

电码符号的基本时间单位是以“点”信号的持续时间为基准的。

一个“划”信号等于3个没有间隔的“点”信号的时间长度。

点与点、划与划以及点与划之间的间隔等于一个点信号的时间长度。

字符之间的间隔称为“小间隔”，等于3个无间隔点信号的时间长度。

单词、词组之间的间隔称为“大间隔”，等于5个无间隔点信号的时间长度。

点、划间隔的持续时间比例如图3-1所示（图中粗线表示电码符号，其中电码符号为NW UE两个词组共4个字母；标尺线段表示和电码符号对应的时间单位）。

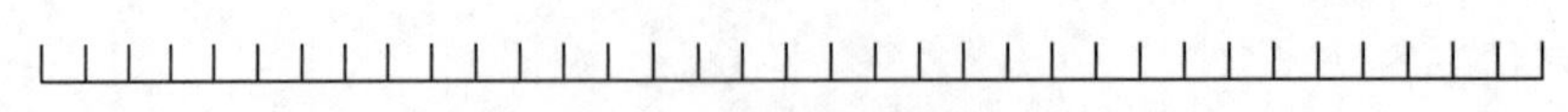

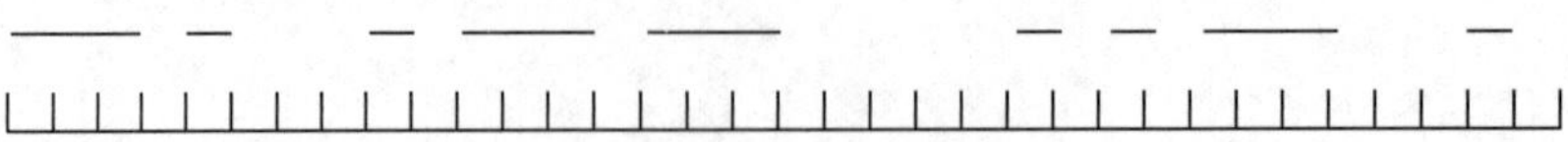

图3-1　点、划间隔的持续时间比例

由于实际发报时“点”信号的持续时间不随拍发速度快慢而随意变化，慢速度发的“点”

和快速度发的“点”其时间长度相差不大且持续时间很短。在这种情况下，如果“划”还是按上述比例发，将会使人感到点划长度差不多而且点划连接是脱节的，同时点与点、点与划之间的间隙以及字符之间的间隔也总是大大长于前面所说的标准。为了便于学习，我们可以把点与划的比例按照“一个划相当于发3个点的时间”来记忆，即一个划的持续时间实际包括了3个点信号以及点与点之间的两个间隔时间。当你读或拍发的速度比较慢时，划的持续时间便长，它与点的比例也大；随着速度的加快，点与点之间的间隔变小，划的持续时间也随之变小，它与点的比例也变小。这是一种非常实用的比例关系。自动电键的点、划比例可以是固定不变的，但当我们用这种电键以很慢的速度拍发时，听起来就很不舒服。所以，许多自动电键的点、划比例设计，根据这种实际情况给了使用者自己调节点、划比例的余地。

要正确地把握好点、划、间隔的比例，关键是要在一开始记忆电码符号时就要读得正确。“点”要读得干脆、有力，绝无拖音：“Di •”。“划”要读得平稳，保持一致的时间长度：“Da—”。

从未接触过电码符号的爱好者在开始学习时，最好能有一盘平均分速为每分钟约十来个字的低速度标准的电报录音带或是跟着CW练习程序，边听边读，以便能建立一个正确的“信号概念”。

3.1.2　怎样记忆电码符号

对所有初学者来说，电码符号是一种需要从零开始学、记的东西。但它只有约40个不同的字符，就像有40个人名要你记住那样，对于常人来说，这并非难事。

要想很快地记住电码符号，最好制订一个小小的计划，先记英文字母，然后再记数字和其他符号，每天背出五六个电码符号，在最初接触的10多天里保持每天两三次、每次10分钟或更长时间的“强化记忆”。

帮助记忆的方法有以下3种。

（1）看着字符或电报的底稿（报底）由教员或录音带领读、自读。边读边记这些字符的形象，手指还可以随着读音画字符，集中注意力，以尽快建立起大脑中声音（电码符号）和形象（字符）之间直接的“条件反射”。这里强调的是“直接”反应，因为在实际收、发报过程中只有直接反应的时间。如果一定要先反应出来听到的是几个点、几个划以及它们是如何配合的，再默念着这种点划的配合，“想”出其所代表的字符，显然这样花费的时间就太长了，所以我们在背电码符号时，一开始就要用“• —”是“A”，而绝不能用“一点一划”是“A”的方法来记。

（2）两人互相问答。一个人读，另一个人用笔写出来，或一个人给出一个字符，另一个人读出其电码符号。这是一种比较好的记忆方法，它可以帮助我们很快地进入练习的下一个阶段——收报练习。

（3）也可以自制一些卡片，一面是字符，另一面是电码符号。随时抽出一张来，看到字符就读出（或默读）其电码，看到电码就读（或默读）并写出其字符来。

不论使用以上何种方法，都应注意争取建立音、形的直接联系。

在记忆电码符号时，可根据一些有规律的电码符号排列分批记忆。在表3-1、表3-2和表3-3中，电码符号的排列都有一定的规律，这对较快地记熟电码符号有一定帮助。

表3-1　　字母与电码符号对应表（一）

字母	电码符号	字母	电码符号	字母	电码符号	字母	电码符号
E	•	T	—	A	•—	N	—•
I	• •	M	— —	U	• •—	D	—• •
S	• • •	O	— — —	V	• • •—	B	—• • •
H	• • • •	L	•—• •	R	•—•	J	•— — —
P	•— —•	F	• •—•	K	—•—	C	—•—•
X	—• •—	W	•— —	Q	— —•—	Z	— —• •
		G	— —•	Y	—•— —		

说明：此表可按纵向排列分组记忆。

表3-2　　字母与电码符号对应表（二）

字母	电码符号	字母	电码符号	字母	电码符号	字母	电码符号
A	•—	N	—•	K	—•—	R	•—•
B	—• • •	V	• • •—	O	— — —	S	• • •
D	—• •	U	• •—	P	•— —•	X	—• •—
E	•	T	—	Q	— —•—	F	• •—•
G	— —•	W	•— —	Y	—•— —	L	•—• •
I	• •	M	— —	J	•— — —		
H	• • • •			Z	— —• •		
C	—•—•						

说明：此表可按横向排列分组记忆。

表3-3　　混合电码符号对应表

字母/数字	电码符号	字母/数字	电码符号	字母/数字	电码符号	字母/数字	电码符号
E	•	T	—	A	•—	N	—•
I	• •	M	— —	U	• •—	D	—• •
S	• • •	O	— — —	V	• • •—	B	—• • •
H	• • • •	Ø	— — — — —	4	• • • •—	6	—• • • •
5	• • • • •	G	— —•	R	•—•	K	—•—
W	•— —	9	— — — —•	P	•— —•	X	—• •—
J	•— — —	8	— — —• •	L	•—• •	F	• •—•
1	•— — — —	7	— —• • •	Y	—•— —	Q	— —•—
2	• •— — —			C	—•—•	Z	— —• •
3	• • •— —						

说明：此表字符在纵横方向上的组合都有一定的规律。

3.2　收报训练

在无线电通信中，把收听到的电码符号还原成字符并在纸上记录下来的过程称为收报。

收报是整个CW通信技术中的重要一环。正确的收报方法和较快的收报速度不仅是高水平机上CW通信联络的基础，而且对发报技术的提高也有着重要影响。

3.2.1　收报的基本知识

1．收报姿势

坐的姿势。上体自然端正微向前倾，两小臂自然弯曲，轻轻靠在桌面上。右手握笔，左手食指和拇指轻轻捏住纸的左上角，以便操纵纸的移动。在抄报时，身体重心稍向左倾，使右臂灵活移动。抄收时头部不要太低，以免损害视力。

握笔姿势。用右手的拇指和食指捏住铅笔，中指自然弯曲成弧形将铅笔轻轻放在第一关节上。3指位于铅笔的同一高度，距笔尖距离约3cm。无名指和小指自然弯向手心。笔身靠在食指第3关节后部，注意不要把笔靠着虎口。手掌的右侧轻贴着纸面。握笔不可过紧，用力不能太重，要保持手腕能灵活运动。图3-2所示为正确的收报握笔姿势。

图 3-2　收报握笔姿势

2．书写要领

书写时握住笔身的3个手指要随着字形的变化做自然的伸缩运动。手腕应协调地配合手指活动，以指力为主。

书写格式应自左向右，右手以肘关节为轴心逐渐向右移动，抄至行末右手仍以肘关节为轴心迅速左移至下一行首。

3．抄报的字体

在业余无线电通信中实际抄收的内容都是字母和数字混合的“混合码”，且速度不是很快。所以，爱好者都喜欢用英文大写印刷体书写。在练习时要养成好的习惯，书写清楚正规。数字“0”中间要加一斜杠写成“Ø”，以便能和字母“O”区别。抄收混合码时数字要写得比字母高半个字，这样能使一些外形上容易混淆的字符，如数字“1”和字母“I”等更好地区分开来。

3.2.2　收报的自我训练

请当地无线电运动协会或俱乐部电台帮助，录制几份不同速度的抄报练习录音，你就可以自己安排训练了。

1．速度的掌握

录制的电报速度可从每分钟10个左右字符开始，然后每份录音的电报速度每分钟提高5～10个字符。对于每分钟40个字符以内的速度，可以用5个字母一组的报文进行练习。对于更快一些的速度，可以练习抄收呼号以及实用的通信短句。

练习要从慢到快逐步提高抄收速度，在背熟了电码符号后就可以开始收报练习。要有耐心从最低速度起步。要集中注意力听抄，没听清或想不出来的就果断地放弃并立即注意下一个电码。要保证抄收正确，切记不可胡乱抄收。抄收了一些报文后要及时校对，以便能及时发现问题。当能够多次连续抄收5分钟以上而保持全部正确时，可以抄收下一个速度快一点的报文。有些性急的爱好者喜欢“尽力而为”，能听清多快就抄多快，结果是每个速度的报文都能抄，每个速度的报文都不知道抄收是否正确，难以通过正式考核，这是应该避免的。一旦出现这种情况，只有把速度降下来，老老实实打好基础。

要安排好每次练习的速度。在每次练习中，要先抄一段已经完全有把握（能保证百分之百正确）的低速度报文，然后把主要精力和时间放在抄收基本有把握（例如连续抄收30～50组，错或漏不超过10个字符）的中等速度报文上。在抄得比较顺利的情况下，可以试抄一段更快速度的报文，但要注意，在这个速度上一定不要恋战。在结束练习前按自己的中等速度再抄一段，用良好的质量来结束自己的训练，这就是在过去的快速收发报训练中被证明了的行之有效的“低—平—高—平”训练方法。

2．“压码”抄收

必须学会“压码”稳抄的方法，这是一种流水式的听抄方法。最基本的练习方法是：当听到发出的第一个电码符号时只记不写；发第二个电码符号时耳朵继续听、脑子继续记，而手只是稳稳地写下第1个字符；发第三个电码时则写第2个记住第3个……这样，始终有一个以上的电码符号记在脑子里，写的与听到的始终保持一个电码的差距。这种方法使书写可以充分利用发电码所占用的时间而不必抢在两个电码符号短暂的间隙里“抽筋”式地抄写，还能对书写电码符号长短不一的字符起调整缓冲作用。比如报文中出现“EJ”两个字母时，“E”信号只有一个点，“J”却较长，如果不是压码抄收，抢着写“E”就显得吃力。用压码的方法，就可把两个电码的时间平均起来使用。在刚接触收报时可能用不上压码的方法，因为很低速度的信号使你有充足的时间用于书写，但如果开始抄收呼号和短句时还不会压码，那你将会感到抄收很吃力。在实际工作中，许多训练有素的报务员可以“压”住多达一组以上电码。

3.2.3　巧用CW学习软件

国外爱好者编写了多款莫尔斯电码学习软件，有的还被进行了汉化改造。这些软件可以随机播放速度可控的标准莫尔斯电码音频信号，甚至营造出了逼真的电台通信场景，为爱好者自学CW技术提供了新途径。当然，无论通过什么方法，要掌握收发报技术不可或缺的一步就是“听抄”，一定要拿起笔和纸边听边抄（当然也可以用键盘听抄），并且及时校对抄下来的内容，这样才能建立起电码符号和字符间的条件反射，为日后实际操作打下基础。CW学习软件播放的报文是随机的，且不易保存，抄写后校对比较难，这对初学者的学习效果会造成一定影响。

常用的学习软件有以下几种，软件可以从相关业余无线电网站上下载。

1．随身听神器——Morse Trainer

这款软件已经有了汉化安卓版，它可以轻松安装在智能手机上。运行软件，选定速度，设置播放模式（模拟的业余电台呼号模式或5字符一组的练习模式），就可以进行播放了。在播放同时，屏幕上显示播放的字符，非常方便，但不能只听不动手，否则可能会变成“催眠神曲”。

2．PC上的教练——Morse Koch

这款软件也有汉化版，在PC上运行。它有许多可事先设定的选择项，比如播放内容中限定哪几个字母、起步速度等。播放时，需要你把抄收结果输入计算机，软件会进行校对判读，如果正确率达到一定标准，便会自动升级，增加字母或提高速度等，计算机扮演了你的业余教练。

3．自我挑战篇——Morse Runner

这是一款由加拿大爱好者VE3NEA编写的软件。在你准备上机实战前，最好用这款软件来检验一下自己的能力。

Morse Runner的界面很简洁，功能却十分强大。可以设置的内容包括速度，同时呼叫的电台数量（pile up，堆积呼叫），干扰（QRM和QRN）、信号衰落（QSB）及颤动（flutter）的程度，播放持续时间等。开始运行后，你仿佛置身于短波电台前，频率上传来一阵阵CQ比赛呼叫信号。输入窗口模仿了流行的比赛日志界面，你需要立即把抄上的呼号、信号报告和比赛序列号（这方面知识请参阅本书第4章）输进去。如果一切正确，这个“电台”会和你说“谢谢”“再见”，软件为你加分；如果回答有误，这个“电台”会继续让你纠错，如果你“拒不改正”，软件记录在案。十分有趣的是，你正确率越高，呼叫信号就会出现得越多，速度也会加快；如果你错误百出，或是回答迟疑，呼叫信号就会越来越少，纷纷“下线”不理会你了。像通常的游戏软件一样，你的最高纪录会被记录下来，甚至可以和国际高手PK一番。

这款软件营造了十分逼真的短波CW竞赛氛围，深得广大CW爱好者好评。不断战胜自我，创造新的纪录——Morse Runner对所有CW爱好者都极具挑战性，无论你是初学者还是CW高手。

以上软件均可从有关业余无线电的网站寻找到。

4．从零起步到挑战极限的CW学习网站——LCWO

有一个在线练习莫尔斯电码的网站，无论你是从零起步还是想检验一下自己的技术状态，或是尝试挑战他人创造的最高纪录，这个网站都能帮你实现。

“LCWO”，全称是“Learn CW on line”即“在线学习CW”。这个网站由德国爱好者Fabian Kurz（DJ1YFK）于2008年创建，完全免费地提供给全世界CW爱好者使用。和其他网站不同的是，LCWO提供了包括简体中文在内的30多种不同文字选择，也不需要安装其他软件，确实体现了网站创建者的美好初衷——使学习和练习CW尽可能地容易再容易！

下面介绍该网站的使用方法。

打开网站（见图3-3），选择“简体中文”，创建用户名和密码，正式登录网站。下一步，就可以从登录后的界面左侧主菜单栏里选择你需要的项目了。如果不登录，便只能浏览英文界面，也不能在论坛上发表意见（论坛目前只能使用英语）。

登录后的页面如图3-4所示。中文介绍简单明了，为初学者在这里循序渐进地学会抄收莫尔斯电码建造了宽松的环境。从“介绍”开始，你就可以从K和M两个字母开始，体会莫尔斯电码最基本的元素“点”信号和“划”信号的不同了。

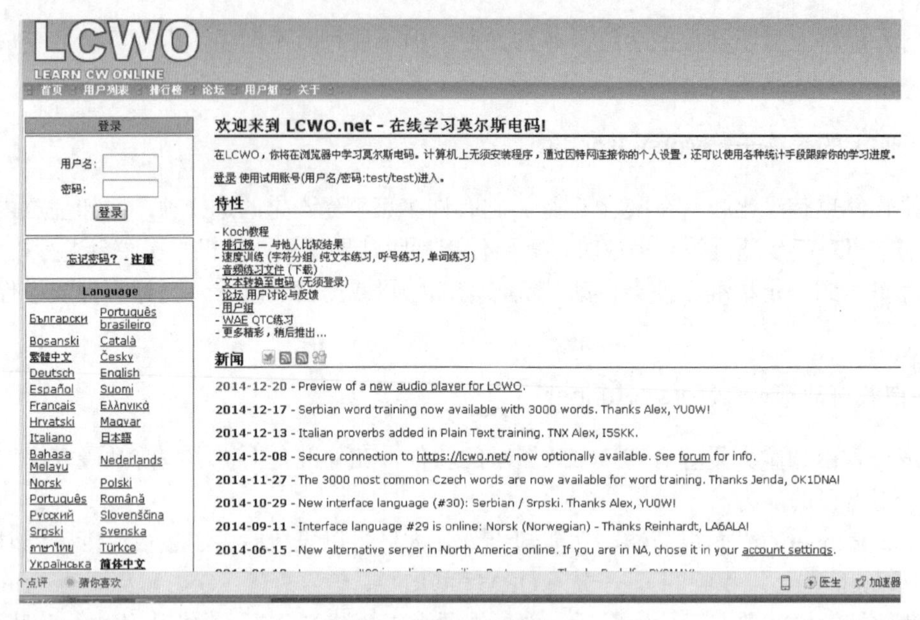

图 3-3　LCWO 首页界面

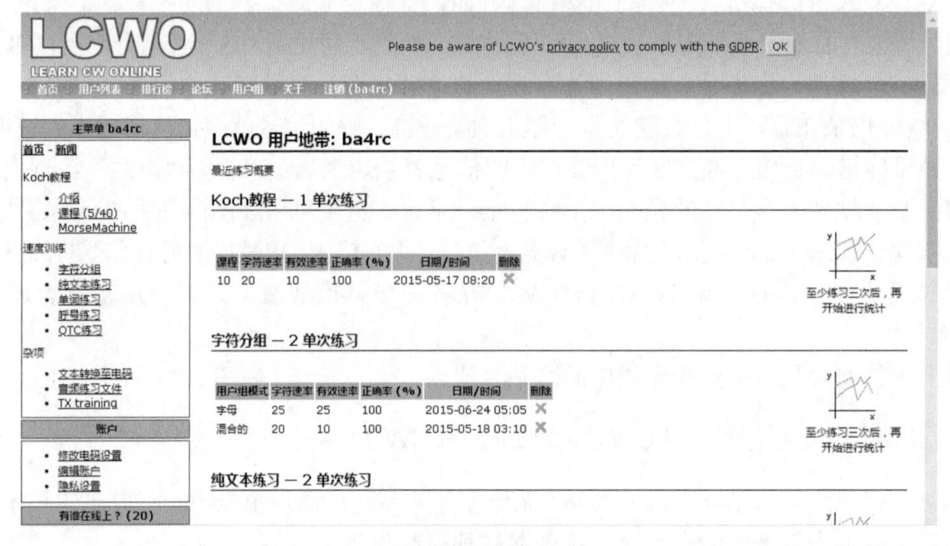

图 3-4　登录后的界面

主页面左侧主菜单分3个栏目：（1）Koch教程，内容是从零开始学CW，共有40课时；（2）速度训练，可以根据本人需要，进行抄收数码（长码）、字母（字码）、混合码、业余电台呼号等项目练习，冲击自己的最高纪录；（3）杂项，其中非常有用的功能是可以生成和下载音频电报mp3文件以及将自编报文转成电码等。主菜单下方的“账户”栏中第1项“修改电码设置”是修改字符速度、音调等参数的入口，修改后的参数影响全局。左侧最后一栏“有谁在线上？”列出了当前登录在线的名单，希望今后能经常看到我国爱好者活跃其上。

对CW初学者来说，应该从第一项功能“Koch教程”开始（见图3-5）。从第1课开始，学习的字符逐步增加。单击“练习文本”栏内的“播放”，把抄收的内容填写在左侧方框内，结束后可单击“检查结果”进行校对。

对已经具备一定CW基础的爱好者来说，更感兴趣的可能是第2项功能——速度训练。

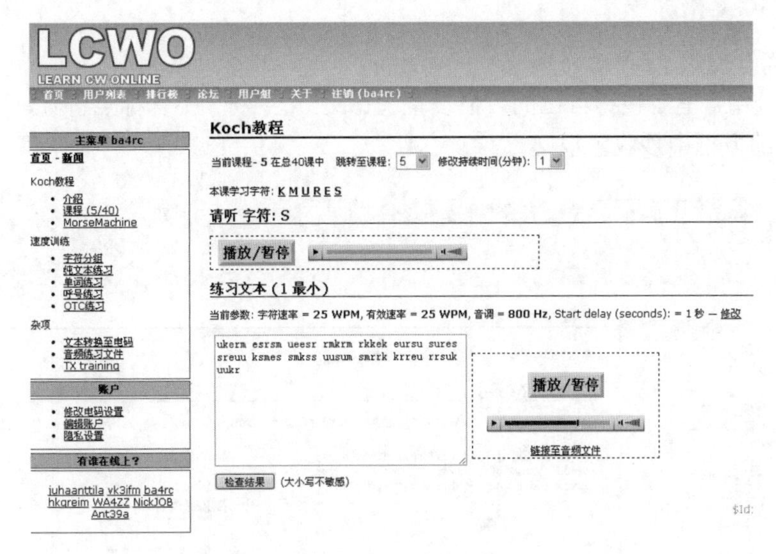

图 3-5　Koch 教程界面

开始进行速度训练前，先进入页面左侧主菜单“账户”中的“修改电码设置”栏，在修改模式中选择数码（长码）、字母（字码）或混合（混合码）等自己需要的项目；修改练习的持续时间，即每篇练习报文的持续时间（分钟）；修改选择速度、分组长度（每组字符数）、报文前后缀（开始及结束符号）等参数。

关于CW的速度，我们常用的是实际字符速度，是指每分钟平均有多少个字符，而国际上常用的是WPM速度。WPM是指每分钟发多少个“PARIS”这个词，和实际字符速度有很大区别。由于每个数码的点划都比较多，而字母的点划有多有少，以同样的WPM速度来听数码报文和字母报文的感觉是很不一样的。表3-4所示是笔者通过试验得到的WPM速度和实际字符速度的对应，仅供参考，究竟选择多少WPM速度来练习，需要自己多试几次。在设置过程中还会遇到“字符速率”和“有效速率”两个不同的概念，一般应把这两个速率赋予相同值。当字符速率高而有效速率低时，字符和词之间的间隔时间就会人为加长。

表3-4　　部分WPM速度和实际字符速度的对应

WPM 速度	实际字符速度（数码）	WPM 速度	实际字符速度（数码）
29	80	13	50
32	90	15	60
36	100	17	70
39	110	19	80
42	120	22	90
46	130	25	100
50	140	27	110
53	150	29	120
55	160	31	130
60	170	34	140

“速度训练”提供了5种练习模式。

（1）字符分组。笔者根据自己的习惯设置了每组5个字符，不含标点符号，开始后在图3-6所示页面中间的方框中抄收了报文。

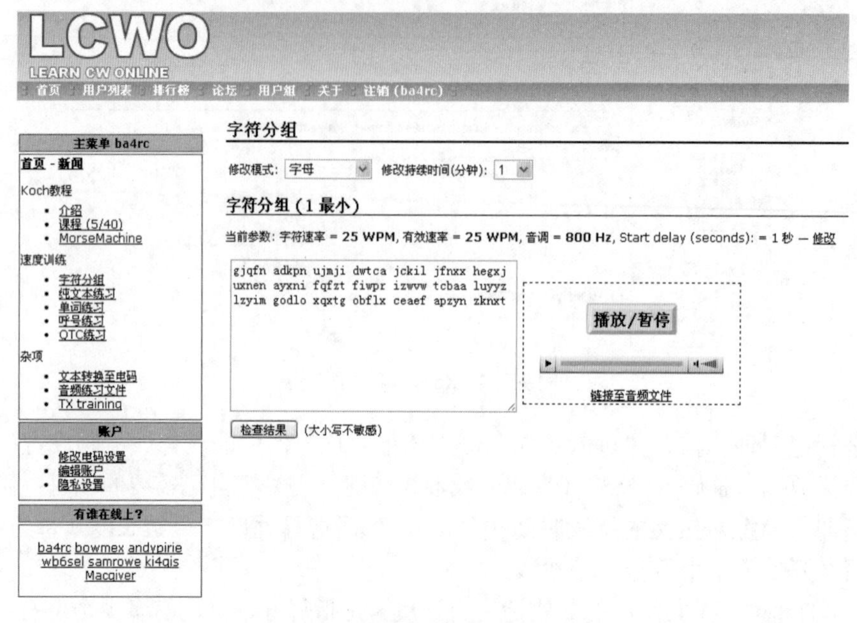

图 3-6　字符分组练习界面

抄收完毕后，单击“检查结果”得到图3-7所示的评判。

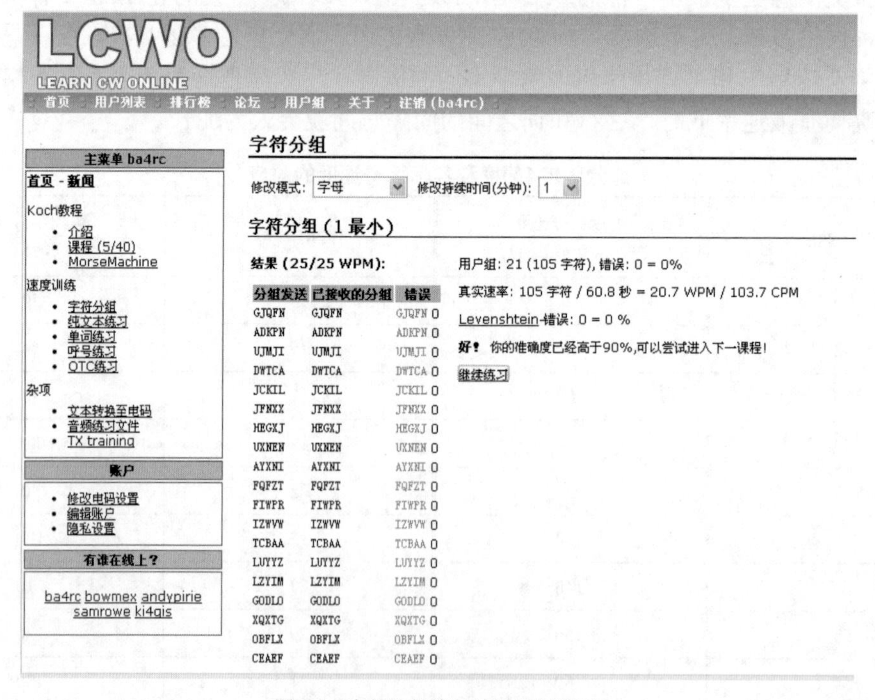

图 3-7　字符分组练习结果评判界面

（2）纯文本练习，如图3-8和图3-9所示。

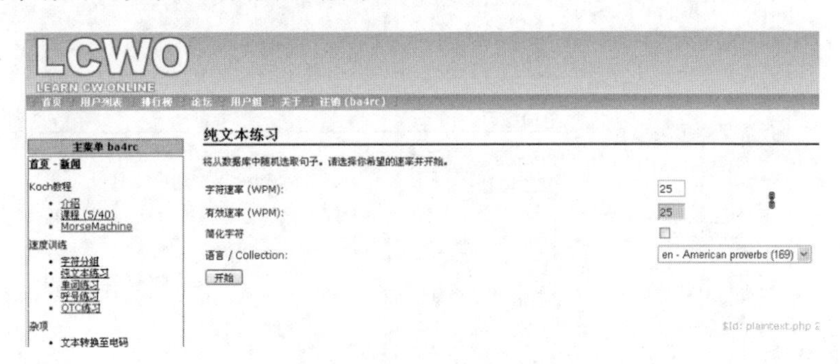

图 3-8　纯文本练习开始前界面

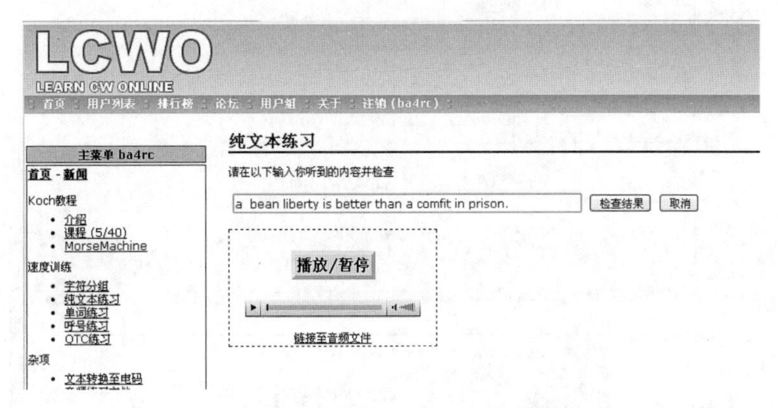

图 3-9　纯文本练习一次抄收结束界面

在进行纯文本练习开始前，可以在页面中间下方“语言/Collection”行的下拉对话框中选择文本的语言种类及其文本库，例如选择英语即可。开始播放后，程序从文本库中随机选择一句播放其CW报文，练习者根据提示在长条空格中输入抄收内容。抄收结束后，单击“检查结果”可看到校对结果。

（3）单词练习。

选择速度等难度条件，单击OK后开始听抄，抄完一个单词后按回车键确认，程序立即提供对比，红色表示抄收有误，如图3-10所示。共发25个单词，结束后提示得分、本次练习及本人最好排行榜位置 。笔者曾从事“快速收发报”训练，习惯了每组相同字符数的规范报文，而单词练习中一组最长字符数可以多至二十个，听抄起来真是有点不适应，错误多多。控制页面右下方的播放条，暂停、拖动进度条重复播放都可以，当然这时的“得分”便没有意义了。

（4）呼号练习。单击OK后开始，抄收一个呼号后按回车键确认。一次播放20个呼号，结束后可以校对，显示得分、本次练习及本人最好成绩的排行榜，如图3-11所示。

（5）QTC练习。在通信用Q简语中，QTC表示“有若干份电报发给你”。这是一种模仿业余电台竞赛联络的练习方式，并且还是国际快速收发报竞赛项目之一。QTC练习界面如图3-12所示。单击“开始”后，程序先发 “QRV？”提示是否准备完毕，并发一个编号后开始发QTC内容。每个QTC包含时间（4位数字）、呼号、串行（2～3位数字）3项，抄收时空格键控制换项、按回车键确认，程序会发一个“R”表示收到确认信息，开始发下一个QTC内容。10组QTC结束后选“校验”，显示对错、得分并将记录入库。

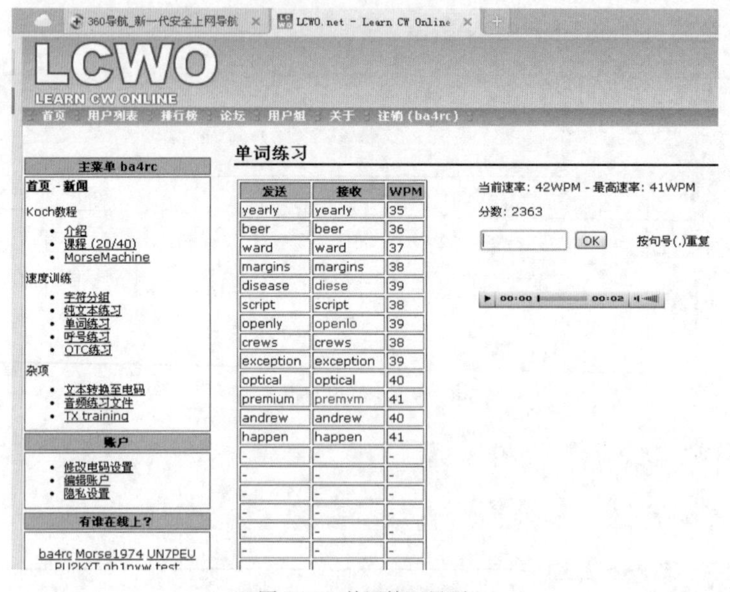

图 3-10　单词练习界面

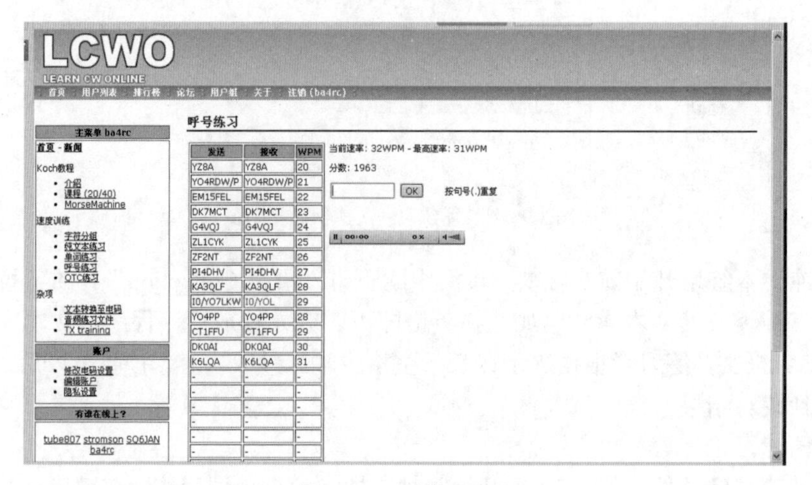

图 3-11　呼号练习界面

论坛 用户组 关于 注销(ba4rc)

QTC练习 - 40 WPM

状态:

Gr/Num	时间	呼号	串行
	1018	YL2II	663
	1954	9A4QV	436
	1941	G3RTE	712
	1638	LY2BM	640
	2115		

按键提示
空格键 新字段
回车 下一QTC
F7/F8 Repeat QTC

功能
开始
校验
取消
新练习

00:00 00:06

$Id: qtc

图 3-12　QTC 练习界面

在主页左侧功能选项里，“杂项”中的“音频练习文件”是一个十分有用的项目，通过它，可以获得各种CW报文的音频文件及其报文内容的文本文件，以供离线练习之用。

选择“音频练习文件”项，进入图3-13所示的界面。在“修改模式”的下拉式菜单中选择所需报文类型，比如字母（纯英文字母报文），在“修改持续时间”中选择报文长度（持续时间），选择适当的速度及需要的文件数量。“提交”之后进入图3-14所示的界面。

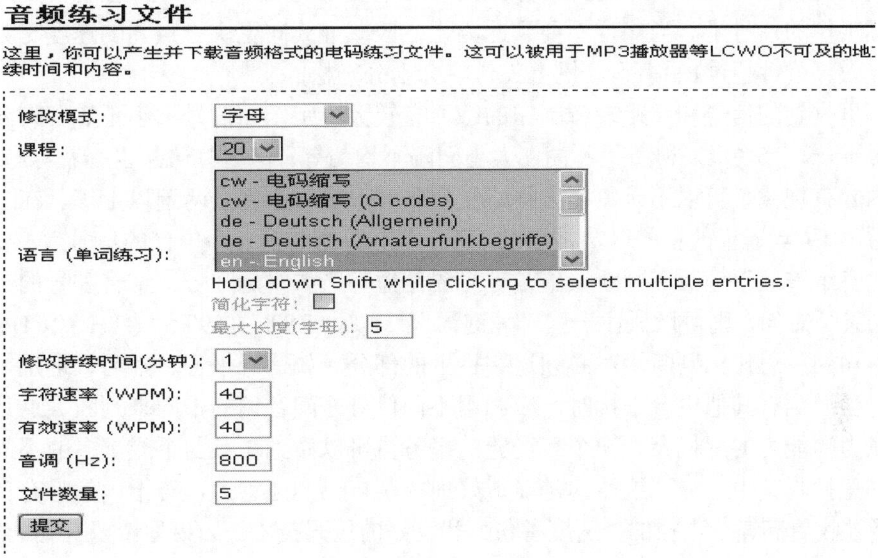

图 3-13　音频练习文件的设置界面

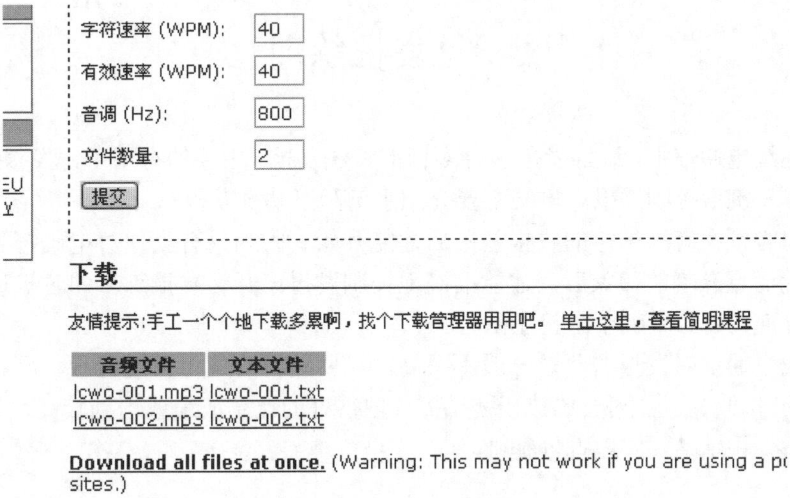

图 3-14　音频文件下载界面

图3-14所示的界面是文件数量选择2的结果。分别单击音频文件和文本文件下的2个.mp3和2个.txt文件，便可下载这4个文件。每次“提交”就可以得到不同内容的文件。这些生成的文件名是一样的，为避免相互覆盖，需要按照自己的习惯和文件内容和特点修改文件名后再下载保存。

LCWO有着数以万计的用户，每天都在不断刷新的数字证明着CW练习的无穷魅力。跟随流畅的CW乐曲，不断超越自我巅峰，甚至挑战排行榜上的最高纪录，进步无限，乐在其中。

3.2.4 适时进行机上抄收

当能够稳稳地抄上平均分速为每分钟50～60个字符的混合电报时，你就可以从收信机里抄收实际工作的信号了。当然，不要到此为止，应该继续向更快一点儿的速度努力，如果你的抄收能力每分钟超过100小码，机上工作将会十分轻松。

电台里收到的信号和线路录音制作的练习有较大区别，如信号大小不等、有各种干扰、速度快慢不一、有些报发得质量不高、大小间隔不均匀等。但这些信号也有着容易的一方面，如报文内容有规律、可以不必每字必抄、主要内容一般都重复发两遍以上等。在上机前，应该先熟悉一下CW通报的程序以及常用的缩语、简语。当听到一个电台的信号后，要运用压码的技巧“整组整组”地听，判断一下是呼号还是短句。如果是呼号，结合呼号的组成特点来听抄；如果是短句，则可以抓住一些“关键词”，比如“RST”“599”“QTH”“CU AGN”等，迅速对整句的意思作出判断，对必须逐字抄上的部分（如信号报告、姓名、地址等）集中精力抄好。当遇到有其他电台干扰时，应利用不同信号之间音调的不同来判断，这是考验自己控制注意力的能力的好机会。一个有经验的报务员可以做到在三四个或更多的不同电报信号中随时任意抄收其中之一，这靠的是能很好地控制自己的注意力，对不同信号有良好的分辨能力，能抄收更高速度电报的“速度备份”和良好的压码技术。如果你希望有朝一日在CW竞赛中取得好成绩，那就抓紧时间多加练习吧！

3.3 发报练习

在业余无线电通信中，爱好者用多种多样的方法发报。主要的有用手键发报、自动键（电子电键）发报及键盘控制发报。本文主要介绍手键和自动键发报。

发报练习必须在有了一定的收报基础后才能开始。因为只有当你对电码符号的点划间隔比例有了正确而且深刻的印象后，才能准确地控制发报。开始发报练习的时机最好在能够有把握地抄收分速为每分钟60个字符左右时。

业余无线电通信对发报的要求一般不很高，只要发得清楚、正规就行，而且在实际工作中持续发报的时间一般也不长。但如果想用CW取得好的比赛成绩或达到较高水平，则一定要按正规的用力要领踏踏实实地打好基础。

3.3.1 手键发报

1. 发报的姿势

坐的姿势。上体自然端正，两脚自然平放着地，身体离桌沿大约15cm，右手握着电键，左手指着报底的行数，两眼看着报底。拍发时只有右手的手腕和手指活动，手臂及身体的其他各部分不能乱动。

握键姿势。如果电键是球形键钮，一般采用"跪式"姿势，即右手拇指自然微曲扶住键钮内侧腰部，中指弯曲、用第一关节跪于键钮外侧底盘上，食指成弧形并用指端放在键钮顶部前沿。用3指的合力握住键钮，无名指和小指自然弯曲［如图3-15（a）所示］。如果使用的是平键钮，则应以食指、中指并拢后弯成弧形放在键钮的平顶上，拇指自然靠在键钮左侧。

还有一种使用球形键钮但握键姿势介于上述两者之间的"立式"姿势，即中指弯曲，指端与键盘接触"站立"其上，其他部位姿势同"跪式"，如图3-15（b）所示。

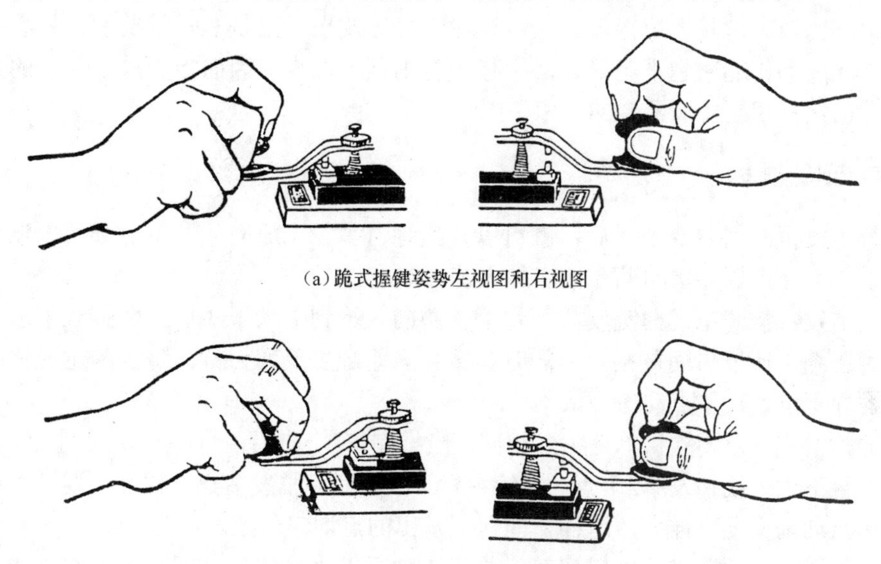

（a）跪式握键姿势左视图和右视图

（b）立式握键姿势左视图和右视图

图 3-15　握键姿势

拍发时电键和右手小臂成一直线，肘关节约成90°，上臂保持自然下垂，肘关节与上体保持约10cm的距离。

2．发报的用力要领

正确地掌握发报用力要领是保证练好手法的关键。实践证明，掌握了正确的发报用力要领，就能练得好、发得快；用力不正确，发不快也发不长。发报的力量主要是手腕和手指的力量，通常称为腕力和指力。

腕力是指手腕在3条水平线的范围内微微上抬和迅速垂直向下的力量。以使用较多的圆形键钮为例，这3条水平线是：静止时手腕与键钮底盘成一线，称为水平线；当拍发点或划之前，手腕要微向上抬而高于这条水平线，这个位置称上水平线；当拍发点或划的时候，手腕要由上水平线垂直向下打，使电键接点闭合，这时手腕低于水平线，其位置称为下水平线（见图3-16）。在进行低速练习时，电键的接点间距较大，弹簧也总是调整得较硬。这时手腕上下运动幅度大，上下水平线位置也相差较大。随着拍发速度的提高，电键逐渐调低调软，手腕的运动幅度也会逐渐减小，上下水平线的界线也就越来越不明显。

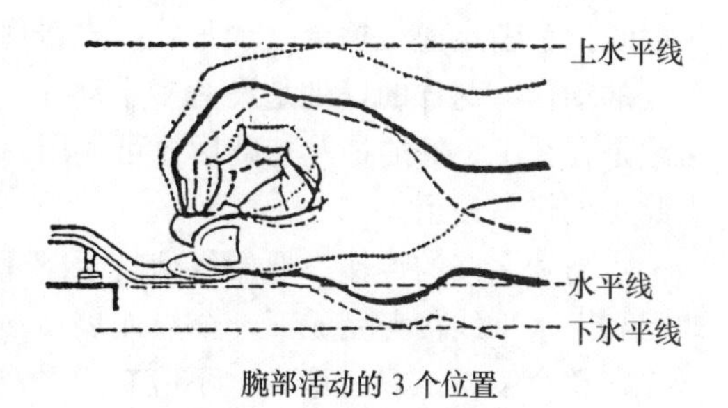

腕部活动的 3 个位置

图 3-16　发报时手腕的运动

指力是指在发报过程中，手腕运动的力量和小臂肌肉收缩的力量通过手指的传导作用而控制电键触点启闭过程中手指支撑和反弹动作的力量。这种指力在低速拍发时全部或主要来自手腕运动，在快速拍发时则主要来自小臂肌肉的收缩。应该注意，指力绝非指用手指去“按”出点和划来，也不是用手指去使劲“捏”键钮。指力在静止时仅体现在保持手形，在拍发时则体现于力量的传导和支撑、反弹。

腕力和指力是相互协调配合的，并没有单纯的腕力或指力。在拍发速度较低的阶段，手腕的运动幅度比较大，腕力用得多一些，这对于打好发报基础是非常重要的；随着拍发速度的提高，手腕的动作越来越不明显，而手指力量则逐渐加大，因而指力成了主要的力量，但腕力和指力仍然是相互协调配合的。

3．点、划的拍发

在了解了发报的用力要领之后，就可以开始练习了。一般应从发单点开始，以单点、多点、单划、多划、点划连接的顺序逐步加大练习难度。

单点的拍发：按照正确握键姿势，将手腕微向上抬到上水平线后立即打至下水平线，此时弹簧受力压缩，接点瞬间被接上。同时弹簧会立即产生反弹力量，将手腕迅速弹起，恢复到原握键的静止位置，单点动作完成。

多点的拍发：用力要领和单点拍发相同，当拍完第1个点后，将手腕弹回到上水平线，再立即同样打至下水平线拍发第2个点。继续拍发下去，即可拍发多点。拍发时要注意用力协调一致，手腕活动幅度要一样大，这样才能保证发出的点均匀一致。

单划的拍发：按照正确的握键姿势，将手腕抬至上水平线后立即打至下水平线，当电键接点接触后即以手腕和手指的合力按键，保持接点的闭合。当达到一个划的时间长度后肌肉放松撤去合力，同时手腕迅速抬起回到静止状态，电键接点松开，完成单划的拍发。

多划的拍发：多划的拍发，在低速度时和单划拍发的用力要领基本一样。划与划的连接一般采用的方法是：当第1个划打下去，电键触点闭合的同时，手指保持对电键的压力而手腕上抬至上水平线；当达到一个划的时间长度后肌肉迅速放松并使电键触点断开，几乎是在同时，手腕再次迅速下打到下水平线，指、腕再次配合保持电键触点闭合发出第2个划，也几乎在同时，手腕又抬到上水平线，以便发出第3个划……这种连续发划的用力要领，能使在低速拍发时划与划的连接紧凑。高速拍发时，多划的拍发没有一个手指按着电键而手腕却在向上抬的过程，在用手指和手腕的合力按住电键的同时手腕保持在下水平线上，当达到一个划的长度时，手腕迅速上抬至上水平线，电键触点也同时松开，紧接着手腕再一次下打完成第二个划的动作。这样的好处是没有多余动作，对高速拍发时点划的正确连接有利。但这种方法必须是在有了良好的拍发基础后才可使用，初学时不太好掌握，容易出现划与划的脱节现象，因此不要轻易使用。

点与划之间的连接：要始终保持手腕垂直向下打的要领，并在完成一个点或划后手腕立即回到上水平线接着完成下一个点或划。

在整个发报练习过程中，不应有手及身体其他各部位的各种多余动作，电键在桌子上也应该是固定不动的。正确的用力和姿势能使你的发报轻松自如，能快能慢，也能有保持较长时间连续工作的能力；清楚正规如行云流水般的拍发质量，能使你在空中赢得爱好者们的一致称誉。

在开始综合发报练习后，如果在发报过程中发现自己发错了，比如电码符号不对，点划严重失真等，要发一个更正的符号，然后从这一组（或一个单词）的第一个字母开始重发。更正的符号一般为连续6个以上的点，也可发一个问号。请注意，在正式的考核中，发错字是不可以的，大量的更正改错会使平均速度下降，所以要力求准确无误。

以下是一组实用的从简到难的练习报底，拍发时必须掌握好大小间隔。

（1）单点、多点练习报底

EEEEE	EEEII	IIEIE	EIEIE	IEIEI	EEEEE	IIEEI	EEIIE	EIEIE	ESISE
EISES	SIESE	IESES	ISESI	ESIEI	SSIES	SIESI	HIHEH	HSIEH	SEHSH
HS5IE	5HSI5	SIE5H	HIS5S	5SHE5	ISE5H	SIH5S	5SEHI	I5SEH	5SHE5

（2）单划、多划练习报底

TTTTT	TTMMM	TMTMT	MTTMT	TMMTT	MMTTM	MTMMT	MMTTM	TOMTO	MTMTM
TTMMT	OMTOT	MTOOM	OTMOT	MTMOT	TMOMT	OMTMT	MOTOM	TMOTM	OMTMT
MTØOT	TMØOM	TØOMØ	ØØØØØ	TMTØO	ØØØOO	MTMTØ	MØMØO	MØTØM	ØOØMØ

（3）点划练习报底1

EMITS	ØOSHI	SMTHØ	MSEIO	HSMTØ	OMHIS	SEØHM	ESHØO	HESMT	TSMHE
OMTSE	IMEØS	MEIOS	IMØES	ØMESO	MHEIS	SMEIØ	MEØSI	MHEØS	OMESH
TMETØ	SHØET	5STIH	5OMTØ	HMSEO	Ø5Ø5H	HMETS	MEITS	ØOH5S	5Ø5IM

（4）点划练习报底2

AAAUU	UVAVU	NDBND	DNDNB	ANDUV	VUDAN	UANBV	UANBV	BVDUN	ABVNU
UVBND	ANUBD	BVNAU	DAUNV	AUVND	NBANU	BDV46	46BVD	B6UVD	VNU4D
N6VA4	NBV6D	VB6U4	NBADU	6NVBD	4NBVD	4BNU6	DNBVA	UDANB	4VB6D

（5）点划练习报底3

RKRKR	KRKRK	KKRRK	XPXPX	PXPXP	RPXKP	XPKRX	PXKRX	XCPRC	CPVKT
LZPCR	LKZXC	XZRPL	KCPXR	FLRCX	LKFPR	ZCXKL	LKPRF	CZLKR	ZPKLF
RPKZC	CPKRF	KPFXC	FLXPK	YQCXP	KLFCX	FYCQP	ZXFRL	KFRQP	ZXLKR

（6）综合练习报底1

WSØWX	A4PI	LØCXW	B6XYG	QL6EBC	XW8T	Q4ZGV	BR5CUK	A9DDV	A5XKP
D6WB/6	X8NO/4	VO2MV	J4YH	TØMSM	VK3EP/6	WK7CBA	OV2LK	H1FQH	C1WE/3
M5XOP	YQ7GAW	ZD1YOD/1	K6FTV	ZH3ZP	MH8JY/7	C8JJI	H8OK	IG4J	O3ZAH/5
AH9ME	TP5EP	A3YQU	HØFI/1	BE3VF	W2MOL/6	V3BL	N3AV	YJ2RJM	FF6FOX

（7）综合练习报底2

UR QSL VIA BURO. QRB GLD ABL GVB BN TKS CUAGN AIR MAIL COLD USA FROST QHT IS BEIJING SEA WW LG（NEW STN）QRT？CHG PART QRG？STAR CHG GMT XMAS LID BAD FM WEST FINE QRU？P O BOX DRY AGN QRJ QRU？MNI TOO CLD CAN QSP OPR QST？BUT DLR QRM？CLG STRONG QST？BELOW TEST MERRY XYL TNX DIF 73

3.3.2　自动键发报

自动键就是可以由电子电路产生连续的点或划的电键。人们在使用它时只要控制点划的多少及其连接就行，省去了人工产生点划的动作，比较容易掌握。常见的自动键有一片可以向左右两边拨动的键钮，向右拨自动发点，向左拨发划。

用自动键拍发的姿势是：小臂放松轻放于桌面上并与桌沿成约40°。拇指自然伸直微贴于键钮左侧，食指自然弯曲并以指前端侧面轻贴于键钮的右侧，其余3指自然弯向掌心。手掌外侧轻放于桌面上，成为发报时手掌活动的支点。拍发时，以食指和拇指运动为主，手掌部分以腕关节为轴心、手掌外侧为支点左右协调配合动作。发点时，拇指先离开键钮随即迅速轻击键钮，令电键发点。如果发多点，则以拇指保持对键钮的压力直至发出足够多的点信号。发点结束，拇指放松保持静止姿势。发划时，食指先离开键钮并迅速轻击键钮右侧面并保持对键钮的压力，使电键有足够的时间发划。发划结束，食指放松保持静止状态。在连续拍发时，拇指和食指在完成轻击键钮的动作后都迅速离开键钮以准备下一个动作。在拍发中手指与手腕动作方向应该协调一致，并具有一定的幅度和力度，富有节奏感。单纯依靠手指或仅靠手腕做微小的动作不利于提高拍发速度，自动键拍发姿势如图3-17所示。

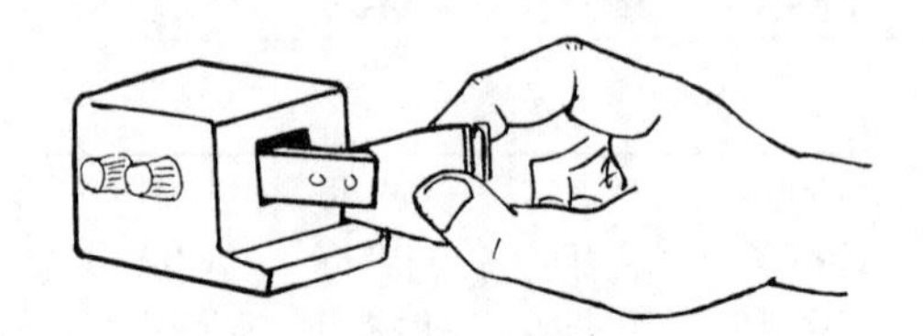

图 3-17　自动键拍发姿势

练习自动键发报应在具备准确抄收分速为每分钟60～70小码电报的能力后开始，且电键点划速度不要超过收报速度。用自动键准确地拍发电码也是一个“条件反射”的练习，是靠大量的练习建立起来的“信号概念”来控制点划的，尤其是点的多少，并非一边发一边数点子。所以，如果一味地抢快，或凭新奇好玩随便拍发，有可能出现自己发现不了发的报多点少点或是错字连篇。

练习自动键发报也可利用前面介绍的练习报底进行。

3.4　严格自我要求，保证练习质量

有人这样想，既然目标是某某速度，何必从慢到快一点点地爬呢？于是乎一下子就以这个速度或比这更快的速度练习，错了漏了也不管，自以为心里明白就行。结果真到使用时，错误百出，抄的是错误记录，发的别人听不懂，这时想纠正却已是心有余而力不足，即使把速度降得很慢还是错漏不断，习惯成了自然。有人说，我的英语学习就是这样，多听快的实用的，不是效果很好吗？其实不然，外语的基础学习事实上早就开始了，而且语言可以和具体事物联系起来，这都是基本练习。有了这些基础，你才能够通过强化听说而迅速提高。CW对我们来说，是一门全新的语言，一步登天是不行的。所以当你开始录制第一盘抄收练习报时不要忘了把标准的答案——“报底”也带回去，以便你每天都能核对一下自己抄的报是否正确；对于用自动键练习发报的朋友，一定要在应考以前就请高手多检查，因为自动键最容易使你发出来的电码“多点”“少点”或“多划”“少划”而自己不易觉察。

我国的快速收发报前辈曾创立了多项世界纪录。今天，我们也一定能通过自我训练，创造新的优异成绩！

第4章　业余电台的奖励证书和竞赛活动

在业余无线电通信中，许多国家或国际业余无线电组织设立了数不胜数的奖励证书并举办了各种各样的竞赛活动，用以鼓励爱好者参加各种交流或创纪录活动。参加这些活动，可以比平时更有效地提高自己的操作技能，检验自己的设备性能，也更有可能联络到平时不易听到的“珍稀”电台。所以爱好者们常常废寝忘食，乐此不疲，“高度发烧”，并自豪地把取得的成绩印在自己的QSL卡片上。

4.1　业余电台的奖励证书

全世界有关业余电台的奖励证书有数百种，这些旨在鼓励和表彰在远距离通信和各种通信试验中取得成绩的爱好者的证书，是由各国或国际的业余无线电组织颁发的。当一个业余电台按规则要求联络到足够数量的电台，并有对方寄来的QSL卡片作为凭证时，就可以向颁发该奖状的协会提出申请。常见的奖励证书有以下几种。

4.1.1　联络到中国Ø ~ 9区（Worked Chinese Ø ~ 9 district）奖状

这是由我国业余无线电组织向全世界颁发的奖状，奖状式样见附录7之（1）。任何国家和地区的业余无线电台，在任何波段、任何时间，无论使用何种操作方式，在中国Ø~9业余无线电分区的每一个区号中都联络到一个电台即可申请。2020年6月前，该项奖状由中国无线电运动协会（CRSA）竞赛及奖状工作组负责签发。之后的申请办法，请关注中国无线电协会业余无线电分会（CRAC）网站发布的更新信息。

4.1.2　联络到世界各大洲（Worked All Continents，WAC）奖状

这是由国际业余无线电联盟（IARU）颁发的奖状。爱好者只需和世界上6个大洲（欧洲、亚洲、非洲、大洋洲、南美洲、北美洲）的电台进行相互联络并已收到对方寄来的QSL卡片，即可向IARU总部提出申请。

WAC奖状有以下几种证书。

一般证书（Mixed）。无论用哪一种操作方式，只要获得6张来自不同洲的QSL卡片即可。

各种不同操作方式的单项证书，有CW（报）、PHONE（话）、SSTV（慢扫描电视）、RTTY（无线电传）、FAX（无线电传真）、卫星通信等证书。这些单项证书都必须要用其规定的操作方式进行联络才能获得。

5波段WAC。这是要求必须在3.5MHz、7MHz、14MHz、21MHz、28MHz这5个业余波段上都有6张来自世界六大洲的卡片才能申请。

当你已经取得了以上这些证书后，WAC还设有以下各种贴花鼓励你继续努力：6波段（比5波段多一个1.8MHz），小功率（输出功率不超过5W），1.8MHz、3.5MHz、50MHz、144MHz、430MHz以及任何频率更高的单个业余波段的贴花。

4.1.3 联络远距离电台俱乐部（DX Century Club，DXCC）证书

这是由美国业余无线电转播联盟（ARRL）颁发的在业余无线电界影响最大也是比较难得到的证书之一，证书式样见附录8。

ARRL根据行政地域和地理地域的不同，把全世界各个国家及地区，以及与本土不相连的一些特殊的地区，列为不同的“DX实体”，将这些“实体”的呼号前缀编制成了“DXCC表”。DXCC证书是以联络到100个“DXCC表”上列出的不同的DX实体的业余电台为基本条件。申请DXCC证书需要交验收到的QSL卡片。当你已获得基本的DXCC证书（混合模式和波段，100个DXCC实体），如果联络到的DX实体又有增加，可以继续申请贴花。不同前缀在100～250个时，每增加25个可以申请一个贴花（如DXCC125、150、175……）；不同前缀在250～300个，每增加10个可申请一个贴花；不同前缀在300个以上，则每增加5个可申请一个贴花。

DXCC证书有12种，分别是基本奖（Mixed方式，即不分波段和操作方式）、话（PHONE）、报（CW）、无线电传（RTTY）、1.8MHz（160m）、3.5MHz（80m）、7MHz（40m）、28MHz（10m）、50MHz（6m）、144MHz（2m）波段、卫星（Satellite）及5波段（5BDXCC）。其中5BDXCC必须在80m、40m、20m、15m和10m波段都得到100个不同DX实体的QSL卡片才可申请，它是一项非常难获得的奖励。

要申请DXCC证书，可以先向ARRL索取有关表格，然后将填写好的表格及QSL卡片寄去，并附上回信和寄回你的QSL卡片所需的邮资。

自1990年8月BY4RSA成为中国第一个获得DXCC证书的业余电台以来，越来越多的中国HAM活跃于DX领域，并取得了优异的成绩。

4.1.4 联络全美（Worked All States，WAS）奖状

这也是由ARRL颁发的奖状，要求是必须和全美国50个州都取得联系并获得卡片，奖状式样见附录9。WAS也设5波段奖，即5BWAS。申请该奖的地址同DXCC证书。

4.1.5 联络全部CQ分区（Worked All Zone，WAZ）奖状

这是由美国*CQ*杂志颁发的奖状。WAZ奖状要求爱好者联络到全部40个CQ分区的电台并获得QSL卡片。

WAZ奖状设有多个奖项。按操作方式分，有混合模式（Mixed）、调幅（AM）、单边带话（SSB）、电报（CW）、无线电传（RTTY）、慢扫描电视（SSTV）、数据通信（Digital）等；按波段又设有160m波段（仅混合方式）和80m、40m、20m、15m、10m、12m、17m和30m波段，单波段（无混合方式）及卫星通信、6m波段、月面反射通信（EME），后3项仅有混合方式。其中160m WAZ奖状需要申请者提交至少30个区的QSL卡片，卫星和6m波段需要至少25个区的卡片。另外，如果在80m、40m、20m、15m和10m波段上都连通了全部40个区并有了200张

QSL卡片，你可以申请WAZ 5波段奖状。

4.2　业余电台的竞赛

4.2.1　业余电台竞赛的一般要求

参加业余电台竞赛是对自己技术、天线、设备性能的考验与挑战，同时也是DX追逐者“猎取”珍稀电台的大好时机。

业余电台的竞赛，多数是在规定的时间内，比谁联络的电台多、距离远、范围广。其计分的方式一般是以所联络到的电台作为基本分（本国或本洲的得分少，距离远的得分多），以这些电台的分布范围（如不同国家或地区、不同的分区、不同的呼号前缀等）为系数，两者相乘为竞赛所得总分。

竞赛中的呼叫，一般是在“CQ”后加“Contest”（话）或是“TEST”（报）。

竞赛中，联络双方除交换信号报告外，还必须按比赛规则的要求交换一个特定的竞赛报告，如已联络次数的序号、本台所在的ITU或CQ分区数、发射功率、年龄等。

竞赛的时间一般都设在周末，持续时间不超过48小时。

每个比赛都设有不同的项目，有单波段、多波段，单人操作、多人操作、单发信机、多发信机及QRP（小功率）等。

竞赛中一般不允许进行不同操作方式或不同频段的交叉联络，在一个频段上，每次工作的时间不得少于10分钟。

在同一个频段上，重复联络的电台，必须在竞赛日志中标出，不得重复记分，否则，不同的比赛将给予不同的处罚。

比赛规则对在比赛中借助互联网进行了限制，规定可以在比赛中从互联网被动地获得频率上DX台活动的信息，但不允许主动发布信息预约联络。当然，也不允许在空中组织网络或经他人中转联络。

为了争取联络到尽可能多的电台和不影响别人，竞赛中的联络要尽量简洁，除交换的报告外一般不谈其他内容。

专门的竞赛软件已被广泛应用于各种比赛。常见的竞赛软件有CT、WrightLOG等。这些软件不仅可动态显示当前的得分情况、在CW竞赛中控制计算机充当有存储功能的自动键、竞赛后自动统计成绩并生成竞赛记录报表，有些还具有控制电台改变频率、联网并显示当前DX电台活动情况、键盘控制字母解释法模拟语音输出等功能，是竞赛取得好成绩不可缺少的辅助工具。

竞赛记录，即LOG，是你参加比赛的“成绩报告单”。多数比赛要求参赛者递交电子记录，最好通过电子邮件传送。

世界上业余电台比赛名目繁多。美国业余无线电转播联盟（ARRL）网站具体介绍了世界各国的主要竞赛，我们可以从中详细了解比赛规则，按照要求参加比赛。本书仅就其中规模较大的部分竞赛进行简单介绍。

4.2.2 主要的国际性竞赛介绍

1. CQWW DX比赛（CQ World Wide DX Contest）

这是一个在业余无线电界中影响最大、参加人数最多的竞赛活动。它是由美国*CQ*杂志举办的。CQWW DX比赛时间：每年9月最后一个周末为无线电传（RTTY）比赛，10月最后一个周末为单边带话（SSB）比赛，11月最后一个周末为电报（CW）比赛。每次比赛时间都是从星期六0000UTC开始，持续48小时，到星期日2400UTC结束。

比赛分为单操作员全波段（SOAB）、单操作员单波段（SOSB）、多操作员单发射机（MS）、多操作员多发射机（MM）等。按发射机功率分为高功率（HP，功率大于100W）、低功率（LP）、小功率（QRP，功率小于5W）。

CQWW DX比赛的交换报告是信号报告加所在的CQ分区。比如我国上海的业余电台在CQ24区，其给出的报告就是“5924”（SSB）或“59924”（CW和RTTY）。

CQWW DX比赛的记分方法是基本分之和乘系数和。基本分的计算：每个波段中联络同一个DXCC实体内的电台为0分，联络一个本实体以外的本洲电台得1分（北美洲台联络本洲电台得2分），联络一个非本洲电台得3分。系数分的计算：每个波段中每增加一个DXCC表所列的新字头（呼号前缀）系数增加1分，每增加一个CQ分区系数增加1分。总分为各波段基本分之和与总系数分的乘积。

2. CQWW WPX比赛（CQ World Wide Prefix Contest）

这也是由美国*CQ*杂志举办的比赛，时间是在每年3月的最后一个周末进行单边带话的比赛，5月最后一个周末为电报的比赛，都是从星期六0000UTC（北京时间早上8时）开始，到星期日2400UTC（北京时间星期一早上8时）结束，持续48小时。交换的报告是信号报告加联络的顺序号。比如你在竞赛中联络到第一个电台，给出的报告是59001（CW则是599001），联络到第688个电台则是59688等。

WPX比赛的基本分计算方法：在7MHz及7MHz以下各业余频段上每联络一个本洲电台得2分，联络一个不同洲的电台得6分；在14MHz及14MHz以上各业余频段每联络一个本洲电台得1分，联络一个不同洲的电台得3分。

WPX比赛的系数分是联络到一个不同呼号前缀加1分。总分则是系数分之和与基本分之和的乘积。

由于这个比赛是鼓励参加者联络到尽可能多的不同呼号前缀，即使是属于同一国家或地区的电台，只要其呼号前缀有一个字母不同就可增加一个系数分，所以WPX比赛就是联络不同呼号前缀的世界比赛。

3. IARU短波世界锦标赛（IARU HF World Championship）

这是由国际业余无线电联盟（IARU）主办的比赛，于每年7月份第2个周末举行，从星期六1200UTC开始到星期日1200UTC结束，共24小时。竞赛频段为160m、80m、40m、20m、15m和10m波段，全世界所有有执照的爱好者都可以参加。短波世界锦标赛的比赛项目有单人操作、多人操作、IARU成员协会总部电台。

单人操作项目有话、报和混合模式3种，每类又分为高功率、低功率和小功率。

多人操作为单发射机混合模式。

IARU协会成员总部电台（其呼号后缀多为“HQ”），同一时间只能有一个发射信号出现在被限制操作模式的波段（160CW，160话；80CW，80话；40CW，40话；20CW，20话；15CW，15话；10CW，10话）。

这个比赛的交换报告是信号加自己所在的ITU分区数（详见本书第1章）。比如南京位于第44区，南京电台发出的报告就是5944（话）或59944（报）。总部电台的报告则是信号报告加所代表的业余无线电组织的名字缩写，如中国无线电运动协会电台的报告是59CRSA或599CRSA。IARU秘书处俱乐部电台NU1AW算总部电台，IARU行政理事会成员和IARU 3个分区执行委员会电台分别在信号报告后面加发AC、R1、R2和R3。

比赛的计分方法是：基本分为每联络一个本分区的电台得1分，不同分区的本洲电台得3分，不同洲的电台得5分；系数分为每联络一个ITU的分区得1分，联络到一个总部电台得1分。但是联络到IARU行政理事会成员和IARU 3个分区执行委员会电台最多可以得到4个系数分。

总分计算方法同前面介绍的竞赛一样，即将一个频段所得基本分之和乘以该频段所得系数分之和得到该单一频段成绩，将所有频段所得基本分之和乘以所有频段所得系数分之和便可得到竞赛的总成绩。

4．全亚洲比赛（All Asian DX Contest）

这是由日本业余无线电联盟主办的比赛，它得到了日本邮政省的支持。CW项目的比赛在每年6月第3个周末进行，SSB的比赛在9月第1个周末进行，持续时间都是48小时，从星期六0000UTC到星期日的2400UTC。竞赛使用160m（CW）、80m、40m、20m、15m、10m业余频段。

全亚洲比赛项目如下。

单人单波段—亚洲电台　　—高功率、低功率；
　　　　　　非亚洲电台　—高功率、低功率。
单人多波段—日本电台　　—高功率、低功率，青年，老年；
　　　　　　亚洲电台　　—高功率、低功率；
　　　　　　非亚洲电台　—高功率、低功率。

多人单发射机（全波段）。

多人多发射机（全波段）。

青年年龄低于19岁，老年70岁或者70岁以上。

全亚洲比赛的呼叫方法，“CQ AA CONTEST”（SSB）和“CQ AA”（CW）。

交换的报告是信号报告加自己的年龄（两位数字），对于女性爱好者（YL）信号报告也是加自己的年龄，但是如果她不愿意告诉年龄只需用两个零（00）代替即可。

（1）亚洲台的计分方法

在160m波段，联络一个亚洲台计3基本分，联络一个非亚洲台计9基本分。

在80m波段，联络一个亚洲台计2基本分，联络一个非亚洲台计6基本分。

在10m波段，联络一个亚洲台计2基本分，联络一个非亚洲台计6基本分。

在其他波段，联络一个亚洲台计1基本分，联络一个非亚洲台计3基本分。

系数为根据DXCC表，在每一个波段工作过的不同实体的数目之和，爱好者在计分统计时，常把“不同实体”称为“不同字头”。

联络相同的实体不计算基本分和系数，重复和同一波段的同一电台联络不计基本分。

（2）非亚洲电台的计分方法

联络到一个亚洲电台（不含美国在远东与日本的军用电台）的计分如下。

160m波段——计3基本分。

80m波段——计2基本分。

10m波段——计2基本分。

其他波段——计1基本分。

系数为根据DXCC表，在每一个波段工作过的不同实体的数目之和，爱好者在计分统计时，常把“不同实体”称为“不同字头”。

竞赛总分为每一波段基本分之总和乘以每一个波段系数的总和。

5．CQWW甚高频世界比赛（CQWW VHF Contest）

这也是由美国*CQ*杂志主办的世界比赛，时间是每年7月第3周的周末，星期六1800UTC至星期日2100UTC，持续27小时。

参加这个比赛需要你了解自己所在位置的地理坐标（Grid Locator）。这个坐标网以6位字符表示，如我国台湾省的台北市，坐标（GL）为PL05SA（中间两位是数字），这种坐标表示方法也称梅登黑德网格定位系统（详见本书2.3节），我们也可以从一些业余无线电软件（如竞赛软件）中根据经纬度查到相应的坐标。CQWW VHF比赛交换报告是信号加坐标的前4位字符，如上述台北市电台的报告应为“59PL05”。在比赛中，每联络到一个不同的坐标记录系数便增加1分。

比赛在50MHz（6m）和144MHz（2m）两个VHF波段内进行，共设5个项目，分别为单操作员全波段（SOAB）、单操作员单波段（SOSB）、多操作员（MO）、漫游台（Rover）、QRP（小于10W）。其中对于多操作员方式，要求比赛中任何时间只有一个发信机发射；对于漫游台，要求移动路程至少超过一个坐标格，呼叫中应表明自己是Rover台或呼号后加“/R”。

比赛要求避开中继台频率、各国的呼叫频率和DX窗口。

计算成绩的方法：对于漫游台，该台在同一坐标格范围内的得分是以在此格内的QSO台数与这些台不同的坐标数（GL数，即系数）之乘积计算；总成绩为该台各坐标范围内的QSO之和与总的GL数之积。对于一般电台，则用QSO数乘以联络到的GL数计算成绩。

6．CQWW 160m波段世界比赛（CQWW 160m CW Contest）

这是一个专门为160m业余波段设置的比赛，也是由美国*CQ*杂志主办。

比赛时间是：报（CW）在每年1月最后一个周末进行，话（SSB）在2月最后一个周末进行。每个单项都是从星期五的2200UTC到星期日2159UTC，持续48小时。

比赛设单操作员小功率（SO QRP，小于5W）、低功率（LP，小于150W）、高功率（HP）、多操作员（MO，允许运用网络）等项目。

比赛交换的报告内容：美国电台是信号报告加所在州名，加拿大是信号报告加所在地区名，其他国家则是信号报告加自己国家的缩写。

该比赛的计分方法：与同一个DXCC实体内的电台取得联络得2分，与本洲其他DXCC实体台取得联络得5分，与不同洲电台取得联络得10分，与船舶电台（/MM）取得联络得5分。

系数分：每个美国的州（48个）、哥伦比亚地区（DC）、加拿大地区（13个）和DXCC实体均计系数分1，在竞赛中KL7和KH6作为DXCC实体，而不能作为美国的州。DXCC实体是DXCC表加WAE表（IT，GM色德兰群岛等），加拿大地区包括VO1、VO2、NB、NS、PEI、

VE2、VE3、VE4、VE5、VE6、VE7、NWT和高空（YuKon），美国和加拿大不再计算独立DXCC实体，谨记，航海移动不能计算系数。最后得分为QSO总和乘以全部系数的和（州，VE和DXCC实体）。

7．美国业余无线电转播联盟10m竞赛（ARRL 10 Meter Contest）

这是由美国业余无线电转播联盟（ARRL）主办的竞赛，全世界的业余无线电爱好者都可以参加。竞赛于每年12月第2个周末进行，竞赛时间从星期六0000UTC到星期日2400UTC，共48小时。但所有电台在48小时内的操作不得超过36小时，收听的时间算作操作时间。

竞赛分个人和多人单发射机两大类，其项目如下。

（1）个人竞赛（共有9项）。

① 小功率3项：混合模式［Mixed Mode（PHONE and CW）］，话（PHONE），报（CW）。

② 低功率3项：混合模式［Mixed Mode（PHONE and CW）］，话（PHONE），报（CW）。

③ 高功率3项：混合模式［Mixed Mode（PHONE and CW）］，话（PHONE），报（CW）。

（2）多人单发射机，仅限混合模式。

竞赛对交换信号报告的要求如下。

① 美国/加拿大电台（含夏威夷和阿拉斯加）报告信号和州或者省（哥伦比亚电台报告信号和DC）。

② 美国的入门级和技术级在用报（CW）时，电台呼号后加/N或者/T，假如使用，必须在你的记录表上标明/N或者/T。

③ DX电台（含KH2、KP4等）在信号报告后面加发从001开始的序号。

④ 航海电台在信号报告后加发ITU Region分区号（1，2或者3）。

竞赛的记分方法为基本分之和与系数分之和的乘积。

① 基本分（QSO points）：每个完整的话（PHONE）联络得2分，每个完整的报（CW）联络得4分，用报和美国入门级（/N）或者技术级（/T）联络得8分（限28.1～28.3MHz）。

② 系数分（Multipliers），按报和话不同方式计算：

美国所有的州和哥伦比亚区；

加拿大NB（VE1，9），NS（VE1），QC（VE2），ON（VE3），MB（VE4），SK（VE5），AB（VE6），BC（VE7），NT（VE8），NF（VO1），NB（VO2），YT（VY1），PEI（VY2），NU（VY0）；

DXCC实体（美国和加拿大除外）KH6和KL7与美国各州相同；

ITU的Region区（仅限航海电台）。

8．美国业余无线电转播联盟160m竞赛（ARRL 160 Meter Contest）

这是由美国业余无线电转播联盟（ARRL）主办的大型业余电台竞赛，全世界的业余无线电爱好者都可以参加。旨在鼓励W/VE电台与DX电台之间的相互联络，因此DX与DX电台之间联络不计成绩。竞赛于每年12月第1个周末进行，竞赛时间从周五2200UTC到周日1600UTC共42小时。竞赛分个人和多人单发射机两大类。

个人分3个项目，分别为小功率（QRP）、低功率（Low Power）、高功率（High Power）。

竞赛对交换信号报告的要求如下。

美国/加拿大电台：信号报告加美国与加拿大分区。

非美国/加拿大电台：信号报告。

航海和航空移动电台：信号报告加ITU（Region）分区。

竞赛的记分为基本分之和与系数分之和的乘积。

基本分：任何美国/加拿大电台之间联络为2分，美国/加拿大电台与DX电台的互相联络为5分。

系数分：每个美国/加拿大分区（最多为80）和DXCC实体（仅限美国/加拿大台）均算为系数。

电台日志分手写与电子两种，均应在次年1月7日前发出。

9．美国业余无线电转播联盟国际DX竞赛（ARRL International DX Contest）

这是由美国业余无线电转播联盟（ARRL）主办的竞赛。

（1）竞赛时间共48小时

报（CW）每年2月第3个周末，星期六0000 UTC至星期日2400 UTC。

话（PHONE）每年3月第1个周末，星期六0000 UTC至星期日2400 UTC。

（2）竞赛项目分为个人和多人单发射机两大类

其中个人分为个人全波段、个人单波段、有辅助的个人。个人全波段又分为小功率（QRP）、低功率（Low Power）和高功率（High Power）。多人分为多人单发射机、多人双发射机和多人多发射机。

（3）交换信号报告的要求

美国48个邻近州/加拿大电台（圣保罗岛和塞博尔除外），信号报告加州或省名。DX电台，信号报告加发射机输出功率。

（4）竞赛得分为基本分之和乘以系数和

基本分：美国/加拿大电台与DX电台或DX电台与美国/加拿大电台每联络一次均计3分。

系数分：美国/加拿大电台，在各个波段联络到的除美国和加拿大之外的DXCC字头之和。

DX电台，各个波段联络到的美国各州（除KH6/KL7）、哥伦比亚地区、加拿大本土NB（VE1，9）、NS（VE1）、QC（VE2）、ON（VE3）、MB（VE4）、SK（VE5）、AB（VE6）、BC（VE7）、NT（VE8）、NF（VO1）、NB（VO2）、YT（VY1）、PEI（VY2）、NU（VY0）的不同州（省）名之和（一个波段最多63个）。

（5）参加者的电台日志应按每年规程规定的格式、时间发出。

10．亚太极速冲刺赛（ASIA-PACIFIC Sprint Contest）

这是一个旨在鼓励亚太地区之外的电台在2小时内联络尽可能多的亚太电台，鼓励亚太地区之内的电台在2小时内联络尽可能多的世界各地的电台的竞赛。

（1）竞赛时间、频率以及工作方式

① 时间

春季（20m/40m CW）2月第2个星期六1100UTC到1300UTC。

夏季（15m/20m SSB）6月第2个星期六1100UTC到1300UTC。

秋季（15m/20m CW）10月第3个星期日0000UTC到0200UTC。

② 频率

CW　15m：21030～21050kHz；20m：14030～14050kHz；40m：7015～7040kHz。

SSB　15m：21350～21380kHz；20m：14250～14280kHz。

③ 功率限制

亚太地区电台——输出功率150W。

非亚太地区电台——遵照每个国家的规定。

（2）竞赛项目

只限单人单机（SO2R——使用第2个发信机及使用第2个收信机的方式均在禁止之列）。

（3）交换信号

RS/RST＋从001开始的顺序数字。

（4）重复联络

在同一波段上同一电台只能被联络1次。

（5）系数

WPX规则中的每1个前缀。

（6）QSY规定

CW——呼叫电台（一般指CQ呼叫者）在每次QSO后至少QSY 1kHz。

SSB——呼叫电台（一般指CQ呼叫者）在每次QSO后至少QSY 6kHz。

（7）最后得分

QSO的数目乘以系数。

（8）竞赛日志

必须是电子日志并作为邮件的附件，使用电子邮件发送。

电子邮件的主题必须包括你的呼号。

电子日志文件的名称必须是你的呼号（例如9V1YC.CBR）。

竞赛日志应包含完整的QSO资料加一份简表标出你自己认为的得分。

假如该电台不是由它的所有者操作，应标明操作者的姓名和呼号。

建议电子日志使用Cabrillo格式（样本见表4-1）。

截止日期为竞赛结束后的7天。

表4-1　　Cabrillo格式日志样本

START-OF-LOG：2.0
CONTEST：AP-SPRIN
CALLSIGH:9V1YC
CATEGORY：SINGLE- OP ALL LOW
CLAIMED OP AL：140
NAME：James Brooks
ADDRESS：26 Jalan Asas
ADDRESS：Singapore 678787
SOAPBOX：See you next time.

QSO:	7018	CW	1999-02-13	1231	9V1YC	599	001	VR2BG	599	002
QSO:	7018	CW	1999-02-13	1231	9V1YC	599	002	W2VJN	599	001
QSO:	7019	CW	1999-02-13	1232	9V1YC	599	003	KE0UXR	599	002
QSO:	7019	CW	1999-02-13	1232	9V1YC	599	004	JM1NKT	599	003
QSO:	7023	CW	1999-02-13	1235	9V1YC	599	005	JA6UBK	599	005
QSO:	7023	CW	1999-02-13	1235	9V1YC	599	006	JA6ZLI	599	003
QSO:	7024	CW	1999-02-13	1239	9V1YC	599	007	JR1UJX	599	004

QSO:	7024	CW	1999-02-13	1239	9V1YC	599	008	JF2BDK	599	005
QSO:	7024	CW	1999-02-13	1240	9V1YC	599	009	JH5RXS	599	008

END-OF-LOG

11．日本国际DX竞赛（Japan International DX Contest）

这是由日本业余无线电联盟（JARL）主办的竞赛，旨在鼓励全世界的业余无线电台联络更多日本电台和鼓励日本电台尽可能多地联络DXCC实体和CQ分区电台。

（1）竞赛时间

竞赛时间应该限制在30小时之内。

报：4月第2个周末，星期六0700至星期日1300UTC。

话：11月第2个周末，星期六0700至星期日1300UTC。

（2）竞赛波段

话：3.5MHz/7MHz/14MHz/21MHz/28MHz（JA台在3525～3575kHz，3747～3754kHz和3791～3805kHz）。

报：3.5MHz/7MHz/14MHz/21MHz/28MHz，WARC波段除外。

（3）竞赛级别（仅选一项参加）

① 单人大功率（100W以上）分为多波段和单波段。

② 单人低功率（100W以下，含100W）分为多波段和单波段。

③ 多人（改波的限制时间为10分钟）。该项目可以同时在另外一个波段发射信号，但条件是这个被联络的电台是一个新的系数。

④ 航海移动（呼号后面加/MM），他们在和日本电台联络时应该拍发CQ分区数。

（4）信号交换

日本电台：RS（T）＋工作区域代码（01～50）。

其他电台：RS（T）＋CQ分区号码。

（5）联络分

只有日本电台和DX(＋/MM)的互相联络才能获得竞赛联络分。DX-DX、DX-/MM或JA-JA之间的联络不能获得联络分。

3.5MHz/3.8MHz…………………………………… 2分。

7MHz、14MHz和21MHz…………………… 1分。

28MHz……………………………………………… 2分。

（6）系数

日本电台：每个波段联络的不同DXCC实体（JD1除外）和CQ分区。

和航海台联络，可计QSO的联络分和分区系数，但不计DXCC实体的系数。

其他电台：在每个波段联络到的不同的日本地区的数目加小笠原群岛（JD1）、南鸟群岛（JD1）和冲之鸟礁。每波段最多限50个。

（7）竞赛得分

竞赛最后得分是QSO的总联络分乘系数和。

12．大洋洲DX竞赛（Oceania DX Contest）

（1）竞赛时间

话：10月第1个周末，星期六0800UTC至星期日0800UTC。

报：10月第2个周末，星期六0800UTC至星期日0800UTC。

（2）竞赛对象

大洋洲电台尽可能多地联络本地区内、外的电台。

非大洋洲电台尽可能多地联络大洋洲内的电台，大洋洲内也可以互相联络，但是不给予得分和系数。

大洋洲的收听台（SWL）尽可能多地收听本地区内、外的竞赛电台。

非大洋洲的收听台（SWL）尽可能多地收听大洋洲的竞赛电台。

（3）竞赛波段

10～160m（不含WARC波段）。

（4）竞赛项目

单人全波段或单人单波段，全部操作由一个人完成，包括日志登载、定位功能。只允许有一个发射信号。

多人—单发射机全波段。在同样的时间段内只允许一个发射机在一个波段出现（执行10分钟规定，如任一10分钟时段内在另一个波段上联络的是一个新的系数台，可以例外，但一个波段只能是一个。假如在日志中发现违反了10分钟的规定，该参加台将被划入多人—多机项目）。

多人—多发射机全波段。发射机没有限制，但是一个波段只允许有一个信号，全部发射机和接收机必须在一个直径为500m或者符合设台执照规定的范围内。

短波收听，只收听全波段。

（5）信号交换

RS（T）＋从001（或者0001）开始的累计数字。假如需要，多人—多机项目在每个波段可以使用分开的数列。

（6）系数

工作过不同前缀的数目。前缀和WPX竞赛的定义相同。特殊的事件或纪念活动的特别电台呼号，其操作得到该国家管理当局认可的可以计算前缀，同样的前缀在不同的波段上可以再算一次。

（7）联络分

每次在160m上的联络记20分，80m记10分，40m记5分，20m记1分，15m记2分，10m记3分，相同的电台在一个波段上只能计算一次。

（8）最后得分

全部波段联络分的和乘以前缀的总数。

（9）竞赛日志的要求

电台的日志应该包含每次联络的详细内容，如波段或者频率、工作方式、日期、时间UTC、对方呼号、发送的RS（T）和其后的数字、抄收的RS（T）和其后的数字。单人单波段日志应该记载你联络的全部电台，多人项目必须按照日期时间的顺序提供日志。收听台每次收听记录应该包括波段或者频率、工作方式、日期、UTC时间、被听到的电台的呼号和RS（T）＋数字及他联络的电台的呼号和RS（T）＋数字。对于连续的同一“被联络电台”，其呼号只能在日志中出现一次。对于非大洋洲收听台，只能登载大洋洲呼号的联络台。全部重复的联络必须标明“请不要删除他们”。重复联络不会受到处罚。

（10）电子日志

联络超过50个的，必须提供电子日志。请将电子日志作为电子邮件的附件发送给主办方。

电子邮件的主题栏内请注明你的呼号、工作方式（CW或者PHONE）、参加的项目和“OCEANIA”字样。竞赛委员会将自动检查收到的邮件。

（11）纸质日志

联络少于50个的，如果没有电子日志也可以提交纸质日志，纸质日志应该附有一张简表清楚地标明以下内容。

电台的呼号，操作者的呼号，参加者的姓名及邮政地址（接收奖品用），工作方式和参加的项目，每个波段自己计算的联络分，每个波段自己计算的前缀系数，总得分。

正式的纸质日志和简表，可以从竞赛网站上下载或者通过邮寄一个写有自己地址和贴有邮票的信封到以下地址索取。假如正式的表格没有得到，参加者也可根据“竞赛日志的要求”的内容自己制作。如果是非澳大利亚和新西兰的参加者，最好用航空信件。截止日期不得迟于当年11月7日。

13．英国1.8MHz CW竞赛（RSGB 1.8MHz CW Contest）

这是由英国无线电协会（RSGB）举办的竞赛，第1期竞赛于每年2月第2个周末举行，第2期竞赛于每年11月第3个周末举行。

竞赛时间为星期六2100UTC至星期日0100UTC。

频率为1820～1870kHz。

交换信号报告的要求是RST＋数字序号和分区代码（DX电台不加代码）。

竞赛项目限单人参加。

得分的计算如下。

① 英国本土电台：每联络一个得3分，联络到新的英国分区电台或者英国以外的新的国家在此基础上再奖励5分。

② 英国之外（含爱尔兰）的电台：只能联络英国电台，每联络一个得3分，每联络到一个新的英国分区电台在此基础上再奖励5分。

14．全欧DX竞赛（Worked ALL Europe DX）

这是由德国业余无线电俱乐部（DARC）组织的竞赛。

（1）竞赛时间

CW：8月第2个周末，星期六0000UTC至星期日2359UTC。

SSB：9月第2个周末，星期六0000UTC至星期日2359UTC。

RTTY：11月第2个周末，星期六0000UTC至星期日2359UTC。

单人项目在48小时的竞赛周期内只能工作36小时，剩余的12小时可以是一个完整的关机时间，也可分段关机，但最多只能分成3段，并应在登记表中注明。

（2）竞赛频率

3.5MHz/7MHz/14MHz/21MHz/28MHz。

根据IARU第一区的规则，不允许在以下频率操作。

CW：3550～3800kHz；14060～14350kHz。

SSB：3650～3700kHz；141000～14125kHz；14300～14350kHz。

（3）竞赛项目

① 单人—最大功率限100W—全波段，只能出现一个信号。

② 单人—输出功率大于100W—全波段，只能出现一个信号。

③ 多人操作，每10分钟可以换一个波段，包括QTC操作。

例外：在主台工作的同时，可以同时使用多个发射机在另外的波段联络新的系数台（即同时在不同的波段出现几个信号，但在主台工作频段以外的联络，必须是新的系数）。

④ 短波收听（SWL）收听台只能是单人参加（全波段）。

无论欧洲电台还是非欧洲电台，每个波段上都不能重复记入听到的呼号。每记录一个电台和其发送的数字系列计1分，每一个完整的QTC（包括全部QTC顺序信息，上限最大为10个电台）也计算1分。系数和联络台一样计算，但是欧洲电台和非欧洲电台都有效，假如收听到了电台发送的序列号，一个呼号就计算一个系数。如果记录下了通联双方完整的QSO，可以得到2分和2个系数。

在所有的项目中，可以使用DX网络，单人项目的电台如果声明没有使用这样的网络将在最后成绩中用符号“—”标注。

（4）竞赛交换信号

QSO只可以在欧洲电台和非欧洲电台之间进行，RTTY除外。

交换的信号报告是RS/RST和从001开始的累计序号，假如电台未发序号，这次联络在日志上用000表示。

每个电台在一个波段上只计算一次。

（5）竞赛系数

非欧洲电台：每个波段工作过的WAE国家列表中字头的数目。

欧洲电台：每工作一个非欧洲DXCC实体，计算系数为1。以下的实体满10个呼号区才计算系数：W、VE、VK、ZL、ZS、JA、PY、RA8/RA9和RAØ（和地理区划无关），例如W1、K1、KA1和K3/1算成W1；VE1、VO1和VY1算成VE1；JR4、7M4和7K4算成JA4；ZL2和ZL6是两个不同的系数。

奖励系数：各频段的原有系数分别和以下乘数相乘：3.5MHz乘4，7MHz乘3，14MHz/21MHz/28MHz乘2。总系数是全部波段系数的和。

（6）QTC通信

利用QTC可以增加分数。QTC是竞赛中QSO返回到欧洲电台的报告（RTTY除外），可以通过QTC获取额外的分数。QTC是指将比赛的联络记录发送给欧洲电台。以下为使用规则。

① 一次QTC包括时间、呼号和QSO报告的系列数字。例如：“1307/DA1AA/431”就是1307UTC联络了DA1AA，发出的系列数字是431。

② 作为QTC，每个QSO只能被报一次，这个QTC不能被报回到原来的电台。

③ 每个被正确转发的QTC，发出者被计算1分，收到者也被计算1分。

④ 两个电台最多可以交换10次QTC。这两个电台可以建立多次联络来完成这个限额。

⑤ 多次QTC的转发可以使用QTC级数。QTC级数从1（最小）到10（最大）使用下列办法计算：第1位数字是从1开始的累加数字，第2位数字表示QTC的次数。例如：“QTC3/7”的意思是，这是第3个被该电台转发的QTC，总计7次。每一个QTC级数被转发或者接收，其号数时间和工作波段的频率都应该被记录。假如在日志中丢失了它们的资料，就不计算成绩。

（7）RTTY规则

该项目没有洲的限制，可以和任何人工作。

仅仅处理QTC则必须在不同的洲之间进行。每个电台都可以发送和接收QTC，在两个电台之间交换的QTC总和不能超过10次。

（8）竞赛得分

最后的得分为各波段上的QSO加上QTC的总成绩乘以全部的系数和。

（9）日志的处理

希望所有电台能提供电子日志，但最终得分超过100 000的电台，则必须提供电子日志。所有的时间必须使用UTC。

4.2.3 国内的业余无线电比赛

我国业余无线电方面的比赛曾仅局限于体育范畴，无线电快速收发报和无线电测向都曾列为全国运动会比赛项目。随着业余无线电通信的普及，中国业余无线电的各种竞赛活动也越来越多。

1．木兰围场通联中国之省比赛（WAPC，Worked all Province of China Contest）

这是由我国爱好者木兰围场DX俱乐部发起的比赛，旨在鼓励世界各地的业余电台在进行DX联络时，尽可能多地通联我国各省、自治区、直辖市、特别行政区和台湾地区的电台。

比赛时间如下。

SSB模式：4月的第3个星期六0600UTC到星期日0559UTC，共计24小时。

CW模式：10月的第1个星期六0600UTC到星期日0559UTC，共计24小时。

波段和模式：80m（3.5MHz）、40m（7MHz）、20m（14MHz）、15m（21MHz）、10m（28MHz）5个业余频段CW和SSB模式。

竞赛级别：单人组、多人组。

交换的信息：非中国电台为信号报告+从001开始递增的QSO序号；中国电台为信号报告+省/自治区/直辖市/特别行政区/台湾地区名缩写。

QSO记分方法如下。

中国电台：各省、自治区、直辖市及香港特别行政区、澳门特别行政区和台湾地区的电台相互间QSO为10分，与中国以外的其他亚洲DXCC实体电台QSO为3分；与其他洲电台QSO为5分。

非中国电台：与中国电台QSO为10分；与本DXCC实体范围内电台QSO记1分；与同洲但不同DXCC实体电台QSO记3分；和其他洲电台QSO记5分。

另外，和海上移动电台（/MM）及空中移动电台（/AM）的QSO不算系数，但对任何参赛者来说都为5分。

系数分：在每个波段上与中国每一个不同的省、自治区、直辖市、特别行政区或台湾地区QSO记1系数分（不分模式）。在每个波段上与每一个不同DXCC实体QSO记1系数分（不分模式，BY、BV、VR2、XX9、BS7H、BQ9P均记1系数分）。

最终成绩＝总QSO分数×系数分总和（包括中国的省系数分+DXCC实体系数分）。

对提交竞赛日志的一般要求：向木兰围场WAP竞赛委员会提交Cabrillo格式的电子竞赛日志，文件名为参赛呼号.log。竞赛日志要求在比赛结束后7天内通过Email提交，邮箱地址为mulandxc@gmail.com，需在邮件主题栏中写明参赛呼号和组别。

竞赛奖状：由竞赛委员会根据当年比赛规程向各组别优胜者颁发WAP奖状和奖牌。奖励和处罚名单将于每年10月1日前后公布在木兰围场DX俱乐部的网页上。有关比赛细则和信息请查阅木兰围场DX俱乐部网站。中国各省、自治区、直辖市缩写字母对照如表4-2所示。

表4-2　　中国各省、自治区、直辖市缩写字母对照（来源于GB/T 2260—2007）

北京	Beijing	BJ	广东	Guangdong	GD
天津	Tianjin	TJ	广西	Guangxi	GX
河北	Hebei	HE	海南	Hainan	HI
山西	Shanxi	SX	重庆	Chongqing	CQ
内蒙古	Nei Mongol	NM	四川	Sichuan	SC
辽宁	Liaoning	LN	贵州	Guizhou	GZ
吉林	Jilin	JL	云南	Yunnan	YN
黑龙江	Heilongjiang	HL	西藏	Xizang	XZ
上海	Shanghai	SH	陕西	Shaanxi	SN
江苏	Jiangsu	JS	甘肃	Gansu	GS
浙江	Zhejiang	ZJ	青海	Qinghai	QH
安徽	Anhui	AH	宁夏	Ningxia	NX
福建	Fujian	FJ	新疆	Xinjiang	XJ
江西	Jiangxi	JX	台湾	Taiwan	TW
山东	Shandong	SD	香港	Hongkong	HK
河南	Henan	HA	澳门	Macau	MO
湖北	Hubei	HB	注1：黄岩岛属海南省		HI
湖南	Hunan	HN	注2：东沙岛属台湾省		TW

2．全国青少年业余无线电通信比赛

这是由中国无线电和定向运动协会（CRSOA）负责组织的全国性比赛，参赛对象主要是中、小学生。

比赛时间和地点：一般利用暑假期间，在全国范围内择地集中举行。

比赛项目：对讲机通信、抓抄呼号（通过短波收信机抄收同时播发的多路CW或SSB模拟业余电台呼号）、收听业余卫星信号、电子制作（制作简易卫星接收天线等规定器材）、户外应急通信站架设等。

从1993年开始，我国已连续二十多年举办全国青少年业余无线电通信比赛，目的是鼓励青少年参加业余无线电活动，普及无线电通信知识。比赛内容根据业余电台活动的发展情况而定，SSTV（慢扫描电视）图像通信、短波电台QSO等都曾被列为竞赛项目。

有关全国青少年业余无线电通信比赛的详细信息，可查阅国家体育总局航空无线电模型运动管理中心网站以及中国无线电和定向运动协会网站。

3．全国业余无线电应急通信演练比赛

该项赛事由中国无线电协会业余无线电分会（CRAC）组织，内容有搭建短波和超短波应急通信站、进行模拟和数字通信等内容。详情可查阅CRAC官方网站。

4．业余无线电测向（ARDF，Amateur Radio Direction Finding）比赛

ARDF是国际业余无线电联盟（IARU）积极开展的活动之一，每两年举办一届世界锦标赛，IARU一区和三区也定期举办分区国际比赛。我国业余无线电测向运动从1961年开始至今已有近六十年历史，测向比赛已成为传统体育赛事之一。现在，全国和许多省市每年都举办不同形式的测向赛事，吸引了大量青少年和无线电爱好者。

（1）全国无线电测向锦标赛

比赛项目和世界锦标赛一致，参加对象为高中以上的青少年和成年测向爱好者，比赛项目主要有144MHz（2m）波段测向、3.5MHz（80m）波段测向、定向猎狐（根据地图引导，用测向机寻找微功率发信机）及组装测向机等。测向运动的直线距离超过5km，比赛一般选择丘陵地带或大型森林公园，需利用自带的无线电测向机寻找4～5个隐蔽电台，对参赛者的体力、运动能力和测向技术要求较高。

（2）全国青少年无线电测向锦标赛

参赛对象主要是中、小学生，一般在较大的城市公园或校园内举行。比赛项目有短距离144MHz（2m）波段、3.5MHz（80m）波段测向和定向猎狐及组装测向机等。测向比赛要求在10多个连续发射CW电台呼号的隐蔽电台中寻找指定的若干电台，对参赛者体力、灵敏性及测向技巧有一定的挑战，趣味性较强。

有关全国业余无线电测向比赛的资讯，可登录中国无线电和定向运动协会官网查阅。

4.3 IOTA（空中之岛）活动

成千上万的岛屿遍布于世界各地，“上岛去”“和岛屿电台联络”，这是无数爱好者追逐的目标。1964年，英国著名的短波收听爱好者Geoff Watts提出了IOTA（空中之岛）活动计划。1985年，英国无线电协会（RSGB）接管并完善了这一计划，成立了IOTA委员会。这是一个旨在鼓励业余无线电爱好者与全世界岛屿业余电台联络的活动。根据地理位置，IOTA委员会将全世界的海岛划分为1200个左右的岛组，赋予有业余电台活动的岛组以特定的编号，并设计了奖项，制定了竞赛规则。

4.3.1 IOTA岛屿编号

IOTA活动对岛的定义是，这些岛屿不能位于河流、内陆的湖或内陆的海中，必须与大陆有一定的距离（低潮时与大陆最近点不少于200m），岛的任意方向上的直径不小于1km或其能在1∶1 000 000的地图上被表示出来。岛组根据官方颁布的名字或其地理位置命名。如《IOTA岛屿录》中我国的“黄岩岛”是按其正式的岛名命名，而“江苏省岛组”是根据这些岛的归属地命名的。

有业余电台或业余无线电DX远征队在这些岛上进行联络活动，并达到一定数量后，RSGB将为该岛组确定一个编号。编号以世界各大洲为单位，由该洲的英文缩写加序号组成，序号以申请先后排列。如“江苏省岛组”编号为AS-135（AS为“亚洲”缩写，135为顺序号）。

世界上所有岛屿都能从《IOTA岛屿录》（IOTA Directory，可向RSGB邮购）中查到，而

是否有过业余无线电联络则从其有无编号可以得知。在RSGB IOTA的网站上也能查询到岛组的简要情况及近期该岛组的业余无线电活动的记录。我国除钓鱼岛以外所有的岛组目前均已获得编号，我国岛屿的IOTA编号表见附录19。

4.3.2　IOTA奖状

通过联络获取的印有岛名、IOTA编号及QSO情况的QSL卡片是爱好者参加IOTA活动的凭证，同时爱好者可以向RSGB申请奖状。联络并获取100张来自世界不同岛组的QSL卡片是申请奖状的基本条件。IOTA奖状共有18项：IOTA100（即100个不同IOTA岛组）、IOTA200、IOTA300、IOTA400、IOTA500、IOTA600、IOTA700；IOTA亚洲、非洲、大洋洲、南美洲、北美洲、欧洲、南极洲、西印度群岛、不列颠群岛、北极群岛和IOTA世界奖状。另外还有IOTA750奖牌及1000 IOTA荣誉奖等难度更高的奖励。

申请IOTA奖除须准备好QSL卡片外，还须有申请表、交给检查人适当的费用及返回QSL卡片的邮资。详情可从RSGB TOTA的网站获得。

4.3.3　IOTA活动常用频率

IOTA活动，SSB的频率是14.260MHz、28.460MHz、24.950MHz、21.260MHz、18.128MHz、7.055MHz和3.755MHz；CW频率是28.040MHz、24.920MHz、21.040MHz、18.098MHz、14.040MHz、10.115MHz和3.530MHz。

CW在7MHz波段上没有特定的频率，但在对北美开通时一般推荐在7.025MHz以上工作。

上述频率并非为IOTA网络或岛屿联络所专用，而是在没有冲突的前提下正常地共用这些频率。IOTA远征活动并不一定使用这些频率，应以远征活动公告的工作频率为准。

4.3.4　IOTA远征

IOTA远征活动激动人心。每年都有许多HAM克服种种困难，来到分布于世界各地的海岛上活动，IOTA远征活动为全世界的爱好者创造了十分珍贵的联络机会。

由于海岛多数远离城镇，交通不便甚至缺乏必要的生存条件，要想进行一次成功的IOTA远征，必须要有周密的计划和充分的准备，同时也离不开远征团队的团结协作。

首先，对准备前往岛屿的交通情况、自然条件要有必要的了解，要办妥登岛的必要手续。

要根据岛屿的条件及远征目标准备好比较充足的生活必需品，包括帐篷、睡袋、桌椅等生活设施和淡水、食品、必要的药品等。要考虑到可能遭遇狂风、暴雨等恶劣气候，备有足够的绳索、锚具及相关工具。

通信器材的准备更应十分仔细。所有的器材及连接线缆都要在装箱前通电试用；全部装备，大到收发信设备、发电机等电源设备、天线及立杆、电缆，小至每根连接线、每个插头，甚至备用的纸质日志和笔，以及必要的架设、检修用的器材、仪表等工具都要逐项列表，仔细检查，一一清点，包装装箱。绝不能让准备阶段的小小疏漏而导致整个远征计划的失败。

远征队成员之间要有明确分工。许多岛屿路途遥远，且岛上无交通工具可用，对参加者的体能来说，往往是一项很大的挑战。

在互联网上提前公布远征计划是非常必要的。你可以把自己的远征计划发布在国内外一些网站上，如425DX News、Daily DX等。

如果是到尚未取得IOTA编号的岛屿上操作或是到受地理、政治限制而需得到批准许可的岛屿，应该事先与IOTA委员会或IOTA活动管理人取得联络，以得到必要的帮助并便于IOTA委员会能承认你以后的操作。在这种情况下，IOTA委员会会要求远征者提供登岛证明和操作许可的证明。

一个新编号的确认，通常是在远征队开始业余无线电联络，并累积一定的联络数量以后由IOTA管理人宣布的。此时的新编号并未正式生效，必须等待远征队提供所要求的证明文件以后，IOTA委员会才会正式接受新的编号。而对那些稀有的、困难的远征，IOTA委员会以及相应的DX基金会还有可能提供一定的器材或经费的赞助。

有条件的话，可以把日志立即公布在互联网上，便于爱好者查对，发现有误可及时补救，并有效地减少重复联络的发生。

要认真做好事后的QSL卡片回复处理工作。对于一次成功的DX远征，交换QSL卡片的工作可能会延续三五年甚至更长，对此，组织者要有充分准备。

IOTA活动的QSL卡片除通常的内容外，还有一些特别的要求。

（1）可以引用IOTA标识，但不可进行尺寸比例和内容上的改变。

（2）岛屿的名字须特别标明。如果要加上IOTA岛组编号，则应对照《IOTA岛屿录》以避免差错。

（3）要标明本次DX远征操作的起止时间，保证此卡片仅对本次活动有效。

IOTA活动的QSL卡片式样如图4-1所示。

YONGXING ISLAND
XISHA ARCHIPELAGO CHINA

BI7Y

AS-143　CQ 26　ITU 50

（a）正面

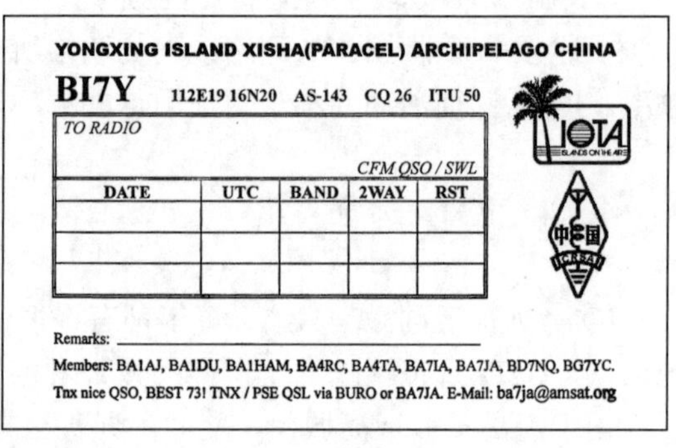

（b）背面

图4-1　IOTA 活动的 QSL 卡片式样

4.3.5　IOTA竞赛

每年7月第4个周末的星期六1200UTC至星期日1200UTC，是世界IOTA竞赛时间。

竞赛有3种参加对象，即IOTA岛屿业余电台、全世界非岛屿业余电台和SWL收听台。对于IOTA岛屿业余电台，每一次联络都要求给出信号报告、从“001”开始递增的QSO序数和IOTA岛组编号；对于非岛屿业余电台，则要求给出信号报告和QSO序数。

竞赛基本得分：非岛屿业余电台与一个IOTA台联络得15分；IOTA岛屿业余电台与非岛屿业余电台及本岛组其他电台联络得3分，与其他岛屿业余电台联络得15分。

增值系数：每个波段上用CW方式联络的不同的IOTA电台总数加上用SSB方式联络的不同的IOTA电台总数之和。

竞赛总分为基本分和增值系数之乘积。

在一个波段上对同一电台可用CW和SSB方式各联络一次。

IOTA竞赛波段是3.5MHz、7MHz、14MHz、21MHz和28MHz。竞赛应遵守IARU波段划分规定，CW在每个波段的低端工作。按照竞赛的习惯，一般不在3560～3600kHz、3650～3700kHz、14 060～14 125kHz和14 300～14 350kHz工作。

竞赛设有不同的项目。

（1）按操作方式分，有CW、SSB和混合模式3类。

（2）按时间可分为12小时和24小时两类。其中12小时方式不要求连续工作，但一次操作最短时间为60分钟。

（3）按电台发射功率分，有高功率（HP）、低功率（LP，最大功率输出100W）、QRP（输出最大功率5W）3类。任何不标明其发射功率的电台均视为高功率。

（4）按操作人员分，有单人协助（允许从DX网络中被动地获取信息）、多操作员单发信机、短波收听3类。其中多操作员限于24小时混合模式并可有限使用双发信机（第二发信机仅用于发现和呼叫可增加系数的电台，不可用于主动呼叫和联络，比如呼叫“CQ”或“QRZ”。用第二发信机联络的非新增系数台不计分），也可从DX网络中被动地获取信息。“多操作员”方式应有一份完整的联络日志（LOG）。

联络日志最好使用电子文档，通过电子邮件或邮寄递交。电子日志最好使用Cabrillo格式（Cabrillo格式如表4-1所示，也可查阅其他有关业余电台竞赛网站）。

日志应在当年9月1日之前递交。电子日志以电子邮件的附件方式发送至iota.logs@rsgb.org，注意邮件主题仅需你的竞赛呼号。

收听台的得分基于上述联络竞赛。递交的SWL报告需按波段分开，每条记录要有时间、听到的电台呼号、RST、序号、其发出的IOTA编号、与其联络的电台的呼号、增值系数及QSO得分。特别要指出的是，在一条记录之后，要求必须有另外两个以上此台与其他电台的QSO，或相隔10分钟后，才可有新的收听记录。QSO的双方都被听到，可以分别记分。

违反规则或竞赛精神的电台，将被扣分甚至丧失竞赛资格。这主要是指如IOTA岛屿业余电台拒绝与本国电台联络、通过第三方利用网络或互联网列表进行联络、在SSB频率上用CW联络以增加系数、岛屿业余电台不在每次联络时都给出IOTA编号等行为。

竞赛的情况和参加者的主观成绩列表将于当年9月30日通过RSGB网站公布，正式结果于当年10月中旬发表在RSGB的《无线电通信》杂志和上述网站上。RSGB将对每个大陆，按不同的范围和项目为优胜电台颁发奖励证书。

岛屿业余电台可能同时又符合后面所定义的“DX远征台”，并可争取得到DX远征的奖励和证书。

IOTA“DX远征”应符合以下条件之一。

所在岛屿仅能通过船或空中到达（能通过人工或天然的桥或堤到达的岛不在此列）。没有常住在此的操作员，操作员携带所有的设备和天线，电台的任何部分都不依赖常住居民，且“100W IOTA岛屿DX远征台”规定平均每个波段只有一个单元的天线（如双极、垂直天线），而高功率DX远征台对天线没有限制。

对于IOTA“DX远征”的参赛队伍，必须在递交的成绩报表上标明。RSGB竞赛委员会为远征的参赛队设立了专门的远征证书和奖励。

注：具体规则每年都可能会发生细微的变化，在参赛前应访问RSGB网站以获得当年的规则文本。

4.4 FCC业余无线电执照资格考试

在任何国家和地区操作业余电台都需要持有符合当地法规的电台执照。改革开放40多年来，我国已有很多爱好者走出国门，参加了多种国外业余无线电活动，诸如德国、日本、美国等国家一年一度举办的业余无线电节，以及由多国HAM组成的IOTA、DX远征、业余无线电竞赛团队等。在参加这些活动时，如果拥有当地或当地无线电管理机构认可的第三方操作电台执照，就能节省办理资格认证与执照更换手续所用的时间，相当方便。

FCC业余无线电执照是美国无线电管理机构颁发的业余无线电执照。

FCC是美国联邦通信委员会英文名的缩写。FCC负责监管美国的业余无线电业务，颁发业余无线电执照。要获得该执照和属于自己的业余电台呼号，爱好者们必须通过FCC资格考试。FCC业余无线电执照并不限于美国公民，各国爱好者都可以通过考试获得。执照的有效期为10年。

FCC业余无线电执照资格考试是由其认可的业余无线电爱好者志愿组织实施的。这样的志愿者组织统称为VEC，比较著名的有W5YI VEC，他们为各国爱好者提供考试服务。VEC不仅根据爱好者的愿望和地区分布适时组织考试，他们还负责管理志愿考官（VE），并负责将考试结果向FCC报告，助其完成发照工作。

我国爱好者也组织了一个FCC考试志愿者团队，称为W5YI VEC的中国考试小组。这样，中国爱好者无须跨出国门就可以参加考试并获得FCC业余无线电执照，同时也为在中国生活、工作或学习的国外爱好者提供了方便。

由于志愿者是利用闲暇时间来完成这一任务的，所以考试的时间和地点并不固定。要参加考试，爱好者可以加入QQ群“FCC EXAM”，或者关注业余无线电论坛HelloCQ的DX板块，及时获得组织考试的信息。

虽然FCC颁发执照是免费的，但是考试小组会根据W5YI的规定，收取极少的费用。FCC考试不可以越级，但是可以在通过一级之后当场申请升级考试。如果升级通过，则无须再次交费。有不少爱好者一次就通过了三级考试，直接成为Amateur Extra。

FCC业余无线电资格共分3个等级，分别是“Technician”“General”和“Amateur Extra”。我们可将Technician理解为入门资格，持有执照便拥有VHF和UHF波段的所有操作权力。升级为General之后，爱好者可以运用常见联络模式操作30MHz以下的大部分业余波段。Amateur Extra是FCC高级资格，持照爱好者可以操作全部业余波段。

FCC考试的内容涵盖法规、业余电台联络实践和通信电子技术。尽管难度不算很高，但涉及面很广。业余无线电包罗万象，仅技术层面便涉及电工原理、高低频电子线路、通信理论、天线馈线、电波传播、安全防护及设备的调测与维护等。此外，具备一定的英语能力是必需的，因为FCC考试的试题是英文的。为了便于爱好者有针对性地进行复习，ARRL向爱好者提供复习题库。题库与资格等级相对应，包含考试中可能遇见的全部题目。当然，执照的等级越高，考试的难度也就越大。

要通过Technician考试，需答对35道试题中的26道。要通过General考试，需答对35道试题中的26道。要通过Amateur Extra考试，需答对50道试题中的37道。题库可从ARRL网站下载。

试题所涉及的法规为“FCC PART 97”。这是美国业余无线电业务的具体管理规定，包括一般规定、台站操作标准、特殊操作、技术标准、应急通信规定及资格考试体系等内容。作为考试参考材料，ARRL网站也提供FCC PART 97的PDF文本。

需要注意的是，FCC业余无线电执照在我国是无效的，我国业余无线电爱好者不可以使用美国呼号在国内操作业余电台。

第5章　怎样运用不同的业余波段

面对20多个业余波段，究竟该用哪一段？春夏秋冬、阴晴雨雪对通信会有什么影响？在你打算对这些问题亲自体验一番之前，应该对无线电波的传播规律及各业余波段的特点先做些“调查研究”，这样才能事半功倍。

5.1　无线电波的传播方式

无线电波以3×10^8m/s的速度离开发射天线后，经过不同的传播路径到达接收点。人们根据这些各具特点的传播方式，把无线电波归纳为4种主要类型。

（1）地波，这是沿地球表面传播的无线电波。

（2）天波，也即电离层波。地球大气层的高层存在着“电离层”。无线电波进入电离层时其方向会发生改变，出现“折射”。因为电离层折射效应的积累，电波的入射方向会连续改变，最终会“拐”回地面，好像照镜子那样，无线电波会被电离层反射回地面。我们把这种经电离层反射而折回地面的无线电波称为“天波”。

（3）空间波，由发射天线直接到达接收点的电波被称为直射波。有一部分电波是通过地面或其他障碍物反射到达接收点的，被称为反射波。直射波和反射波合称为空间波。

（4）散射波，当大气层或电离层出现不均匀团块时，无线电波有可能被这些不均匀媒质向四面八方反射，使一部分能量到达接收点，这部分电波就是散射波。

业余无线电通信的电波有各种传播方式。短波远距离通信靠的是天波传播，超短波和空间通信主要依靠空间波，而散射波则是超短波远距离通信实验的重要载体。地波传播一般只用于低波段和近距离通信，它也正是超低频通信实验及移动通信实验的重要对象。

5.2　电离层与天波传播

5.2.1　电离层概况

在业余无线电中，短波波段的远距离通信占据着极重要的位置。短波段信号的传播主要依靠的是天波，所以我们必须对电离层有所了解。

地球表面被厚厚的大气层包围着。大气层的底层部分是“对流层”，其高度在极区约为9km，在赤道约为17km。在这里，气温除局部外总是随高度的上升而下降。人们常见的电闪雷鸣、雨雪都发生在对流层，但这些气象现象一般只对直射波传播有影响。

离地面10～50km的大气层是“同温层”。它对电波传播基本上没有影响。

离地面50～400km高空的空气很少流动。在太阳紫外线强烈照射下，气体分子中的电子挣脱了原子的束缚，形成了自由电子和离子，即电离层。由于气体分子本身质量的不同以及受到不同强度紫外线的照射，电离层形成了4个具有不同电子密度和厚度的分层，每个分层的密度都是中间大两边小。

离地面50～90km的大气层称作D层。D层白天存在，晚上消失。D层的密度最小，对电波不易发生反射现象。当电波穿过D层时，频率越低被吸收得越多。

离地面90～140km的大气层是E层。通常情况下E层的密度也较小，只有对中波发生反射现象。在一些特定条件下，E层有可能反射高频率的无线电波。在盛夏或是隆冬，E层对电波的反射现象总是有规律地出现，你可以清楚地接收到远距离小功率电台发射的信号，而且发现可听到的范围在有规律地变化。所以，爱好者们总是抱着极大的兴趣对这种不稳定的E层进行观测研究。

高空200～300km的大气层是F1层，300～400km的是F2层。夏季以及部分春秋季的白天，F1层和F2层同时存在，且F2层的密度最大。到了夜晚，F1和F2合并成一个F2层，高度上升。F2层对电波的反射能力最强，它的存在是短波能够进行远距离通信的主要条件。

电离层示意如图5-1所示。

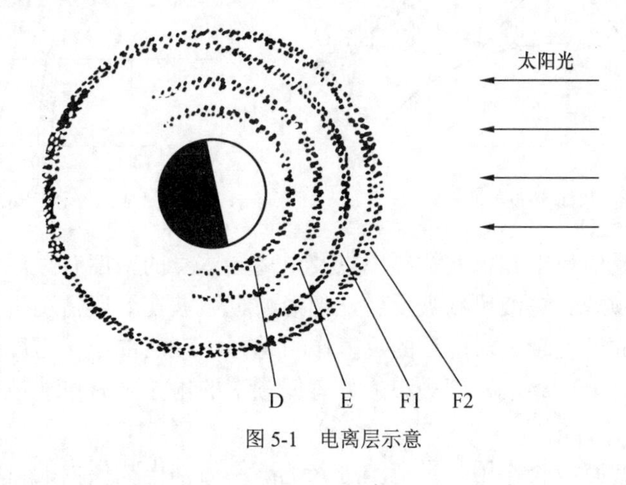

图 5-1　电离层示意

5.2.2　电离层对电波传播的影响

电波在均匀媒质中和光波一样是直线传播的。但如果媒质的密度不一样，当电波由某一密度的媒质进入另一密度媒质时，在两种不同密度媒质的分界面上，传播方向要发生变化，如同我们观看半插入水中的直筷似乎是弯的那样，这种现象被称为电离层对无线电波的折射。

电离层的密度总是中间大两边小，这就使得进入电离层的电波会被连续折射，最终又离开了电离层而返回地面。我们把电离层等效为一个假想的反射面，而把电离层对电波的这种影响称为反射。人们发现，当电波以一定的入射角到达电离层时，它也会像光学中的反射那样以相同的角度离开电离层。显然，电离层越高或电波进入电离层时与电离层的夹角越小，电波从发射点经电离层反射到达地面的跨越距离越大。这就是利用天波可以进行远程通信的根本原因。而且，电波返回地面时又可能被大地反射而再次进入电离层，形成电离层的第2次、第3次反射，如图5-2所示。

由于电离层对电波的反射作用，本来沿直线传播的电波有可能到达地球的背面或其他任何一个地方。电波经电离层一次反射被称为“单跳”。单跳的跨越距离取决于电离层的高度和电波进入电离层的入射角度。电波进入电离层的入射角度取决于天线的结构形式和天线离地面的高度，而电离层的高度则与时间和季节有关。单跳距离的估算可以参照图5-3。

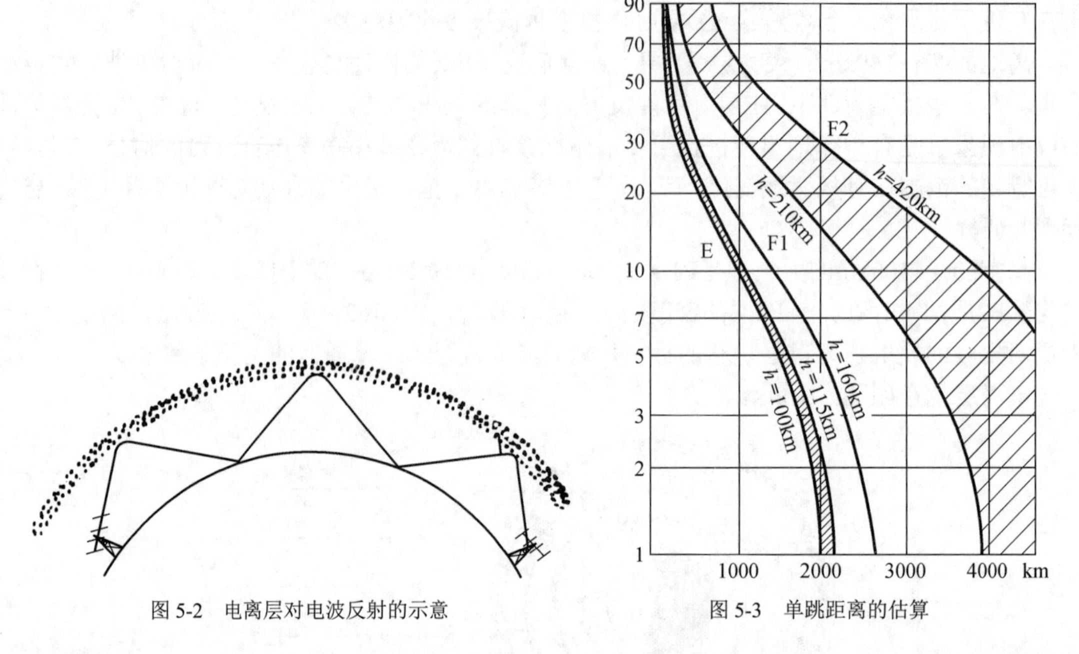

图 5-2　电离层对电波反射的示意

图 5-3　单跳距离的估算

电离层对电波的反射作用和电波的频率以及电离层本身的密度有关。电波的频率越低越容易被反射，长波、中波、短波可以被反射，超短波、微波在一般情况下只能穿透电离层而不返回地面。电离层的密度越大对电波的反射作用越强，F2层的电子密度最大，它对电波的反射作用最大。凌晨时分电离层密度最小，只有低频率的电波才有可能被反射，其余都穿透出去了。

电离层对无线电波有吸收作用。当电波进入电离层后，电离层内的自由电子受到电波的作用产生运动，与气体分子发生碰撞并消耗能量。这个能量是电波供给的，也即电波通过电离层时要消耗能量。这种现象被称为电离层对电波的吸收。电离层吸收电波的多少主要取决于电子密度和无线电波的频率。工作频率越低、电离层密度越大，吸收作用也就越大。

所以，从昼夜来说，白天电波吸收比夜间大；从季节来说，夏季电波吸收比冬季大。由于电离层高度及密度的变化，电波在被反射过程中极化方向会发生旋转，接收到的信号强度会有或快或慢的周期性起伏变化，人们称之为“衰落现象”。

5.3　太阳黑子的影响

太阳黑子的活动与电离层密度有着密切关系。黑子多的时候电离层密度大，因而短波的高频段要好用些；在黑子活动少的时候低频段好用些。当太阳黑子突然爆发时，会引起电离层的骚动，使短波通信中断。

太阳黑子的活动是有规律的。它大约以11年为一个周期，活动水平最高时称该时期为黑子活动高峰期，活动水平最低时称该时期为黑子活动低谷期。

5.4　怎样利用几个不同的主要业余波段

5.4.1　160m波段（1.8 ~ 2.0MHz）

这是一个属于中波（MF）波段的业余波段。应该记住，业余无线电通信的前辈们就是从这些低频率开始为人类做出巨大贡献的。

这个波段的电波以地波传播为主。一般来说，地波传播的最大距离只有250km，所以在太阳黑子活动的一般年份，这个波段只能用于本地、附近地区间的通信。但大量实践证明，在冬季黎明前的一两个小时内、在太阳落山前的一小时内，它有可能传播到几千千米以外的地方。每年1—2月份的各种160m波段国际比赛，为热衷于这个波段通信的爱好者提供了大显身手的舞台。

各国对这个波段的划分使用存在一些差别，如中国、美国、英国都是1.8～2.0MHz，澳大利亚是1.8～1.860MHz，而新西兰则分为1.803～1.813MHz和1.875～1.900MHz。所以我们常需用“异频工作”方式来弥补各国规定上的不同，比如我们要和澳大利亚联络，就可在高于1.860MHz的频率上发射，而在低于1.860MHz的频率上收听。

5.4.2　80m波段（3.5 ~ 3.9MHz）

这是属于HF段中频率最低的业余波段，也是一个最有利于初学者以较低的成本自制收发信设备的波段。和160m波段一样，它一般也是靠地波传播，在晚上和邻近国家的联络比较有保障。在太阳黑子活动相对平静的年份，在晚上DX通信的效果相当不错，白天由于电离层的反射电波有时也能达到300km远的地方。

应该了解，3.735MHz是国际规定的慢扫描电视（SSTV）信道。

80m波段和160m波段在夏季都会受到几百千米之内的雷电干扰及非业余电台的干扰。

5.4.3　40m波段（7.0 ~ 7.1MHz）

这是一个专用的业余波段。在太阳黑子活动水平较低的年份，白天这个波段可以很好地用于省内或邻近省份业余电台相互间联络。到了太阳黑子活动高峰年，就有可能只能用于本地电台联络。傍晚或是清晨，在这个波段上可以联络到世界各地的电台。

各个国家对这个波段的规定也有所不同，比如美国可使用7.0～7.3MHz，其中7.15～7.3MHz可以用语音（话）工作，而ITU第3区只能用7.0～7.2MHz。我国内地和澳门特别行政区为7.0～7.2MHz，而香港特别行政区不对业余业务开放这一波段。

5.4.4　20m波段（14.0 ~ 14.35MHz）

这是爱好者使用最多的“黄金”波段之一，许多国家规定有了高等级执照才能在这个波段上工作。无论是白天还是晚上，甚至在太阳黑子活动的高峰期，也能够用这个波段和世界各地联络。和前面介绍的波段不同，这个波段开始出现“越距现象”了，即出现了一个地波传播到达不了，而天波一次单跳又超越了过去的，电波无法到达的“寂静区”（见图5-4）。这是天波传播的一个特有现象。受越距现象影响的主要是省内或邻近省电台之间的联络，比如北京和天津等地，南京和镇江、苏州、上海等地在多数情况下都不能用20m波段进行联络。但由于电离层处于不断变化之中，所以寂静区的范围不是固定不变的。

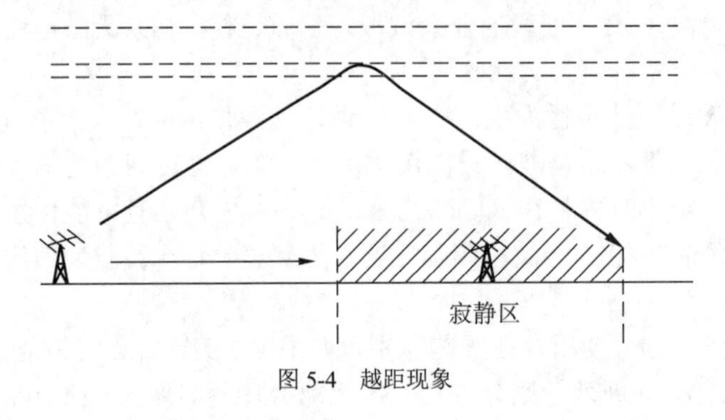

图 5-4　越距现象

5.4.5　15m波段（21.0 ~ 21.45MHz）

这是最热闹的一个波段，世界范围内大量的新手也都活跃在这个波段里。在太阳黑子活动的低谷期，15m波段可以很好地用于远程通信，即使在太阳黑子活动的高峰期，它也是比较可靠的。而且，它常与20m波段相辅相成，比如在20m波段上电台与欧美联络效果不好了，此时在15m波段上联络效果却变好了。

15m波段的越距现象更加明显，尤其是在隆冬和盛夏季节，听本省或国内电台是很困难的。

这个波段上有很多小功率电台活动。如日本在21.210～21.440MHz中分配了24个频道专门供5W以下的小功率电台使用。

5.4.6　10m波段（28.0 ~ 29.7MHz）

这是一个理想的低功率远距离通信波段，甚至在太阳黑子活动的高峰期也是如此。这个波段开通时（即传播情况比较好时）能达到像打电话那样的通信效果。

由于频率比较高，晚上电离层较小的密度已不能对电波形成反射，所以这个波段的远程通信一般只能在白天。10m波段的天线设备是整个短波中尺寸最小的，而传播过程中的绕射能力又比超短波强，所以许多爱好者在中、近距离上用这个波段进行移动通信。

在10m波段上，28.0～28.2MHz一般用于电报业务，28.2～28.25MHz是世界范围的10m波段业余无线电信标台（Beacon），28.25MHz以上一般用于话业务，而29.4～29.5MHz是业余卫星通信用的频率。

5.4.7　6m波段（50 ~ 54MHz）

6m波段属于VHF（甚高频）的波段，其传播方式接近于光波，在视距范围内能保证可靠的通信。许多国家建有爱好者共用的6m波段自动中转系统，如澳大利亚爱好者利用它可以用手持式对讲机进行环澳大利亚通信。

人们在大量的通信试验中发现，6m波也可以进行远距离通信。比如，我国苏州市的爱好者就在这个波段上同澳大利亚等几十个国家的业余电台联络过；又比如，澳大利亚爱好者经常能在当地收到我国江苏电视台一频道的信号（48.5～56.5MHz）。这是怎么回事呢？这是因为在大气层底部的对流层中产生了许多冷热气团的环流，而大气层上部的同温层却不受其影响。这种大气物理特性的不均匀改变了甚高频电波的方向，使其沿着对流层和同温层之间的“夹层”传向远方。这种现象被称为“大气波导”。在微波波段，电磁波的传输往往要用一种被称为“波导管”的器件。这种金属管子内壁光亮如镜，电磁波在里面由管壁连续反射跳跃前进。这和我们所说的“对流层传播”十分相似（见图5-5）。当然，这种被称为“对流层传播”的现象是受气象影响的，因而每次的持续时间不会很长。

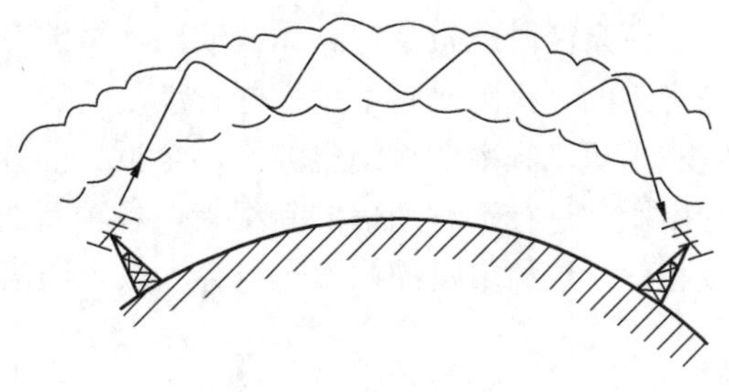

图 5-5　“大气波导”现象

现代科学证明，在电离层E层的底部会出现一些电子密度不均匀的区域，对于频率为40～60MHz的无线电波有较好的散射作用。它的作用距离达1000～2200km，有衰落现象，但不受电离层骚扰影响。现代科学还证明，每昼夜有数以千亿计的流星进入大气层。这些流星在80～120km的高空烧毁，形成一条细而长的电离子气体柱并迅速扩散。这对工作频率为20～100MHz的无线电波来讲，也是一个良好的散射媒质。而且由于这种“流星余迹”的散射点高，作用距离可达2000km以上。

5.4.8　2m波段（144 ~ 148MHz）

这也是属于甚高频的波段，其传播更依赖于直接波。爱好者主要用这个波段进行本地区内的通信。许多国家在这个波段上建有一种被称为“中继台”（Repeater）的自动差转系统，爱好者用手持机通过它的差转可进行远距离通信。我国的BY1PK曾经利用这种装置，再通过国际长途转接，成功地进行过长城—BY1PK（北京天坛公园附近）—美国之间手持对讲机和手持对讲机的联络试验。

2m波段和6m波段一样，也有着“不可思议”的近7000km的远距离联络记录。气候造成的空气团块或不同的气温层形成了“对流层传播”，而突发性E层也为2m波段远距离传播创造了条件。和6m波段相比，这个波段的对流层传播受气候变化影响更大，而利用突发性E层的可能性也更大一些。

2m波段是业余爱好者进行各种空间通信试验的常用波段。业余卫星的下行频率用的是这个波段，145.810MHz和145.990MHz就是业余卫星“奥斯卡10号”的信标发射频率；利用月球反射进行通信的“EME”试验也有在2m波段上进行的，等等。

5.4.9 70cm波段（430～440MHz）

属于UHF的70cm波段是陆上移动通信的“黄金通道”。与2m波段相比，70cm波段的天线可以更加小巧，干扰相对少一些，可使用的频带更宽，在城区里的通信效果也不错，所以受到移动通信爱好者的特别青睐。我国许多城市都设有70cm波段的中继台，为爱好者的移动通信实验增添了极大的方便。

虽然70cm波段通信主要依靠直接波，但在特殊气象条件下也有可能实现远距离通信。国外爱好者曾使用70cm波段创下陆上通信距离2200多千米、水面上通信4000多千米的纪录。另外，业余通信卫星也常使用这一波段。

应该说明的是，业余业务在70cm波段是处于次要位置的，我们在使用中不能影响正常使用该波段的其他业务电台。

业余波段一直延伸到微波波段。微波有可能用于远程无线电通信吗？业余爱好者的回答是肯定的，我国已有不少爱好者涉足于1.2GHz频段的实验研究并取得了可喜的成就。为了开发利用更高频率的无线电波段，全世界的爱好者都在进行着不懈的探索。爱好者们不断创造利用微波进行远程通信的新纪录，各种新的通信手段以及设备也在被爱好者们不断完善。可以相信，这种宝贵的探索一定会为人类通信事业的发展谱写新的篇章!

5.5 业余波段上的信标

为了帮助爱好者了解和研究电波的传播规律，许多国家和地区的业余无线电组织联合在一起，有计划地在世界各地建立了一些信标台，这些信标台24小时连续工作，以固定的频率、固定的方式、固定的内容和固定的周期，每3分钟发信一次。发信开始，以每分钟22个单词（WPM）的速度，用等幅电报的方式发出本台呼号，紧接着的是4个各持续1秒的等幅信号，每个信号的发射功率依次为100W、10W、1W、0.1W。表5-1列出的是世界各地主要信标台的位置及每逢正点在各频段上开始发信的时间（分：秒）。

表5-1　世界各地主要信标台情况

呼号	所在地	频率/MHz					管理者（协会）
		14.100	18.110	21.150	24.930	28.200	
4U1UN	美国	00：00	00：10	00：20	00：30	00：40	UNRC
VE8AT	加拿大	00：10	00：20	00：30	00：40	00：50	RAC/NARC
W6WX	美国	00：20	00：30	00：40	00：50	01：00	NCDXF
KH6WO	夏威夷	00：30	OFF	00：50	OFF	01：10	NOARG/HARC
ZL6B	新西兰	00：40	00：50	01：00	01：10	01：20	NZART
VK6RBP	澳大利亚	00：50	01：10	01：20	01：30	01：40	WIA
JA21GY	日本	01：00	01：10	01：20	01：30	01：40	JARL
RR9O	俄罗斯	01：10	01：20	01：30	01：40	01：50	SRR
VR2B	中国香港	01：20	01：30	01：40	01：50	02：00	HARTS
4S7B	斯里兰卡	01：30	01：40	01：50	02：00	02：10	RSSL
ZS6DN	南非	01：40	01：50	02：00	02：10	02：20	ZS6DN

续表

呼号	所在地	频率/MHz					管理者（协会）
		14.100	18.110	21.150	24.930	28.200	
5Z4B	肯尼亚	01：50	02：00	02：10	02：20	02：30	ARSK
4X6TU	以色列	02：00	02：10	02：20	02：30	02：40	IARC
OH2B	芬兰	02：10	02：20	02：30	02：40	02：50	SRAL
CS3B	MADEIRA岛	02：20	02：30	02：40	02：50	00：00	ARRM
LU4AA	阿根廷	02：30	02：40	02：50	00：00	00：10	RCA
OA4B	秘鲁	02：40	02：50	00：00	00：10	00：20	RCP
YV5B	委内瑞拉	02：50	00：00	00：10	00：20	00：30	RCV

由于设备等，个别信标台也可能会工作不正常。你可以把监听报告发到DX Summit网站。关于信标台的最新情况，也可登录美国北加利福尼亚DX基金会网站了解。

第 6 章　业余短波天线

业余无线电通信常用的设备包括天线、收发信机、数据通信用的辅助设备（如计算机、调制解调器及终端节点控制器）、调试测量用的仪器仪表等许多方面。天线则是爱好者们施展才能的一个广阔天地。无数爱好者凭着自己的聪明才智和执着追求，创造了许多性能优良的天线，促进了这一技术的进步和发展。虽然在日本、美国等发达国家，专用的业余通信器材已形成了相当发达的市场，工厂生产的业余无线电通信设备可以和世界最先进的科技产品相媲美，各种天线产品也几乎是尽善尽美，但是通过自己的实践不断地创造仍然是爱好者们孜孜以求的目标。在我国，业余无线电通信还刚刚起步，发扬“自力更生”的精神有着更加重要的意义。

不论用什么样的收发信设备，天线都是必不可少的，而且自己动手架设天线更是爱好者们必做的功课，现在就让我们从天线开始“自己动手”吧!

6.1　天线

6.1.1　天线的主要特征

1．天线也是一个谐振回路

在电工学中我们已经知道了电容和电感元件可以组成谐振回路。其中串联谐振回路有以下特点：谐振时回路阻抗最小，且为纯电阻；电路中电流最大，并与电源电压同相。

实际应用的天线，其导体本身就具有一定的电感量，它和大地间又存在着电容。对于收发信机，整个天线系统就像一个LC串联回路。构成天线的导体的几何尺寸、天线与周围物体以及与大地之间的距离等因素影响着它的电感、电容参数。收信天线对某一频率谐振时，这个频率的电磁波能使天线产生较大的感应电流而使接收机能从众多的信号中很容易就“发现”它；发信天线对某一频率谐振时，发射机能使天线中的电流达到最大，当然信号也就能最有效地发射出去。和LC谐振回路一样，当天线发生谐振时，它等效为一个纯电阻。这个电阻包含了天线的辐射电阻和损耗电阻两个部分。我们根据欧姆定律可以推断，当电流一定的时候，辐射电阻越大，发射效率越高。辐射电阻的大小取决于天线的结构形式。损耗电阻是有害的，在实际制作中我们选择导电性能好、表面积尽可能大的材料制作天线，以求得到最小的损耗电阻。谐振时天线的电阻也就是天线的特性阻抗，这是使用天线时必须了解的一个重要参数。

众所周知，用以表征谐振回路特征的“幅度—频率”特性曲线形状有陡、缓之分，有的回路频率响应范围宽，有的则反之。天线也有同样的特征，有的天线可用于比较宽的一个频段，有的则不行。业余无线电通信使用的频率虽然包括了相当宽的范围，但就每个波段而言都是很窄的，所以业余无线电通信使用的天线大多选用频带窄而效率高的天线。许多淘汰的军用通信机中配用的天线，如44m、22m双极式天线等，都不能谐振在业余波段上，对发射功率不大的业余无线电通信来说效果并不好。

我们都有这样的经验：如果LC回路谐振频率不合要求，可以用改变电感或电容数值的办法进行调试。天线也一样，当天线谐振频率不对时，可以调整它的尺寸。如果无法调整尺寸，也可以给天线回路串联或者并联电感电容，这就是“天线调谐”。不过应该知道，这种办法虽然可以使整个回路总体上达到谐振，但天线的效果却并不见得好。可以设想，如果我们继续加大附加的电感电容比例，缩小天线部分，最后不就成了一个名副其实的LC回路了吗？这时的“辐射电阻”极小，能量只能在回路内交换吞吐，并不能被发射出去。

2. 天线有方向性

不同的天线，对来自不同方向信号的接收能力和向各个方向发射信号的能力是不一样的。也就是说，各种天线都有其特有的方向特性。把一副天线在水平方向360°范围内的接收或发射能力用曲线在极坐标上描绘出来，可以得到这个天线的水平方向图［见图6-1（a)］。如果把天线在垂直方向各角度上的接收或发射能力用曲线描绘出来，则可以得到这个天线的垂直方向图［见图6-1（b)］，其中主瓣中线与地面之间的夹角（α）称为发射仰角，这个角度越小，电波经电离层反射传播的距离越远。如果要架设天线，你必须了解所架天线的方向特性，根据通信对象的位置正确地选择运用。本书提供了一个计算通信对象方位角和大圆距离的BASIC程序（见附录10），你只需要输入自己和对方的经纬度即可得到正确的方位角和大圆距离。

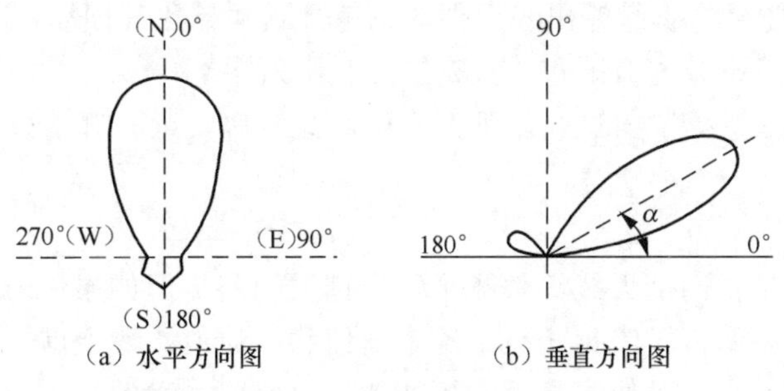

（a）水平方向图　（b）垂直方向图

图 6-1　天线方向图

3. 阻抗匹配才能安全有效地工作

收信机的输入电路或发信机的输出电路有着各自特定的内阻，即输入阻抗和输出阻抗。不同的天线有着各自不同的阻抗。连接收发信机和天线的电缆也有着特定的阻抗。当天线通过连接电缆与收发信机相连时，天线和电缆之间、收发信机和电缆之间都必须具有相同的阻抗。这是为什么呢？从功率角度讲，只有在负载的阻抗和信号源内阻相同时负载才能得到最大功率。我们可以通过以下的数学推导来理解这一概念。

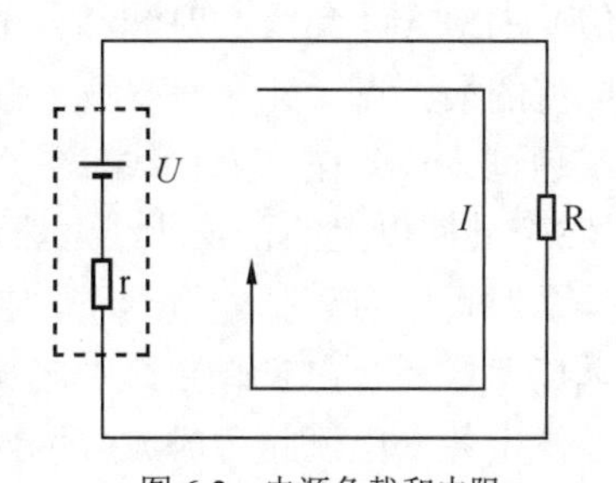

图 6-2　电源负载和内阻

当一个电源外接一个负载R时，电流I便流过R和电源的内电阻r（见图6-2)。

这时负载上得到的功率$P_L=I^2R$，即

$$P_L=RI^2=R\frac{(U)^2}{(R+r)^2}$$

$$=\frac{RU^2}{(R+r)^2}=\frac{RU^2}{R^2+2Rr+r^2}$$

为分析方便，我们在分母中加入（$+2Rr-2Rr$），并将原式中的$+2Rr$和加入的$+2Rr$合并，就得到了式（6-1）。

$$\frac{RU^2}{R^2+2Rr+r^2}=\frac{RU^2}{(R-r)^2+4Rr} \tag{6-1}$$

从式（6-1）中不难看出，当电源内阻r一定时，只有负载电阻R等于电源内阻r时，负载上的功率P_L才能最大。

同理，当收信机及连接电缆和天线阻抗相配时才能从天线上获得最大信号功率；当发信机及连接电缆和天线阻抗一样时天线才能从发射电路中取得最大功率。

从能量转换的角度讲，我们还可以知道如果阻抗不匹配是很危险的。发信机电路的输出功率是一定的，当负载（天线及连接电缆）与之匹配时，负载获得了电路输出的全部功率，并转换成电磁波形式的能量发射出去。但如果负载和发射电路不匹配，天线并不能从发射电路中得到其全部功率。根据能量守恒定律可知，这部分从发信机电路送出来的、没有被天线吸收的能量不会自行消失。实际情况是，这一部分能量将消耗在发射机的输出级上，并转换成热能。这种额外的能量将引起输出级元件的迅速升温并导致其损坏，造成不可挽回的损失。对收信机天线来说情况不会这么严重，只是影响收听效果。

所以，如果我们在进行发射试验，千万不可对此麻痹大意，哪怕只是“一会儿”。

4．天线系统的驻波比

在以上的分析中，我们把天线等效成了一个谐振回路。但如果进一步观察，情况就更为有趣。假如去测量半波偶极天线每一点上的电压值和电流值，我们就会发现，天线上电压值或电流值的最大点和最小点的位置是固定不变的。电压值最大的点上电流值最小，用欧姆定律计算，该点呈现非常高的电阻，好像是开路的（电流值为零）；在电流值最大的点上电压值却为最小，好像这里是短路点，这种现象被称为“驻波”，似乎电波在线上是“安营驻扎”不移动的。形成驻波的原因是，高频电波在导体中向前行进，当遇到导体中的不连续点时，它会被反射回来向相反方向移动，形成反射波。如果反射点正好处于电波周期1/4（或1/4的奇数倍）的地方，那么反射波和入射波的相位恰好一样，它们相互叠加，使导体中出现了电压或电流的最大点（又称为波腹）和最小点（又称为波谷）。在这种情况下，导线由于其长度接近或超过波长，被称为长线。你可以试做一下进行简单观察：在一张薄纸上比较准确地描绘连续3个周期以上的正弦曲线，然后在X轴上曲线周期1/4的奇数倍处画一条垂线，并把纸沿这条垂线对折。对着亮处看一下，被折回去的曲线是不是正好和前面的重合（见图6-3）。当然实际情况要复杂得多：导体中电压和电流同时存在，电流返回时的流向和入射电流相反，因而导体中各点电流的合成波应为两者之差，等等。但实践和理论推导都可以证明，对于终端是开路的长线，合成电压或电流的分布情况如图6-4所示；对于终端是短路的长线，合成电压或

电流的分布情况如图6-5所示。

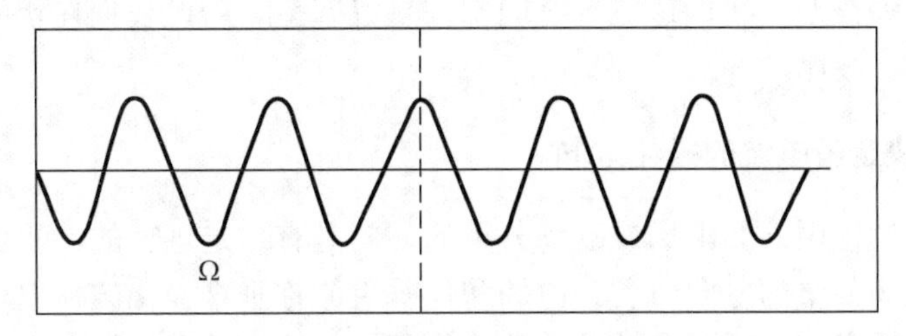

图 6-3　反射波和入射波合成示意

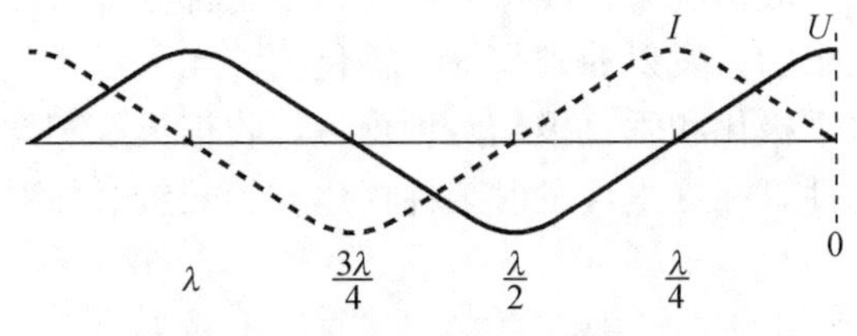

图 6-4　终端开路长线上的驻波

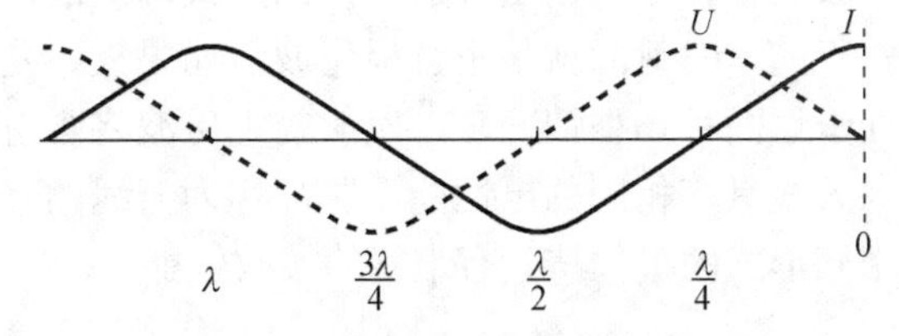

图 6-5　终端短路长线上的驻波

根据以上特性可知，当天线的长度为 λ/2时，其电流和电压的分布情况如图6-6所示。天线的中点处于电流波腹和电压波谷，这个的阻抗就等于电压和电流的比值，也就是说，这个点上有着相对固定的阻抗。把馈电点选在这里，便于和馈线实现阻抗匹配。

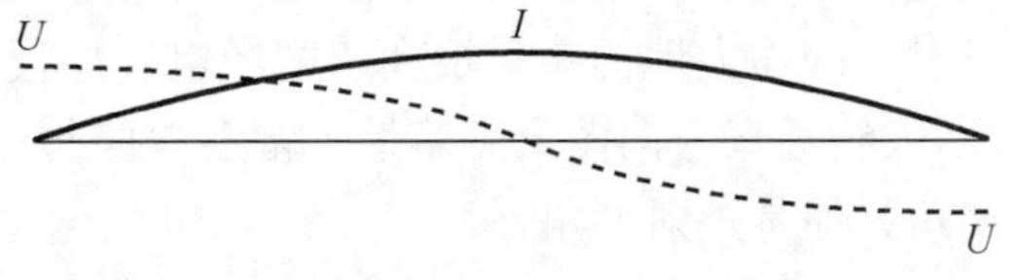

图 6-6　半波天线上电压和电流的分布

对发射机或连接电缆而言，这时天线就等效于一个纯电阻。天线的两端，则是电压的腹点，辐射电阻和损耗电阻正好吸收了全部功率。这种情况和前面从谐振和阻抗匹配的角度所进行的分析正好一样。

如果天线的长度不是如上所说，那么从导体端点反射回来的电流（或电压）和原来的就不可能保持一致的相位，整个天线上也就找不到“短路点”或是“开路点”了。这时在馈电点上的阻抗变化很大，难以和负载（馈线或发射机）保持匹配。这样，必然造成电波反射，从天线返回的电波又加到了发射机的输出级上，对输出级造成危害——电流太大可能使功放管烧坏，电压太高则可能使功放管击穿。

为了表征和测量天线系统中的驻波特性，也就是天线中正向波和反射波的情况，人们建立了“驻波比”（SWR）这一概念。

$$SWR=\frac{R}{r}=\frac{1+K}{1-K} \tag{6-2}$$

$$\text{反射系数}K=\frac{R-r}{R+r}\quad（K\text{为负值时表明相位相反）}$$

$$\text{反射回来的功率系数}=K^2$$

式中，R和r分别是输出阻抗和负载阻抗。当两个阻抗数值一样，即达到完全匹配时，反射系数K等于零，驻波比为1。这是一种理想状态，实际上总存在着反射，所以驻波比总是大于1的。如果你再进一步计算还能发现，当SWR等于1.5时，反射系数K等于0.2，即有4%的功率是要被反射回来的；当SWR等于3，K就达到了0.5，反射功率则达到了25%。所以在实际应用中应努力使*SWR*小于1.5。*SWR*的测量可以利用专门的驻波表进行。要强调的是，对发射机来讲，它的负载是馈线及天线，这三者之间都需良好匹配。所以我们在实际中关心的是整个天线系统所呈现的驻波比。

5．发射天线决定着电波的极化方向

电磁波在传播过程中，其电场或磁场分量的方向是有一定规律的，我们称之为电磁波的极化方向，并以电场分量的方向命名。电场和地垂直的称垂直极化波，电场和地平行的称水平极化波。如果电场方向是不断旋转的，就称为圆极化波，并有左旋、右旋极化波之分。电磁波的极化方向是由发射天线的形式确定的。在一般情况下，线状天线有效发射部分如果是垂直的，发射的就是垂直极化波，如果天线是水平的，发射的则是水平极化波。当天线不是处于这两种典型情况时，发射的电磁波将含有水平极化和垂直极化两种分量。收信天线和发信天线具有相同的电性能，这被称为天线的互易性。在这里，发射某种极化波的天线必然对相同形式的极化波具有最好的接收性能。

6．天线的发射仰角

在进行远距离通信时，电波被高空的电离层反射。如果波束与大地的夹角小，则与电离层的夹角也小，电波被反射到地面时跨越的距离就远，即传播距离远；相反，如果波束向上发射，即与大地的夹角很大，则经电离层反射后传播距离就近。这个电波波束与大地的夹角（即天线垂直方向图上主瓣最大辐射方向与地的夹角）便是发射仰角。

发射仰角的大小与天线的形式、天线的架设高度等因素有关。水平对称振子发射仰角和架设高度的关系如图6-7所示，其中高度用架设高度与波长的比值表示。从图6-7可知，天线架设高度越高，其发射仰角越小，但超过一定值后变化越来越小。当天线架设高度比较低时，地面的反射使天线具有较大仰角的波束。

在实际通信中，我们要根据联络对象的距离选择适当的架设高度。如果希望进行近距离联络，比如与省内HAM通信，那么除选用适当频率外，天线的架设高度不要太高，以便利用较大的发射仰角克服“越距现象”。

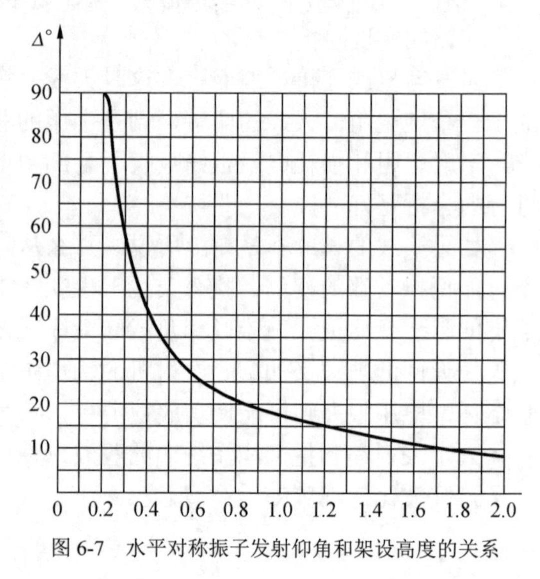

图 6-7　水平对称振子发射仰角和架设高度的关系

6.1.2　常用天线

1．水平半波偶极（Dipole）天线及其变形

用两根长度相等、总长度约为半波长的直导体水平架设起来的半波偶极天线（见图6-8）是最简单、最基本的一种天线。这种天线及其变形有着相似的特性，如输入阻抗为50～75Ω（与天线导体的直径和离地高度有关，导体粗、离地低则输入阻抗低）；天线总长度都是大概

等于中心频率半波长的95%；水平面方向图基本上是以天线为对称轴、馈电点为切点的两个圆（即具有“8”字形方向图，见图6-9）。这种天线发射的是水平极化波，而水平极化波电场分量受地的吸收影响较大，不适于用作近距离通信。但这种天线发射仰角低，用于天波传播好，是远距离通信的常用天线。

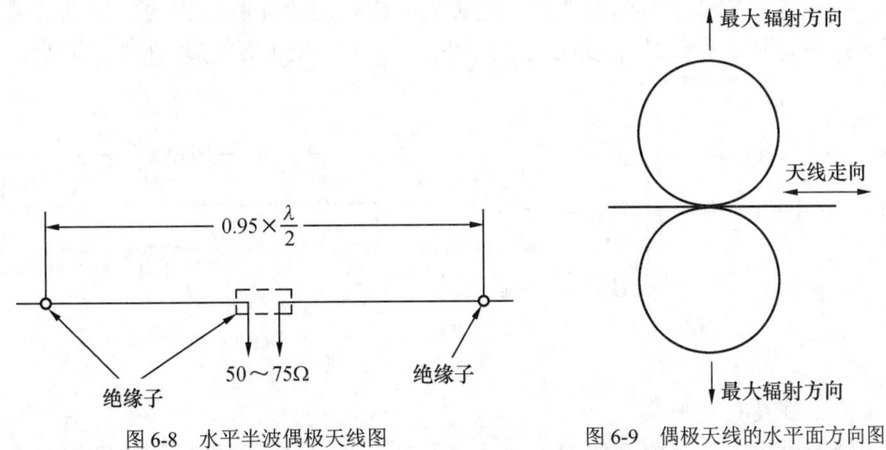

图 6-8　水平半波偶极天线图

图 6-9　偶极天线的水平面方向图

各种偶极天线的变形如图6-10～图6-14所示。这些天线都可以用普通的铜导线制作。一般来说，选用表面积大、较粗的多股铜线比较好。导线中间如有接头，应该接牢焊好。天线的拉绳应选用不导电的材料，如果只有铁丝这样的导体材料，一定要用绝缘材料把天线和铁丝隔开，最好用绝缘材料把铁丝分割成互不导电的几段。每种天线的基本长度都是半波长的95%，但环境等因素引起的影响，我们必须根据实际情况进行调试。所以在制作时一般应先把导线略放长一点，在调试中根据谐振情况逐渐减短。其中，图6-13所示的多频段倒“V”天线是爱好者使用较多的一种天线。架设这种天线的时候应使每一频段的两根导线保持成一直线，不同频段天线之间的角度则要根据场地及通信方向的需要来确定。调试应从低波段开始，逐个进行。

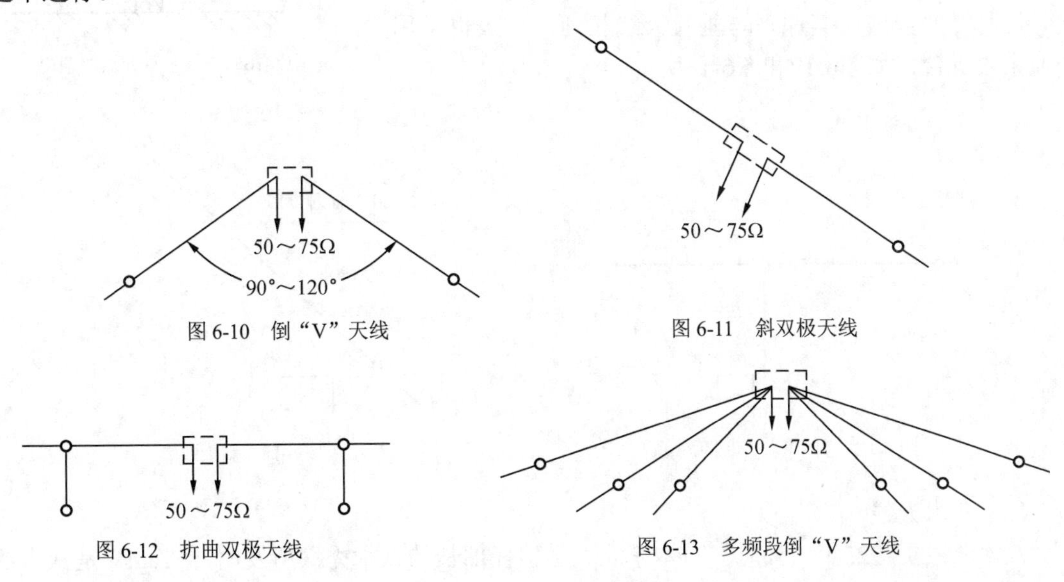

图 6-10　倒“V”天线

图 6-11　斜双极天线

图 6-12　折曲双极天线

图 6-13　多频段倒“V”天线

2. 其他形式的天线

（1）偏馈半波天线

偏馈半波天线又被称为温顿天线（见图6-15）。这种天线多半用一根单导线做成，馈线也是单导线，接在偏离中心点14%的地方。这种天线被普遍用作收信天线，但也有用它作发射天线。有爱好者曾把这种天线架设在三楼的阳台上，用QRP电台成功地进行了北京和欧洲之间的CW联络。

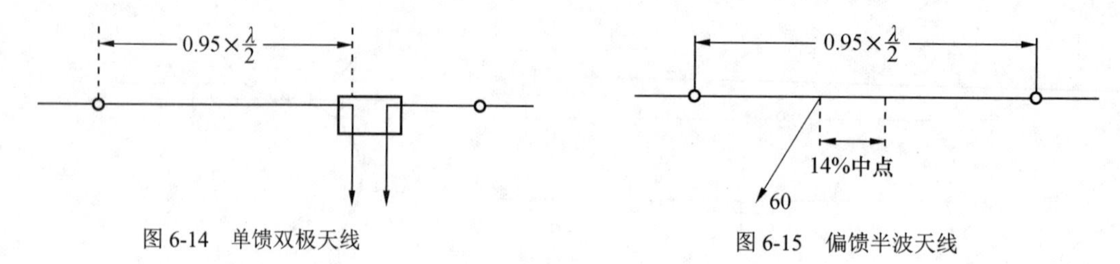

图 6-14　单馈双极天线　　图 6-15　偏馈半波天线

（2）垂直天线及其变形

垂直天线的馈电方法是将馈线的内导体与天线底端相接，将馈线的外导体与地网相接。它的水平面方向是一个圆，即在各个方向上接收或发射电波的能力都相同。这种天线很适合全向接收。由于这种天线只是独立的一根，架设比较容易，所以常被应用在移动通信中。

在低波段，爱好者还利用高耸的天线塔架作为天线的一部分使用。图6-16所示的就是一位日本爱好者在160m波段使用的“塔架垂直天线”的馈电方法。

在频率较低的波段上使用垂直天线，架设高度容易受限制。为能降低高度，可以在天线的馈电端加接电感和电容，这种方法最常见于手持机的拉杆天线。

还有一些天线，其原理与垂直天线相同，一般也常用于业余收听台，如图6-17和图6-18所示。

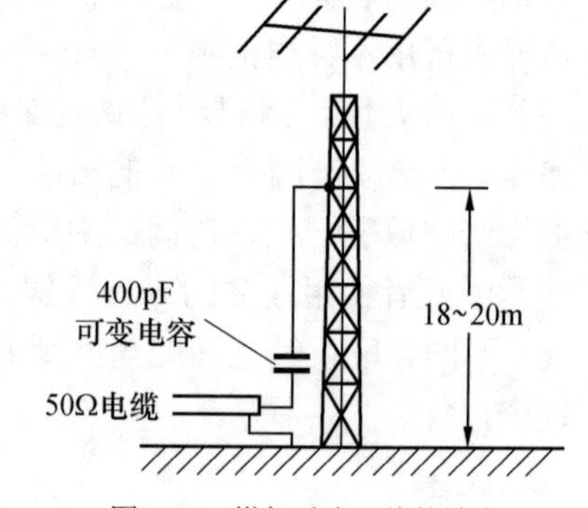

图 6-16　塔架垂直天线的馈电

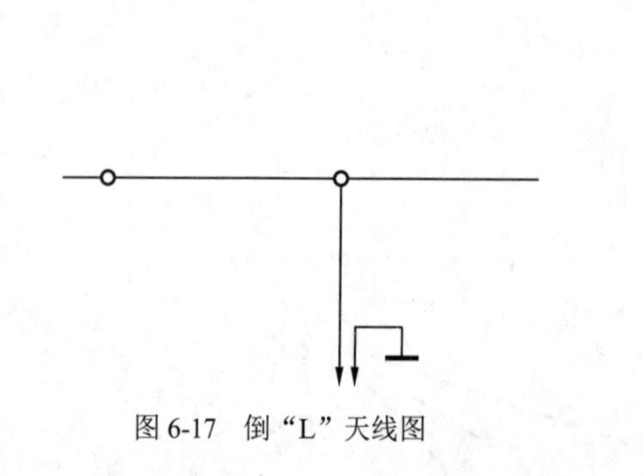

图 6-17　倒“L”天线图

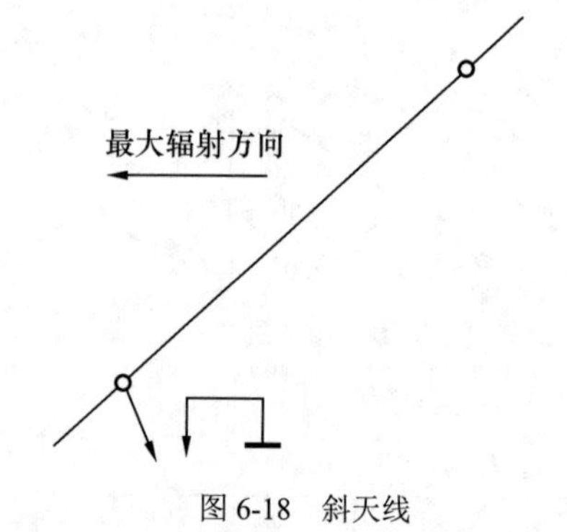

图 6-18　斜天线

（3）八木天线

八木天线于1925年由当时在日本东北大学担任部长的八木秀次所发明，“Yagi”是八木的英文拼写。率先将这种天线运用于军用雷达并用它创造赫赫战功的则是美国人。掌握先机的美军舰载轰炸机搭载了使用八木天线的超短波雷达，在1942年6月中途岛战役中重创日本海军。

八木天线的尺寸如图6-19所示。这种天线有较强的方向性，且引向器越多，方向性越强，增益也就越高。由于八木天线的方向性强，所以它一般要和天线旋转器配合使用，以便随时转动天线，将方向对准自己的联络对象。中国（以北京为中心）对世界部分主要城市或国家的方位角和大圆距离可用BASIC程序进行计算。如你的位置不在北京，又想要联络对象精确的方位角，则可用附录10的BASIC程序进行计算。

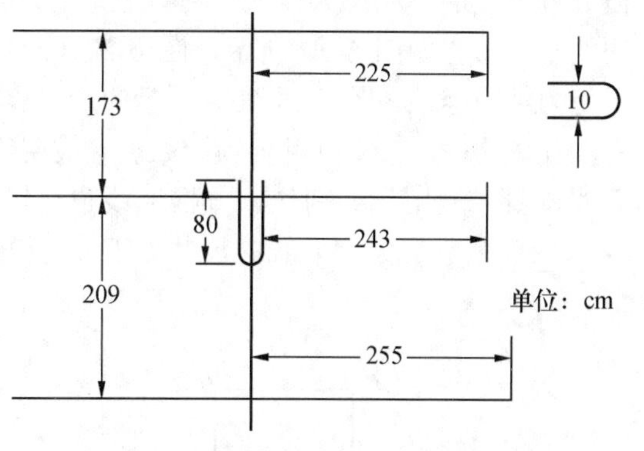

图6-19 10m波段3单元八木天线的尺寸

八木天线通常可以在多个业余波段工作。这种天线在每根振子上都串接着若干线圈。每一对线圈都对应一个工作波段。在这个波段上工作，该对线圈及其分布电容就处于并联谐振状态，呈现高阻抗，线圈外侧的那段振子就不起作用。不工作在这个波段时，线圈不谐振，相当于一个小电感。这样，由工作频率来调整振子的电气长度，使整副天线可很好地工作在几个不同的业余波段上。

八木天线的制作材料用的是铝合金管，并设计成中间粗两端细，以尽量避免每根振子因自重而两端下垂。线圈用粗漆包线或铝线绕制在尼龙棒上，尼龙棒两头紧插在振子铝合金管内。为保护线圈以及得到一定的分布电容，线圈罩有金属外壳，外壳的一端和振子用电气连接；另一端用绝缘体支撑。馈电的这根振子叫作有源振子，它和大梁间是绝缘的，其他振子则是相通的。这是因为每一根振子长度都是半波长，它们的中点都是“短路点”，即都是电压为零的点，所以在这些点上接地不影响天线的电气性能。

自制八木天线的调试是一件很细致的工作。每根振子的长度、振子之间的距离都会影响天线的阻抗或是谐振状态，所以还必须经过阻抗变换才能和馈线匹配。最简单实用的阻抗变换方法是“发夹式匹配”，即在馈电处并接一根“U”形导体，U形导体的长度可经实际测试确定。

图6-19给出的是一个10m波段的3单元八木天线的尺寸。最好选用圆形铝合金管，也可以试用市售装潢用的其他形状的铝材。笔者曾用25mm×25mm的方形铝合金管做梁和加强振子的中间部分，用多根不同长度的10mm×10mm槽形及“L”形铝合金条铆合起来做振子（端部一层，中间3层，逐渐加粗），用普通铜线做U形匹配器，用一般的塑料水管做有源振子的绝缘套管，用铁皮和自制的“U”形螺杆把这些部分固定在一起，制成了一副图6-19所示尺寸的天线。经多年使用，效果很好。其中U形匹配器用绝缘物支撑使其与天线之间保持10cm的距离。U形匹配器和有源振子的两个馈电端接在一起，U形匹配器长度要经调试确定。50Ω同轴电缆通过阻抗比为1∶1的平衡不平衡转换器（Balun）接到天线的馈电端。

八木天线的调整可以通过发射机和馈线之间接入的驻波表（参见本书第7章有关部分）进行。首先在小功率状态下记下整个工作波段范围内天线的驻波情况，（可以0.1MHz为间隔取值）找到驻波最小点。正常情况下应该有驻波小于2的频点。然后根据该频点的高低调整有源振子的长度，过短会使谐振频率变高，加长则谐振点变低，变化量以0.5cm为限逐渐调整。

U形匹配器的长度影响着整个天线的阻抗，适当调整它的长度，使天线在整个10m波段的驻波都小于1.5。不可忽略大地对调试结果的影响。每次测量都应把天线升到数米以上的高度进行。这种调整过程也适用于其他天线的调试。

（4）方框天线

这也是一种效果良好的远距离通信天线。方框天线的效果要优于具有相同单元数的八木天线。但方框天线的体积更为庞大，所以它对材料要求更高，否则很难有抵御强风的能力。方框天线的基本形态如图 6-20 所示。图 6-20（a）所示的反射器有一段匹配线，调整它可以使反射器呈阻性或容性。图 6-20（b）所示的反射器尺寸是固定的。这两种天线相较于偶极天线都具有 7.3dB 的增益，输出阻抗为 70Ω。天线用绝缘材料支撑，国外爱好者常用玻璃纤维管制作。天线本身一般用导线制作。方框天线也可以架设成其一对角线和地平行的“钻石状”，如图 6-20（c）所示。方框天线的尺寸如表 6-1 和表 6-2 所示。

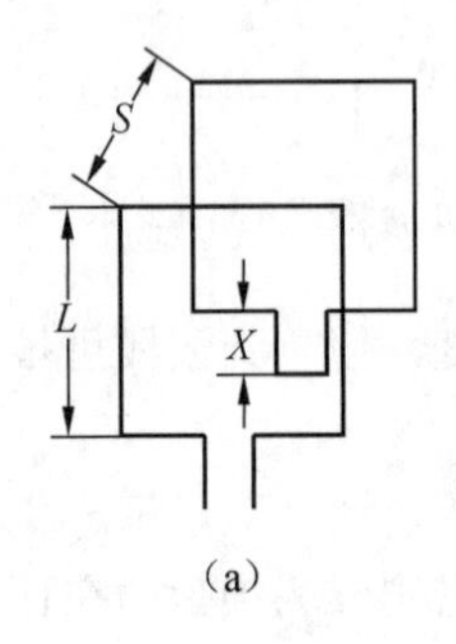

（a）

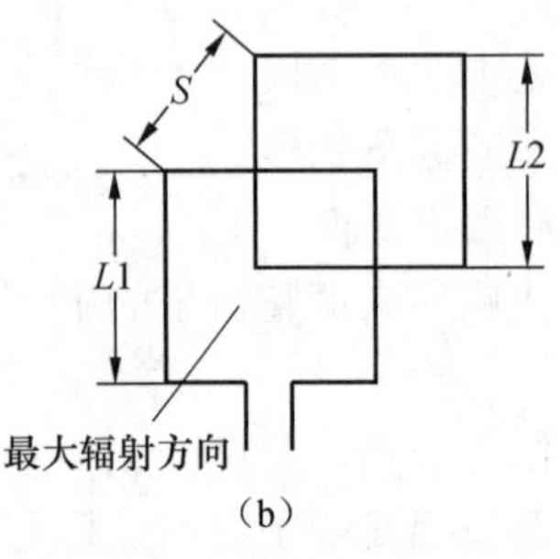

（b）

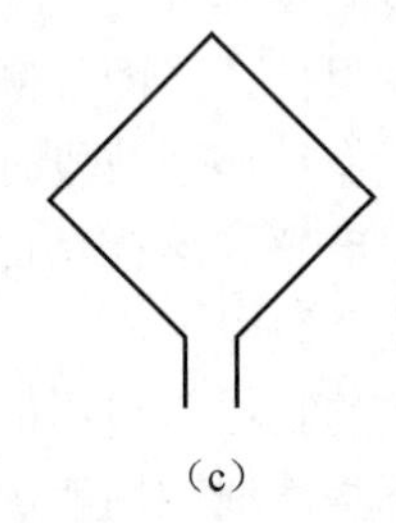
（c）

图 6-20　方框天线的基本形态

表6-1　　图6-20（a）天线尺寸

波段/m	边长 $L=\frac{7559}{f}$	间距 $S=\frac{3597}{f}$	反射匹配线长 X
40	1072.7	567.4	167.6～195.6
20	533.4	256.5	86.4～96.5
15	353.1	170.2	48.3～55.9
10	261.5	127	38.1～43.2

表6-2　　图6-20（b）天线尺寸

波段/m	边长 L1 $L1=\frac{7620}{f}$	边长 L2 $L2=\frac{7684}{f}$	间距 $S=\frac{3597}{f}$
40	1080.9	1115.5	567.4
20	538.5	553.7	256.5
15	355.6	373.4	170.2
10	264.1	276.9	127

注：表中f 的单位为MHz，参考尺寸除注明外单位为cm，表中给出的S值是经实际调试后得出的，相较于公式计算值有微小变化。

6.1.3　天线的安全架设

1．架设时的安全

天线越高，通信的效果就越好。但如何能把天线架到离地面几米甚至几十米的高度，并非一件容易的事。如果你的天线是一副庞大的八木天线或方框天线，架设难度就更大了。应该制定详细的施工方案，并邀请有经验的“火腿”进行现场指导。

架设现场附近应该没有其他电线，尤其是高压电力线。曾有在架设天线时人员误触高压线酿成不幸事件的报道，这是爱好者要绝对避免的。

应尽可能减少人员登高，一切准备工作应在地面完成。对于需常调试的天线，建议在立杆的顶端加装滑轮。在架设八木天线时也要充分利用滑轮。笔者所在的电台，过去架设一副可工作在40m、20m、15m波段的大型5单元八木天线要动用近10名人员，如果利用动滑轮组，一位“YL”（女爱好者）就可以把它拉到塔架的顶端。

进行必要的登高时，人员一定要采取安全措施。要使用安全带、保险绳，并有一个以上的人员在现场协助。对于登高的必经之路要事先勘察了解，对于一些不能承重的地方，如石棉瓦、玻璃钢瓦搭的棚子等，应禁止踩踏，严防发生人员坠落事故。

2．天线的避雷及地线的埋设

雷雨季节，当天空中的云层积累了大量电荷，形成极高的电势时，高耸的导体就会成为其泄放电能的通道，这时就形成了危险的雷击。避雷针或避雷网的原理是，当空中电荷开始积聚但尚未形成闪电时，这些接地良好的避雷装置通过感应就把电荷逐渐泄放掉。这些避雷装置用于防患于未然。利用架设天线的立杆兼避雷针是可以的，但避雷针接地要可靠，接地线要足够粗，否则避雷会变成引雷，十分有害。避雷针对周围的保护是有限的，其范围在以避雷针为顶，锥角成90°的圆锥区内，如图6-21所示。

其他常用的避雷措施有：在雷电到来之前将天线可靠接地；在天线和地线之间加装间隙放电避雷器或其他避雷器件等。根据实际观察，八木天线因为其塔架及所有振子、主梁都可以做到可靠接地，所以天线本身就有泄放静电荷的作用，只要电缆及主机接地良好，一般可不另外采取措施。双极天线本身不接地，在雷电时把天线从主机上旋下来有可能使人员受到电击，所以应提前将其接地。

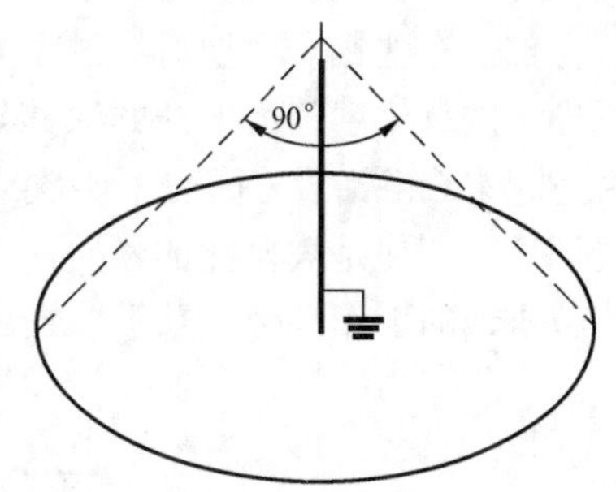

图 6-21　避雷针的保护范围

从上面的叙述可以看到，一个良好的地线对安全是很重要的。不仅如此，好的地线对改善通信效果也是非常必要的。地线的接地体可以用直径8mm以上的圆钢垂直打入地面或用5mm×50mm×50mm的角钢以及类似材料水平埋入地下，它们的地下部分长度应不小于2.5m。为使接地体和大地间接触良好，还应在其周围的土壤中加入食盐、炭粉等。我国南方许多地方是多雷区，尤其是农村山区，爱好者对此切不可掉以轻心。对于城市里的爱好者，千万不要把煤气管道、自来水管道当成地线。

3．天线的防风

从日本等许多沿海国家看，每次台风经过，都有不少业余电台的天线遭到破坏，我国业余界也有过这样的报道。如果天线塔架倒伏，不仅危及周围的房屋设施，更是严重威胁周围人员的安全。大自然的威力是强大的，对此我们要有足够的认识。

有效的防风措施主要有以下3个方面。

首先是架设牢靠。业余天线的塔架或立杆常采用轻型材料，许多产品塔架可以放在一般的房屋顶上。这些塔架或立杆是靠斜拉的固定绳固定的。斜拉的固定绳应固定在塔架或立杆的顶部及中间、底部，与塔架垂线应有30°以上的夹角。固定绳视塔架及天线的大小可用钢丝绳、粗铁丝等材料，也有专用的尼龙绳供选择。每一层固定绳要有3～4根，之间应间隔相同的角度。每根固定绳都要用专门的紧固件“花篮螺丝”拉紧。

在台风盛行的地方，事先把天线放倒或降低也是有效的措施之一。如果在架设的时候就考虑到这一点并且设计合理，这一措施也许不会很麻烦。

还有一项重要措施就是在每年大风季节到来之前对天线进行全面加固检查。由于固定绳本身具有延伸性，经过一段时间之后本来拉紧的绳索会松弛，强风之下塔的摇摆度会增加，并有可能使一侧拉绳的受力过大而绷断，继而使天线倒伏。轻型塔架一般是用螺钉紧固组合而成，时间长了有的螺钉也会松开，如不及时采取措施，也会危及整个天线。

4．天线系统的防腐

在沿海地区以及城市空气多污染的地方，天线系统的氧化腐蚀是很严重的。一般市售的不镀锌螺杆，在南京这样的城市里，一年之内就会锈得难以拆卸；即使是镀了锌的螺杆也仍然会锈迹斑斑，如果不采取措施，会给日后的维护带来很大的麻烦。防腐措施有许多，如选用铝合金型材塔架，不锈钢材料的螺杆、螺帽和钢丝绳等，虽然造价较高，但可以保证天线较长时间的安全使用。用若干铝合金管组合起来的八木天线在安装时，应该用导电胶涂抹其接合部。有些铝合金型材经过了表面不导电氧化处理，用于组装天线振子时一定不要忘了把不导电的氧化层打磨干净并涂抹导电胶。馈电处应焊好或把紧固螺钉及接头用硅橡胶等材料密封起来。俗话说“磨刀不误砍柴工”，架设时多费点心血，使用时才有可能得心应手。不过要记住，变化是大自然的本质，天线的各部分也不可能是一成不变的。所以，架设天线不是一劳永逸的工作，必须勤于检查。

6.2 传输线

我们把发射机到天线之间的馈线称作传输线，它有着特殊的性能。工作在高频波段的导线，其长度和波长相比已成一定的倍数关系，它的分布电容和分布电感使馈线对发射机和天线都呈现一定的阻抗。如果这个阻抗是随意的，高频电流电压就会因为阻抗不匹配而在线上来回反射形成驻波。其结果是，从发射机送出去的能量一部分还没有到达天线就发射、损耗掉了，一部分却反射回到了发射机，造成发射机输出级的损坏。所以，我们一定要使用有特定阻抗特性的导线。

6.2.1　传输线基础知识

传输线由一对导线以及导线间的绝缘材料——介质组成。

传输线作为负载具有一定的阻抗，称之为传输线的特性阻抗。特性阻抗和传输线的长度无关，所以它相当于无穷长传输线上电压和电流的比值。

平行导线的特性阻抗可用式（6-3）计算。

$$Z_0 = 276\lg\frac{b}{a} \tag{6-3}$$

式中，b是两导体的中心间距；a是导体的半径。

同轴电缆的特性阻抗用式（6-4）计算。

$$Z_0 = 138\lg\frac{b}{a} \tag{6-4}$$

式中，b是外导体的内径；a是内导体的外径。

式（6-3）和式（6-4）都是以空气为介质计算的，实际还要加入介质的影响。

从以上公式可见，传输线的特性阻抗都和其本身导体的规格有关。这就要求我们在使用中不可将其当成普通电线来处理。特别是同轴传输线，它的接续都需要专门的电缆接头，否则会使其特性变坏。

市场上的扁平电缆其特性阻抗是300Ω，同轴电缆的特性阻抗多数是75Ω，而业余电台使用的大都为50Ω的同轴电缆。

传输线的选用除根据特性阻抗外，还应考虑它的损耗及所能承受的功率。

在无穷长传输线上任意点的电压与电流的比值都是一样的，这种情形人们称之为“行波”，意为电波在导线里是不断向前行进的。如果传输线两端的信号源的负载和传输线的阻抗完全一样，传输线上就没有反射波，情况就和无穷长线一样，这正是我们所希望的。但如果传输线很短，两端所接的阻抗和传输线又不匹配，情况就大不一样了。

对于长度为$\lambda/4$的短线，如果其终端是开路的，它的特性阻抗将很小。因为对终端开路线来讲，离终端$\lambda/4$的地方是电流的波腹、电压的波谷，根据欧姆定律可以知道短线的这一端呈现的阻抗很小，相当于短路。

对于长度为$\lambda/4$的短线，如果其终端是短路的，它呈现的特性阻抗和上述情况正好相反，阻抗将会很高，相当于开路。

根据驻波形成的原理，图6-22和图6-23分别画出了$\lambda/4$短线终端短路和开路时输入端的阻抗情况。

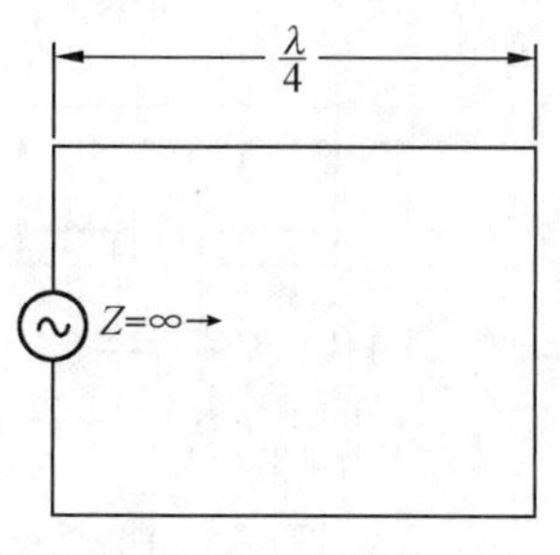

图 6-22　$\lambda/4$ 短路线

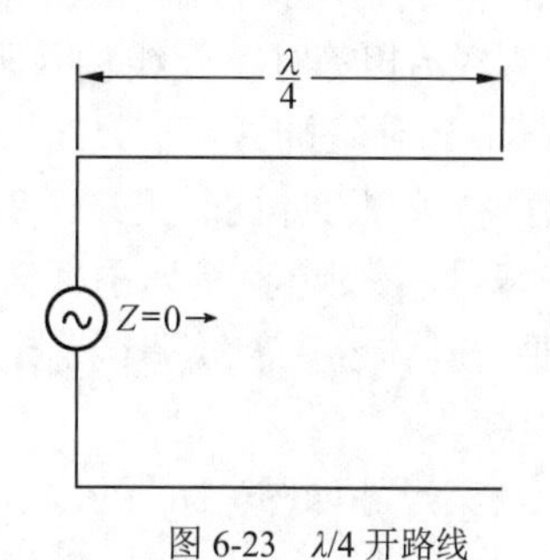

图 6-23　$\lambda/4$ 开路线

以上叙述的是终端开路或短路这两种特别情况下的阻抗。如果λ/4短线的两端分别连接阻抗为Z_1和Z_2的负载（见图6-24），短线呈现的特性阻抗可以用公式（6-5）求得。

$$Z=\sqrt{Z_1Z_2} \tag{6-5}$$

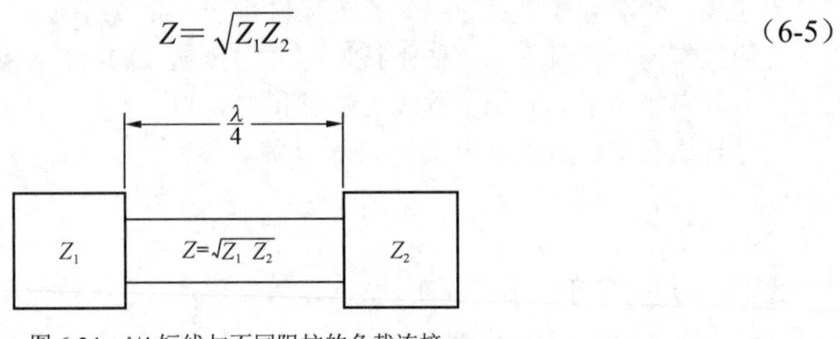

图 6-24　λ/4 短线与不同阻抗的负载连接

λ/4短线所具有的这些特性使我们有可能把它作为一个阻抗可变的器件用于阻抗匹配。根据以上特点，我们可以利用λ/4的传输线转换阻抗，实现阻抗匹配。

6.2.2　传输线和天线之间的匹配

在实际通信中，发信机和天线总是相隔一定的距离，需要用传输线连接。对传输线来说，它的终端负载就是天线。不同形式的天线具有不同的阻抗，怎样才能使两者匹配呢？请看以下这些实例。

1．λ/4匹配线与偶极天线的连接

图6-25所示的是利用λ/4短线进行匹配的两种接法。它们的最佳连接点要通过试验确定。

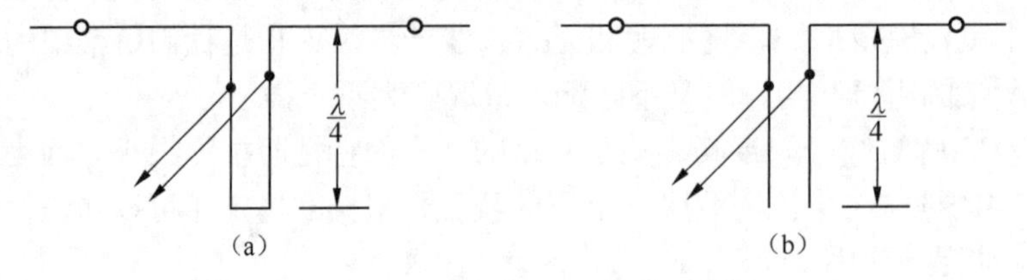

图 6-25　利用 λ/4 短线进行匹配的两种接法

2．T形匹配

T形匹配的天线半波折合振子天线的变形。当振子直径d_1和T棒直径d_2相等时，天线输入阻抗是λ/2偶极天线的4倍。当$d_1>d_2$时阻抗更高。天线振子和T棒的间距减小，阻抗增高。单根T棒的长度l在λ/8以内，越长阻抗越高。所加的两只可变电容是为了抵消增加了T棒后带来的附加电感，具体容量需经调试确定。T形匹配也适于连接平行电缆。

T形匹配及其尺寸如图6-26所示。

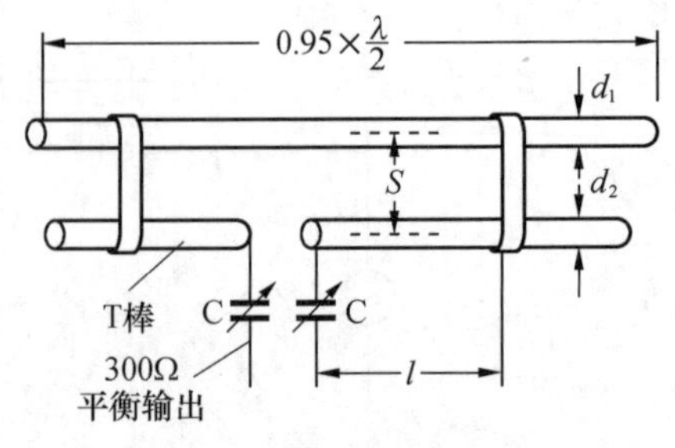

图 6-26　T 形匹配及其尺寸

3．伽马（γ）匹配

这实际上是T形匹配的半边，适合与50Ω同轴电缆连线，是一种很方便的匹配方式。其中d_1与d_2的比值越大，间距S越宽，γ棒长度l越长，则输入阻抗就越高。

伽马匹配的调整过程如下。

（1）将可变电容短路。

（2）在馈电点串入一只驻波表（驻波表要尽量靠近天线）。

（3）由发射机输入信号，并且将频率由低向高变化，同时观察驻波情况。

（4）驻波最低处即为天线实际谐振点，如果不符合要求，可以改变天线振子的长度。

（5）恢复可变电容，在发射机送入和天线谐振频率一致的信号时，调整可变电容使驻波最小，此时驻波可能还超过1.5。

（6）将伽马棒和振子间的短路线在几厘米范围内移动，然后重复上一步调整，使驻波接近1。

伽马匹配的连接方法如图6-27所示。

伽马匹配天线工作在不同波段时各部分数据如表6-3所示。

表6-3　伽马匹配天线工作在不同波段时各部分数据

波长/m	振子直径 d_1/mm	γ棒直径 d_2/mm	l/cm	S/cm	C/pF（最大）
2	15	5	10～25	5	20
6	20	5	30～40	8	30
10	20	6	50～70	10	50
15	25	10	50～80	12	100
20	30	13	80～120	15	150
40	40	15	180～250	18	300

4．欧米迦（Ω）匹配

这种匹配方法和伽马匹配很相似，调整方法也相同，改变C1相当于改变短路线的位置。其各部分数据如表6-4所示，可以看出这种匹配的长度l只有γ匹配的一半。欧米迦匹配的连接方法如图6-28所示。

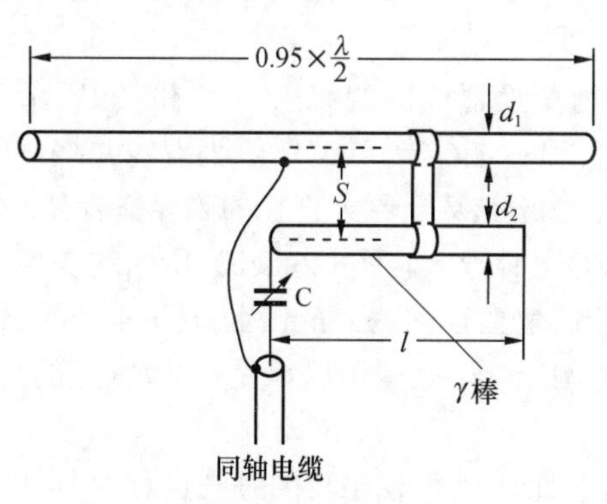

图6-27　伽马匹配的连接方法

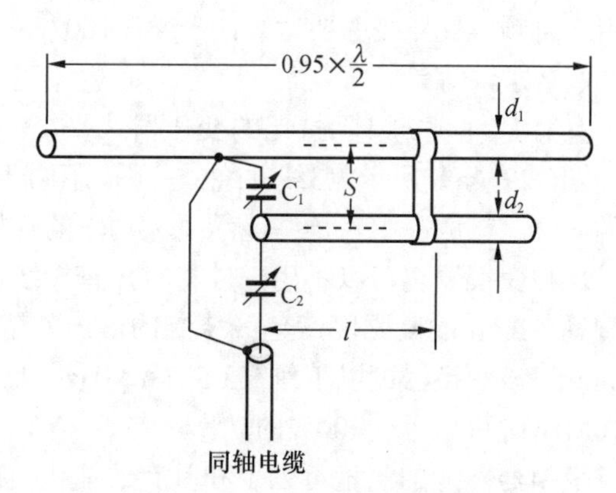

图6-28　欧米迦匹配的连接方法

表6-4　　欧米迦匹配天线工作时各部分数据

波长/m	*d*1/mm	*d* 2/mm	*l*/cm	*S*/cm	*C*1/pF	*C*2/pF
2	15	5	8.5	5	10	20
6	20	5	17	8	10	30
10	20	6	28	10	15	50
15	25	10	40	12	25	100
20	30	13	40～60	15	30	150
40	40	15	90～130	18	50	300

6.2.3　平衡-不平衡变换

对双极式天线来说，它的两个振子对地而言有着相同的参数，是“平衡”的。而现在大多数使用同轴电缆作为传输线，它的内导体馈电，外导体接地，对地而言是“不平衡”的。两者之间如果直接连接，将影响性能。所以在这种天线和馈线之间要加接平衡-不平衡变换器。

1．宽频带变压器式变换器

宽频带变压器式的变换器使用比较普遍。它也可以做成具有不同的初次级阻抗比，以便于和各种天线匹配。

单波段双极式天线和多波段双极式天线、八木天线等的阻抗是50～75Ω，虽然从阻抗匹配的观点看，它们和电缆直接相连问题不大，但直接连接时馈电同轴电缆外导电层会有电流通过。这不但影响天线方向性的对称，发射时还会使电台外壳成为发射系统的一部分，引起人体接触设备外壳时遭受高频电流烧灼并增大损耗，收信时也会因电缆垂直部分捡拾常见的垂直极化工业电磁干扰而影响效果，因此使用变换器是十分必要的。对于某些本身阻抗不是50Ω的天线，则更应采用适当变比的变换器，同时完成阻抗匹配和平衡变换的功能。

成品变压器式的平衡-不平衡转换器有的是用粗导线穿绕在磁环上制成的，也有的是用直径较大的磁棒线圈或空心线圈做成的。如果自制，应该注意以下几个问题：导线的直径和绝缘层的耐压值要和发信机的输出功率相匹配，以免烧坏或被击穿（在实际制作中常用同轴电缆绕制以求承受大功率）；磁性材料的截面积要足够大，在工作中不应出现饱和；磁性材料应能用于射频，且导磁率要适当，一般在100左右；整个转换器的防水性能要能满足长时间室外工作的要求，等等。

具有4∶1或1∶1阻抗比的变压器式平衡-不平衡变换器线圈的绕法，如图6-29所示。其中，图6-29（a）所示为3线并绕6～7圈，阻抗比为1∶1；图6-29（b）所示为双线并绕，阻抗比为4∶1。在成品中，一些能承受大功率的转换器用20mm甚至更大直径的磁棒作骨架绕制。

这种变换器也可以不用磁性材料，直接绕在PVC塑料管上。图6-29（c）所示的变换器是用直径为2mm的高强度漆包线绕制的，PVC塑料管骨架直径约为27mm（1/16inch），长约为100mm。该变换器可以工作在3.5～30MHz，且在14MHz以下范围可以承受700W以上的功率，在30MHz时可以承受400W的功率。

变换器性能的测量可以用和具有性能优良的驻波比的假负载比较的办法进行。具体方法是，先不用变换器，发信机直接与假负载相连，这时的驻波比应接近1；在发信机和假负载之间接上变换器，再看驻波比，应该没有大的变化。用这种方法在不同的波段测量，可以知道转换器的适用工作频带。

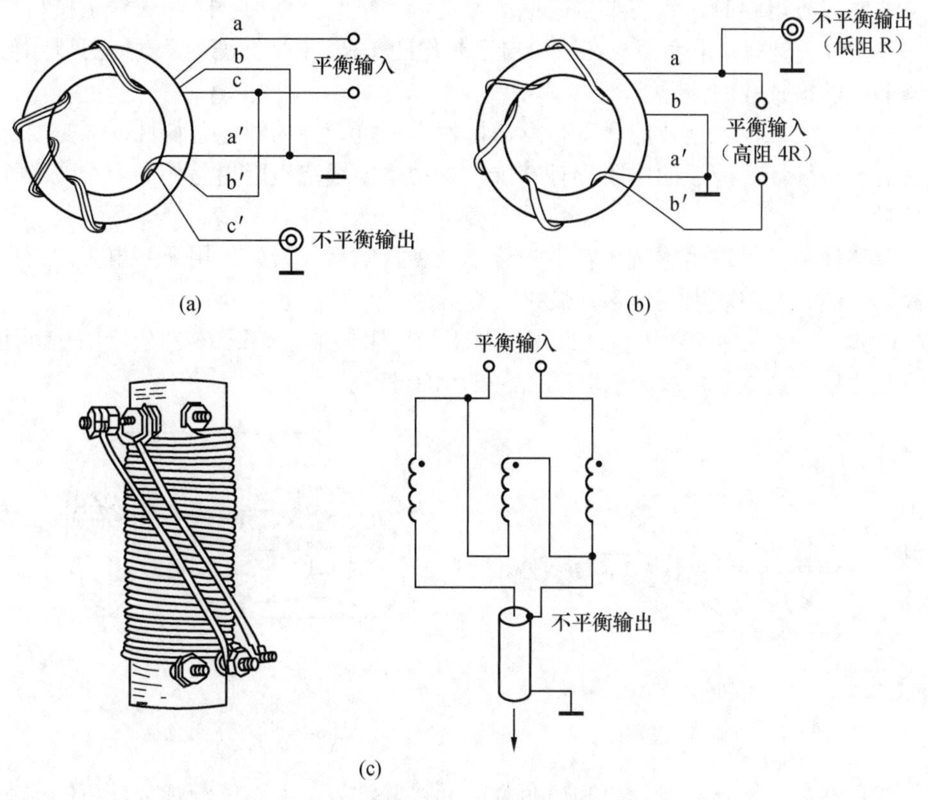

图 6-29　变压器式平衡-不平衡变换器线圈的绕法

2．利用同轴电缆进行平衡-不平衡变换

用两段长度为$\lambda/8$的同轴电缆可以完成1∶1的平衡-不平衡变换器，具体办法如图6-30所示。图6-31所示的是用一段$\lambda/4$同轴电缆完成的300Ω/75Ω 1∶1平衡-不平衡变换器。

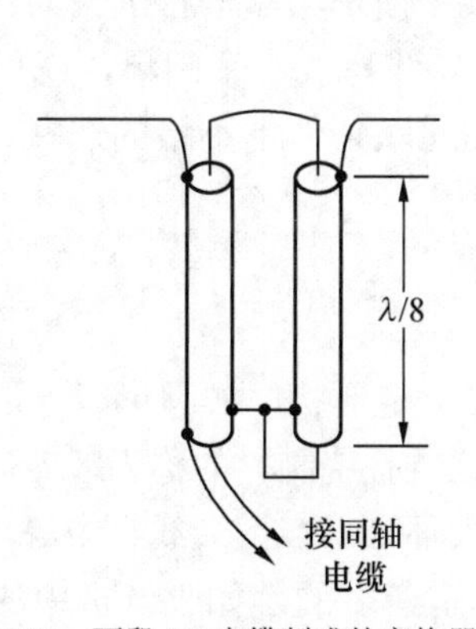

图 6-30　两段 $\lambda/8$ 电缆制成的变换器

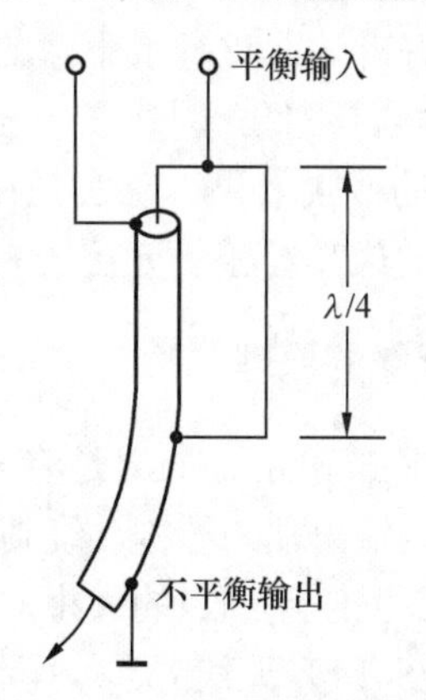

图 6-31　1∶1 平衡-不平衡变换器

把电缆空心平绕7～10圈也是一种常见的平衡-不平衡变换方法，为保证所绕的电缆线圈不散开，要用玻璃纤维板条或其他绝缘材料将其固定。

6.2.4　天线假负载

在调试发信机电路时，我们不希望把信号发射到空间，便用一个和天线阻抗特性一样的器件来代替天线，这就是假负载。在试验自己制作的平衡-不平衡变换器时，可以用假负载接在变换器上，以检查驻波情况。

对假负载的要求，一是要能呈现和发信机输出阻抗一样的纯电阻特性，二是要能承受一定的功率而不被烧坏。一般的电阻都有感抗，大功率的线绕电阻更是如同一个线圈而不能用作天线负载。

在业余条件下，可以用感抗比较小的若干金属膜电阻（最好使用无感电阻，否则影响假负载的高频性能）串并联来制作这种吸收式假负载。

图6-32所示的是在两块覆铜板之间焊接若干相同阻值的电阻；图6-33所示的是利用易拉罐做外壳的假负载。这些假负载一般可在1.5～21MHz使用。

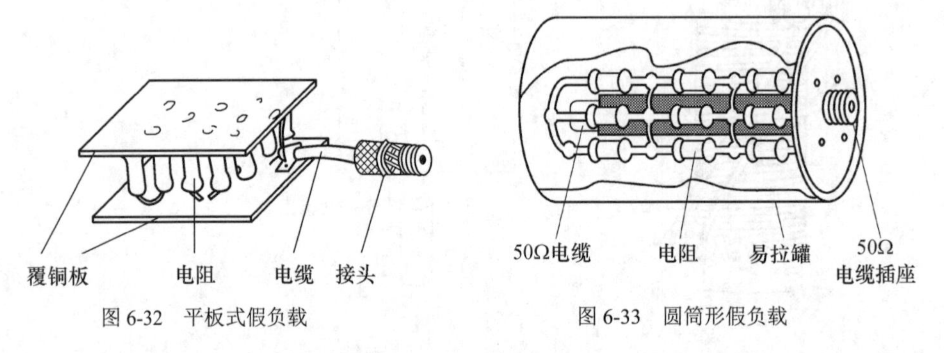

图 6-32　平板式假负载　　　　图 6-33　圆筒形假负载

做好假负载后，应该在发信机和假负载之间接驻波表，并在逐渐加大功率的情况下观测各个波段下驻波情况，以掌握其阻抗特性。

6.2.5　自制短波小环天线

对生活在城市里的HAM来讲，最大的挑战是如何能在狭窄的空间里架设起高效的短波天线。国内外爱好者为此进行了不懈的努力，“小环天线”便是大家争相试验的目标之一。小环天线体积小，增益不低，只需要一段小于$\lambda/10$长度的导线弯成一个圆环，就可能达到甚至超过全尺寸天线的接收效果，确实是在空间受限或野外通联条件下不错的选择。BA4REB李彬先生根据自己的成功经验，介绍了制作小环天线全过程。

1. 小环天线的原理

环形天线（loop antenna）是将一根金属导线绕成一定形状，如圆形、方形、三角形等，以导体两端作为输出端的结构。绕制多圈（如螺旋状或重叠绕制）的称为多圈环天线。根据环形天线的周长L相较于波长λ的大小，环形天线可分为大环（$L\geqslant\lambda$）天线、中等环（$\lambda/4\leqslant L\leqslant\lambda$）天线和小环（$L<\lambda/4$）天线3类。小环天线是实际中应用最多的，如收音机中的天线、便携式电台接收天线、无线电导航定位天线、场强计的探头天线等。大环天线主要用作定向阵列天线的单元。

小环天线又称为电流环天线，由两个共面的双电流环构成，内部的耦合环由传输线馈电，通过电感耦合激励外面的大环，当处于谐振状态时，由外面的大环辐射能量。对于小环天线，一般有如下特性：小环天线是电流环结构的窄带谐振天线，增益始终为负值，特定架设角度的小环天线具有发射仰角近似垂直的“无盲区”（NVIS）特性。小环天线是磁场天线，在特定的场合可以有比鞭状天线优越得多的收发特性。小环天线通常用于定频收发，特殊结构的小环天线也可以用于跳频通信。

通常，小环天线在接收机上的信号强度指示值“S”要比线天线偏低，这是由小环天线的负增益特性决定的，我们不要特别计较这个“S”，这并不重要，在我们需要通联时，只要能听得到、叫得着。就是好的天线。

环形天线的终端负载阻抗可以为0Ω，也可以等于环的特性阻抗，其上的电流分布和平行传输线类似。电小环上的电流近似按等幅同相分布。电大环上的电流为驻波分布，当端接负载的阻抗等于环的特性阻抗时，环上的电流为行波分布。

依据电磁辐射的二重性原理，电小环和垂直于环面放置的小电偶极天线的辐射场除电场和磁场的区别外都是类似的，即在环面的平面上方向图是圆，环轴所在平面上方向图是“8”字形，沿环轴方向的辐射为零。

环可以是空芯的或磁芯的；也可以是单匝的或多匝的。理论和实验证明，辐射场与环的面积、匝数和环上的电流成正比，与工作波长的平方和距离成反比；与环的形状关系不大。

图6-34所示的是国外爱好者制作的环形天线。

图 6-34　国外爱好者们制作的环形天线

2．制作小环天线

小环天线在很多年前就已经进入了人们的视线，中波收音机里面的磁棒天线应该是大家最熟悉的。业余无线电主要应用的是1.8MHz、3.5MHz低噪声定向接收天线，其理想的辐射方向图是一个“8”字形。下面要做的是一个谐振环天线，可以理解为一个电感和调谐电容并联的谐振电路，这样的并联谐振电路Q值很高，两端的电压很高，如果用小环天线来发射，高耐压的谐振电容不太好找。不过用来作接收或者QRP操作，老式电子管收音机里面的365pF×2电子的双联可变电容还是可以胜任的，至少在20W功率下，它还没有发生击穿打火的现象。当然，换上自制或淘来的高耐压空气电容，或者用真空可变电容，超过100W功率没有问题。只是电容体积较大，想办法固定牢靠是个难题。

调谐天线还有一些特殊的优点，如在接收系统的前端有很高的选择性，可以大大提高接收机的动态范围。另外，可利用小环天线辐射图的零点来消除同频或邻近干扰，当然，干扰源和远距离电台不能在一个方向上。

在了解了小环天线的一些基本特性后，下面可以借助一些小程序来计算制作小环天线所需材料的一些参数，也可以将手头上已有材料的参数输入程序中，看看会得到怎样的结果。图6-35所示为小环天线电气结构原理，图6-36所示的是用OH7SV在EXCEL里编的一个小程序进行计算后得到的天线参数表。

可以用OH7SV在EXCEL里编的一个小程序来计算笔者手上一节零头馈管的参数。先在图6-36所示的黄色区域（左边区域）里输入工作所需的频率、主环的周长、主环材料的直径及要用到的最大功率。如图6-36所示，最低工作频率为7MHz，主环准备用的是一节馈管，馈管屏蔽层的直径是12mm，计划使用的射频功率为20W。

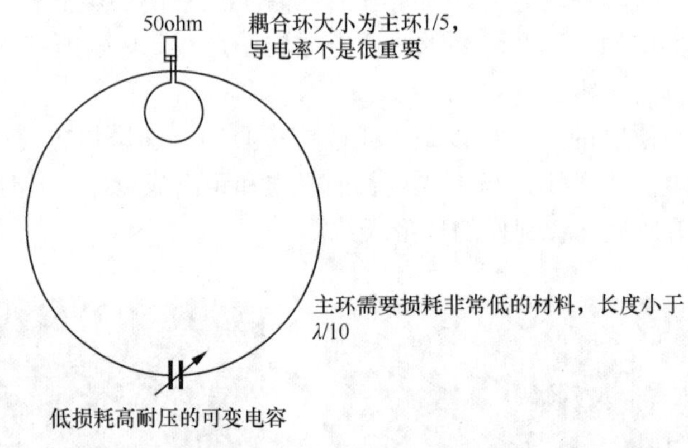

图 6-35　小环天线电气结构原理

	Enter here
频率/MHz	7.0
主环周长/m	1.25
主环材料直径/mm	12
射频功率/W	20

	Results
电感量/μH	0.891
电容量/pF	580.5
XL=XC/Ω	39.2
分布电容/pF	3.4
调节电容量/pF	577.1
主环直径/m	0.398
激励环直径/m	0.808
辐射电阻/Ω	0.000
损耗电阻/Ω	0.023
并联电阻/Ω	33
效率/%	0.6
与理想环之比/dB	-22.00
Q值	851
带宽-3dB/kHz	8.2
调谐电容耐压值/V	8.16

图 6-36　天线参数表

在图6-36所示的天线参数表中，绿色区域（右边区域）为自动生成的计算结果，其中黑体字是我们需要的关键值。计算结果需要用577pF的调节电容，老式电子管收音机2×365pF的双联空气可变电容就要并联使用了，否则在7MHz下是无法工作的。接下来我们得到了耦合环直径，通过计算也就知道了要用多长的导线来弯这个环，导线长度一般是主环周长的1/5。另外还得到了天线的效率、带宽、Q值及更重要的电容耐压值。通过调整主环的周长、材料直径参数，我们还发现了一些规律，比如做主环的馈管或铜管越粗，小环天线的Q值越高，会使带宽越窄，这样在做V/U段天线时就不能选太粗的材料了，否则带宽太窄，FM模式将无法使用。

数据有了，接下来准备材料。

主环：长1.25m，直径12mm馈管一根。

耦合环：长25cm，截面面积2mm^{2}单股铜线一根。

调谐电容：2×365pF空气可变双联电容一个。

防水盒：根据电容大小选择合适的盒子。

防水接头：2个，固定馈管用。

M座：一个。

馈管夹：一个，固定耦合环及M座。

电容旋钮：一个。

制作难度不大，爱好者们应该能够制作好，制作过程如图6-37～图6-40所示。请注意电容与馈管的连接尽量用表面积大一些的材料焊接，这里建议用同轴电缆外编织线。

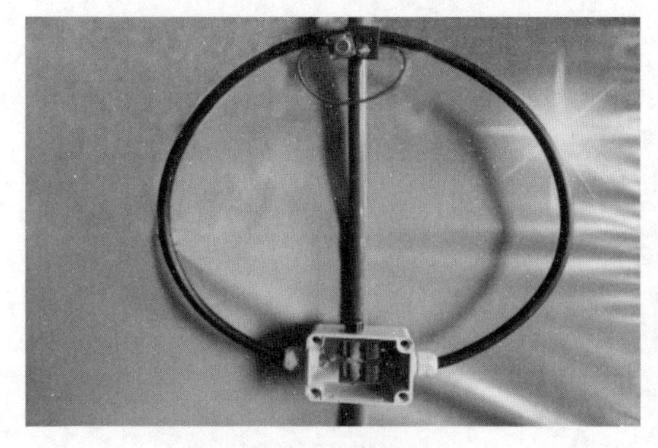

图6-37　制作好的小环天线

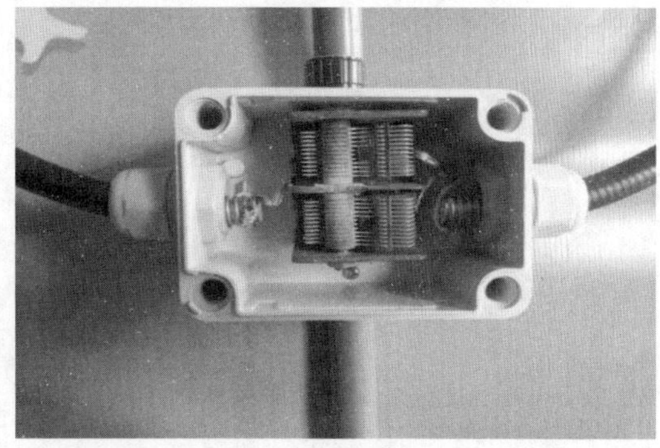

图6-38　调谐电容

图6-39　耦合环直接焊在M座上

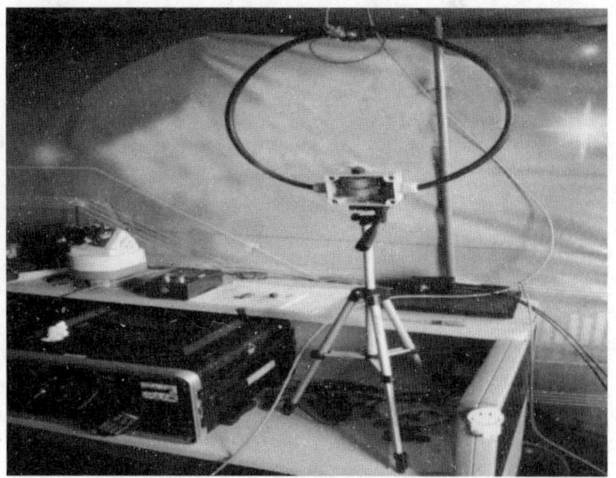

图6-40　将小环天线固定在三脚架上

3. 测试小环天线

将小环天线固定在三脚架上，电台用馈线连接小环天线，设定好接收频率，这时扬声器中可能很安静，慢慢转动可调电容的旋钮，可以发现当转到某个位置时扬声器中噪声突然变大，这时的电容的位置基本就是天线谐振的位置。将电台切换到CW模式小功率发射，再仔细微调电容，可以将驻波调到最低。这副小环天线可以从7MHz到30MHz频率范围内将驻波调到1.5以下。调整驻波不光是个技术活，还得靠感觉摸索。由于没有减速装置，电容只要稍微动一点点儿，驻波就会无穷大。笔者实在是佩服到访的BD3CT，他只靠听噪声的大小就可以将各波段驻波调到最低，而我要来回调试好几下才行。

使用小环天线，HAM可在室内清晰地收听各波段上的通联，由于天线在室内，信号强度还是会打些折扣。

使用效果证明，小环天线体积小巧、接收性能也不错，完全可以胜任日常短波通联，做一些收发信测试的工作。有了这次经验的积累，下一步就可以做大一点的小环天线，以进一步提高天线的效率。另外，如果再给小环天线的调谐电容加装上减速装置以及可自动控制的电机，使用就可以更加方便了。

第7章　业余无线电收发信机

7.1　短波收信机

7.1.1　业余无线电通信对收信机的要求

我们用一架好的短波收音机就可以轻而易举地收听到世界各地的广播节目，但用它却收不到业余电台的信号。这是因为业余无线电通信的信号和普通的广播信号有着很大的区别，它对业余短波收信机提出了一些特殊的要求。

1．频率覆盖要包括业余波段

大多数成品收音机不包括业余波段的频率。如超短波波段的调频（FM）收音机，其收听范围一般在88～108MHz，而业余无线电通信常用的VHF波段的频率有50～54MHz和144～148MHz，UHF波段的频率在430～440MHz，与广播波段相差甚远。短波收音机也是如此，多数是只考虑广播波段而不包括业余通信频率。

此外，收听业余电台信号对频率调整的精细程度，即“频率步进”和“频率微调”也有较高的要求。有些收音机频率范围虽然足够宽，但调谐步进大（如1kHz），要想听清楚频带很窄的业余电台信号也十分困难。

2．解调方式要满足业余无线电通信的要求

虽然频率覆盖满足了要求，但要听清楚业余电台的信号还必须解决解调方式的问题。

（1）广播信号的调制与解调

中波和短波广播电台一般采用幅度调制（AM）方式，超短波广播电台则采用频率调制（FM）方式。我们主要来讨论一下幅度调制方式。

AM是最常见的调制方式之一。它是用音频信号（如语言、音乐等）调制高频信号（载波），使载波的幅度随着音频变化，调幅波的波形和频谱如图7-1和图7-2所示。

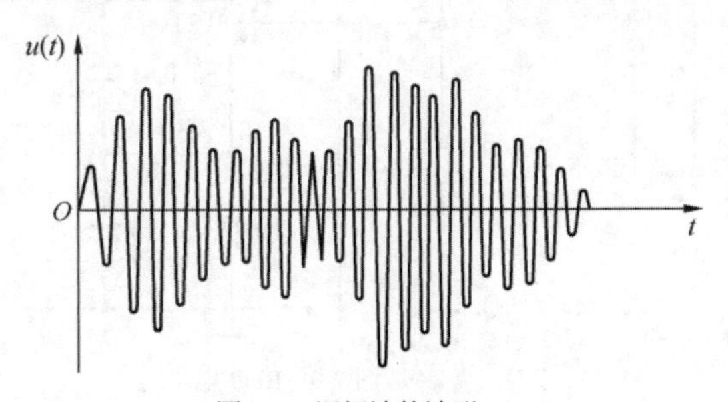

图7-1　调幅波的波形

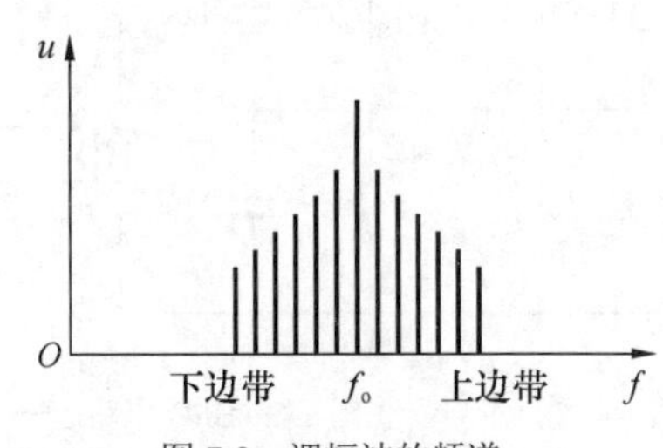

图7-2　调幅波的频谱

在AM接收电路中，通常由二极管检波电路来承担解调任务。当幅度变化的高频率信号加在检波电路上后，在二极管的单向导电作用之下被“切除”了半幅，高频交流信号变成了幅度随音频变化的脉动直流，滤除其中的高频成分后就能够还原出音频信号了。

对调幅信号的解调虽然容易，但从解调过程中可以看到，调幅信号的一半都只是起了“陪衬”的作用，换句话说，调幅方式的效率是比较低的。业余无线电通信不使用AM方式，这也是普通收音机的短波听不到业余无线电通信的主要原因之一。

（2）等幅电报信号的调制和解调

等幅电报信号实际上就是一串断断续续的载波，其波形如图7-3所示。如果不考虑其谐波，图7-4是等幅电报信号的频谱图，它只含有单一的载波频率。如果我们仍然用AM检波电路来处理电报信号，显然就有问题了。AM检波电路只能检出载波信号的有无，得到的是一串断续的直流信号，人耳难以辨别。为解决这一问题，我们可以人为地制造一个振荡信号，使振荡信号的频率和加到AM检波器上的等幅电报信号频率的差值在人耳可听的音频频率范围之内。然后把等幅电报信号和这个振荡信号一起送到检波电路中去。由于检波电路具有非线性，两个频率在这里混合后会产生一系列新的频率，其中包括这两个频率的差频——音频信号。滤除不需要的高频，选出音频并加以放大，便得到了音频电报信号。

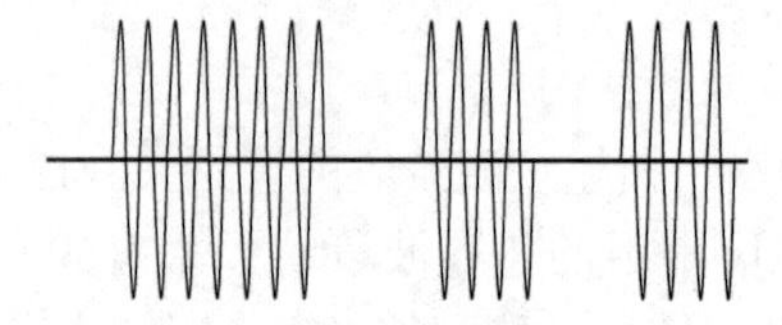

图 7-3　等幅电报信号的波形

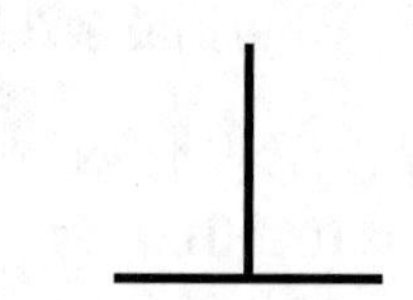

图 7-4　等幅电报信号的频谱图

我们把“制造音频信号”的振荡电路称为“差拍振荡器”（BFO），把上述这种解调方式称为“差拍检波”。在中频为465kHz的外差式收音机中，可以利用中波振荡线圈改作差拍振荡线圈，并用如图7-5所示的方式接入原有的检波电路中去，也可以利用两端陶瓷滤波器制成简单的振荡器直接装到收音机里，并从电路板上BFO振荡三极管发射极焊点处到输出中频的中频变压器底部中间安排一根单端导线作为BFO振荡信号的机内天线，让差拍信号通过空间电磁耦合进入检波器，如图7-6所示。改变电路图中标有*号的电阻值可以微调电路所产生的振荡信号的强度。通过上述改装，普通短波收音机也有可能收听到等幅电报信号了。

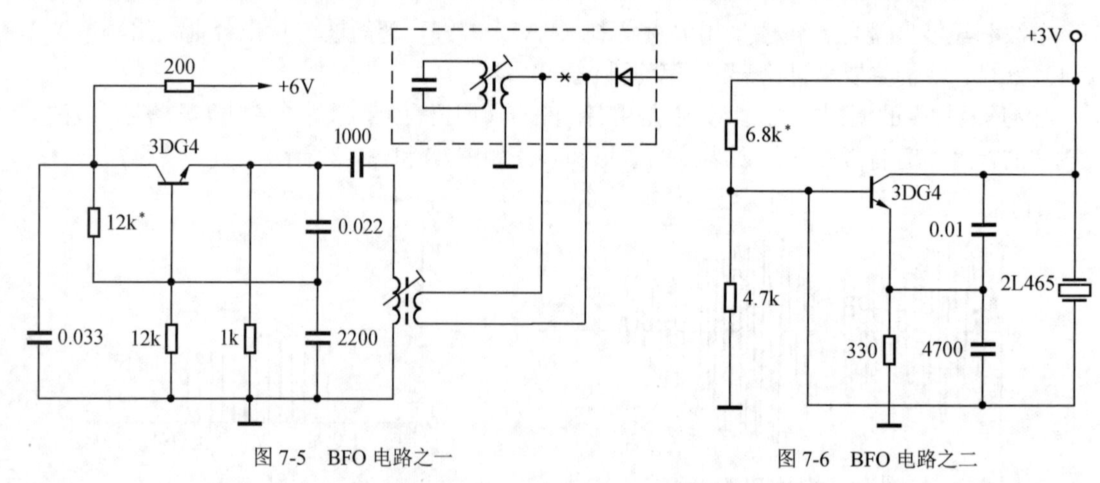

图 7-5　BFO 电路之一

图 7-6　BFO 电路之二

（3）单边带信号的解调

在介绍等幅电报信号解调过程中，我们提到了两个频率信号一起加到非线性检波器上后，会产生一系列新的频率。现在就来看看在这个频率混合的过程中频谱究竟发生了什么变化。

连续的正弦波只含单一的频率成分。所有非正弦波（包括不连续的“正弦波”）都可以分解为若干不同频率和幅度的正弦波。AM的载波在没有被音频信号调制时，是连续正弦波，其频率就是载波频率。当载波被调制后，它就不再是正弦波了，其频率成分也发生了很大的变化。

以一个单音频f_A调制载波f_0为例：如果f_A为1000Hz，f_0为7MHz，调幅波便含有3个基本频率成分。它们分别是$f_0+f_A=7.001$MHz；$f_0=7$MHz；$f_0-f_A=6.999$MHz。除此之外，还有这些频率的若干次倍频成分，也就是所谓的“谐波”，这里暂且不讨论。

我们把频率高于载波的f_0+f_A称为上边频，把f_0-f_A称为下边频。无论是上边频还是下边频，它们都是新增加的频率。

如果现在不是一个单音频，而是语音或音乐去调制载频，情况又会怎么样呢？这时的调制信号含有一群频率，即是一个“频带”，调幅信号的频率成分除载频本身外，上例中的上边频变成了f_0+f_{A1}、f_0+f_{A2}……一群“上边频”，我们把它们统称为“上边带”（USB，Upper side band），当然相应的一群“下边频”也就被称为“下边带”（LSB，Lower side band）了。这种调幅波的频谱示意如图7-2所示。

调幅信号的频谱包括了上边频、下边频、载频3个组成部分，在调幅信号发射过程中，这3个部分不仅占用了频率，而且还消耗了功率。实际上在任意一个边带中都含有音频信号包成分，如果只发射一个边带，岂不是既减少了频率占用，又提高了发射效率吗？“单边带”方式（SSB，Single side band）正是根据这一思想设计的。在发射前，人们先用音频信号去调制“载波”，然后再设法滤除这个载波频率和其中的一个边带的频率成分，最后再把剩下的一个边带发射出去。业余无线电语言通信广泛运用的是“抑制载波单边带”调制方式。所谓“抑制载波”是为了避免失真而不彻底滤除载波频率成分。

单边带信号的波形示意如图7-7和图7-8所示。单边带信号的幅度虽然也会变化，但并不和音频调制信号保持一致，在单音调制时便没有幅度变化。单边带信号的频谱如图7-9所示，其中载波f_0已被滤除，图上以虚线表示。

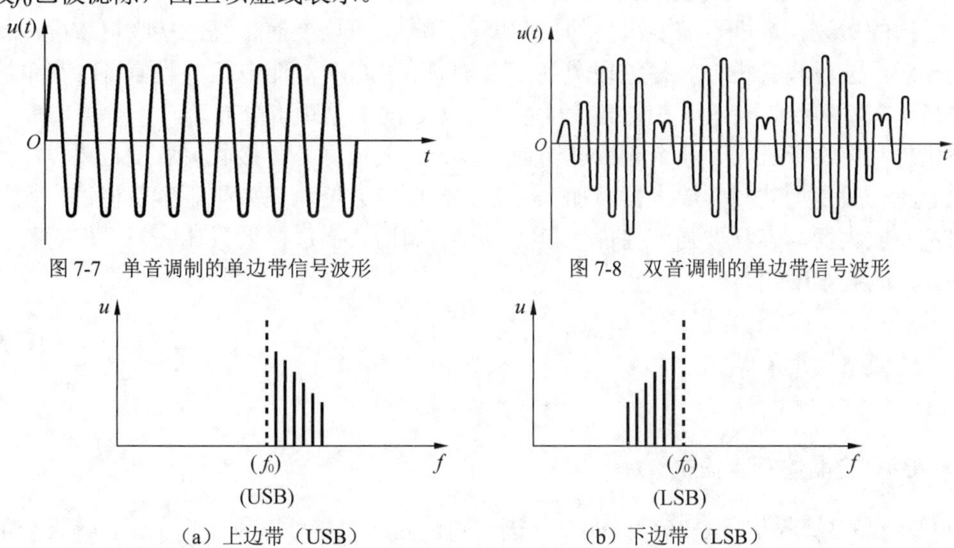

图 7-7　单音调制的单边带信号波形

图 7-8　双音调制的单边带信号波形

（a）上边带（USB）

（b）下边带（LSB）

图 7-9　单边带信号的频谱

根据频谱可以看到，虽然单边带“携带”了音频信号，但由于没有了载波，实际收到的只是一群频谱向上或向下平移了的高频信号。这样的一群高频信号如果用普通检波器处理，只会得到一些由其幅度变化而引起的含糊不清的声音。要得到和发送端完全一致的音频，基本办法就是在收信机内产生一个频率、相位与单边带信号形成前的载波保持严格同步的信号（恢复载波），并将它和收到的单边带信号一起由检波器处理，这时就可以从中检出“载波”频率和音频调制信号这两个频率之差，从而得到所需要的音频信号。

例如，在7.030MHz上用下边带（LSB）发送和接收一个2kHz音频，经过调制电路发射机内产生了f_0+f_A、f_0、f_0-f_A等频率。用边带滤波器滤去上边频和载频，得到下边频7.028MHz，并把它发射出去。接收端则用同步的7.030MHz振荡信号与之混频，并从产生的一系列新频率中选出它们的差频，在本例中也即选出2kHz信号。如果是外差式接收机，收到的7.028MHz信号经变频可以成为465kHz的中频信号。我们可以用467kHz的振荡信号与之混频并取其差，也可以还原出2kHz的音频信号。

为了使接收到的信号稳定不失真，收信机的这些振荡频率要有很高的稳定度。对照前面所述等幅电报解调过程我们不难发现，单边带解调和等幅电报解调从原理上讲十分相似。所不同的是，等幅电报解调得到的音频并非发送端原有，只不过是为了使接收者能听到电报信号而人为造出来的，所以这个音频的频率没有严格规定，也即对差拍振荡器的频率没有严格要求，只要能差出音频就行。而单边带信号所恢复的音频，是发送端的原有调制信号，如果“差拍振荡器”的频率不准或是不稳定，得到的音频将和原来的声音完全不同，会严重失真，这当然不行。根据这一原理可以设想，如果我们用接收等幅电报的方法收听单边带语音信号应该是可行的，关键问题是要保证本机振荡、差拍振荡的频率有较高的稳定度。而且接收端并不知道发送端的音频频率是多少，所以接收端在听到了信号后需要非常仔细地调整差拍振荡频率（或差拍振荡频率固定不变，微调接收频率），以得到能够听清楚的语音为准。

3．灵敏度要高

在整个短波波段中，业余电台的信号是非常弱小的。因为业余电台的发射功率通常不会很大。与之相比，广播电台的信号则十分强大，它们的发射功率都是十千瓦级或百千瓦级的。所以，普通的短波收音机不需要很高的灵敏度，而收信机则要有很高的接收灵敏度。比如市场上的一般十波段收音机，其短波段灵敏度大约只有100μV，而专门的收信机，在单边带或等幅电报状态下的接收灵敏度在几微伏以下，二者之间的差距十分显著。

如果想利用收音机收听业余无线电通信，除天线要很好外，接收灵敏度也要设法提高。改进的方法一般是加装高频放大器。加宽带放大器比较方便，但效果不容易调试，尤其是高输入阻抗的放大器，容易被强广播信号干扰。加装调谐式高放的效果比较好，但对整机结构的影响大，改装难度较高。

7.1.2 收信机介绍

1．239型全晶体管收信机

239型全晶体管收信机是20世纪70年代国产短波收信机，可以算作古董了。该机全部采用锗晶体管，交直流两用。它的主要性能指标有以下几项。

（1）频率范围：1.5～30MHz，共分为6个波段。

（2）灵敏度如表7-1所示。

表7-1　293型全晶体管收信机灵敏度

频率范围	CW 灵敏度	AM 灵敏度
1.5～15MHz	优于3于μV	优于7 μV
15～30MHz	优于5于μV	优于10μV

（3）工作种类：等幅报、调幅报、调幅话。

（4）天线输入：400Ω，不平衡式。

（5）选择性：CW方式，−6dB　5kHz；

−40dB　14.5kHz。

（6）中频频率：第一中频1.335MHz；

第二中频465kHz。

注：“dB”即分贝，用以表示两个功率（或电压）之间的相对倍数关系。相对功率（或电压）的分贝和两者的比值有如下关系。

$$\text{dB}=10\lg10\left(\frac{\text{功率1}}{\text{功率2}}\right)$$
$$=20\lg10\left(\frac{\text{电压1}}{\text{电压2}}\right)$$

2．德生（Tecsun）S-2000型无线电接收机

这是一款高端收音机，接收频率范围包括调频、长波、中波、短波（调幅和单边带）以及航空波段，可以用于收听业余无线电短波电台的语音、电报等通信信号。

S-2000型无线电接收机的调幅接收电路运用了二次变频、场效应管平衡混频、高频增益控制、可变中频宽/窄通带、多级自动增益控制等技术，还设有内置、外接天线选择开关等功能，接收能力大大提高。

另外，这款收信机还专门为无线电爱好者设置了一个455kHz中频输出插口，供无线电爱好者用于DIY外置的同步检波器、软件无线电（DSP）解调器、数字中短波广播（DRM）解调用的455kHz/12kHz变频器等，颇具特色。

3．DIY 4波段短波业余无线电收信机

这是卜宪之（BD4RG）先生研制的一款便携式短波收信机，可以接收业余波段的40m CW/LSB、20m CW/USB、15m CW/USB、10m CW/USB 4个业余电台常用波段。这台收信机由双栅效应管组成调谐高放（输入单调谐，输出双调谐），二极管平衡混频、两级双栅场效应管组成中放、中频变压器加晶体中频滤波、三级AGC（自动增益控制），使整机具有较高的灵敏度、较好的选择性和大动态范围。

该收信机原理框图如图7-10所示，外观如图7-11所示。

从图7-10可以看出，此接收机是一个典型的一次变频超外差接收机电路。Q6组成的调谐放大器作为高放电路，分别对应40m、20m、15m、10m 4个波段。VD3～VD6组成的二极管平衡混频器将来自高放的接收信号和本振信号混频，经6只9MHz晶体管组成的SSB滤波器滤

出中频后送往中放。经过Q1、Q2两级中频放大后的信号一路送往NE602进行解调，之后经LM386放大后推动扬声器，或经过CW滤波、LM386放大后推动扬声器；另一路则送往AGC电路，VD1、VD2对信号检波，经Q3、Q4的放大后分别提供AGC电压及S表信号。

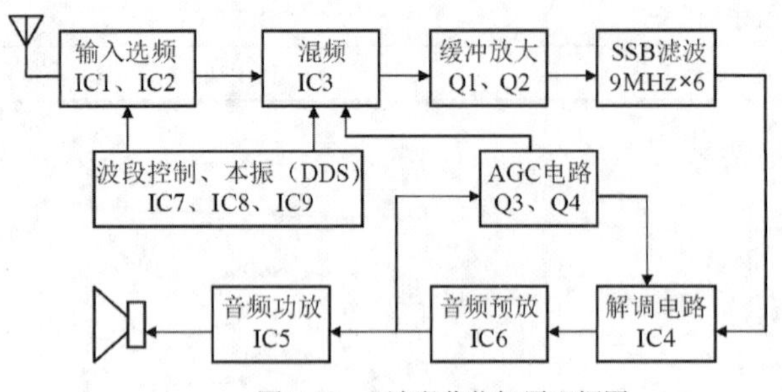

图 7-10　4 波段收信机原理框图

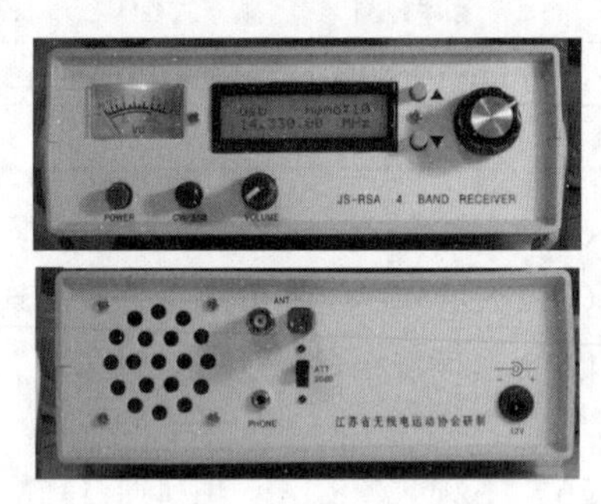

图 7-11　收信机外观

在40m波段时此接收机为高本振，在20m、15m、10m波段时为低本振，只用一个边带载频即可以完成对40m波段的LSB及其他3个波段的USB解调。

收信机的主要技术参数如下。

（1）接收频率范围：7～7.3MHz、14～14.35MHz、21～21.45MHz、28～29.7MHz。

（2）频率步进：10Hz、100Hz、1kHz、10kHz、100kHz、1MHz。

（3）存储频点：可存储用户任意设置的20个频点。

（4）工作模式：USB、LSB、CW。

（5）电源：电压10～13.8V，电流不大于350mA。

（6）机箱尺寸：200mm×72mm×176mm。

4．电视棒软件收信机SDR

电视棒（TV Stick）是近些年市场上流传的一种软件无线电接收机的迷你型硬件平台。电视棒有一个天线接口和一个USB（通用串行总线）接口，可以把天线上接收到的广播电视信号转换成数字信号，再通过计算机软件进一步处理，使用户可以用计算机收看无线广播电视节目。国内外许多爱好者利用电视棒再配上SDR软件，用来接收各种不同模式的无线电信号。

电视棒的接收频率范围一般为60～1700MHz，不少爱好者利用其内部芯片上空闲的输入端口，把接收范围扩展到了0～30MHz，使它变成了一款全波段软件业余无线电接收机。

关于电视棒收信机的应用详见本章7.1.4节。

7.1.3　收音机改装简易收信机实验

这是一个利用普通中、短波两波段晶体管收音机改装成简易收信机的实验，可以帮助初学者全面了解短波收信机的工作原理和装配调试过程，通过动手实践收获成功的乐趣。

改装后的收信机接收频率范围为业余波段7.0～7.1MHz和中波波段535～1605kHz。业余波段可接收SSB及CW信号，中波为AM方式。电路原理图如图7-12所示。市面上有多款两波段晶体管收音机套件，其原理大同小异，都可以参照本案例进行改装实验。

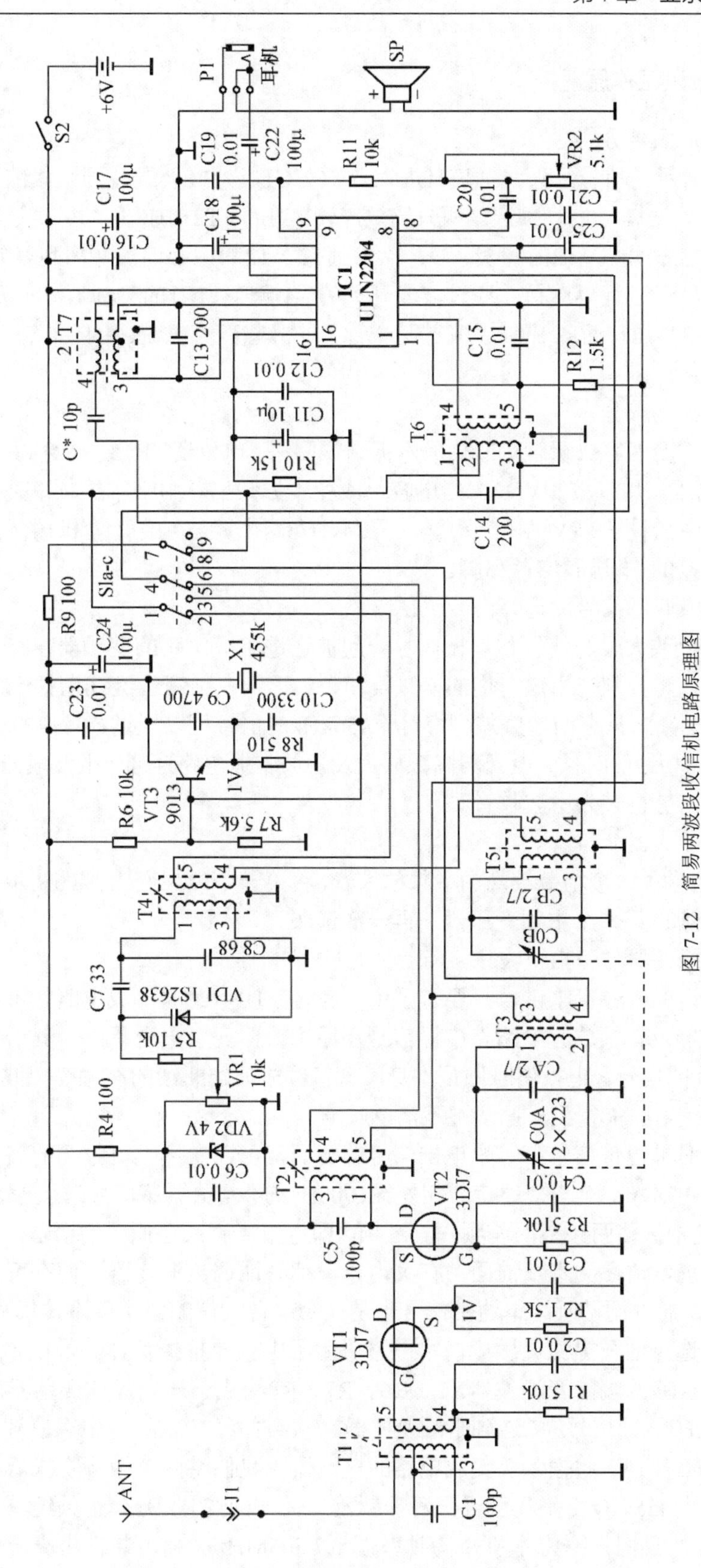

图 7-12　简易两波段收信机电路原理图

1．业余波段工作原理

（1）高频放大部分

如图7-12所示，信号经天线插座J1进入。T1与C1及外接天线共同组成的谐振回路谐振于7.050MHz左右，对信号进行预选。两只场效应管VT1和VT2构成了“共源共栅”级连放大器。被直接放大了的信号由VT2的漏极（D）输出到T2。T2的中心谐振频率也是7.050MHz，它对放大了的高频信号进行再选择并通过波段开关的5-4端送往IC1的第6脚。R1、R3分别为VT1、VT2提供一个栅负压，而R2控制了流过两个管子的静态直流电流。C1、C5分别为两个高放回路的谐振电容。

（2）本机振荡部分

T4、C8、C7及变容二极管VD2构成本振谐振回路。电位器VR1经R5给VD2提供了一个0～4V可变直流电压，用以控制VD2的结电容，改变本振频率。由于本振频率直接影响收信稳定性，所以电路中增设了3.9V稳压二极管以及R4、C6两个滤波元件。本机振荡信号经T4与中波振荡线圈相并接的4脚送到IC1第5脚。

（3）变频及收听信号的选择

经高频部分放大了的信号和本振信号一起被送进集成电路的变频器。在这里，收到的各种信号与本振信号分别产生出它们的差频及和频。第一中频变压器T6谐振于456kHz，在前面所说的两个信号中，只有两者频差刚好等于456kHz的信号可以通过，其他的都“落选”。波段开关的1-2和7-8相通的时候，电源与高频放大及短波本振电路连通，把波段开关弹出，这两部分便停止工作，整机转为中波收音。

（4）中频放大器

IC1内部包含了一个增益较高的中频放大器，将第一个中频变压器T6初步选出有用信号放大，然后再送到T7第二个中频变压器，再一次选频。

（5）差拍振荡器与差拍检波

对普通的调幅收音机来讲，只要有了中频信号，ULN2204集成电路就可以轻松地将其通过内部的检波器及音频放大电路将广播信号还原了。但业余电台不同，其语音信号大部分为“单边带”方式的信号，电报信号则是本身不含音频成分的断续的高频等幅波。用普通的检波方式处理这些信号只能得到一些含混不清的噪声。

为能实现对单边带信号和等幅电报信号的解调，可以在接收机收到的高频信号或经过变频的中频信号中加入一个与上述信号相差约1000Hz的“差拍振荡信号”，然后经检波滤出高频（或中频）和差拍振荡两频率的差频——音频，即电报声音或还原了的语音。关于单边带和等幅电报解调原理，请参阅本章前面的有关内容。细心地调整振荡器，便有可能听清单边带语音信号。当然，通过调谐听清单边带信号也是业余电台收信的一个基本技巧，需要细心体会。

为了改善选择性及提高灵敏度，本电路采用了中频差拍振荡器。本电路中三极管VT3及C9、C10、455kHz两端陶瓷滤波器X1、R6、R7、R8构成了一个晶体振荡器。其振荡频率由X1确定在455kHz。此信号经C送到中频变压器T7次级并经T7初级与中频信号（即已经变了频率的接收到的信号）一起输入至集成电路的检波器。我们将两个中频变压器的谐振频率调整为约456kHz（与455kHz相差几百至一两千赫兹）。仍以前例1kHz单音频经单边带电路发出的7.049MHz信号，我们只要将本机振荡频率调至7.505MHz（利用装在机壳上的VR1电位器调节），两者相差得到456kHz中频，经放大后与455kHz差拍振荡信号一起进入检波器，中频信号与差拍振荡信号又一次混频，产生出这两个信号的差频——1kHz音频，这正是对方发过来的信号。差拍振荡器的工作电压是经R9和波段开关的7-8端供应的，当工作于中波时差拍振荡器不工作。

语音信号不是单一频率信号，所以实际情况要复杂得多。但是，只要使中频变压器的谐振频率与455kHz差振频率保持一个合适的差值，再细心调整本振频率，我们就可以听到比较满意的单边带语音及电报信号。对语音来说，频率有几十赫兹的变化就可能使声音“面目全非”，而稍微调一下中频变压器，其谐振频率就能变化数百甚至数千赫兹，而且其稳定性也并非那么好，这就使中频变压器T7的调整成为本机能否收听到满意单边带语音信号的关键。实践证明，在收听到语音信号的同时进行调整可起到事半功倍的效果。

（6）音频放大

本机音频放大由IC1完成，并由其12脚经C22送往扬声器或耳机。T3是中波波段的天线调谐回路。磁棒上感应的信号经T3与C0A及CA构成的谐振回路初选后经波段开关6-4端送至IC1的5脚。接收到的信号与本振信号在IC1内混频，产生456kHz左右的中频信号并经两只中频变压器的选择及集成电路放大，又经过检波解调，最后送到扬声器。

2. 调试方法

（1）本机直流工作状态一般不需调整

将波段开关置于中波波段，串入电流表，开机后音量最小时约为10mA。将音量开大，应有明显沙沙声。转动双连度盘，应能收到当地广播电台，且最大音量时总电流约为50mA。再将波段开关转换到短波位，将音量开到最小，正常情况下电流相较于前面的最小值增加2mA左右。此时开大音量应有较大噪声，用起子刮碰天线接线柱能使扬声器发出明显响声。R2上端约为1.5V，R5上端约为1V，VD2上端约为3.9V。

（2）调整短波收听频率范围

为保证本机工作于7MHz业余波段，建议在装置本机前先装置一个与本机配套的7.050MHz晶体振荡器，并将它作为调试的信号源。

将波段开关置于短波位，音量适中。此时旋动电位器VR1，噪声应有小的变化。把VR1旋至中间位置并固定不动。

打开自制晶体振荡器并靠近收信机，先用无感起子将T4的磁帽旋动退至最上位置，然后再缓慢向下旋。应能听到一个音调由高到低而后又变高的啸叫声，调至音调最低处（即零拍点）时停止。将自制晶体振荡器移开或关闭，此时若啸叫声也停止，说明调整成功，否则再调。注意周围是否还有其他同类信号发生器或电台正在工作，以免误调。

逐渐增加与收信机的距离，使收信机保持刚好能听到其信号的距离，反复、细心地调整T2和T1，使听到的信号最大。

如果没有信号发生器，则需借助附近的业余电台发出的信号，用以上同样的方法进行调试。T4变化范围比较大，不正确调整将使本机短波可接收范围远离业余波段。

（3）调整中频

在完成对T2和T1调整的基础上再将晶体振荡器移远，使收信机保持刚好能听到其信号的距离，细心调整T6、T7，使信号最强。T7的调整是本机能否听清单边带语音的关键，能使语音清晰的范围很窄。节假日的白天、平时中午，国内不少业余电台在这个波段上相互联络，早晚还有许多日本、韩国业余电台出现。接上4～6m长的室外天线，仔细调节VR1，在收到上述业余电台语音信号后再微调T7，使之能听清。

本电路在收听强单边带语音信号时（如附近的业余电台），较弱的差拍振荡的频率有可能会被强信号“牵引”到中频频率上而失去作用，听不清强单边带语音信号台。建议增设一只衰减开关。将一阻值为几十欧姆的电阻与一开关串联后接于T1次级，出现强信号时合上开关使电阻并联于T1次级。减小R10可降低中放增益，如将此电阻改成电位器也可用于衰减，但当阻值小于10kΩ时，开机时本振级可能难以启动。

由于装置本机的主要目的是收听7MHz业余波段，所以不在接收中波状态下调整中频。中波部分的频率覆盖及跟踪调整请参照其他有关书籍。

7.1.4　RTL-SDR（软件定义的无线电接收机）入门应用

RTL-SDR是一种非常便宜的入门SDR（软件定义的无线电）设备（见图7-13），俗称“电视棒”。它原先是基于RTL2832U芯片量产的DVB-T（地面数字电视广播）接收设备。在国外开源移动通信组织Osmocom及多位爱好者的共同努力下，经过使用修改后的驱动程序可以直接访问RTL2832U芯片组上的原始I/Q数据，配合各种SDR软件可以进行各种模式无线电波的接收实验和研究。RTL-SDR接收机内部如图7-14所示。

图 7-13　RTL-SDR 套件

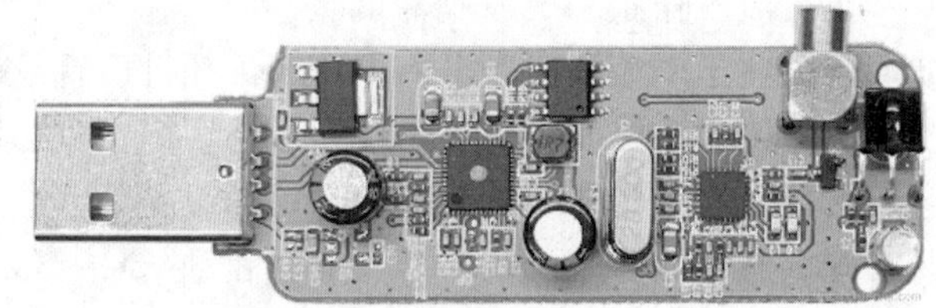

图 7-14　RTL-SDR 接收机内部

DVB-T是欧洲广播联盟在1997年发布的地面数字电视广播传输标准，主要在欧洲、非洲、澳大利亚推广使用，我国因有自主开发的DTMB（数字化地面多媒体广播）标准，故而无法使用该设备直接接收数字电视信号。因供大于求，市场上存货很多，所以爱好者可以用很低的价格得到一个性能尚可接受的500kHz（需修改硬件或软件）至1.75GHz的宽频段全模式（需要软件支持）接收机，这在多年前是不可能实现的愿望，因此电视棒在业余无线电界迎来了新的春天。

1. 技术指标

RTL2832U输出8位I/Q采样，理论上可能的最高采样率为3.2MS/s，但是，到目前为止，已通过常规USB控制器测试的可正常工作的最高采样率为2.4MS/s。市场上主流电视棒的调谐芯片频率范围如表7-2所示。

表7-2　　主流电视棒的调谐芯片频率范围

调谐芯片	频率范围
Elonics E4000	52～2200MHz
Rafael Micro R820T	24～1766MHz

续表

调谐芯片	频率范围
Rafael Micro R828D	24～1766MHz
Fitipower FC0013	22～1100MHz
Fitipower FC0012	22～948.6MHz
FCI FC2580	146～308MHz和438～924MHz

从上表数据来看E4000芯片接收范围最宽，但因芯片生产较早，技术指标一般，又因停产市场保有量不高价格反而上涨，本文不做推荐。R820T芯片是目前较为主流的芯片，性能较好且价格便宜，推荐使用。

2. RTL-SDR主要应用范围

电视棒可以在涉及业余无线电接收的所有场景下使用，非常适合入门级业余无线电爱好者进行各种通信模式的了解、学习和研究活动，以及用于发射前的设备自我调试工作。符合业余无线电活动多倾听、多了解、多试验再发射的准则。

以下为主要的电视棒入门应用场景。

（1）全波段、全模式广播接收。

（2）业余无线电通信全波段、全模式收信机。

（3）解码APRS（自动位置回报系统）数据包，配合树莓派等建设APRS网关。

（4）作为频谱分析仪。

（5）接收NOAA（美国国家海洋与大气局）气象卫星图像。

（6）业余卫星接收、遥测信号解调。

（7）解调数字语音传输，例如P25/DMR/D-STAR等。

（8）搭建低成本WebSDR（在线软件无线电接收机）。

（9）Android（安卓）设备上将RTL-SDR用作便携式无线电扫描仪。

（10）监测流星散布。

（11）射电天文学研究。

（12）接收数字短波广播（DRM）。

（13）解调数字业余无线电通信，例如PSK/ RTTY/SSTV/FT8/JT65等。

（14）结合在线地图和互联网技术，多点位多路径自动无线电测向。

3. 主流软件

RTL-SDR软件在Windows系统中使用，尤其是在Linux环境下功能非常丰富，以下介绍几款常用的、人机界面较好的SDR软件。

（1）SDR＃（Windows/免费）

SDR＃（发音为“ SDR Sharp”）是目前正在使用的一款最受欢迎的免费RTL-SDR兼容软件（见图7-15）。与其他SDR软件相比，它使用起来相对轻松，并且设置过程简单。它具有模块化插件类型体系结构，并且许多插件已由第三方开发人员开发。没有任何第三方插件的基本

SDR＃软件包括一个标准的FFT显示和瀑布显示、一个频率管理器、一个录音插件和一个数字降噪插件。SDR＃还解码来自广播FM的RDS（利用FM副载波调制电台名称、节目单等数字信息）。

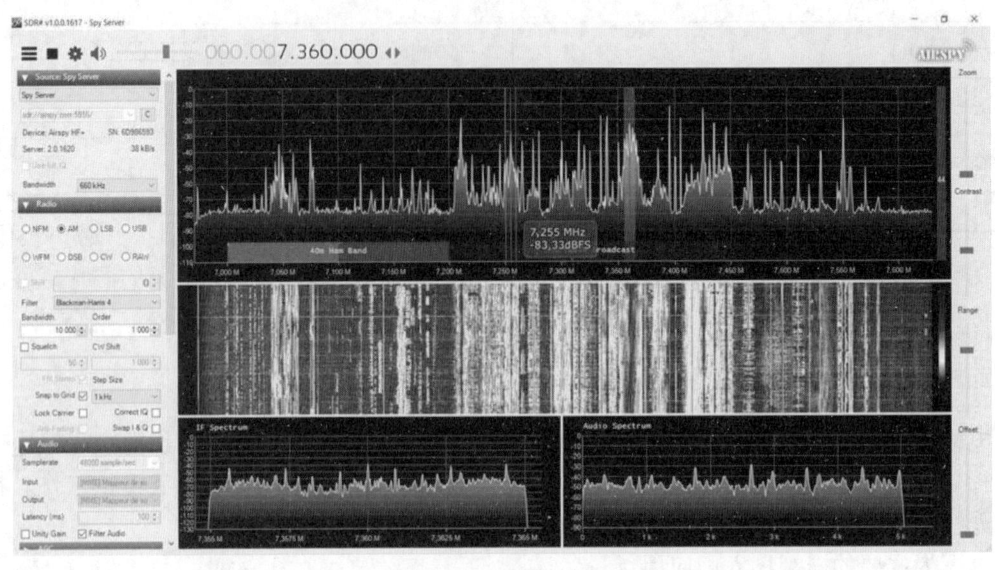

图 7-15　SDR#界面

（2）HDSDR（Windows /免费，见图7-16）

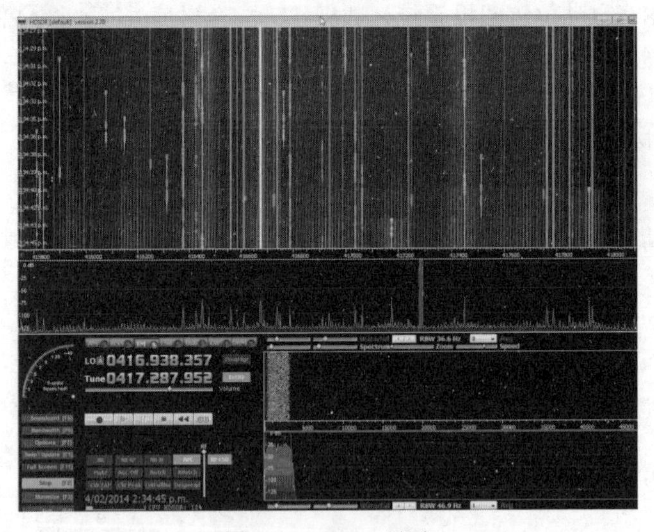

图 7-16　HDSDR 界面

HDSDR基于旧的WinRAD SDR程序，通过使用ExtIO.dll模块来支持RTL-SDR。要安装HDSDR，请从HDSDR主页上的链接下载程序，然后使用RTL-SDR，用户需要下载ExtIO_RTL2832.dll文件并将其放置在HDSDR文件夹中。打开HDSDR时，选择新复制的ExtIO_RTL2832.dll。除FFT显示和瀑布显示之外，HDSDR还具有一些其他高级功能。用户还将在屏幕底部找到音频频谱FFT和瀑布显示。也可以通过拖动显示屏上的过滤器边框对输出音频进行带通过滤。带通滤波音频可以真正帮助清除噪声信号。音频处理还支持手动或自动放置陷波滤波器。还有降噪以及自动频率居中功能。

（3）SDR-RADIO V3（Windows /免费，见图7-17）

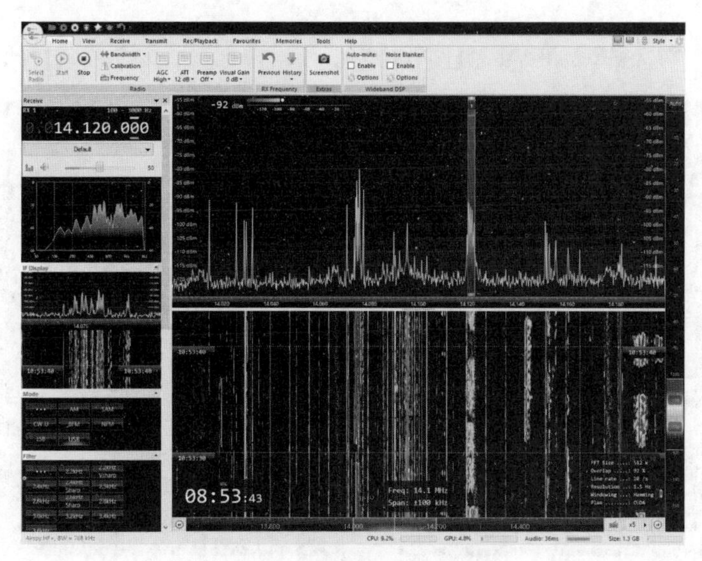

图 7-17　SDR-RADIO V3 界面

SDR-RADIO V3同样是一款受欢迎的SDR程序，具有很多高级功能。因此，与SDR＃和HDSDR相比，它的学习和使用要困难得多。与HDSDR一样，SDR-RADIO V3不仅具有RF FFT信号和瀑布显示，而且还具有可选的音频频谱FFT和瀑布显示，并可方便地同步传统收发信机，为传统收发信机增加一个豪华的频谱界面。SDR-RADIO V3内置还有一些DSP功能，例如噪声抑制器、降噪滤波器、陷波滤波器和静噪选项。SDR-RADIO V3还内置了PSK、RTTY和RDS解码器，另外还内置了完整的卫星跟踪功能。SDR-RADIO V3还具有出色的远程服务器，您可以轻松地通过网络设置并连接到远程RTL-SDR服务器。SDR-RADIO V3也持续保持更新节奏，不断优化各部件功能，最近还加入了QO-100（首颗同步地球轨道业余卫星）的收发功能和录屏等功能。可以说SDR-RADIO V3是一款极其强大的ALL IN ONE的免费SDR软件。本文将用此软件介绍如何使用RTL-SDR。

（4）GQRX（Mac OS / Linux /免费，见图7-18）

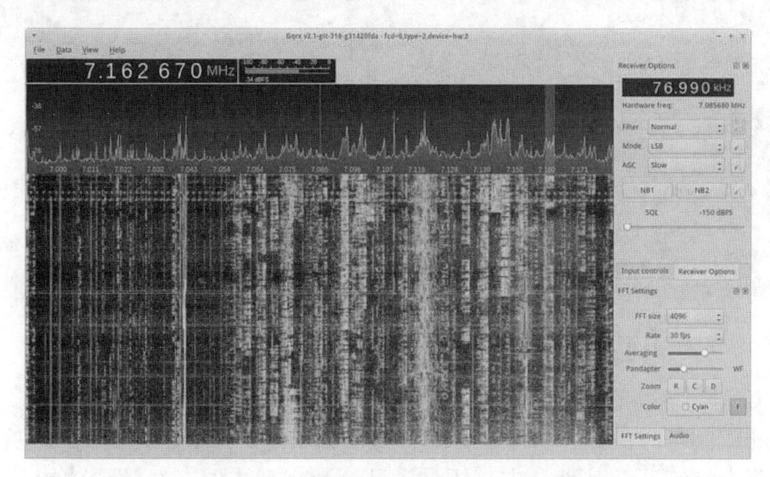

图 7-18　GQRX（Mac OS/Linux）界面

GQRX是一个免费的易于使用的SDR接收器，可在Linux和Mac系统上运行。就功能和易用性而言，它与SDR#类似，但没有插件。GQRX带有标准的FFT频谱和瀑布显示以及许多常见的过滤器设置。

（5）Studio1（Windows /付费，见图7-19）

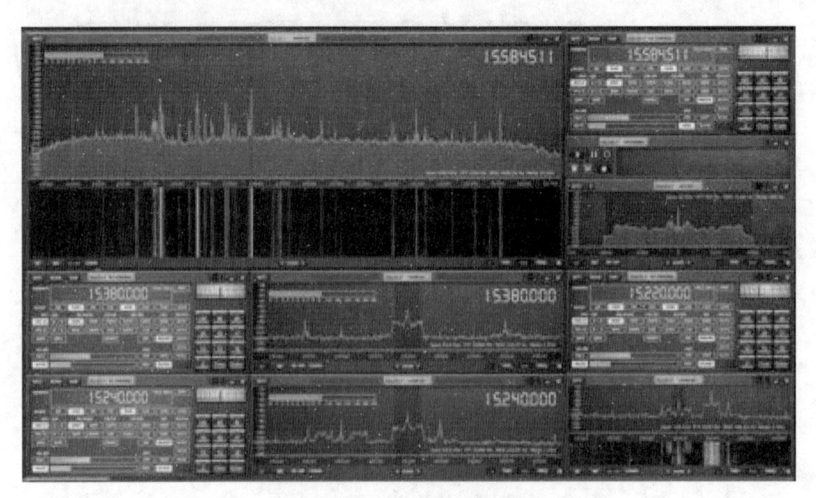

图 7-19　Studio1 界面

Studio1是具有高级DSP功能的非免费商业SDR接收器，据称具有所有通用SDR软件中最低的CPU使用率。Studio1通过使用ExtIO.dll模块来支持RTL-SDR。Studio1声称它具有非常高效的DSP引擎，可以在性能较低的计算机上很好地运行。

（6）OpenWebRX（基于Python /免费，见图7-20）

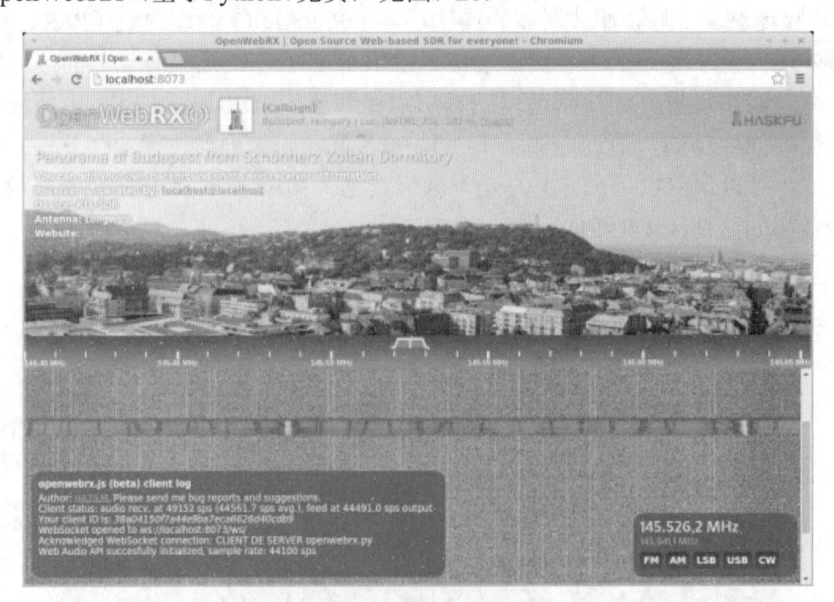

图 7-20　OpenWebRX 界面

OpenWebRX基于Web的服务器和界面，用于远程访问RTL-SDR。同时还有一个在线共享的全球OpenWebRX接收器的活动列表sdr.hu。目前OpenWebRX现在已停止开发，但是代码是开源的，并且正在继续开发其他分支，添加了各种数字模式的在线解调功能。

（7）SDR Touch（Android / Kindle /试用/付费，见图7-21）

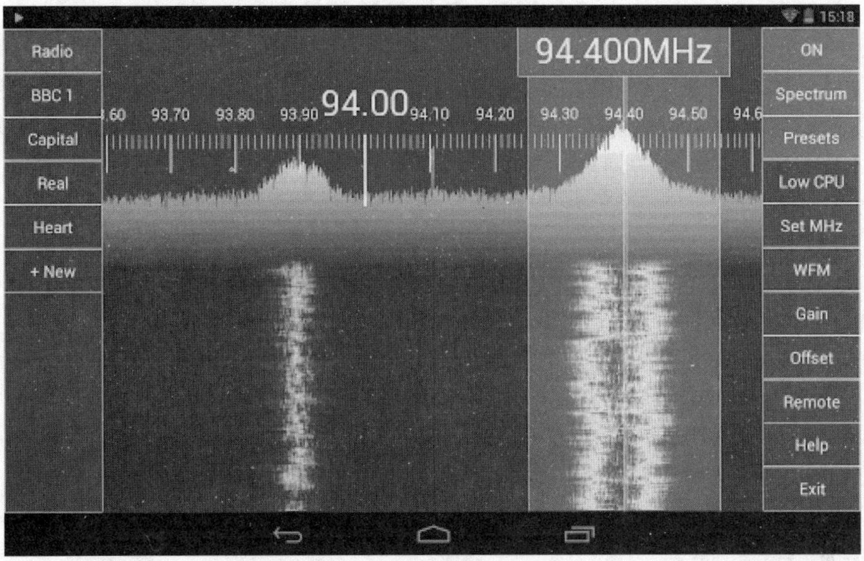

图 7-21　SDR Touch 界面

SDR Touch是第一个基于Android的RTL-SDR接收器。它有一个免费的受限制的试用版，可以从Google Play商店购买完整版。此外还需要USB OTG电缆将Android设备连接到RTL-SDR设备。SDR Touch具有多种标准功能，例如FFT频谱和瀑布显示，WFM / FM / AM / SSB调谐和频率管理器。

（8）PowerSDR（Windows /免费，见图7-22）

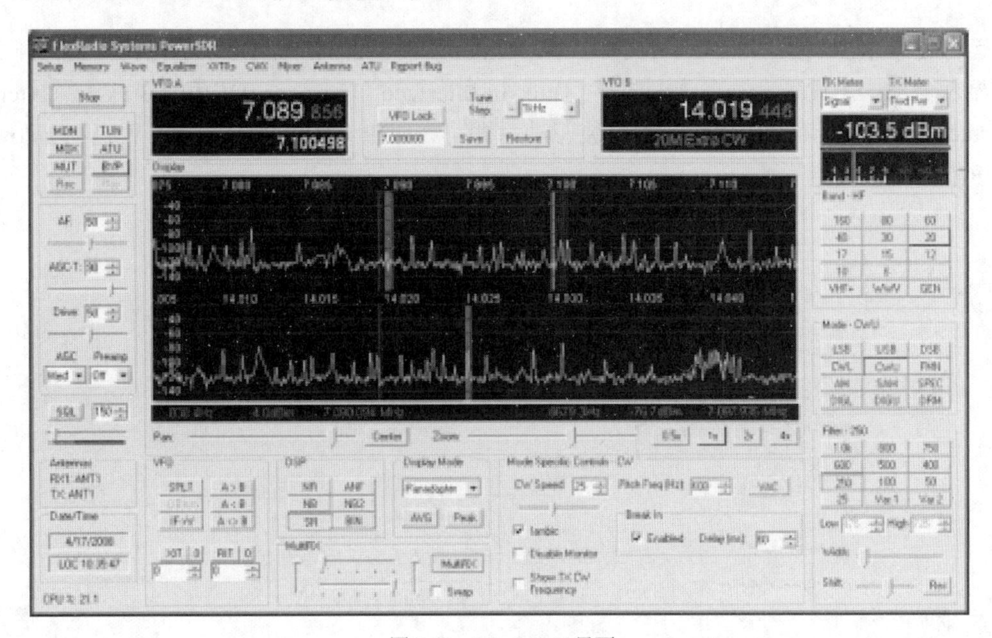

图 7-22　PowerSDR 界面

PowerSDR是与FlexRadio SDR硬件一起使用的SDR接收器。通过使用RTL_HPSDR转换服务器程序，它与RTL-SDR兼容。PowerSDR能够同时支持4个RTL-SDR设备。

4. RTL-SDR与SDR-RADIO V3使用简要说明

（1）驱动安装

下面以目前市场较为主流的R820T调谐芯片的电视棒来介绍SDR-RADIO V3软件的使用。首先下载SDR#并得到sdrsharp-x86.Zip的压缩文件，解压后运行目录中install-rtlsdr.bat批处理文件会自动下载电视棒运行的所需插件和驱动安装程序zadig.exe，如图7-23所示。

名称	修改日期	类型	大小
ADSBSpy.exe	2019/11/7 22:08	应用程序	88 KB
airspy.dll	2019/9/15 21:20	应用程序扩展	85 KB
airspy_adsb.exe	2019/11/7 22:02	应用程序	119 KB
AirspyCalibrate.exe	2019/10/29 7:58	应用程序	123 KB
AirspyCalibrate.exe.config	2019/9/24 2:06	CONFIG 文件	1 KB
airspyhf.dll	2019/8/29 19:46	应用程序扩展	139 KB
AstroSpy.exe	2019/10/29 7:58	应用程序	72 KB
AstroSpy.exe.config	2019/8/24 23:13	CONFIG 文件	1 KB
BandPlan.xml	2019/8/26 14:16	XML 文档	11 KB
FrontEnds.xml	2017/10/22 6:23	XML 文档	1 KB
hackrf.dll	2015/9/21 16:43	应用程序扩展	78 KB
httpget.exe	2015/9/21 16:43	应用程序	188 KB
install-rtlsdr.bat	2019/8/1 15:46	Windows 批处理...	1 KB
libusb-1.0.dll	2015/9/14 9:00	应用程序扩展	95 KB
LICENSE.txt	2015/9/19 22:41	文本文档	3 KB
modesparser.dll	2019/11/7 22:04	应用程序扩展	75 KB
msvcr100.dll	2015/9/14 5:06	应用程序扩展	756 KB
Plugins.xml	2019/9/24 2:45	XML 文档	2 KB
PortAudio.dll	2016/8/9 23:59	应用程序扩展	80 KB
pthreadVCE2.dll	2015/9/21 16:43	应用程序扩展	61 KB

图 7-23　解压后的文件目录

运行目录中新增加的zadig.exe文件，在Options菜单中将list All Devices打钩，此时下拉列表中显示全部USB设备，依次单击选择“Bulk-In,Interface（Interface 0）”和“Bulk-In，Interface（Interface 1）”如图7-24所示，分别安装驱动后即可在SDR＃和SDR-RADIO V3等Windows下的SDR软件中使用电视棒。

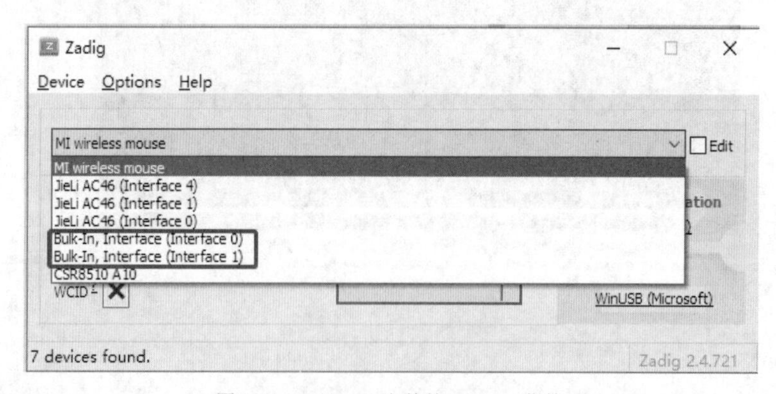

图 7-24　zadig.exe 文件的 Options 菜单

（2）下载SDR-RADIO V3

登录SDR-RADIO网站，在下载页面下载最新版软件。网站有详细的软件功能介绍和更新说明，应仔细阅读。

（3）SDR-RADIO V3软件添加RTL-SDR设备

SDR-RADIO V3软件可以支持众多主流的SDR设备，同时支持各种设备的远程在线应用。下载安装包后按照提示逐步安装，安装完成运行程序后在弹出的窗口中选择Main主窗口进入程序界面（见图7-25和图7-26）。

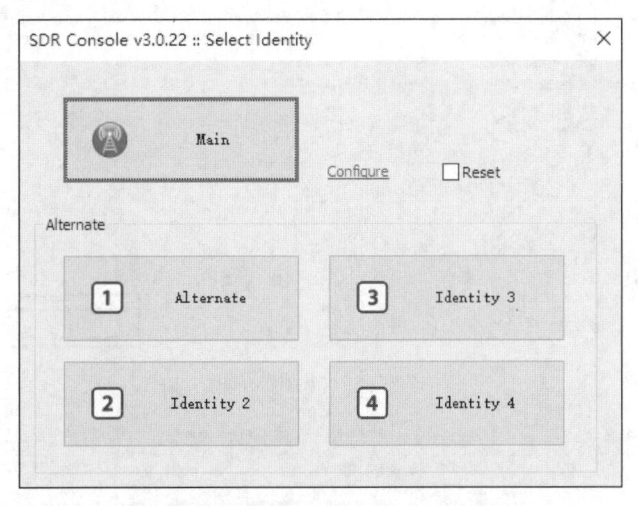

图 7-25　选择“Main”进入程序界面

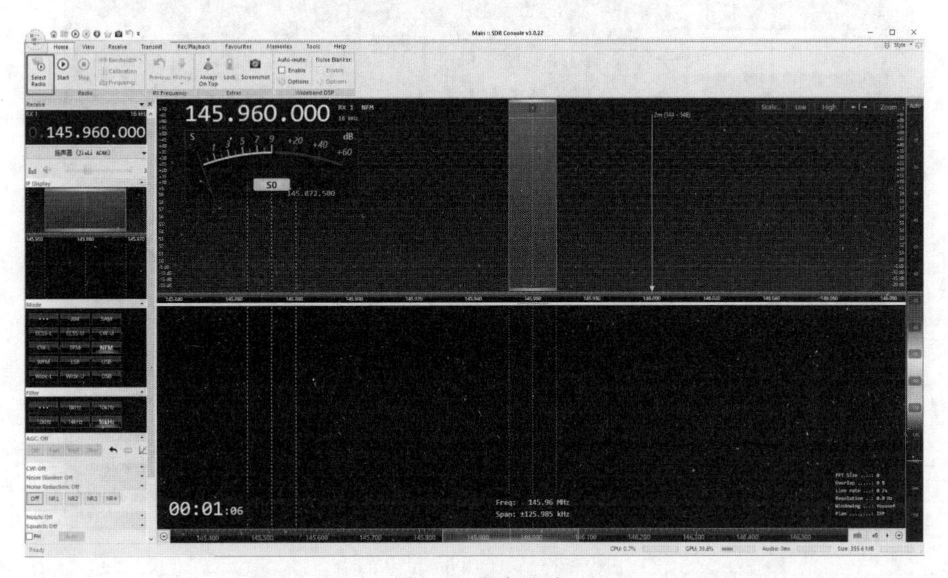

图 7-26　程序界面

在Home菜单中单击Select Radio，在弹出的窗口中单击Definitions按钮后，在弹出的窗口中单击Search按钮，在下拉菜单中找到RTL Dongle USB选项，如果之前的驱动安装正确会自动识别到一个RTL-SDR设备，单击弹出窗口中的ADD按钮将新设备增加到列表（见图7-27）中即可。其他型号SDR设备添加方法类似。

（4）SDR-RADIO V3使用简介

软件Home窗口（见图7-28）主要分为频谱显示、接收机功能调整、SDR参数调整等区块，所有调整均可通过鼠标单击或者拖移等来操作。使用上与传统接收机类似，较容易上手，但可以通过自定义设置如滤波器带宽、DSP参数等实现传统接收机无法实现的性能。RTL-SDR

可以同时显示2.4MHz带宽的频谱，所见即所得也是传统接收机无法实现的操作。

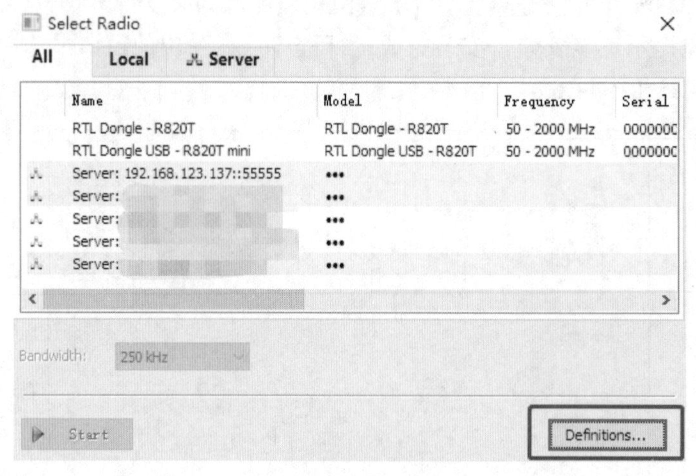

图 7-27　设备列表界面

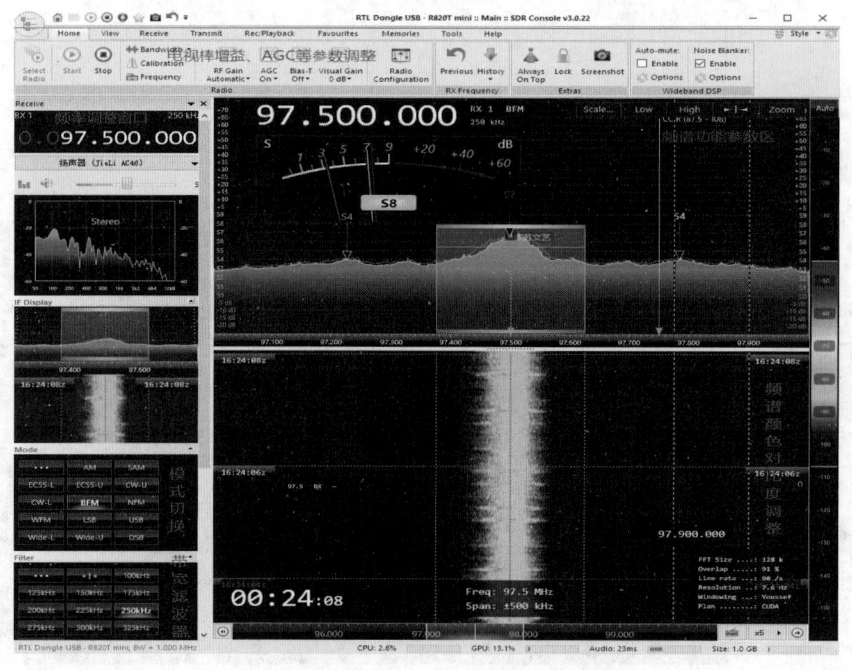

图 7-28　软件 Home 窗口界面

View菜单主要用于调整软件视觉参数，如频谱色彩、对比度、速度、S表显示单位、时间和dx信息各种参数，设置参数是否在频谱上显示等。软件额外提供的各种扩展功能也在此菜单中选择是否使用（见图7-29）。

图 7-29　软件扩展功能菜单

Receive菜单主要提供如多个窗口同时接收，以及AM/FM模式、带宽、EQ参数的设置等功能。

Transmit菜单主要提供具有发射功能的SDR设备的各参数设置，使用电视棒则该功能为灰色。

Rec/Playback菜单中具有的功能也很强大，可以直接录制回放频谱或音频信号，目前还提供了录制窗口MP4视频的功能，便于爱好者在社交圈交流分享。

Favourites菜单主要提供业余波段、商用波段、FM波段的频率数据库，爱好者可以自行添加或更新，是收听爱好者使用较多的功能。

Memories菜单主要供使用者自行存储频道，类似传统数字调谐收音机的快捷存储键，可快捷地切换需要的广播频点。

Tools菜单提供DX Cluster、在线SDR服务端等设置。

（5）RTL-SDR业余卫星接收

近些年空中业余卫星数量不断增加，首颗地球同步轨道业余卫星QO-100也成功发射并稳定运行。各种业余卫星搭载的各种功能的转发器丰富多彩，给业余无线电爱好者带来了无穷乐趣，加上SDR应用后如虎添翼，传统的业余卫星频率多普勒跟踪、卫星轨道预测都变得更加简单便捷。本文介绍的SDR-RADIO V3另一个强大的功能就是业余卫星接收功能，软件各功能之间相互联动，大大降低了新入门爱好者的心理门槛，使用上也得心应手。

单击主窗口View菜单中Satellites功能可自动跳出卫星跟踪窗口（见图7-30和图7-31）。

图 7-30　RS-44 过顶实时信息

卫星跟踪窗口中Home菜单中主要有开启/关闭频率自动跟踪、添加删除卫星，轨道预测等功能。Current按钮中可设置每颗卫星的频率、模式、带宽等信息。设置完毕即可自动根据轨道预测数据进行接收。

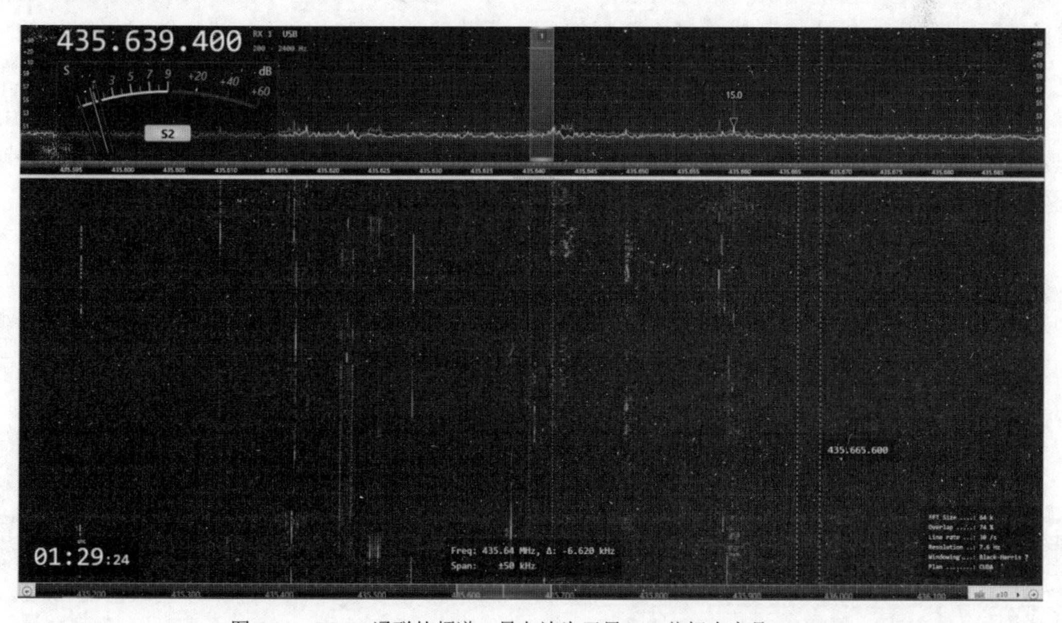

图 7-31　RS-44 通联的频谱，最左边为卫星 CW 信标内容是：RS44

Favourites菜单主要提供各种用途卫星的列表，可自定义常用的卫星列表。

Data Files菜单为卫星轨道数据库，可在此菜单中定期或自动更新卫星轨道参数。

Recording菜单中可录制卫星过顶全过程I/Q数据，供后期回放研究。

数字通信软件还有很多，如WSJT-X、MMSSTV、MixW、Easypal等，可用来配合收信机解调各种数字信号。

本文部分信息来源于RTL-SDR网站，该网站专注于RTL-SDR设备的技术交流，更多信息请自行前往关注学习，在使用SDR-RTL设备进行实验的过程中请遵守有关法律法规的规定。

7.2 短波发信机

7.2.1 对发信机的要求

根据《业余无线电台管理办法》规定，业余电台使用的无线电发射设备应是已经依法取得型号核准的产品，或者未取得型号核准但经过检测符合国家相关标准和国家无线电管理规定，且发射频率范围仅限于业余业务频段的自制、改装、拼装的无线电发射设备。本书已经详细说明了业余波段的划分及使用限制，本节根据《无线电发射设备参数通用要求和测量方法》（GB/T 12572-2008）和《业余无线电设备射频技术要求及测试方法》（GB/T 32658-2016），介绍与业余电台发射设备密切相关的主要技术参数及要求。关于这方面的更多内容，可以通过“全国标准信息公共服务平台”查阅正在执行中的上述国家标准文件。

1. 发射标识

发射标识是描述电台所发信号特性的一组字符。这组字符完整、精确地表示了该发射信号的必要带宽、主载波的调制方式、调制信号、所传输的信息种类及在某些情况下附加的信号特性。根据发射标识，国际和国内的无线电管理部门可以监测、识别各种业务无线电发射特性，以便加强无线电频谱的管理，使频谱得到有效的利用。在业余电台的频率申请和登记中，我们必须用所规定的符号标明自己电台发射的特性，在填写申请设立电台的有关表格时正确填写自己电台所应有的发射标识。

发射标识由9位字符组成。具体介绍如下。

发射标识的前4位字符表示必要带宽，后5个字符是发射类别的标识，后5位字符中前3位表示发射类别的基本特性，后2位字符为发射类别的附加特性。其中表示发射类别的基本特性的3个字符也经常在填写QSL卡片及电台日志中用来表示“工作方式”（MODE），如SSB方式用“J3E”表示。

（1）必要带宽

对一个给定的发射类别而言，在规定的条件下正好能保证传输信息所需要的速率和质量的频带宽度即为必要带宽。这个定义表明，必要带宽应该是在特定的调制技术下可能得到的最小带宽值，且这个带宽值可保证一定的通信质量和接收机正常工作所需要的频谱成分。

必要带宽在发射标识中位于最前面，由3位数字和1位字母组成。字母相当于小数点位置，并用来表示带宽的单位。第一个符号不能是0，也不能是K、M或G。不同频段的频率所使用的单位规定如表7-3所示。

表7-3　不同频段的频率单位规定

频段	单位	标识符	举例	
0.001～999Hz	Hz	H	0.002Hz:H002	25.3Hz:25H3
1.0～999kHz	kHz	K	180.5kHz:180K5	12.5kHz:12K5
1.0～999MHz	MHz	M	1.25MHz:1M25	10MHz:10M0
1.0～999GHz	GHz	G	5.65GHz:5G65	100GHz:100G

（2）发射类别基本特性

发射类别一共用3个字符表示，处于发射标识的第5位、第6位、第7位。

第5位字符表示主载波调制方式，具体规定如表7-4所示。

表7-4　发射类别第5位字符具体规定

主载波的调制方式	标识符
未调制载波发射	N
双边带调幅发射	A
单边带、全载波调幅发射	H
单边带、减幅载波或可变电平载波调幅发射	R
单边带、抑制载波调幅发射	J
独立边带调幅发射	B
残余边带调幅发射	C
主载波为调频调制发射	F
主载波为调相调制发射	G
主载波方同时或按预编序列进行调幅和角度调制发射	D
未调制脉冲序列发射	P
幅度调制脉冲序列发射	K
宽度/时间调制脉冲序列发射	L
位置/相码调制脉冲序列发射	M
在脉冲持续时间内主载波角度调制脉冲序列发射	Q
采用上述方式组合或其段脉冲序列发射	V
以上各项未包括的发射，但其发射中含有以下两种或两种以上的组合：调幅、调角、脉冲、同时或按预编序列进行调制的主载波	W
上述各项未包括在内的情况	X

发射标识中第6位字符表示调制主载波的信号的性质。其具体标识符规定如表7-5所示。

表7-5　发射类别第6位字符具体规定

调制主载波的信号的性质	标识符
无调制信号	0

续表

调制主载波的信号的性质	标识符
不用调制副载波但包含量化或数字信息的单个通路	1
利用调制副载波且包含量化或数字信息的单个通路	2
包含模拟信息的单个通路	3
包含量化或数字信息的两个或多个通路	7
包含模拟信息的两个或多个通路	8
包含标识符为7、8两种情况的混合系统	9
上述各项未包括在内的情况	X

发射标识中第7位字符表示被发送信息的类型。其具体标识符规定如表7-6所示。

表7-6　　发射类别第7位字符具体规定

被发送信息类型	标识符	被发送信息类型	标识符
无信息发送	N	电话（包括声音广播）	E
用于人工收听电报	A	电视（视频）	F
用于自动接收电报	B	以上各项的组合	W
无线电传真	C	上述各项未能包括在内的情况	X
数据传输、遥测、遥令	D		

（3）发射类别附加特性

发射类别的附加特性由标识的最后两位字符表示，具体规定如表7-7所示。

表7-7　　发射类别第8位字符具体规定

信号	标识符
具有不同数目和不同持续时间的码元的两态代码	A
具有相同数目和相同持续时间的码元，且无纠错功能的两态代码	B
具有相同数目和相同持续时间的码元，且有纠错功能的两态代码	C
每一个状态代表一个信号码元（一个或多个比特）的四态代码	D
每一个状态代表一个信号码元（一个或多个比特）的多态代码	E
每一个状态或状态组合代表一个字符的多态代码	F
广播音质的声音（单声）	G
广播音质的声音（立体声或四声道立体声）	H
商用音质的声音（不包括标识符为K、L所列的类别）	J
利用频率倒置或频带分割法的商用音质的声音	K
利用单独频率调制的信号控制解调后信号电平的商用音质的声音	L
单色	M
彩色	N
上述各项的组合	W
其他未包括在内的情况	X

发射标识中第9位字符表示复用性质，其具体标识符规定如表7-8所示。

表7-8　　发射类别第9位字符具体规定

复用性质	标识符	复用性质	标识符
没有复用	N	时分复用	T
码分复用（包括带宽扩展技术）	C	频分和时分复用组合	W
频分复用	F	其他复用方式	X

当没有使用附加特性时，则在第8位字符、第9位字符处以横线代替，如16K0F3E—。

（4）必要带宽计算及发射标识示例

① 必要带宽计算公式中的术语符号

B_n——以赫兹表示的必要带宽。

B——以波特表示的速率。

N——在传真中每秒传输的最大可能的黑白像素数。

M_H——以赫兹表示的最高调制频率。

M_L——以赫兹表示的最低调制频率。

C——以赫兹表示的副载波频率。

D——峰值频偏，即瞬时频率的最高值与最低值差值的一半。

K——按照发射类别和可允许的信号失真而变动的一个总值因数。

② 发射标识示例（见表7-9）

表7-9　　发射标识示例

名称	发射说明	必要带宽		发射标识示例	旧符号
		计算公式	计算示例		
双边带等幅键控电报（CW，A1A）	等幅电报 莫尔斯电报	B_n=BK $K=5$（对于衰落电路） $K=3$（对于非衰落电路）	每分钟25字 B=20dB $K=5$ 带宽：100Hz	100HA1AAN	A1
双边带调幅电话（AM，A3E）	电话（商用音质），双边带（单路）	$B_n=2M_H$	M_H=3kHz 带宽：6kHz	6K00A3EJN	A3
全抑制载波单边带话（SSB，J3E）	电话（商用音质），单边带抑制载波（单路）	$B_n=M_H-M_L$	M_H=3kHz 带宽：2.7kHz	2K70J3EKN	A3J
全抑制载波单边带调频传真（FAX）	模拟传真，调制主载波的音频副载波调频，单边带抑制载波	$B_n=2M_H+2DK$ $M_H=B/2$ $K=1.2$ （典型值）	$N=1100$ $D=400$Hz 带宽：1.98kHz	1K98J3C—	A4J
单路移频电报（自动接收）（RTTY）	无纠错电报（单路）	公式同上	B=100dB D=85 Hz 170Hz频移 带宽：304Hz	304HF1BBN	F1

续表

名称	发射说明	必要带宽		发射标识示例	旧符号
		计算公式	计算示例		
AMTOR，PACKET等	采用移频调制副载波的直接印字电报，纠错，单边带抑制载波（单路）	公式同上	B=100dB D = 85 Hz 170Hz频移 带宽：304Hz	304HF1BCN	F1
调频电话 （FM）	商用电话 （商用音质）	$Bn=2M_H+2DK$ $K=1$ （典型值）	D=5kHz M_H = 3kHz 带宽：16kHz	16K0F3EJN 16K0G3EJN	F3 —

2. 频率容限

（1）定义

频率容限——发射所占频带的中心频率偏离指配频率（或发射的特征频率偏离参考频率）的最大容许偏差。频率容限以百万分之几兆赫兹（$n\times10^{-6}$MHz）或以若干赫兹（nHz）表示。频率容限是根据当前技术发展水平以及在不同频段用户数量、干扰情况等制定的一项国家标准，它具有法律效力和强制性的约束力。

指配频带——批准给某个电台进行发射的频带，其带宽等于必要带宽加上频率容限绝对值的两倍。如果涉及空间电台，则指配频带还包括对于地球表面任何一点上可能发生的最大多普勒频移的两倍。

指配频率——由无线电管理机构指配给一个电台的频带的中心频率。

特征频率——在给定的发射中易于识别和测量的频率。特征频率是指一部发射机发射的实际频率。发射机发射的频率有的是不固定的、瞬时变化的，如调幅波的边频是随调制信号频率的变化而改变的，不易识别和测量，因而不是特征频率。调幅信号的特征频率是载频。而在发射单路移频电报（如RTTY）时，实际工作的只有“空号”频率和“传号”频率，并无载波，这时二者均为可以识别和测量的频率。

参考频率——相较于指配频率具有固定和特定位置的频率。此频率对指配频率的偏移与特征频率对发射所占频带中心频率的偏移具有相同的绝对值和符号。在诸如抑制载波的单边带发射中，其指配频带的中心频率难以判断或根本不存在，便选用参考频率。在实际测量中，参考频率常常指的是某种发射的特征频率的标称值，而特征频率指的是实际值。定义中“发射所占频带中心频率”指的应是实际占用频带的中心频率。

频率稳定度——在规定的时间间隔内，发射机特征频率相较于参考频率发生的最大变化。其中相对频率稳定度常用“±n ppm”表示，其中ppm代表百万分之一（10^{-6}），绝对频率稳定度用若干赫兹（n Hz）表示。

频率误差——特征频率与参考频率之差。

（2）发射机频率容限

频率容限的检查通过对发射机特征频率的实际测量实施。发射机的频率稳定度和频率误差应符合频率容限的国家标准。

特征频率的测量一般有两种形式，即设备监测（又称为近端监测）和空中监测（又称为远端监测）。前者常用频率计或其他测频仪表对发射机进行检查，后者是频率管理机构对无线电台发射的信号频率质量实施的监测。

我国发射机频率容限部分规定如表7-10所示。

表7-10　　**部分无线业务发射设备的频率容限**

工作频段	业务或台站种类	频率容限基本要求
1606.5～4000kHz	固定 固定（SSB无线电话） 固定（FSK无线电报和数据传输） 陆地/海岸、航空、基地台 陆地/海岸、基地台（SSB无线电话） 移动/救险 移动/陆地	15×10^{-6} 20Hz 10Hz 50（≤200W，100）$\times10^{-6}$ 20Hz 20Hz 15×10^{-6}
4～29.7MHz	固定 固定（SSB无线电话） 固定（FSK无线电报和数据传输） 陆地/海岸、航空、基地台 陆地/海岸（A1A） 移动/救险 移动/陆地移动	10×10^{-6} 20Hz 10Hz 20Hz 10×10^{-6} 50Hz 40×10^{-6}
29.7～108MHz	固定 陆地 移动	20（≤50W，30）$\times10^{-6}$ 20×10^{-6} 20（手持机≤5W，40）$\times10^{-6}$
108～470MHz	固定 陆地/海岸 陆地/海岸（A1A） 陆地/基地台 移动/救险 移动/陆地移动 空间站	5×10^{-6} 5（≤5W，10）$\times10^{-6}$ 10×10^{-6} 5×10^{-6} 50（156～174MHz,10）$\times10^{-6}$ 5（手持机≤5W，15）$\times10^{-6}$ 20×10^{-6}

3. 杂散发射功率电平限值

杂散发射功率电平是衡量发信机质量的重要指标之一。杂散发射会对其他无线电业务造成干扰，而业余电台多分布于城市内，这种可能引起的干扰危害性更大。所以，努力提高发射质量是每一个爱好者不可推卸的职责。每个业余电台在开设之前其设备也应经过无线电管理部门的检测。

早在1947年，世界无线电行政大会就对杂散发射进行了限定。本书根据业余无线电通信的特点对此进行简要介绍。

（1）名词术语及定义

杂散发射——必要带宽之外的某个或某些频率的发射，其发射电平可降低而不致影响信息的传送。杂散发射包括谐波发射、寄生发射、互调产物以及变频产物，但不包括带外发射。

带外发射——在调制过程中产生的，在必要带宽之外的一个或若干个频率的发射，但杂散发射除外。

谐波发射——整数倍于占用频带之内频率的发射。

寄生发射——既不依赖发射机的载频、特征频率而产生，也不依赖于产生载频、特征频率的本地振荡器产生的反射，是一种偶然产生的杂散发射。

互调产物——任何两个或两个以上的频率信号，在发射机的非线性特性的作用下所形成的新频率。它可能由来自同一个或若干个不同的发射系统各种信号相互调制而产生。

（2）业余业务发射设备杂散功率限值要求（见表7-11）

表7-11　业余业务发射设备杂散功率限值要求

设备频段	散域发射功率限值要求
30MHz以下业余发射设备	小于3+10 lg*PEP*，或50dBc，取要求较低的
30MHz以上业余发射设备	小于3+10 lg*P*，或50dBc，取要求较低的

（3）产生杂散分量的主要原因及抑制方法

谐波发射——抑制谐波发射的关键在于保证射频功率放大器的波形不失真，同时要合理安排功放级的布局，防止引线分布参数引起谐振。应该在输出端安排一级以上的带通滤波器或加入调谐滤波器，以尽量减小谐波信号功率。

寄生发射——这是一种基本上不随输入信号变化的发射。克服的办法主要从合理布局入手，注意级间屏蔽和滤波等。

4．发射功率的限制

根据我国《业余无线电台管理办法》的规定，不同类别业余无线电台的发射功率限额如表7-12所示。

表7-12　业余无线电台的发射功率限额

业余电台类别	30MHz 以下	30～3000MHz
A	—	不大于25W
B	不大于15W	不大于25W
C	不大于1000W	不大于25W

上述功率是指发射设备的射频输出峰值包络功率（PEP），即在发射机输出端与负载正确匹配并处于最大激励时，在调制包络最大值处的一个射频周期内的平均功率。实际输出功率的最大限额应由无线电管理主管部门根据设台环境在此范围内确定。

在业余条件下可用以下方法测量发射机的输出功率。

（1）用适当的峰值包络表直读。

（2）用示波器或其他仪表测出负载两端最大高频电压峰值，乘以0.707，再平方后除以负载阻值。

（3）在缺乏必要的射频仪表时，可以用射频末级直流供电的电压乘以最大供电电流再乘以0.8来估算。

5．关于等效全向辐射功率e.i.r.p

除国家对不同类别业余无线电台的发射功率有不同的限制外，我国还采用了国际上对某些业余频段的业余电台发射功率的特别规定。

根据《中华人民共和国无线电频率划分规定》可知，在135.7～135.8kHz频段，业余业务台站最大辐射功率不得超过1W（e.i.r.p.）；在5.3515～5.3665MHz频段，业余业务台站最大辐射功率不得超过15W（e.i.r.p.），这是任何级别的操作员都不可违反的规定（见表1-2）。

“e.i.r.p.”和我们通常所说的电台发射功率有什么不同？

“e.i.r.p.”是等效全向辐射功率（equivalent isotropically radiated power）的英文缩写，指供给天线的功率与指定方向上相较于全向天线的增益（绝对增益或全向增益）的乘积。

全向天线是一种为定量地研究天线辐射所假设的一种理想点源天线，它的尺寸只是一个点，但能够将电磁能量以空间球面波形式向四面八方均匀扩散。这种全向天线在实际世界中并不存在，但通过简单数学方法计算出电磁波到达空间任意点时单位面积上的信号功率密度，作为比较的基准十分方便。

实际天线都有一定的方向性，射向各方的能量不会均匀分布。如果以一定功率驱动的点源天线到达某点的信号功率密度值与某个实际天线的相同，则该实际天线的等效全向辐射功率值等于点源天线的驱动功率。

由于实际天线的能量被集中到一定的空间角度，最大方向上的辐射一定高于均匀辐射值。因此，任何效率为100%的实际天线在最大辐射方向上的e.i.r.p.值一定会比天线实际驱动功率值大一定的倍数，这个倍数就是实际天线相较于点源天线的增益，通常以对数分贝形式表达，单位记为dBi。点源天线本身的增益就是0dBi，半波长偶极天线相较于点源天线的增益为2.15dBi。

e.i.r.p.综合了发射功率和天线增益两个因素，更为客观地反映信号强度，因此对防范业务间有害干扰要求比较高的场合，频率划分规定经常在脚注中限定发射机的e.i.r.p.限值。

例如，5MHz业余波段规定e.i.r.p.限值为15W，这意味着在采用标准半波偶极天线时，发射机输出功率应该是15W减去天线增益引起的功率增量。为计算方便，将15W转换成以分贝数表示的绝对功率电平，约为41.7dBm，发射机可用输出功率为

$$41.76\text{dBm}-2.15\text{dB}=39.61\text{dBm}\approx 9.1\text{W}$$

缩短型振子天线的增益低于半波偶极天线，假设只有−6dBd，此时可用的发射机输出功率应该是

$$41.76\text{dBm}-2.15\text{dB}-(-6\text{dBd})\approx 36.4\text{W}$$

反之，如果使用具有+6dBd增益的定向天线，发射机输出功率就应该为

$$41.76\text{dBm}-2.15\text{dBi}-(6\text{dBd})\approx 2.3\text{W}$$

WRC大会增加5MHz业余频率分配的重要考虑是满足灾害业余无线电应急通信及其自我训练的需要，在恶劣环境条件下架设全长度的半波偶极天线会遇到困难，用e.i.r.p.规定的发射功率限值显然有利于保证缩短型天线的通信效果。

至于缩短型天线的增益是多少dBd，商品天线可以参考厂商给出的指标。如果是自制天线，则可以从加感的位置和天线各段的长度进行估算。

说明：dBm=10×lg$P$（功率P单位为mW）。dBd是以偶极天线为参考基准的天线增益单位。0dBd=2.15dBi。负功率增益为当天线与基准天线最大辐射方向上的辐射强度之比小于1时，取对数后的天线功率增益dB数值就为负，表示该天线在最大辐射方向上的效果比基准天线差。

7.2.2　DIY CW QRP收发信机介绍

HB-1A收发信机是卜宪之（BD4RG）先生参考美国Elecraft公司KX-1套件的电路结构和外观，结合国内元器件特点自行研制的一款小功率CW收发信机。BD4RG采用1602液晶显示屏

进行显示，和KX-1原来的3位数码管相比可以显示更多的信息，如工作频率、工作模式、电源电压、S表、接收微调（RIT）等多种信息，使用非常方便。HB-1A是超小型便携式设计，特别适合携带到野外使用。

和老式的套件相比，HB-1A使用了微处理器（单片机）作为显示、控制等核心器件，并配合DDS（直接数字合成）芯片来产生本振信号，正是由于采用了这些新技术，才使得做出体积小、性能稳定、操作方便的套件成为可能。早期的收发信机套件基本上是用LC振荡器来产生本振信号的，为了获得稳定的本振信号，往往在电路元件的选择上都有严格的要求，以补偿振荡频率随温度的变化而引起的漂移，LC振荡器对外界的机械振动也很敏感，因此其机械结构要特别设计。然而即使采取了这些措施，LC振荡器的稳定性还是无法和现在的DDS电路相比，况且LC振荡器要占用的体积也比DDS大得多。

电路的另一个比较大的改动是输入预选频采用变容二极管双调谐电路，对5～16MHz全频段调谐，调谐电压由单片机通过D/A变换后提供。这一改进使接收机的灵敏度和选择性都有比较大的提高。使其不仅覆盖了20m、30m、40m 3个业余频段。而且可以接收5～16MHz频率范围内的短波广播。

本机具有20个存储记忆频点，可方便地改变工作频率和波段。频率步进有多种选择，业余频段有100Hz、1kHz、100kHz，广播频段有100Hz、5kHz、100kHz，接收微调（RIT）的步进有10Hz和100Hz两挡。

1. HB-1A收发信机的电路原理

图7-32所示为收发信机原理框图，图7-33所示为收发信机电路图。

（1）接收部分

接收部分是一次变频超外差接收电路。天线收到的信号首先通过低通滤波器，高于接收频带的电台信号会被低通滤波器滤除，低通滤波器由L7、L8以及相关的电容组成。之后信号通过Q1、Q4组成的收发控制电路，收发控制电路的作用是在发射时衰减发射的强信号进入接收单元。接下来的电路是带通滤波器，它是由中频变压器T2、T3、变容二极管VD10、VD11等元器件组成的双调谐电路，这个双调谐电路是根据要接收的频率在5～16MHz的范围由程序自动调谐的，经过双调谐电路组成的带通滤波器之后将要接收的频率信号选出，远离接收频率的信号被衰减。

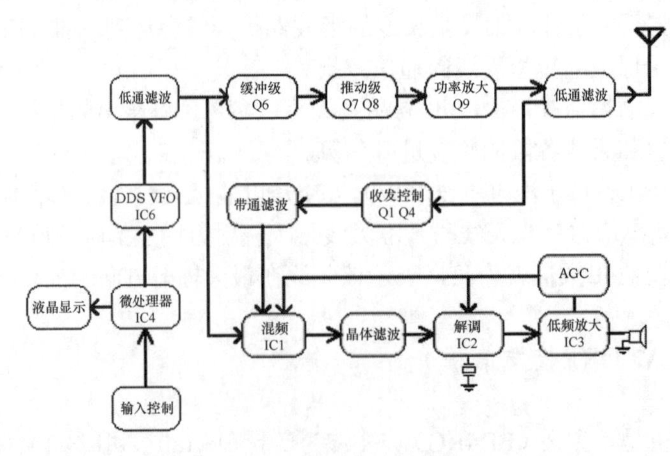

图 7-32　收发信机原理框图

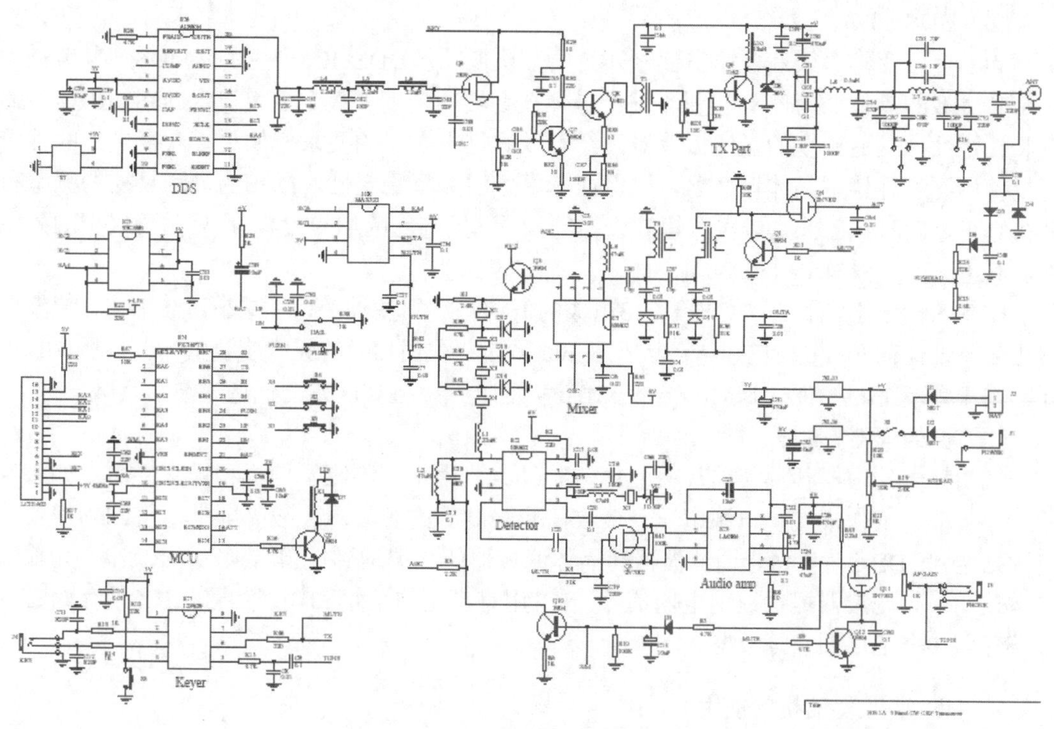

图 7-33　收发信机电路图

经过带通滤波筛选出的信号被送到IC1，同时由DDS产生的本振信号也被送到IC1，IC1是个混频芯片，电路设计上DDS输出的信号根据接收的是USB（上边带）还是LSB（下边带）而分别比接收信号高或者低4.915MHz，所以IC1混频出来的差频中将会有一个4.915MHz的中频信号，这个中频信号通过4只晶体管组成的晶体滤波器滤出，由于晶体滤波器的通带非常窄，所以不需要的频率成分都将被衰减。晶体滤波器由程序提供4挡SSB和4挡CW带宽，可以提供很好的CW和SSB选择性。

经过晶体滤波器滤出的中频信号被送至IC2解调，解调后的音频信号被送到IC3进行音频放大后输出至耳机。D3和Q10等组成自动增益控制（AGC）电路，当信号过强时通过D3检波后的电压使得Q10导通，Q10的导通将拉低IC1和IC2两个芯片的输入偏置电压，从而降低两个芯片的增益，起到自动控制增益的作用。发射时在音频放大的输入端和输出端分别由Q5和Q11切断发射对侧音的干扰，使侧音清晰干净。

（2）发射部分

由于采用了DDS（直接数字频率合成器）作本振信号，而DDS的特点之一是可以在瞬间改变其输出频率，所以在发射时单片机改变DDS的输出频率，将其作为要发射的载频频率信号，这就可以省掉通常的发射混频部分，简化了发射电路。DDS电路输出的信号直接送到Q6、Q7和Q8组成的3级缓冲放大电路进行放大，Q9担任末级功放提供3～4W的输出功率，接在Q9后面的低通滤波器将不需要的谐波成分滤除，以保证送到天线端的信号的纯净。

低通滤波器由L7、L8以及相关的电容组成，低通滤波器分两挡，20m和30m共用一挡、40m用一挡，由继电器K1切换。接在接收带通滤波器之前的Q1和Q4限制了发射时传送到接收混频器的信号电压。

（3）DDS VFO

VFO（可变频率振荡器输出信号）是由一块低功耗DDS IC6产生的，DDS的参考频率由一个50MHz的晶体振荡器X7提供，这个晶体振荡器的精度和稳定性将决定DDS输出信号的精度和稳定性，普通精度的晶体振荡器已经可以满足本电路的要求，如果要获得更好的性能也可以使用温度补偿型晶体振荡器，以保证有更好的频率稳定性。DDS的灵活易控的频率范围使得它可以同时覆盖业余频段和短波广播频段。这里选用的AD9834芯片只需要极少的外围元件，其电流消耗只有5～8mA。

DDS的输出由L4～L6、C41～C43组成的低通滤波器滤波。为了减小谐波干扰，滤波器的截止频率设计在20m波段的边缘。因此在20m波段工作时LSB的灵敏度要低一些，因为LSB需要的本振频率是4.9MHz +14MHz =18.9MHz，这个频率会被DDS的低通滤波器衰减一些。

（4）微处理器

低功耗微处理器芯片（单片机）16F73（IC4）用来控制收发信机和操作界面，如将当前的工作频率、工作模式、电源电压、接收信号强度等内容显示在液晶屏上，将DDS需要的控制数据送到DDS芯片，将带通滤波器和晶体滤波器的数据送到数模转换芯片IC8上，为输入调谐电路和中频滤波器提供控制电压信号。IC7用来产生自动键和侧音信号。IC5是存储芯片，用于存储20个记忆频点等数据。

2．HB-1A收发信机的使用

（1）内置电池

只要将收发信机背面的两个螺钉拆掉就可以安装或更换电池，机内可安装8节5号电池。如果用碱性电池电压为12V，此时输出功率会大些但使用时间要短些。如果用镍氢充电电池电压为9.6V，此时输出功率为2～3W。

（2）外接电源

可以将任何9～14V的直流电压或电池通过外接电源接口（12V DC）接入。电源接口有极性保护电路，以防止电源接反损害机器。根据电源电压的不同，电流大约在350～850mA。

（3）耳机

将立体声耳机连接到耳机接口（PHONE），阻抗为8～32Ω。也可以外接小扬声器到耳机接口，但可能音量较小，不建议使用。建议使用耳塞机，它的质量轻，灵敏度高，而且抗外界干扰的效果较好。

（4）天线

可以将任何的谐振天线用Q9接头直接连接到天线接口（ANT），对于非谐振天线要在天线接口和天线之间接入天线调谐器。

（5）电键

你可以连接普通手动键或自动键（Paddle）到KEY/PADDLE接口，HB-1A具有自动识别自动键和手动键功能，只要将手动键连接到单声道插头或者按图7-34所示将3.5mm立体声插头的中间环和下面一起接地即可，打开电源时电路会根据所插入的电键不同进行自动检测，当听到嘀嗒声（莫尔斯码字母A）即为自动键、听到嗒嗒声（莫尔斯码字母M）即为手动键。

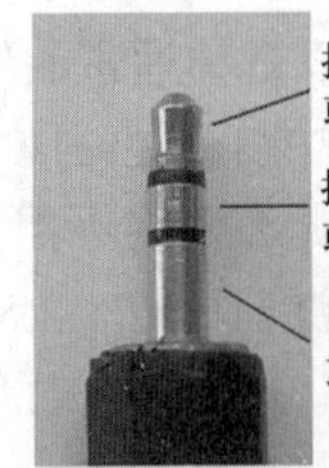

图7-34　电键插头定义

3. HB-1A收发信机的操作

打开电源时根据所接入的电键不同你会听到嘀嗒声（莫尔斯码字母A）或嗒嗒声（莫尔斯码字母M），不接电键时将听到嘀嗒声。

电路板上的可调电阻“DRI”用于调节发射输出功率，一般要顺时针旋到底，如果需要减小发射功率，可调节此电阻的阻值。

电路板上的可调电阻“BAT”用于校准电源电压显示，可调节此电阻的阻值使显示值和电源电压一致。

（1）V/M/SAV按键

图7-35所示为V/M/SAV状态下的窗口显示内容。轻按一下V/M/SAV按键将在存储频点和VFO之间转换，液晶屏的左上角将分别显示EM-**或VFO-**（**为01～20的数字）。显示MEM-**时为存储频点方式，此时旋转大旋钮可以改变存储频点，顺时针旋转增加，逆时针旋转减小。显示VFO-**时为改变频率方式，此时旋转大旋钮可以改变工作频率，顺时针旋转频率增加，逆时针旋转频率减小。

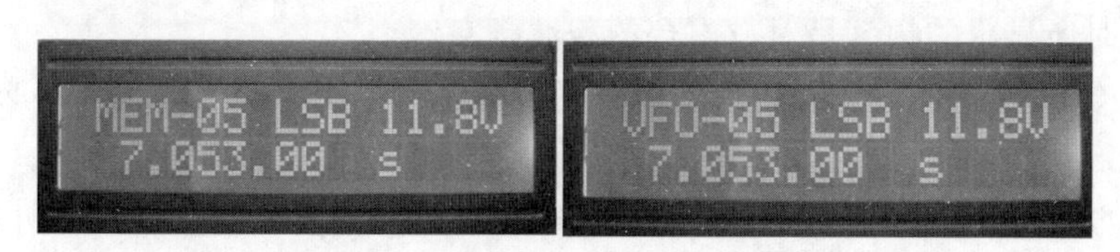

图 7-35　V/M/SAV 状态下的窗口显示内容

按V/M/SAV按键超过2s可以将当前的频率和工作模式存储到当前的存储单元中。液晶屏的左上角将显示SAVE字样。

（2）RIT/MOD按键

图7-36所示为RIT/MOD状态下的窗口显示内容。轻按一下RIT/MOD按键将进入或退出接收微调（RIT）功能。当进入RIT后液晶屏显示频率的数字后面将显示一个小横条。

此时旋转大旋钮可以对接收频率微调：顺时针旋转频率增加，此时小横条将变为上箭头，逆时针旋转频率减小，小横条将变为下箭头，如图7-37所示。

图 7-36　RIT/MOD 状态下的窗口显示内容　　图 7-37　RIT/MOD 按键微调后的显示效果

按RIT/MOD按键超过2s可以改变当前的工作模式，工作模式将在USB、LSB和CW之间循环转换。液晶屏上面中间部位将显示相应的字样。

如果在存储频点工作状态操作了RIT/MOD按键，HB-1A将自动转入VFO工作状态。

（3）ATT/IF按键

轻按一下ATT/IF按键将进入或退出ATT功能。当进入ATT后液晶屏显示S表的s将显示为A。此时接收信号将被衰减，可在信号过强的情况下使用此功能。

按ATT/IF按键超过2s将进入中频带宽设置状态并显示当前的中频带宽，如果在进入设置前工作模式是CW，将对CW带宽进行设置；如果在进入设置前工作模式是USB或LSB，将对SSB带宽进行设置。看到上面的显示后每轻按一次ATT/IF按键，中频带宽将依次改变，当得到你需要的带宽时可以长按ATT/IF键退出，也可以不进行任何操作约10s后自动退出。进入中频设置状态后只要不操作的时间超过10s，程序将自动退出。中频带宽设置将被记忆，即使关机也不会改变（SSB分为2.2kHz、2.0kHz、1.8kHz、1.6kHz 4挡，CW分为900Hz、700Hz、500Hz、400Hz 4挡）。图7-38、图7-39所示为ATT/IF状态下和按键设置后窗口显示内容。

图 7-38　ATT/IF 状态下的窗口显示内容

图 7-39　ATT/IF 按键设置后的显示内容

（4）接收模式选择（CW、LSB、USB）

CW接收模式在40m波段时使用LSB，在30m和20m波段时使用USB。CW模式加入了700Hz的频偏，就是说当你调谐至收到700Hz的音调时显示的频率就是对方电台发射的频率。

LSB接收模式和USB接收模式没有加CW频偏，当你正确解调出SSB信号或者零拍频（接收AM或CW）时所显示的频率是对方电台的载波频率。

交叉模式（CW/SSB）：上面3种模式的任何一种都可以用于交叉通信而不必借助RIT，当你正确接收到SSB信号时，此时发信对方就会收到你700Hz音调的信号。

由于DDS的特性，在一些特定的频点（这些频点都在业余频段之外）会听到强烈的干扰（可参考KX-1的说明书）。如果在某个你感兴趣的AM电台附近有这种干扰，请改变一下上下边带，或许可以减小或消除干扰。

（5）频率步进的改变

当工作频率在业余频段时，轻按一下大旋钮步进频率将在100Hz和1kHz之间转换。当工作频率不在业余频段时，轻按一下大旋钮步进频率将在100Hz和5kHz之间转换，这种设计是考虑到广播电台工作频率大都在5kHz或10kHz的位置，选用5kHz的步进可以很方便地收听短波广播。步进频率改变时液晶屏相应的频率显示位将闪动两次。

按下大旋钮超过2s步进频率将改变为100kHz。液晶屏相应的100kHz频率显示位将闪动两次，这个步进频率可以让你尽快达到你所需要的工作频率。

在接收微调（RIT）状态时，轻按一下大旋钮，步进频率将在10Hz和100Hz之间转换。

如果在存储频点工作状态时改变了步进频率，HB-1A将自动转入VFO工作状态。

（6）频率锁定功能

同时按下V/M/SAVE按键和RIT/MODE按键大约1s，液晶屏显示频率的数字后面将显示“#”符号。此时大旋钮以及V/M/SAVE按键和RIT/MODE按键的操作将无效，这个功能保证你在移动的状态下频率不被无意中改变。再次同时按下V/M/SAVE按键和RIT/MODE按键1s可以解除此功能。图7-40所示为频率锁定功能状态下的窗口显示内容。

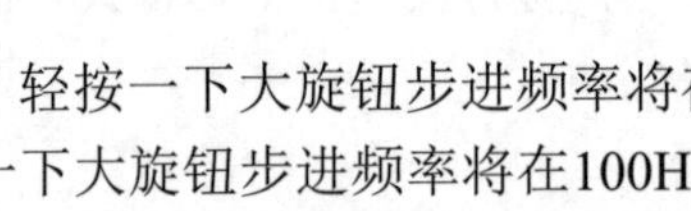

图 7-40　频率锁定功能状态下的窗口显示内容

（7）自动键功能

自动呼叫CQ：短按一下CQ/SET按键，即自动呼叫CQ CQ CQ de“呼号3遍”pse k。如果要中途取消自动呼叫，请按住CQ/SET键1s后放开即可。

改变速度：按下CQ/SET按键不放，约2s后听到“嘀嘀嘀”（莫尔斯码字母S），此时放开CQ/SET键，5s内（若不输入，5s后将自动退出，并保持原来的速度）将自动键拨片拨向“点”速度加快、拨向“划”速度减慢，至合适的速度即可。短按一下CQ/SET按键立即放开，听到“嘀”（莫尔斯码字母E）退出，或等待大约5s自动退出。

输入呼号：按下CQ/SET按键不放，约2s后听到“嘀嘀嘀”（莫尔斯码字母S），继续按住CQ/SET按键不放，约2s后听到嘀嘀（莫尔斯码字母I），此时放开CQ/SET键，5s内（若不输入，5s后将自动退出，并保持原来的呼号）像平时发报一样用自动键拨片发一遍你的呼号即可（可输入的字符不少于10个）。发完后短按一下CQ/SET按键立即放开，听到“嘀”（莫尔斯码字母E）退出，或等待大约5s自动退出。

取消自动呼叫功能：如果不希望有自动呼叫CQ功能可以按下面的操作取消此功能。这样就不会因为无意按下CQ/SET键而呼叫CQ了。

按下CQ/SET按键不放，约2s后听到“嘀嘀嘀”（莫尔斯码字母S），继续按住CQ/SET按键不放，约2s后听到“嘀嘀”（莫尔斯码字母I），继续按住CQ/SET按键不放，约2s后听到“嗒嘀嗒嘀”（莫尔斯码字母C），此时放开CQ/SET键，将自动键拨片拨向“点”选择自动呼叫开（可听到莫尔斯码ON）、拨向“划”选择自动呼叫关（可听到莫尔斯码OFF）。如果不进行选择，5s后听到“嘀”一声自动退出，或短按一下CQ/SET按键立即放开也可退出，并保持原来设置不变。

这些设置将记忆在集成电路中，不会因关机而改变。

（8）发信

HB-1A允许的发信频率是7.0～7.3MHz、10.1～10.15MHz、14.0～14.35MHz。在这些频率范围内发信时液晶显示屏显示模式的位置将显示TX字样，显示S表的位置将显示发射功率，大约每3个竖条表示1W（由于发信时检测的是天线端的射频电压，所以只有接50Ω负载时才相对准确，接天线时可能有电抗存在，测量会有误差，仅供参考），同时耳机中可听到约700Hz的侧音。正常发信时窗口显示内容如图7-41所示。

当不在这些频率范围发信时将是无效的，液晶显示屏将显示TX ERROR字样并闪动，但侧音保留。利用这一点可以进行发报练习，此状态下窗口显示内容如图7-42所示。

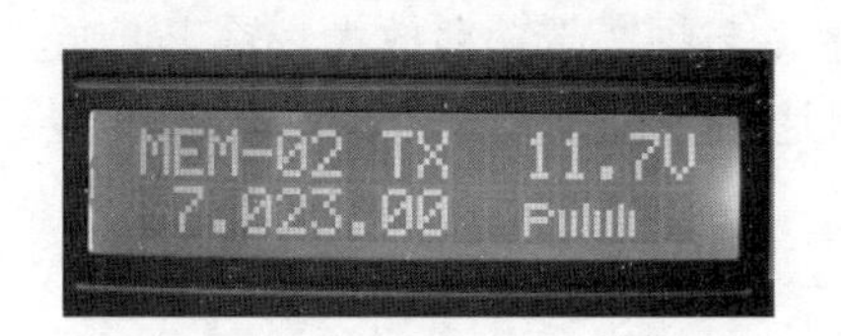

图 7-41　正常发信时窗口显示内容

图 7-42　发信无效时窗口显示内容

4．HB-1A基本性能

① 机壳尺寸：140mm×95mm×35mm（不包括旋钮等凸出部分）。

② 质量：约500g（不包括电池）。

③ 工作电压：9～14V DC。

④ 消耗电流：接收时，静态电流约55mA；发射时，消耗电流为350～850mA（根据电源电压的不同，消耗电流不同）。

⑤ 频率范围：接收时的频率范围为5～16MHz连续；发射时的频率范围为7.0～7.3MHz、10.1～10.15MHz、14.0～14.35MHz。

⑥ 本振频率：DDS电路，参考频率为50MHz。

⑦ 显示：1602液晶显示屏。

⑧ 最大输出功率：12V电压时，最大输出功率约4W；13.8V电压时，最大输出功率约5W。

⑨ 侧音：约700Hz。

⑩ 自动键：内置自动键速度可调。

⑪ 选择性：4晶体滤波器，SSB带宽2.2～1.6kHz，分4挡；CW带宽900～400Hz，分4挡。

图7-43、图7-44所示分别为本文所介绍的QRP收发信机外观和内部结构。

图 7-43　收发信机外观

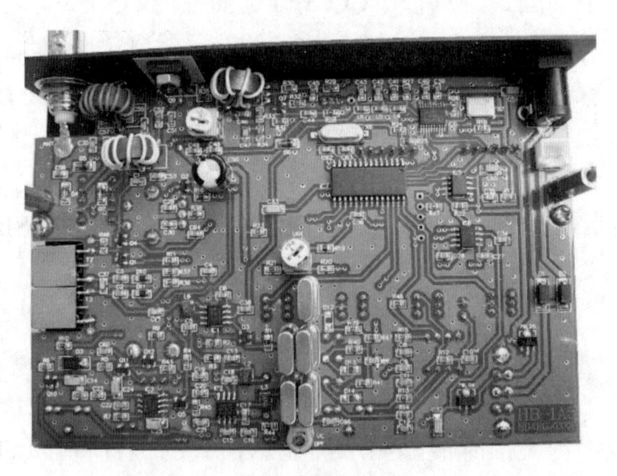

图 7-44　收发信机内部结构

7.2.3　AX94 DIY单边带发信机介绍

由BA5TX郑英俊、BA5RX薛立人设计的AX94是在BY5RSA积木式收发信组件基础上改进的单边带发信电路。集单边带话、报信号产生、高频宽带功率放大、输出低通滤波及收发转换控制为一体，额定输出功率为10W（最大可达25W）。配合139、77、222等型号收信机，便能在短波段进行良好的QSO。

AX94单边带发信机电原理图如图7-45所示。

为方便爱好者仿制，我们以7MHz波段为例来介绍该机的工作原理和制作调试方法。

1. 电报工作

IC2⑩⑪脚内部放大电路与外围C15、C16、C17和R13、R14等移相网络配合，构成800～1000Hz音频振荡电路，起振的幅度条件受VT3控制。其振荡输出经C8送至MIC放大电路放大后再送往平衡调制电路。当电键按下时，VT3因上偏置电压对地短路而截止，集电极对IC2⑩脚呈现高阻状态，音频振荡电路起振；抬键时VT3集电极对IC2⑩脚呈现低阻状态，破坏了振荡电路的幅度条件而使其停振，音频无输出。

2. 收发转换

VT1、VT2用于PTT信号识别控制，这样可以将MIC和PTT信号用一根屏蔽线来传输。按下电键或PTT开关，将使C11对地放电，当C11上的电压下降到不能击穿VD4时，IC2⑫脚变为低电位，经反相在IC2⑬脚输出高电位，键控管VT4得到正向偏压而导通，收发继电器J1吸合，同时还通过VT5输出9V电压去控制功放部分；抬键或松开PTT开关时，+9V电源通过R11、R10、W3对C11充电，经过一定时间（可由W3调节），C11上的电压上升到使VD4击穿，IC2⑫脚高电位，⑬脚变为低电位，键控管VT4截止，继电器放开；VT5截止，改由VT6送出9V电压到控制收信部分（小于50mA）。

3. 单边带话务

压下PTT开关后，经VT1、R6为驻极体话筒提供偏置电压。语音信号分离，送至IC1⑩⑪脚与R4构成的MIC放大电路进行放大。而后由VD1、VD2压缩音频信号变化范围，以保证注入平衡调制电路的音频幅度大小适宜，减少互调等寄生频率成分，提高语音中较弱的部分，平均语音功率，可明显改善通话效果，W2用以调节调制深度。

4. 平衡调制

IC1①、②脚与Y1等外围元件构成电容三点式振荡电路，产生载频信号。FM用途的MC3361其混频级的载频抑制指标不能满足SSB平衡调制的要求。为解决这一问题，我们外加了一个偏置电路，由R1、W1、R2分压，R3馈送一个约1.7V的直流偏置来改善原混频级的平衡指标。音频信号由IC1的⑯脚输入，在①脚获得DSB输出。

5. 边带滤波

Y2～Y5构成梯形滤波器，按图中的数值，其通带宽约2.5kHz。T7、T8是为改善滤波器性能而加入的阻抗匹配器。调节T1将载频下拉到边带滤波器通带的低端，便能得到6MHz的USB信号；若将T1换成可变电容，并将载波调到边带滤波器的通带高端，所获得的将是LSB信号。

6. 平衡变频

平衡变频是利用IC2中的混频电路来完成的。IC2①、②脚与Y6等外围元件构成频率为13MHz的电容三点式振荡电路。振荡信号与⑯脚输入的6MHz单边带信号混频后由3脚输出，并由T2、C21选频得到7MHz的SSB信号。

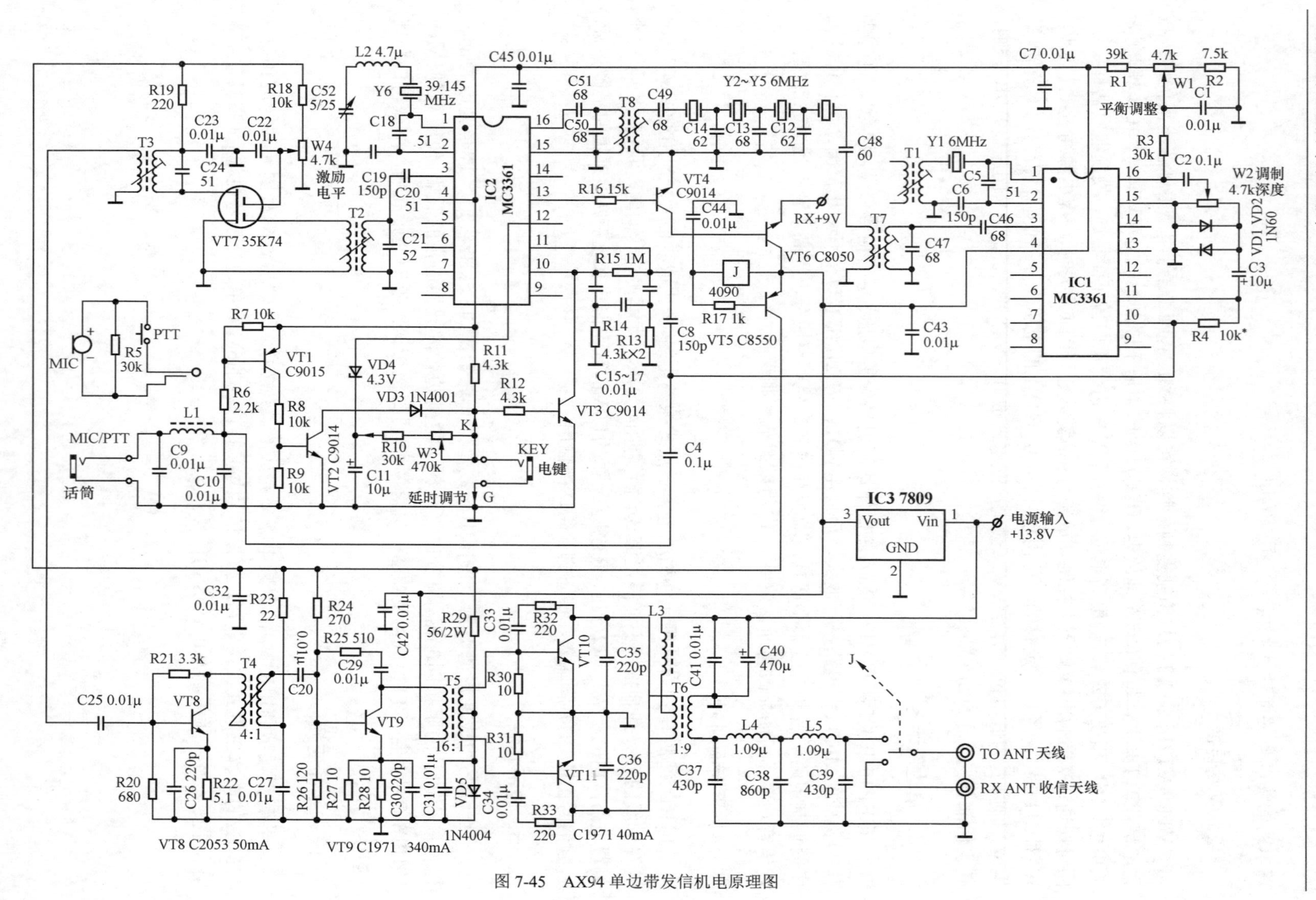

图 7-45　AX94 单边带发信机电原理图

7．激励电平控制

双栅场效应管VT7作用为隔离放大，改变其第二栅直流偏压可以平稳地控制放大器增益，使激励电平适应功放级的要求。将W4安装在机器面板上，就能随时调节输出功率。

8．功率放大

功放电路前两级VT8、VT9均设置在甲类状态以保证有足够的增益和较好的线性。R21、R20为第1级放大器VT8的直流偏置电阻，R22是VT9直流负反馈电阻，用以保证VT8直流工作点在工作温度范围内的稳定。R21同时还起到电压负反馈作用，提高放大器的工作稳定性。C26用来改善高频响应，调节高频增益。

R24、R26为VT9直流偏置电阻，R27、R28提供直流负反馈，R25、C29提供电压负反馈，C30是为改善和调节第2级放大器的高频响应而加入的。传输线变压器起到级间耦合及阻抗变换作用。

末级由VT10、VT11构成甲乙类推挽功率放大，R29、R30、R31和VD5为VT10、VT11提供直流偏置，R30、R31还能够降低第2级T5的负载阻抗，提高稳定性并展宽频带。VD5负极直接焊在VT11的发射极上，其温度补偿的响应速度远比硅脂导热形式快得多。C33、R32和C34、R33提供电压负反馈以提高末级的工作稳定性。C35、C36能够改善输出波形，若在10MHz和6MHz波段工作可以不接，以获得较大输出。

3级电路的正向偏置+9V电压均受控于VT5，收信状态功放电路不工作。

9．低通滤波

设置低通滤波器以滤除高次谐波成分，是消除TVI（电视干扰）的有效手段，也使得AX94能够轻松通过相关部门严格的技术检测。

10．元件选择

IC1、IC2选用DIP（双列直插封装）的MC3361。T1、T2、T3及T7、T8是用直径0.1mm漆包线在7mm×7mm中频变压器上绕制而成的。T1绕30匝；T2、T3、T7、T8初级绕20匝，次级绕5匝。T4、T5是用直径0.27mm漆包线的RH双孔磁心上按图7-19中标注的阻抗比绕制而成的。T6是用线径0.5mm的漆包线在NXO-100/13×14双孔磁心上绕制而成的。L4、L5用直径0.77mm漆包线在9mm钻头上绕16匝脱胎成空心线圈。除电解外，其余电容均选用高频瓷片电容。C52采用5/30pF微调电容。L2采用线径0.1mm漆包线在330kΩ电阻上绕数十匝，匝数视工作频率拉低多少而定。

11．安装调试

传输线变压器T5和电阻R29焊接在印制电路板的焊接面，其余元件均依照标号注明的位置安装于元件面。VD5负极剪短直接焊在VT11发射极上，正极折弯下来焊在印制电路板上。时延调节电位器W3先短接，W1、W2、W4顺时针调到底。

T1磁心退到顶端，其余中频变压器磁心调在中间位置。检查焊装接线无误，接上功率计、50Ω假负载和13.8V电源即可进行调试。

按下PTT开关或电键，这时因W2关死音频不能进入平衡调制电路，6MHz载频会直接通过梯形滤波器与13MHz振荡信号混频，产生7MHz信号去推动功放电路输出。调节T7、T8、T2、T3使输出功率最大，调整激励控制W4将功率调整到10W（整机电流-1.9～2A），再慢慢旋入T1至功率下降到0.5W（整机电流约0.7A），将载频频率拉低到边带滤波器通带下限以外。这时语音低频成分会被滤去一部分，对方只能收听到中高音成分，会有对不准频率的感觉。将T1退出1～2圈，把载频点移入边带滤波器通带内以提高低频成分，改善语音效果。调整平衡调制电位器W1使输出功率为OW（即整机电流最低点，约0.66A）。

按电键调整W2使电报功率上升到10W，这时改按PTT对MIC讲话，指针应在0～5W摆动（平均功率，其峰值已超过10W）。若对MIC大声喊“啊……”，功率可以达10W，峰值功率已达20W。长时间持续10W以上输出，应加大加厚散热片或安装散热风扇。

请注意：这里所谓的高、低电位只是为了便于说明工作原理，并非数字电路中的逻辑电平。电报方式不是真正的等幅电报，而是音频调制的单边带报。可以与等幅电报很好地兼容。进行报、话模式交叉通联时不用调偏频率，尤为方便。

改变工作频段只需更换相应的晶体和T2、C21、T3、C24的谐振频率，并将输出换成相应波段低通网络。

停用时间较长的电路，刚开机可能有轻微载频泄露，数分钟后会消失。调整平衡调制电位器W1应在开机数分钟待电路稳定后进行。

对电路出现激励过大或产生自激的简单解决办法是，在T3次级并联一只56～100Ω的电阻或将C25换成100pF，将W4开到最大时的输出功率控制在15～20W。

电路中VT6发射极输出的“RX+9V”收信电压驱动能力大于500mA，可直接作收信机电源（正极接地的机型应注意防止短路）或驱动继电器去控制收信机的输出。

7.3 超短波收发信机

根据我国《业余无线电台管理办法》，发射频率在30～3000MHz范围内的业余电台属于A类业余无线电台，设置自己的业余电台必须从A类电台做起。

在30MHz以上的业余波段中，最常用的是144MHz波段（2m波段，VHF波段）和430MHz波段（0.7m波段，UHF波段），它们都属于超短波范围。

超短波语音通信大都使用频率调制方式，即FM方式，少数超短波业余电台具备单边带和等幅电报等方式。超短波数字通信则加入了相位调制、数字编码等新技术，提高了超短波通信的可靠性和保密性。

超短波无线电通信始于20世纪30年代，至今方兴未艾。它曾带来了导航、雷达技术的发展，使人类更多的无线电科技梦想得以实现。

7.3.1 FM（频率调制）通信

1. 什么是频率调制方式

FM（频率调制）是一种使载波的频率随着所要传递的原始信号（如语音、数字信号等）的波形变化而按比例发生偏移的调制方式。载波中心频率的最大偏移量取决于原始信号的频率以及调制深度（比如语音的响或轻）。

图7-46所示是调频波示意。我们从中可以看出，调频波的中心频率偏移量反映了原始信号的变化规律，而调频波的幅度则不携带任何有用的信息。

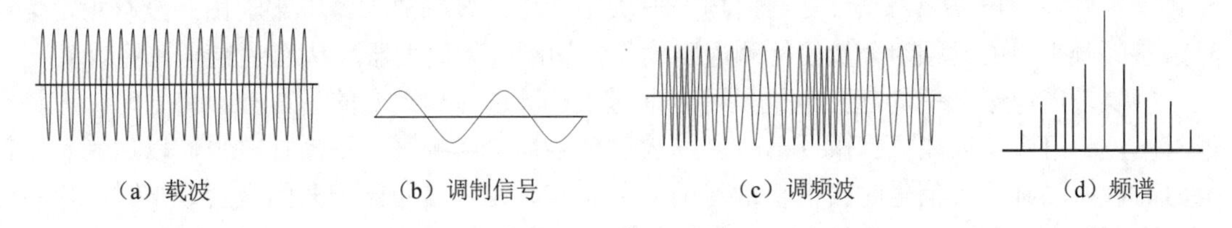

（a）载波　（b）调制信号　（c）调频波　（d）频谱

图7-46　调频波示意

2．调频通信的信道带宽

从图7-45中我们还可以看到，经过调制的调频波，其频谱也像AM（调幅）过程一样发生了变化，产生了上、下频带。原始信号频率变化越丰富，如高音质的音乐，则能够高保真的调频波所占用的频带越宽。FM广播需要传输高质量的声音，采用宽带调频（WFM）方式，信道宽度为180kHz。对语音通信而言，3kHz的带宽就足以保证清晰可辨，所以语音通信均采用窄带调频（NFM）方式。NFM方式的信道带宽分为25kHz和12.5kHz两种。

3．鉴频器

在AM中，有用信息是包含在已调波的幅度变化中，我们通过检波器检出已调波幅度变化的“包络线”，从而还原调幅波所携带的有用信息，对检波器的要求是输出信号和输入调幅波的幅度变化呈线性关系。而调频波与调幅波完全不同，它的有用信息是包含在已调波瞬时频率变化中，因而对解调器的要求是要能使输出信号和输入调频波的瞬时频率变化呈线性关系。我们把具有这一特性的解调器称为鉴频器。

鉴频器解调的方法有多种，常见的鉴频器有利用具有线性的幅度-频率特性电路，先把调频波转换成幅度随瞬时频率变化的“调幅-调频波”，然后用幅度检波器把它的幅度变化检测出来从而还原有用信息的斜率鉴频器，以及利用具有线性的相位-频率特性电路，把调频波转换成“调幅-调频波”从而还原信息的相位鉴频器等。

4．限幅放大和静噪控制

虽然鉴频器的作用是进行“频—幅”波转换，但它仍有可能解调调幅信号。调频波是等幅波，但在传播过程中，由于各种干扰因素的影响，我们收到的调频波却夹杂着丰富的幅度变化。这种变化的幅度不包含有用信息，然而鉴频器会将其“解调”成噪声输出。解决这一问题的通常做法是在解调前对调频信号先进行幅度限制，“切除”高于某一设定值的信号，使加到鉴频器上的信号幅度恒定不变，从而避免了幅度变化带来的噪声和信号失真。

限幅放大是调频信号解调过程中必不可少的一环，不过它会带来一个问题，就是鉴频器的输出与信号强度没有关系了，我们无法从鉴频器的输出幅度，即有用信息声音的大小来判断所收到信号的强弱。这也是普通对讲机难以测定发信电台方位的主要原因。

鉴频器带来的另一个问题是“鉴频噪声”。你可能早已发现，如果不加控制，调频模式下的收信机即使不接天线，也会发出巨大的噪声。这是因为在没有信号输入的情况下，鉴频器输入端由电路自身产生的微弱噪声同样会表现为瞬时频率变化，这种快速的瞬时频率变化会引起鉴频器输出非常强烈的噪声。调频接收机的“静噪功能”（SQL）就是为此而设的。通常的做法是在音频放大器通道设置一个电子开关，在鉴频器输出端设置一个检测音频高端或超音频噪声的检测电路。有正常信号时电子开关不动作，音频放大器正常输出；没有正常信号时，鉴频噪声中的高频率分量使检测电路动作，切断音频放大器，从而达到静音的效果。

静噪功能电子开关的起控电平是可以通过SQL键选择和改变的。在搜索信号时，应该降低SQL控制门槛，以能听到微弱信号。在收到信号后恰当提高SQL控制电平，以达到有正常信号时收听清晰、无信号时收信机静音的效果。有时在和信号比较弱的电台联络时，出现对方声音断断续续的现象，这很有可能就是自己的SQL静噪控制过强所引起的。

7.3.2　超短波数字化通信

数字通信系统不仅能使频谱资源得到更充分的运用，而且在提高通信质量、灵活组网以适应各种业务需求、接入互联网以及传递各种形式的数据信息等方面都有着巨大发展潜力。然而，数字化通信在国际、国内均无统一标准，不同厂商间的数字通信产品不能兼容，数字通信设备的语音加密等技术和业余无线电法规原则还存在着诸多相悖的地方，等等。这些因素都阻碍着数字化通信的普及。无论如何，超短波通信数字化已经成为专业通信的发展方向，国外爱好者为业余无线电超短波通信数字化的发展做出了富有成效的努力，国内爱好者也已开始了超短波数字化通信试验并积累了许多经验。

在各种流行的数字通信标准中，业余无线电通信常用的超短波数字化通信系统主要有3种。

1．D-STAR（业余无线电多媒体通信）系统

D-STAR系统是日本业余无线电联盟（JARL）于2000年左右率先开始试验的数字中继系统计划，之后美国和德国的业余无线电界也根据D-STAR标准展开试验。

D-STAR系统具有128kbit/s数据传输和4.8kbit/s数字语音通信功能。在提供数字语音通信（DV模式）的同时，还提供了数据传输（DD模式）功能，可以以128kbit/s的速度传输图像、图片等各种文件。具备D-STAR系统的电台可以通过系统内各种无线中继台和Internet连接，从而提供通往任何地方的超远距离通信。在DD模式下的电台可以不通过中继台直接和另一台同样具有D-STAR系统的电台进行数据传输。

D-STAR系统使用TCP/IP，当和一台计算机相连的时候，可以使用Web、E-mail和其他各种Internet应用。

D-STAR中继系统由转发控制器、1.2GHz数字音频转发台、数据转发台或430MHz/144MHz数字音频转发台、10GHz微波转播器和Internet网关计算机组成。因为是数字信号，所以在转换和多方转发的过程中，信息不会丢失。

D-STAR系统具备以下3种转发功能。

（1）简单转发

D-STAR转发操作和现有的模拟转发相类似，可以在1.2GHz波段或430MHz、144MHz接收和发射。

（2）微波连接转发

当D-STAR转发台通过10GHz微波进行连接，数据可以在D-STAR中继台之间进行传输，

也可以对一个特定的中继台覆盖区域进行CQ呼叫。

（3）Internet网关转发

当D-STAR中继台和Internet网关连接，D-STAR系统可以通过Internet转发数据。微波连接和Internet网关可以联合工作，为把信息传至D-STAR系统内的任何地方提供了可能。

日本KENWOOD和Icom公司的数字化通信电台采用D-STAR系统。流行的产品有Icom的ID-E880、IC-92AD、IC-2820H等，KENWOOD的TMW-706S、TMW706等，中继系统有Icom的ID-RP2C、ID-RP4000V等。

2．C4FM FDMA（频分多址）数字通信系统

C4FM FDMA数字通信系统把模拟通信一个信道25kHz频带分为12.5kHz带宽的两个信道分别传送数字信号，从而提高了频率使用率。

C4FM，又称为"4值FSK调制模式"，曾被Motorola及现在国外及国产专业通信数字机型所应用，现主要有日本YAESU公司在其推出的数字通信系统中加以推广应用。

采用最新的FDMA方式编码的C4FM数字对讲机针对HAM的使用要求和习惯，可以自由地选择高品质语音或纠错强化两种数字语音的通信方式。前者，将占用整个12.5kHz的带宽，用于传送高品质的数字调制语音，产生不错的语音品质；后者，则通过把整个12.5kHz频谱占用一分为二，成为两个6.25kHz子传送通道，分别传送窄带的数字语音和纠错编码，用于信号不佳时候自动纠正误码冗余之用。在信号不良的情况下，选择纠错强化通信方式，就能使通信效果变好（专业数字通信领域称之为数据增益）。而在通信环境理想的情况下选择高品质挡位，通信的语音品质效果就会显得更好。

YAESU公司具有C4FM系统功能的模拟/数字通信机有FT1DR、FTM-400DR等。该公司推出的DR-1型C4FM/FM模拟/数字对讲机系统双频段中继台，具有自动识别上传的C4FM数字信号和FM模拟信号并分别加以中转的功能。这对数字通信模式难以统一，数字、模拟对讲机混杂使用的业余无线电超短波通信现状来说具有相当强的吸引力，一套系统既为体验数字通信乐趣的爱好者提供了方便，也照顾到了大量保持原有使用习惯的广大HAM。

3．TETRA系统

TETRA（Trans European Trunked Radio——泛欧集群无线电，现在已改为Terrestrial Trunked Radio——陆上集群无线电）系统是基于数字时分多址（TDMA）技术的专业移动通信系统，即在一个25kHz带宽的信道上，通过编码将两路信号按不同时序加以传输的数字通信系统。该系统是ETSI（欧洲电信标准组织）为了满足欧洲各国的专业部门对移动通信的需要而设计、制订统一标准的开放性系统。TETRA于1988年开始投入，如今已成为欧洲的标准，同时也像GSM（全球移动通信系统）一样，获得包含美国在内的欧洲以外国家及地区采用，具有相当发展潜力。

TETRA系统可在同一技术平台上提供指挥调度、数据传输和电话服务，它不仅提供多群组的调度功能，而且还可以提供短数据信息服务、分组数据服务以及数字化的全双工移动电话服务。TETRA系统还支持功能强大的移动台脱网直通（DMO）方式，可实现鉴权、空中接口加密和端对端加密。TETRA系统同时还具有虚拟专网功能，可以使一个物理网络为互不相关的多个组织机构服务。TETRA系统具有丰富的服务功能、更高的频率利用率、高通信质量、灵活的组网方式，许多新的应用（如车辆定位、图像传输、移动互联网、数据库查询等）都

已在TETRA系统中得到实现。因此，TETRA系统在欧洲乃至世界得到了快速的发展，我国的公安、交通等领域内的专业移动通信也已大量使用这种系统。

使用TETRA系统的产品主要有美国的Motorola公司，我国对讲机主要生产厂商海能达也在使用TETRA系统。TETRA系统尚无面向业余无线电的产品。

7.4 成品业余无线电收发信机介绍

7.4.1 手持式对讲机

1. KG-UV6D / KG-UV8D FM对讲机

KG-UV6D和KG-UV8D是泉州欧讯电子有限公司生产的手持对讲机系列产品中的两个，如图7-47所示，双段双显，可用于144MHz和430MHz两个业余频段的FM语音通信，具有信道分组扫描和组呼、群呼、选呼功能，可设置为中转模式，实现U-V或V-U跨频段中转。KG-UV8D还具有中英文操作语音提示功能和中英文显示界面，25kHz/12.5kHz宽窄带选择、VOX声控发射、超亮手电照明、秒表等多种功能。

（a）KG-UV6D 对讲机

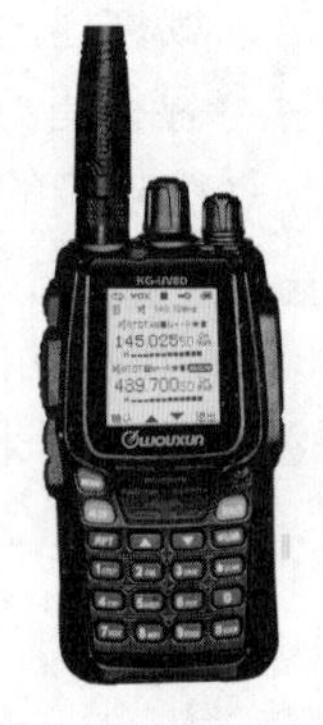

（b）KG-UV8D 对讲机

图 7-47　KG-UV6D、KG-UV8D 对讲机

2. FT-60R FM对讲机

FT-60R是YAESU公司于2004年针对业余无线电通信推出的一款2m、70cm双段发射、多段接收的机型，如图7-48所示。欧洲版和美洲版的发射频率分别是144～146MHz、430～440MHz（欧洲版）和144～148MHz、430～450MHz（美洲版），接收频率为108～520MHz/700～999MHz。FT-60R发射支持FM模式，接收则支持FM和AM双模式，可存储1000个信道，具备CTCSS（亚音频）以及DCS（数字亚音频）编码功能，发射输出功率有5W、2W、0.5W 3挡选择，内置可更换充电式锂电池，曾经是业余无线电市场上性价比较高的产

图 7-48　FT-60R 对讲机

品。

3．FT1DR数字/调频对讲机

FT1DR是YAESU公司推出的首款业余无线电数字/模拟通信两用手持对讲机，如图7-49所示。FT1DR可在144MHz/430MHz业余频段发射，其最大发射输出功率为5W，接收范围为504kHz～999.00MHz，可进行WFM和AM广播接收等。

图 7-49　FT1DR 对讲机

这款对讲机的最大特点是具有数字和模拟两种工作模式并内置了高精度的GPS模块。

该机支持C4FM FDMA数字调制通信模式。在数字语音通信方式下，爱好者可选择“高品质语音”或“纠错强化”通信方式。前者占用整个12.5kHz带宽用于传送高品质数字调制语音信号，后者把12.5kHz信道分为两个6.25kHz子通道，一个用于传送窄带数字语音，一个用于传送纠错编码，以提高恶劣环境下的通信质量。

FT1DR内置了基于AX.25协议的TNC调制解调器，支持APRS直接应用，能够实现数字语音双向通信、数字图像以及GPS坐标和身份信息数据双向传送。

FT1DR设有一个MicroSD卡插槽，最大可以支持32GB存储卡，用于备份全机数据及设置记录、按时间间隔记录GPS轨迹和保存本机图像采集话筒（选购件）所拍摄的照片或别的电台发来的图片等，该机显示屏还可提供高性能简易频谱显示。

4．IC-92AD数字对讲机

IC-92AD是Icom公司生产的数字/模拟双段双显对讲机，可以在D-STAR系统的DV模式下进行数字语音通信和录音，也可进行通常的FM通信，如图7-50所示。其最大发射输出功率为5W。

图 7-50　IC-92AD 对讲机

IC-92AD使用GPS话筒（选购件）时，可在显示屏上显示自己的位置信息。在D-STAR系统的DV模式下，通过罗盘针显示器，可以显示自己到另一个D-STAR站点位置或一个原先存储记忆的位置的方向。在GPS-A模式下可实现DPRS（数字APRS、信息报告系统）操作，接收对方的地理坐标。

IC-92AD对讲机具有较高的防水保护性能（水下1m深度可保持30分钟），可在野外苛刻环境中使用，适合于徒步、登山和骑车等活动中的无线电通信。

7.4.2　车载电台

1．KG-UV920R（III）车载电台

KG-UV920R是泉州欧讯电子有限公司生产的车载/基地多频段FM电台，如图7-51所示。该电台可在10m、6m、2m和70cm波段业余频率范围内工作，并可收听航空段和调频广播信号。KG-UV920R的两个接收机可以同时接收（同段或异段），可以跨频段双工对讲，具有双工跨段中转功能，双台组合可实现同频段中转。

2．FT-8900R车载电台

这是一款由YAESU公司制造的29MHz、50MHz、144MHz、430MHz FM 4频段车载电台，如图7-52所示。该机具有两个可独立操作的收发信系统，可根据显示屏左、右两个区域把一台机器作为两个电台来操作，分别设置工作频率及控制音量、静噪和信号强度。FT-8900R的最大发射输出功率为50W，具有跨频段中继功能，可实现跨频段双工操作。

图 7-51　KG-UV920R（III）车载电台

图 7-52　FT-8900R 车载电台

3．TM-D710车载电台

TM-D710是KENWOOD公司生产的144MHz、430MHz双频段FM车载电台，如图7-53所示，采用面板和主机可分离结构。除通常的双频段、双显双待等FM通信功能外，TM-D710内置了基于AX.25协议的TNC（终端网络控制）调制解调器，具有PACKET（数据包）数据通信功能和APRS（自动位置报告系统）的地理位置信息报告功能。TM-D710还设置了独特的AFRS功能，即在APRS地理位置信息中嵌入远程操作请求指令，接收端只需按下TUNE按钮即可迅速自动建立起双方语音通信通道而无须再另外约定频道、亚音频等参数。

图 7-53　TM-D710 车载电台

7.4.3　中继台

1．DR-1双频段C4FM数字/FM模拟自动识别中继台

DR-1是日本八重洲（YAESU）公司针对业余无线电通信的特点设计的数/模自动识别V/U双段中继台。

DR-1中继台最显著的特点是，配备了能够自动选择通信模式的标准C4FM数字通信调制解调器，使普遍存在的FM模拟通信用户和希望体验数字化通信乐趣的C4FM系统用户的需求都能够得以满足。

DR-1是144MHz/430MHz双频段中转台，可以实现V-V、U-U、V-U、U-V同频段或跨段中转。

DR-1的操作模式有自动模式（AUTO）和锁定模式（FIX）两种，可以通过触摸式面板加以设定。当使用自动模式选择功能时，中继台能在NORMAL（同步语音和数据通信模式）、

VOICE WIDE（语音全速率模式）、DATA（调整数据通信模式）和FM（模拟通信模式）4种通信中自动选择其一，从而与接收或发出的信号相匹配。

根据法规，业余电台要定时播报自己的ID（呼号），要能远程控制开启/关闭等，这些都能在DR-1自带功能或接口中找到，也可以很方便地连接计算机或外部遥控装置。所有功能的选择和设置均可通过操作面板上的彩色触摸屏来实现。

DR-1中继台外观如图7-54所示。

图7-54　DR-1中继台外观

DR-1中继台主要性能指标如下。

频率范围：144～148MHz，430～450MHz。

信道步进：5kHz/6.25kHz。

外观尺寸：482mm×88mm×380mm。

质量（约合）：10kg。

射频功率输出：50W/20W/5W。

调制方式：F1D，F2D，F3E，F7W 4FSK（C4FM）。

接收器灵敏度：0.3μV（数字模式2m/70cm）时误码率为1%；

0.2μV（FM 2 m/70 cm）时，接收器灵敏度为12 dB SINAD。

相邻频道选择性：优于65dB TYP（20kHz offset）。

选择度：FM 12kHz/35kHz（−6dB/−60dB）。

互调：优于65dB TYP（20kHz/40kHz offset）。

DR-1有两个天线接口，一个用于发射，一个用于接收上行信号。在用于V-U或U-V跨段中继方式时，需要外接双工器。

2．Icom D-STAR中继台

Icom公司具有D-STAR功能的数字中继台，包括ID-RP2C D-STAR中继台控制器和ID-RP4000V UHF数字语音中继台两部分，可用于D-STAR数字通信中继或FM模拟通信中继。

7.4.4　短波电台

1．FT-817便携式电台

FT-817是YAESU公司于2000年推出的便携式收发信机，如图7-55所示，其工作波段为HF短波波段和6m、2m和70cm业余波段，最大发射输出功率为5W，工作模式包括SSB、CW和FM等，具有自动异频中继功能。该机外形尺寸为135mm×38mm×165mm，质量约1.17kg，其附件包括了一个可装8枚AA型电池的电池盒和一组9.6V、1400mA・h镍氢电池。FT-817常被爱

好者用于各种户外通信试验。

图 7-55　FT-817 便携式电台

2．TS-2000 HF/VHF/UHF电台

TS-2000是KENWOOD公司2000年推出的全模式、多频段电台，如图7-56所示。该电台收信频率范围为0.03～60MHz、118～174MHz、220～512MHz，发射功率为HF100W、50MHz 100W、VHF100W、UHF50W，工作模式包括AM、FM、NFM、SSB、CW和FSK等，在VHF和UHF波段具有全双工功能，爱好者常将TS-2000用于业余卫星通信。

3．IC-7100全模式/多频段车载电台

IC-7100是Icom公司生产的一款高性能车载型电台，如图7-57所示。该电台收信机频率范围为30kHz～199.999MHz、400～470MHz，发射功率为HF 100W、50MHz 100W、144MHz 50W、430MHz 35W，具有D-STAR的DV数字音频通信功能，IF数字信号处理器、RTTY解码器等配置。IC-7100具有一个SD存储卡插口，支持32GB SD卡，可用于对收听信号进行长达10多小时的录音以及语音录音呼叫。IC-7100采用面板和主机完全分离式设计，备有HF/50MHz和VHF/UHF两个天线输入端口，采用触控式显示屏，所有功能都可以通过轻触显示屏加以实现。

图 7-56　TS-2000 电台

图 7-57　IC-7100 全模式/多频段车载电台

4．可以自己动手组装的高品质短波电台——K3

K3是美国Elecraft公司生产的一款高端全模式短波电台，如图7-58所示，其模块式的结构使爱好者可以根据需要对其进行升级，具有很高的性价比，深得追逐DX和竞赛成绩的HAM的好评。

K3具有相同的主/辅接收机，可工作于6m波段和0.5～30MHz短波波段，主/辅接收机都具有自己独立的总线交换式混频器、业余波段窄带前端滤波器、32bit中频DSP，低噪声合成器及多达5个的晶体修平滤波器，内置PSK31、CW和RTTY的解码和编码功能等。

图 7-58　K3 全模式短波电台

K3外部尺寸为100mm×250mm×250mm，质量仅为3.6kg，在接收模式下工作电流小于1A，使其既可作为基地台使用，也可车载或在野外运用。

Elecraft公司提供工厂预装的K3成品和各模块经过完整均衡测试的非焊接K3模块化套件两种产品。爱好者可以从一个最基础的收发信机（工作于HF波段，发射功率为10W）开始，然后一步步地增加模块，升级电台功能，比如辅接收机、自动天调、100W功放级、带通滤波器模块、数字语音录音机、全模式2m波段内置选件等。

5．KX3超便携全模式SDR电台

KX3是美国Elecraft公司生产的一款超便携全模式SDR电台，如图7-59所示，可工作于6～160m业余波段，其发射功率为10W，工作模式包括SSB、CW、DATA、AM、FM等。

图 7-59　KX3 超便携全模式 SDR 电台

KX3中SDR的应用，使其在袖珍的外形下，隐藏着诸如内置CW、RTTY、PSK31解码显示、双VFO、立体声效等强大的功能。

Elecraft公司提供工厂预装的KX3成品和各模块经过完整均衡测试的非焊接KX3套件两种产品，并提供修平滤波器、内置自动天调、充电器适时时钟组件、直插自动键、话筒等多种选配件，为HAM提供了丰富的选择。

6．IC-7700基地电台

IC-7700是Icom公司生产的一款高端业余无线电基地电台，如图7-60所示。该电台可工作于50MHz和HF各业余波段，有两个完全独立的收信机，工作模式包括USB、LSB、CW、RTTY、PSK31、AM、FM等，其最大发射输出功率为200W。IC-7700配备了一块7英寸彩色液晶屏，并支持通过VGA接口外接显示器。整机外部尺寸为425mm×149mm×437mm，质量约22.5kg。

图 7-60　IC-7700 基地电台

7．FT-DX3000基地电台

FT-DX3000是YAESU公司推出的一款高端性能、中等价位的业余无线电基地电台，如图7-61所示。该机接收频率范围是30kHz～56MHz，可工作于HF和6m业余波段，支持SSB、CW、AM、FM和数字模式。有两组完全独立的频率显示，4.3英寸全彩色高分辨率薄膜液晶显示屏，内置高速频谱显示、音频波形显示及RTTY/PSK编码器和解码器，其最大发射输出功率为200W。FT-DX3000采用下变频设计（中频9MHz和30kHz），具有多种带宽的前端窄带修平滤波器、后端DSP滤波器和其他信号处理器，确保该机在拥挤的波段中表现出非常优秀的接收性能。

图7-61　FT-DX3000基地电台

7.5　收发信设备中常见英文名字的意义

7.5.1　收信部分

VFO——可变频率振荡器。调整收发信频率就是通过改变VFO频率实现的。为方便使用，许多收发信机设有VFO A、VFO B两个可以分别预置频率的振荡电路，通过一个按键可以很方便地选择不同的工作频率。

RIT（CLEAR，CLAR）——收信频率微调（或复位）。在进行联络时，有时需要调整收信频率而保持自己的发信频率不变，用RIT（或RX）功能可达此目的。

SCAN（MAN，AUTO，STOP）——对波段进行连续扫描而不用转动频率旋钮。其中MAN是人工扫描，即按住SCAN键可扫描，不按键扫描即停止；AUTO是自动键，在此状态下收信机自动扫描，遇到信号才停止，或按STOP键停止。

AGC（SLOW，FAST，OFF）——自动增益控制。这与普通收音机电路中的AGC功能是一样的，但收发信机的AGC可通过选择SLOW、FAST或OFF来改变AGC起控的时间常数，或不用AGC。

RF　GAIN——高频增益控制。通过它可改变高频放大级的增益。现代收信机的接收信号强度指示常常同时兼高频放大器增益衰减指示，即在高频增益最大时该仪表指示收到的信号强度；在高频放大器增益有所衰减时仪表在指示衰减量的基础上显示信号强度，如果信号强度低于衰减量，仪表指针就停留在显示的衰减量位置上。

RF　ATT——高放衰减。在遇强信号时通过它进行衰减。

RF　OUT——高频输出。此接口一般在机器背面，供连接其他设备用。

AF　GAIN——音频增益控制。用来控制音量。

EXT　SP——外接扬声器接口。

MONI——监听控制。在CW等工作状态下，打开此功能键可在发报时听到自己按键发报的声音。在用扬声器收听并进行话的联络时不能用此功能，否则会使自己发出的语音通过扬声器、话筒产生啸叫。

CW N（M，W）——选择收听电报时中放带通滤波器频带宽度。N为窄带，M较宽，W最宽。通带窄，可以滤除收听频率附近的干扰；通带宽，对搜索弱小信号有利。

NOTCH——在收信通带范围内如果遇到一个窄带信号干扰（如CW信号），用此功能可以将其衰减。NOTCH可以在收信通频带内形成一个窄的衰减频带，且这个衰减中心频率可以通过旋钮微调。当然此功能对宽频带的干扰是无能为力的，而且会影响收听效果。

SHIFT/WIDTH（USB，LSB）——中频边带选择和带宽控制。这个功能由可以分别控制中放频带中心频率的两个“门”配合使用形成。当两门一起偏向某一侧时，整个中频频率就偏向某一侧，以满足上边带和下边带收信的不同需要；当两个门分别偏向不同的两侧时，整个中频通带就变窄，用以衰减干扰。

SQL——静噪电平控制。使用此功能，可以使收信机在接收信号低于一定电平或没有信号时关断音频输出。当接收信号较弱或在搜索信号时，应降低控制门槛以免引起弱信号断续或漏听信号。

NB LEVEL（NB1 NB2）——选择降噪起控电平。这种降噪电路一般对脉冲式干扰有效，其原理是“对消式抗干扰”，即把干扰脉冲倒相后与原脉冲信号相加抵消。通过此旋钮可以改变电路起控的阈值。其中NB1、NB2可以选择不同的时间常数以对付不同的干扰脉冲。

PHONE——耳机接口。

7.5.2　发信部分

PTT——从收信状态到发信状态的转换控制。一般收发信机还应有输出此控制信号的接口，以便使与之相连的设备（如功率放大器、自动天线调谐器等）能够同步转换收发信状态。

VOX——声控开关。在用话工作时，打开此开关后可以用自己的语音控制收发信转换而不必用手控制；在用报工作时不打开此开关发信机将得不到激励而没有输出。

FWD——正向功率，即发射出去的功率指示。此功率应该能达到额定值。

REF——反向功率，即反射回来的功率指示。此功率应该很小。这两项指示如不正常，应立即停止发射，仔细检查天线与设备之间的连接及其匹配状况，以免损坏发信机。

SWR——驻波指示。正常情况应小于1.5，否则应对天线系统进行检查。

XIT（CLEAR）——发信频率微调（或复位）。在某些情况下，对方的收信频率不可调，用此功能可以把自己的发信频率校准到对方的收信频点上而不改变自己的收信频率。

SPLIT——异频工作状态。在此状态下可由PTT控制使收信、发信分别工作在不同的频率上。

DELAY——收发信转换的时延控制。适当地增加其时延量可以使收发转换的继电器减少动作次数，延长使用寿命。这在CW状态下是很必要的。

PROCESSOR（PROC）——语音处理器使用选择。在用话工作时，讲话声音往往忽大忽小，大的时候可能使输出失真，小的时候又可能使输出小到对方听不到。为克服此问题，许多电台设计了这一功能，它能自动对语音进行处理，大的压缩，小的则尽量放大，使输出大小均衡。

MIC——话筒接口。

KEY——电键接口。

DRIVE——激励控制。通过控制它可以改变输出功率的大小。过激励将使输出失真或使功放级处于不安全的工作状态。

ALC——自动电平控制。当激励太大时，在一定范围内电路对其进行自动控制，以减少失真。ALC电平一般可从面板上的仪表指示中看到，应通过调整上述激励使ALC电平控制在一定范围以内。

LINEAR AMPLIFIER——线性放大器，又称功率放大器或功率接续器。这是为提高输出功率而做的专门设备。

STBY/OPERATE——准备/工作状态转换。对于电子管发信机，设备必须有预热时间，以使电子管的阴极能达到一定的温度，否则将损坏电子管。

7.5.3 共用部分

ANT——天线接口。

PWR——电源开关。

AC——交流电。

DC——直流电。

ROTATOR——天线方向控制器。

MODEM——调制解调器。在各种数据通信（如RTTY）中它连接于计算机和电台之间。它把键盘信息转换成音频信号以使发信机得到调制信号，又能把收到的音频信号转换成计算机能辨认的电平信号。

TNC——数据通信用的终端节点控制器。它不仅有MODEM的功能，还具有智能作用，可以识别、执行来自收发双方计算机的许多指令。

7.6 自己动手制作辅助器材

7.6.1 功率计和驻波表

功率计和驻波表是业余无线电爱好者最常用的仪表。功率计主要用于测量发射设备输出功率，驻波表则用来检查天线和馈线系统的谐振匹配情况。在架设天线，特别是架设自制的天线时，驻波表更是必不可少的仪表。

功率计和驻波表主要有数字式和指针式两种，选购时必须了解它们可承受的最大功率和工作频率的范围。

通常情况下对功率和驻波情况只需要一种定性的分析结果。在对测试精度要求不是很高的情况下，自制功率计和驻波表是一个不错的选择。

功率计和驻波表的基本电路主要包括定向耦合器、高频检波、直流电压检测显示及必要的开关转接电路等几部分。

定向耦合器是功率计和驻波表的核心器件。这是一种无源和可逆的高频器件，有4个端口。其工作原理是当信号从端口1输入时（如功率计中接发信机的端口），大部分信号直通输出到端口2（如功率计中接天线的端口），从端口3可以得到一小部分信号，端口4接匹配电路，图7-62所示为定向耦合器的原理示意。从原理上讲这4个端口都应该是匹配的，通过的信号应无损耗，而且在没有反射信号时，端口3有输出信号，端口4则没有信号，即各端口之间有很高的隔离度。实际上信号总是有损耗存在的，端口之间的隔离度也不是无限大的。在实际运用中，自制驻波表反向功率指示调不下去（即所谓“残留驻波”太大），或是显示的驻波比值随着输入功率变化等情况，就是定向耦合器性能不佳。在驻波表电路中，还经常反向运用第4个端口。这时，从端口3得到的是正向功率信号，从端口4得到的是反向功率信号。将这两个信号通过检波、滤波，再由表头加以显示，就可同时检测到正向功率和反向功率；将两者加以比较，便可以了解天馈系统的驻波状况。

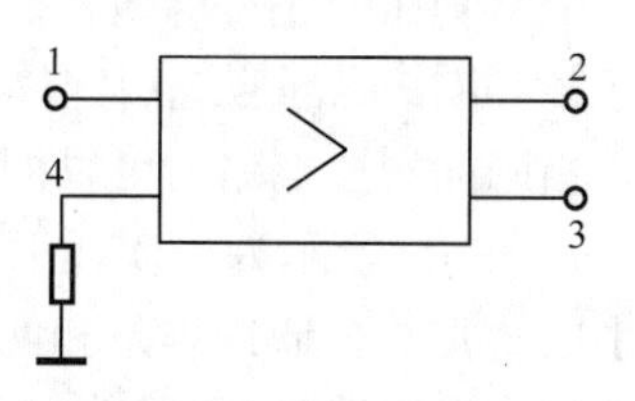

图7-62　定向耦合器的原理示意

许多短波波段功率计和驻波表的定向耦合器采用磁环作耦合介质。同轴电缆穿过磁环作为直通通路，另外再绕一组线圈引出另两个端口，如图7-63所示。

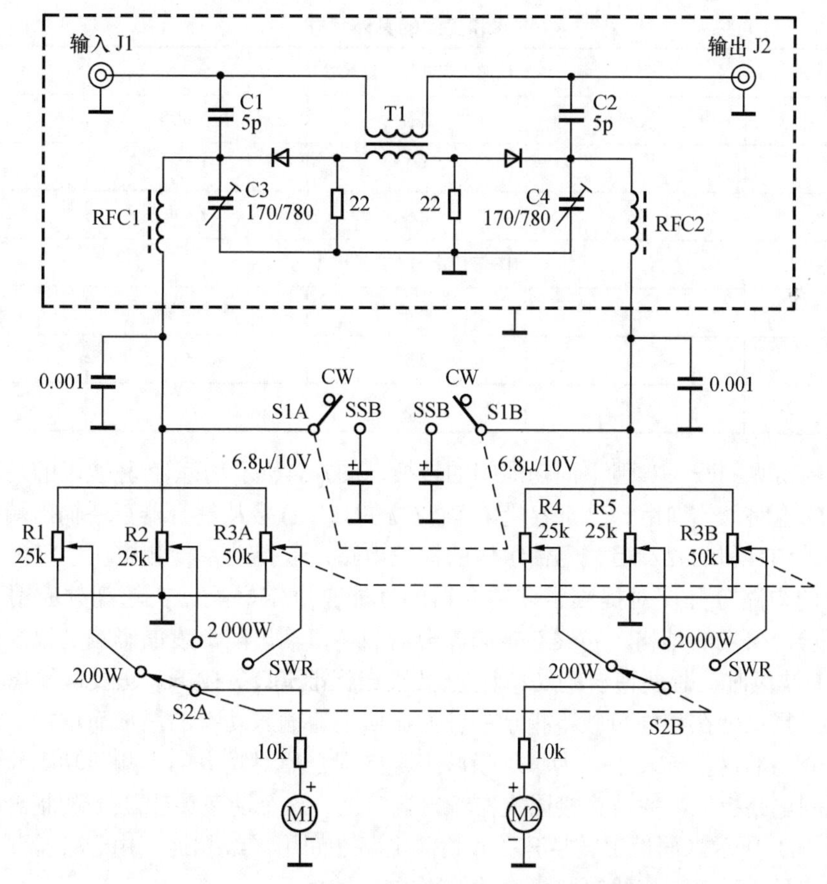

图7-63　一个比较典型的功率计/驻波表两用的电路原理图

其中T1为高频耦合器，初级为一小段50Ω同轴电缆，其外导电层的一端和内导体（电缆心）相接，另一端悬空。这一段电缆长度由两个电缆接头J1和J2的距离确定。T1的次级绕在一个紧套在上述短电缆（初级）外的磁环上，用直径为0.63mm的漆包线在该磁环上均匀分布穿绕40圈。磁环应选用镍锌高频磁环，导磁率为100左右。耦合器次级两端分别连接了一个形式相同的检波电路，可以同时检出高频电流中两个不同方向的分量。

图7-64所示为一款适于自制的功率计/驻波表的电路原理图。此表的两个定向耦合器各由3小段平行的普通铜焊条和两片剥去了铜皮的印制电路板构成。其中中心铜棒两端分别为提供直接通道的端口1和端口2，两侧对称的铜棒分别提供了一个正向端口和一个反向端口，3根铜棒构成了一个“双定向耦合器”。铜棒之间的距离及铜棒长度决定了耦合度。对于30MHz以下的短波，耦合需要紧一些，所以铜棒长一些；用于430MHz的则较短，具体尺寸见表7-13。这种结构的耦合器性能比较稳定，可通过控制机械尺寸改变参数，制作相对容易，对于直观地了解定向耦合器的原理也是一种不错的选择。铜棒和支架的具体尺寸见表7-13，中心铜棒两端直接焊接在发信机输出和天线的电缆插座中心接点上。

在图7-64中，VD101、VD102、VD103、VD104共4个二极管和相关电阻、电容分别组成4个高频检波电路，分别输出正向信号、反向信号的电压。检测驻波时，先测正向信号，并调整电位器W1，使表头指针指向满度。然后测反向信号。此时便可通过指针偏转角度来判断驻波比的大小。

表7-13　　铜棒和支架的具体尺寸

U 波段定向耦合器尺寸				
	长度	直径	中心间距	中心高度
中心铜棒/mm	50	1.8	3.5	7
两侧铜棒/mm	25	2.5	3.5	7
HF 波段定向耦合器尺寸				
	长度	直径	中心间距	中心高度
中心铜棒/mm	80	2.5	3.5	7
两侧铜棒/mm	70	2.5	3.5	7

为能使用常见的开关实现不同功能间的转换，图7-64所示功率计/驻波表的功率测试采用了两个独立的电路。分别用一只小容量电容（C7和C2）直接从耦合器直通输出端引出一个高频信号，经过VD1和VD2及相关元件组成的检波电路，取得功率检测电压。将测功率的电路和测驻波比的电路分开，对提高定向耦合器的性能有一定好处。在超高频应用下（特别是430MHz波段），仪表的结构、布线对定向耦合器的端口输出隔离度的影响是很大的。换句话说，工作在U波段时，想要使自制功率计/驻波表在标准50Ω负载下，正反向输出指示要有足够大的比值，且保证在相同负载下指示的驻波比值不随输入功率的增加而增加，这还是挺困难的。在所介绍的这款仪表中，为了尽量减少定向耦合器对功率的影响，功率检测电路可做在一小块印制电路板上，并被直接固定在输出端口上。这个功率计/驻波表的耦合器的实物照片如图7-65（a）所示。面板上转换开关和检测电路之间用导线相连。由于各检测电路输出的已经是直流信号，所以连接线对整机性能的影响不太大。

图7-65所示为这款功率计/驻波表的实物图。

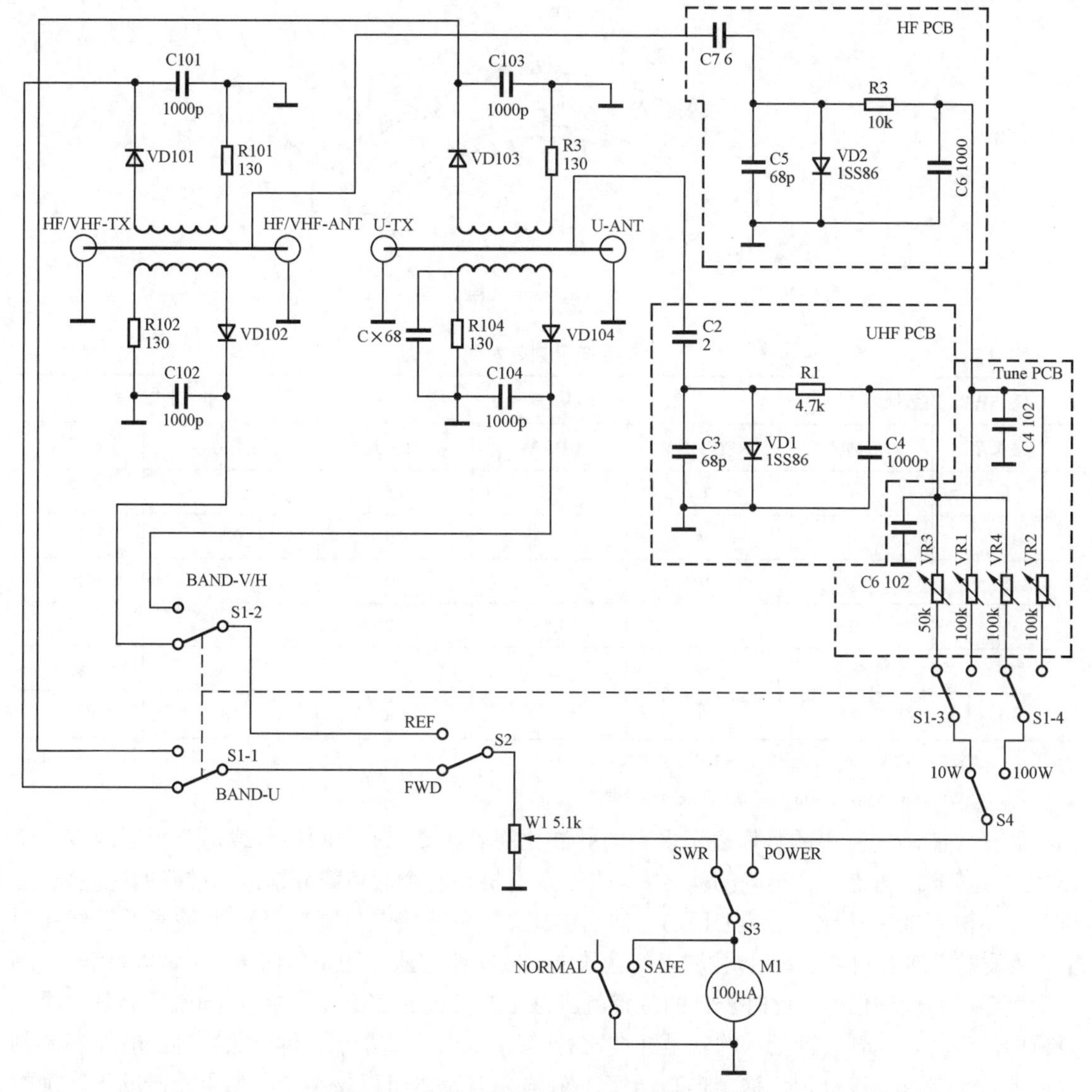

图 7-64　自制 HF/UHF 功率计/驻波表的电路原理图

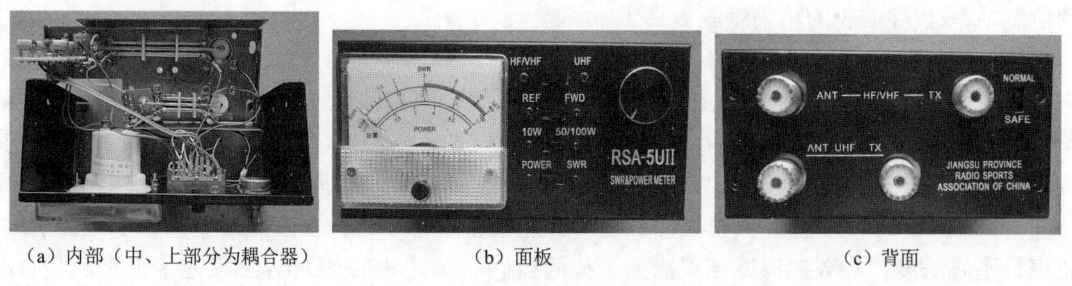

（a）内部（中、上部分为耦合器）　　（b）面板　　（c）背面

图 7-65　功率计/驻波表的实物图

本节介绍的自制功率计/驻波表使用的是85型100的是单指针式表头，表面式样如图7-66所示，表头指示刻度对照如表7-13所示。由于所用二极管特性及表头参数的差异，自制仪表不经过校准是无法使用的。

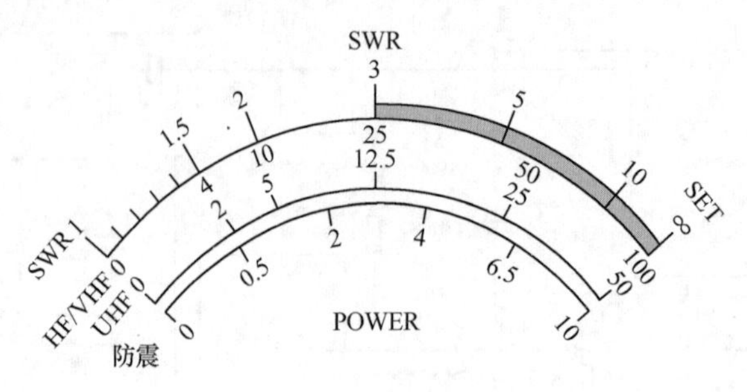

图 7-66　表面式样

表7-13　　表头指示刻度对照

SWR（驻波比）		高 功 率 挡			低 功 率 挡	
标注数字	对应刻度值	HF/VHF/W	UHF/W	对应值	标注数字/W	对应值
1	0	0	0	0	0	0
1.5	20	4	2	20	0.5	20
3	50	10	5	30	2	40
5	71	25	12.5	50	4	60
10	90	50	25	76	6.5	80
∞	100	100	50	100	10	100

注：1. 表头弧线刻度的对应值以满度100等分为参照。

2. SWR 1～1.5再等分5格，3～5刻度线用红色并加粗。

怎样才能确定测得的数值表示多大的驻波比呢？需要一个50Ω假负载，至少还应有一个150Ω的假负载，再借一个准确的驻波表。先把发射机和两个假负载分别接到准确的驻波表上，检查一下测得的驻波比是否是1.1和3。然后将50Ω假负载接在自制功率计/驻波表的天线端口上，将发射机接在自制功率计/驻波表的输入端。按前述方法先测正向信号，下调W1使表针刚好满度，再测反向信号，此时表针的位置就应该是驻波比1.1的位置。换上150Ω假负载，再重复前面的步骤，此时表针指示的就是驻波比3。有了这两个基本点，再参照准确的驻波表的刻度标上1.5、2、2.5等标记，这个自制功率计/驻波表就基本可以使用了。如果能借助于准确的驻波表多测几个不同阻抗的负载或天线，再一一用自制功率计/驻波表测到的结果对照校准，则自制功率计/驻波表的精确度就更高了。

怎样才能确定测得的数值表示多大的功率呢？这就需要完全依靠标准功率计和“替代法”来完成了。首先要确定自制功率计/驻波表的功率量程，即指针满度时表示多少瓦功率。图7-49所示的对讲机的HF波段分10W和100W两挡。以调试10W挡为例，将标准功率计接在50Ω假负载和发射机输出端口之间，用CW模式21.150MHz将发射机输出调整为10W。然后把标准功率计撤下，将自制功率计/驻波表替代标准功率计，调整自制功率计/驻波电路中的微调电阻VR2，使表针刚好满度，10W挡调试结束。为了校验自制功率计/驻波表10W挡其他各点指示是否准确，可以重复进行以下操作：将标准功率计再接入电路，把发射输出调整为8W，然后把已经调试好的自制功率计/驻波表替换进去，在表针指示处做上8W的标记；再次将标准功率计/驻波表接入，把发射输出调整为6W、4W、2W……，每一次调整输出后都再把自制功率计/驻波表替换进去，在其表针指示处做上相应功率的标记。需要指出的是，调整自制的功率计或驻波表，均应用这种“替代法”来完成，而不可以将标准功率计/驻波表和待调整功率计/驻波表串联在电路中来调试，“串联”调试的结果是错误的。由于UHF波段的发射机多为定值输出，所以调试的基准点不可能像短波那样多，但方法是一样的。

由于这款自制功率计/驻波表驻波检测电路的二极管是直接接在耦合器上的，二极管的耐压和功率参数限制了这个功率计/驻波表的最大承受功率。要想测更大的功率，则需减少耦合量；但减少了耦合量，测量小功率的灵敏度就有可能不够。同样的原因，目前这个电路的指标是，430MHz最大承受50W，短波最大承受100W，使用的二极管要求反向击穿电压大于60V。笔者选用的二极管型号为1SS86，这种二极管市场较少见，而且其耐压值不一致。常见的检波二极管1N60的耐压不成问题，但其特性曲线和1SS86的有差别，带来的问题是在驻波比1.3以下时表头指针偏转幅度相较于用1SS86时要小，在使用同样刻度线的表头时增加了测量误差。其他性能相似的市售指针式功率计/驻波表均采用高频功率二极管，而数字式功率计/驻波表则多用弱耦合加上不同的放大电路来实现不同的测量需求。

对自制功率计/驻波表来说，其适用的频率范围问题是不能忽视的。电路简单但缺乏各种补偿措施，使这种功率计/驻波表的适用频率范围不是很宽。我们选用21.150MHz和435MHz作为调试频率，在HF和UHF业余频段来讲精度还是够用的。对于2m波段，此表是利用HF波段通道来测量的，但承受功率和准确度相较于HF波段都有所下降。

7.6.2　DIY电子电键

对自学CW技术的爱好者来说，用一只电子电键（又称自动键）发报是最好不过的了，因为这样可以大大缩短练习发报技术的时间。

电子电键的基本功能是，当你控制电键的一对触点闭合时，电路能自动产生连续的“点”信号；当把另一对触点闭合时，电路便能连续地产生“划”信号。这些“点”“划”的速度都应该是可以调整的，产生“点”和“划”的电路工作在“触发”状态。即只要你瞬间闭合一下任一对触点，电路就能自动发一个完整的“点”或“划”，对于要求更高一些的电键，还应有一个“点”“划”的记忆功能，当你触发了一个“划”或者“点”，在这一信号尚未结束紧接着触发另一个“点”或“划”时，电路可以记住这一后触发，待发完先触发的信号后再发这一后信号。

图7-67所示为卜宪之（BD4RG）先生设计的简单电子电键电路。该电路由5片常用集成电路（4020两片，4001、4011、4013各一片）及少量元件组成，键控信号通过光耦器件与各类发信机连接。

用单片机可以做出电路更简洁、功能更强大的电子电键，但本文介绍的电路对于学习电路知识、增加DIY经验是很有益处的。

电子电键的机械部分即键体部分又称为桨（Paddle），因为其手柄部分很像划船桨的桨叶。图7-68所示是两款键体的外观照片，不难看出，要做出美观实用的电子电键键体也是一项难度很高的挑战！

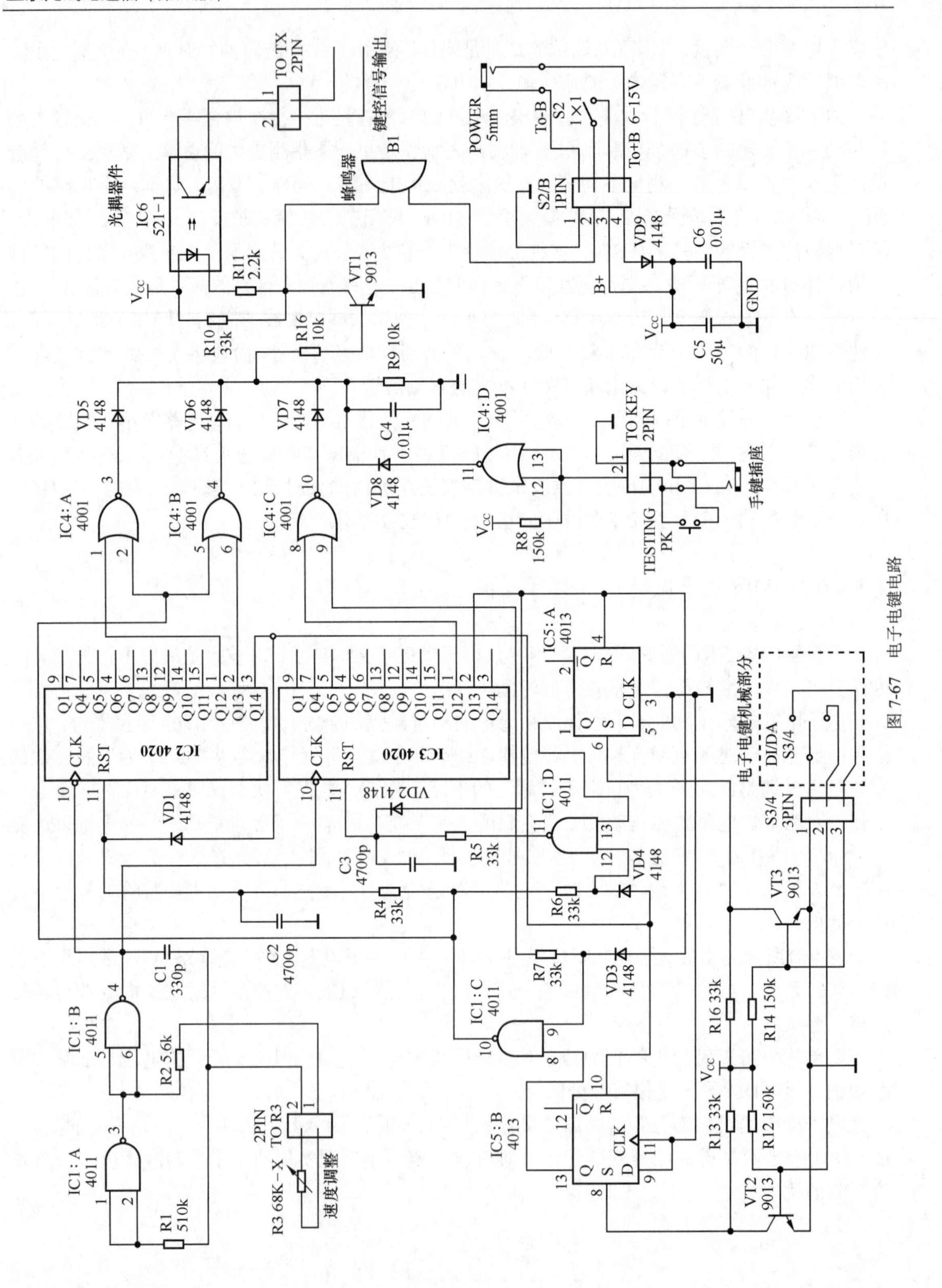
光耦器件
IC6
521-1
TO TX
2PIN
键控信号输出
蜂鸣器
B1
R11
2.2k
VT1
9013
R10
33k
R16
10k
R9 10k
POWER
5mm
To-B
S2
1×1
To+B 6-15V
S2/B
1PIN
VD9
4148
C6
0.01μ
B+
GND
C5
50μ
VD5
4148
VD6
4148
VD7
4148
C4
0.01μ
VD8
4148
IC4:A
4001
IC4:B
4001
IC4:C
4001
IC4:D
4001
TO KEY
2PIN
手键插座
TESTING
PK
R8
150k
IC2 4020
IC3 4020
VD1
4148
VD2 4148
C3
4700p
R5
33k
IC1:D
4011
IC5:A
4013
R4
33k
R6
33k
VD4
4148
C2
4700p
C1
330p
IC1:A
4011
IC1:B
4011
R1
510k
R2 5.6k
2PIN
TO R3
R3 68K-X
速度调整
IC1:C
4011
R7
33k
VD3
4148
IC5:B
4013
VT2
9013
VT3
9013
R13 33k
R12 150k
R16 33k
R14 150k
S3/4
3PIN
电子电键机械部分
DI/DA
S3/4

图 7-67　电子电键电路

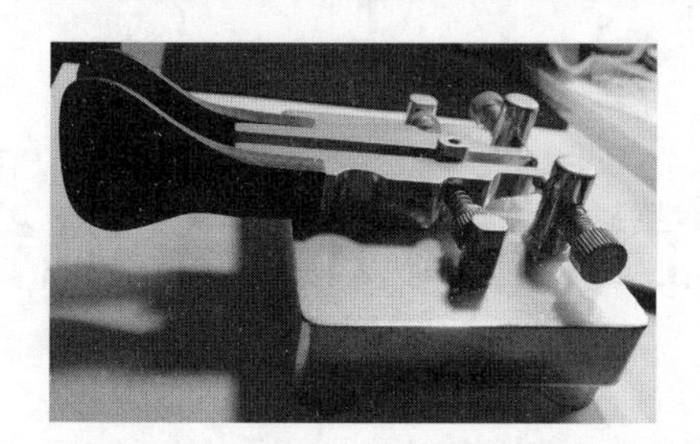

图 7-68　电子电键键体外观

第8章　依法设置和使用业余电台

中国的业余无线电爱好者在打算申办业余电台前不仅应该了解和掌握操作业余电台的知识和技能，还应该熟悉我国以及国际上对业余无线电通信的各种规定。

为管理和划分频率、协调全世界的各种无线电业务，作为联合国专业机构的国际电信联盟（ITU），定期召开有各国政府代表和国际业余无线电联盟（IARU）代表参加的国际会议，并制定、修改适用于全世界的无线电管理法规——《无线电规则》。在《无线电规则》和我国颁布的《中华人民共和国无线电频率划分规定》中，对“业余业务”“卫星业余业务”以及“业余无线电爱好者”等都进行了明确的定义和规定。《无线电规则》中有关业余无线电部分的摘录，请参考附录11。

IARU是由世界上大多数国家和地区的业余无线电组织参加的国际性民间业余无线电组织。根据ITU的规定，IARU将全球划分为3个区（详见第1章），中国属IARU第3区。我国大陆和我国香港特别行政区、澳门特别行政区以及我国台湾地区的业余无线电组织，都是IARU3区成员。

为了加强无线电管理，维护空中电波秩序，有效利用无线电频谱资源，保证各种无线电业务的正常进行，1993年我国国务院、中共中央军事委员会颁布了《中华人民共和国无线电管理条例》并于2016年进行了修改（见附录1），2012年我国工业和信息化部制定了《业余无线电台管理办法》并于2024年2月进行了修改（见附录12）。根据这两个文件的规定，国家无线电管理机构和省、自治区、直辖市无线电管理机构（简称“地方无线电管理机构”）依法对在中华人民共和国境内设置、使用的业余无线电台实施监督管理。

由国务院、中共中央军事委员会于2010年8月颁布并于当年11月1日起施行的《中华人民共和国无线电管制规定》（见附录12），是为维护国家安全和社会公共利益而制定的另一部无线电管理法规文件。无线电管制，是指在特定时间和特定区域内，国家依法采取的限制或者禁止无线电台（站）、无线电发射设备和辐射无线电波的非无线电设备的使用，以及对特定的无线电频率实施技术阻断等措施，是对无线电波的发射、辐射和传播实施的强制性管理，每一名无线电爱好者都必须遵守这一规定。

自2012年颁布《业余无线电台管理办法》后，我国工业和信息化部又下发了多个文件，如《关于实施〈业余无线电台管理办法〉若干事项的通知》《关于进一步明确和规范业余无线电台管理有关工作的通知》等。受国家工业和信息化部委托对业余无线电活动进行工作指导的中国无线电协会（RAC）也相继制定了《业余无线电台操作技术能力验证暂行办法》[见附录13之（1）]、《各类别业余无线电台操作技术能力验证考核暂行标准》[见附录13之（2）] 和《〈来访者业余无线电台临时操作证书〉申请办法》（见附录16）等文件。2024年新版《业余无线电管理办法》公布后，国家也会出台新的配套文件。爱好者一定要与时俱进，关注相关网站，不断学习新知识，了解新要求，严格遵守各项法规。

8.1　业余电台的分类管理及相应操作能力要求

我国对业余无线电台实施分类管理办法。国家无线电管理机构将我国业余电台分为A、B、C 3类进行管理，分类标准如下。

（1）A类业余电台：可以在30～3000MHz范围内的各业余业务和卫星业余业务频段内发射工作，且最大发射功率不大于25W。

（2）B类业余电台：可以在各业余业务和卫星业余业务频段内发射工作，30MHz以下频段最大发射功率不大于15W，30MHz以上频段最大发射功率不大于25W。

（3）C类业余电台：可以在各业余业务和卫星业余业务频段内发射工作，30MHz以下频段最大发射功率不大于1000W，30MHz以上频段最大发射功率不大于25W。

爱好者想要设置业余电台，必须熟悉无线电管理相关规定，具备与所设电台类别相应的知识和操作技术能力。

受国家工业和信息化部委托，中国无线电协会业余无线电分会（CRAC）制定了检验设置业余电台所必需的操作技术能力的基本标准和进行验证考核的办法，并编制了操作技术能力验证考核题库，全面负责对验证工作的技术指导及印制验证合格证明和发放等工作。

设置各类业余电台需要具备相应的基本操作技术能力要求，其主要内容包括无线电管理相关法规、无线电通信的程序和方法、无线电系统原理、与业余无线电台有关的安全防护技术、电磁兼容技术及射频干扰的预防和消除方法等几个方面。对于B类和C类业余电台，操作者还应掌握业余无线电通信的国际规则和规范。

CRAC编制了《业余无线电台操作技术能力验证考核题库》，发布了操作能力计算机模拟考试程序，供爱好者学习和自我验证。考核题库已由人民邮电出版社出版发行，模拟考试程序可以通过CRAC网站免费获取。

A类和B类业余电台所需操作能力验证考核及验证合格证明的发放工作由各省、自治区、直辖市无线电管理机构或其委托的机构负责组织实施，C类业余电台操作能力验证及合格证明发放工作由中国无线电协会负责进行。各类验证考核均以书面闭卷考试的方式进行，考试题目从题库中随机抽取，答题方式均为选择题。

工业和信息化部委托中国无线电协会负责统一印制的，由中国无线电协会和各地无线电管理机构发放的业余无线电台操作技术能力验证合格证明——《中国无线电协会业余电台操作证书》（以下简称《操作证书》）是申请设置和使用业余无线电台的资格凭证，全国范围内有效，《操作证书》样式如图8-1和图8-2所示。

爱好者初次申请业余无线电台操作技术能力考核，须首先参加A类业余无线电台操作技术能力考试；依法取得业余无线电台执照6个月以上，且具有相应的实际操作经验者，可以申请参加B类操作技术能力验证考核；依法取得载明30MHz以下频段的业余无线电执照18个月以上且具有相应的实际操作经验者，可以申请参加C类操作技术能力考试。

根据规定，尚未取得相应业余无线电台执照或者相应操作技术能力的人员，为提高业余无线电台操作技术能力的需要，可以在他人依法设置的业余无线电台上进行发射操作实习。发射操作实习应当由业余无线电台设置、使用人或者由单位设置业余无线电台的技术负责人现场监督指导；使用的频率范围和发射功率应当在B类业余无线电台操作技术能力验证证书确定的范围内，且不得超出现场监督指导人员依法取得的业余无线电台操作技术能力验证证书确定的范围。

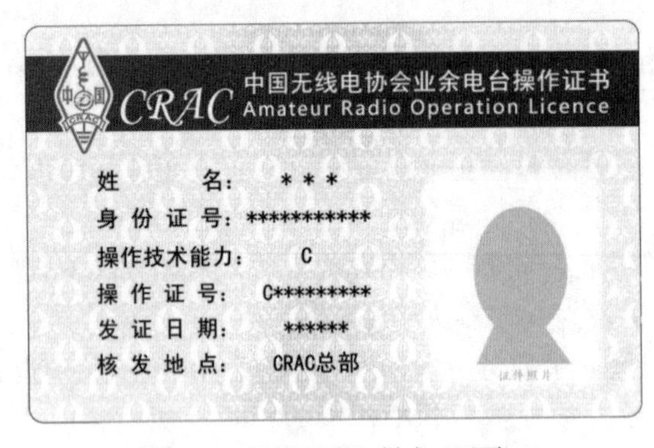

图 8-1　《操作证书》样式（正面）

本证书由中国无线电协会业余无线电工作委员会（CRAC）根据《业余无线电台管理办法》及其他相关规定颁发，作为持证人业余无线电台操作技术能力经验证合格的证明。

常用业余无线电频率与所需操作技术能力类别参考对照表

频　率	类别	频　率	类别	频　率	类别
1800-2000 KHz	BC	14250-14350 KHz	BC	50-54 MHz	ABC
3500-3900 KHz	BC	18068-18168 KHz	BC	144-148 MHz	ABC
7000-7200 KHz	BC	21000-21450 KHz	BC	430-440 MHz	ABC
10100-10150 KHz	BC	24890-24990 KHz	BC	专用　共用　次要	
14000-14250 KHz	BC	28000-29700 KHz	BC		

NO.A00010001

图 8-2　《操作证书》样式（背面）

2013年以前，我国的业余无线电操作资格凭证（《中华人民共和国业余无线电台操作证》，以下简称“旧版操作证”）是由中国无线电运动协会（CRSA）印发的。根据当时规定，旧版操作证根据操作水准，共分为1级至5级共5个级别，其中5级为收听级。根据2013年开始执行的《业余无线电台管理办法》规定，由中国无线电协会负责组织将旧版操作证换发为《中国无线电协会业余电台操作证书》，其中4级旧版操作证换为A类业余无线电台《操作证书》，2级、3级旧版操作证换为B类业余无线电台《操作证书》，1级旧版操作证换为C类业余无线电台《操作证书》。

各类业余无线电台可以使用的频率和发射功率在本章的8.1节已有阐述，各频段的具体可用频率可参见图8-2《操作证书》背面的“对照表”。

应该说明的是，由于业余业务在某些频段内，比如50MHz及430MHz频段属于“次要业务”，地方无线电管理机构有可能根据当地频率分配使用情况对业余业务进行限制，这是在业余无线电台操作中必须了解和遵守的。

各国对各业余频段内允许操作的各种通信模式进行了规划。中国无线电协会业余无线电分会（CRAC）根据法规并参照国际惯例，对我国所有业余频段内的操作方式和应急通信频率进行了规划。《CRAC业余频率使用及应急频点推荐规划》见附录14。

8.2　个人设置业余电台的基本条件和申办程序

《业余无线电台管理办法》规定，在中华人民共和国境内生活和工作的个人，只要符合一定的条件，就可以申请设置业余电台。合法设置业余电台的必要步骤是：按《业余无线电台管理办法》的规定办理设置审批手续，并取得业余电台执照。

个人申请设置业余电台应具备的基本条件如下。

（1）熟悉无线电管理相关规定。

（2）具备一定的操作技术能力，并通过了相应的操作技术能力验证、获得了由中国无线电协会颁发的《业余电台操作证书》。

（3）无线电发射设备符合国家相关技术标准。

（4）未成年人申请设置的业余电台使用频段为30～3000MHz频段且最大功率不大于25W。

（5）法律、行政法规规定的其他条件。

申请设置业余电台应参照以下步骤进行。

（1）向地方无线电管理机构或其委托的单位申请参加“业余无线电台操作技术能力验证”考核。

各地承担组织考试的机构一般会通过网站等途径事先公布考试计划及报名时间、方式（报名地点或电子邮箱）、需要提交的材料及考试地点、方式等相关信息。

爱好者应按照考试机构的要求提供准确的个人信息，收取纸质信函的准确通信地址和其他相关资料。

由于业余无线电台操作技术能力验证合格证明——《中国无线电协会业余电台操作证书》（以下简称《操作证书》）是申请设置和使用业余无线电台的资格凭证，全国范围内有效，所以爱好者可以在户籍所在地或异地报名参加验证考核。验证考核一般都以闭卷考试的形式进行。

（2）参加考试并获得合格成绩。

验证考核使用工业和信息化部无线电管理局组织审定的题库，并采用由中国无线电协会编制的考试程序形成随机试卷。A类试卷共30题，答题时间不超过40分钟，答对25题（含）以上为合格；B类试卷共50题，答题时间不超过60分钟，答对40题（含）以上为合格；C类试卷共80题，答题时间不超过90分钟，答对60题（含）以上为合格。（见附录14）。本书根据题库编写了《A类业余电台操作证书考试内容提要》（见附录17）供读者学习和参考。

业余无线电台操作技术能力验证属于设置业余无线电台的基本条件之一。国家无线电管理机构明确规定了该项工作应严格按照《业余无线电台管理办法》等文件精神执行，要求各地不得人为设定其他准入门槛，擅自增设申请设置业余电台的许可条件，不得以是否为某组织会员、是否参加某服务项目等理由为借口，给符合条件和标准的申请人设置障碍，并要求在组织业余无线电台操作技术能力验证考核工作中，严禁将培训与考试挂钩，强制或变相收取培训费，不得损害业余无线电爱好者的合法权益。

（3）取得《中国无线电协会业余电台操作证书》。

《操作证书》是由工业和信息化部委托中国无线电协会负责统一印制的。对于A类和B类考试，中国无线电协会业余无线电分会（CRAC）根据各省、自治区、直辖市无线电管理机构上传的考试合格人员的申报材料，配给《操作证书》编号，并将《操作证书》电子版交由相关地方无线电管理机构供其打印和发放。C类考试结果由CRAC负责审核，《操作证书》也由其打印和发放。

（4）填写《业余无线电台设置、使用申请表》。

表格的样式见本书附录12之（1）中的附件1。已经设立的业余电台，要更改或添加电台执照核准项目时，也必须填写此表格。此表不适用于设立空间业余电台，这是因为设立空间业余电台，还要提前向ITU登记并缴纳登记费，进行国际协调，需设台单位向国家无线电机构办理专门的手续。

（5）向设台地无线电管理机构提交《业余无线电台设置、使用申请表》及身份证明复印件。使用具有型号核准的无线电发射设备，需要提交含有型号核准代码、出厂序列号等信息的无线电发射设备照片。

（6）将相应的无线电发射设备交无线电管理机构或其委托单位进行检测。

自制、改装、拼装等未取得型号核准的无线电发射设备必须符合国家标准和无线电管理规定，且无线电发射频率范围仅限于业余业务频段。

受理设置业余无线电台申请的无线电管理机构将按照《中华人民共和国无线电频率划分规定》中的有关规定，对申请使用的自制、改装、拼装的业余无线电发射设备的频率容限和杂散发射等射频指标进行检验（对发射设备要求的技术指标见第7章）。对已取得《中华人民共和国无线电发射设备型号核准证》的业余无线电台专用无线电发射设备，则将视其状况进行检验。

对于申请材料齐全、符合法定形式和《业余无线电台管理办法》各项规定的，无线电管理机构将在自受理申请之日起30个工作日内向申请人核发业余无线电台执照，同时指配业余电台呼号。

业余无线电台执照由国家无线电管理机构统一印制。个人设置的业余电线电台执照载有执照编号、执照有效日期、设台人姓名和身份证件号码、业余电台呼号、业余无线电台类别（A类、B类、C类）、通信使用区域（“本省市”或“全国”）、设备型号及其出厂序号、执照核发单位及核发日期。

业余无线电台执照对电台设备的核定采用一个台站允许有多部设备的方式，一张执照载明所核定使用的全部发射设备。发射设备多于一部时，在执照附页上载明其余设备的型号出厂序号，附页载有与执照一致的执照编号并加盖核发单位印章，必须与该执照同时使用方为有效，业余无线电台执照的式样如图8-3所示。

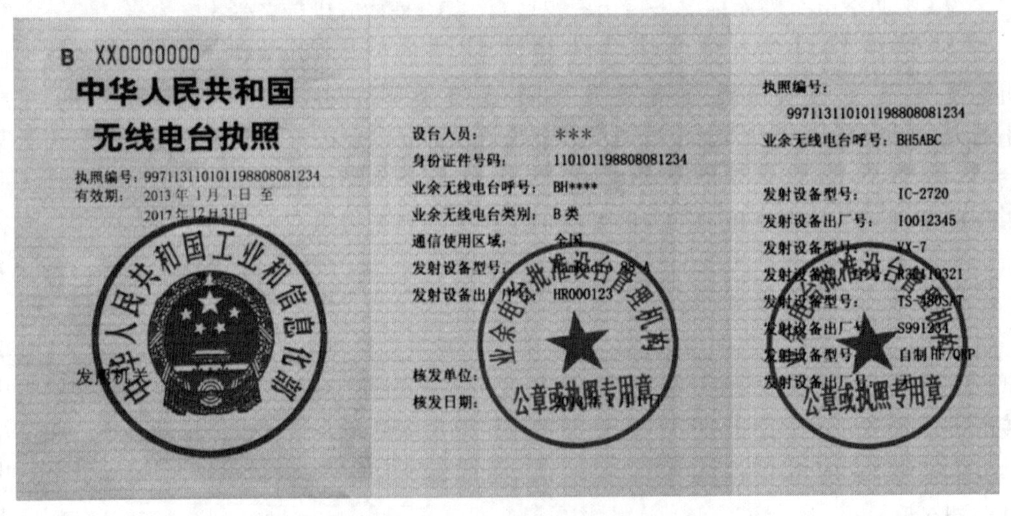

B XX0000000

中华人民共和国
无线电台执照

执照编号：997113110101198808081234
有效期：2013年1月1日 至
2017年12月31日

中华人民共和国工业和信息化部

设台人员：＊＊＊
身份证件号码：110101198808081234
业余无线电台呼号：BH＊＊＊＊
业余无线电台类别：B类
通信使用区域：全国
发射设备型号：
发射设备出厂序号：HR000123
核发单位：
核发日期：

业余电台批准设台管理机构
公章或执照专用章

执照编号：
997113110101198808081234
业余无线电台呼号：BH5ABC
发射设备型号：IC-2720
发射设备出厂号：I0012345
发射设备型号：VX-7
发射设备出厂号：
发射设备型号：
发射设备出厂号：
发射设备型号：自制
发射设备出厂号：

公章或执照专用章

图8-3　个人设置的普通业余无线电台执照式样

业余无线电台执照的有效期不超过5年。执照有效期届满后需要继续使用的，应当在有效期届满前30日内向核发执照的无线电管理机构申请办理延续手续。

在本省、自治区、直辖市范围内通信的业余无线电台，由设台地地方无线电管理机构审批。通信范围涉及两个以上的省、自治区、直辖市或者涉及境外的业余无线电台，由国家无线电管理机构或其委托的设台地地方无线电管理机构负责审批并核发业余无线电台执照。业余信标台、用于卫星业余业务的空间业余无线电台等特殊业余无线电台的审批和核发执照由国家无线电管理机构负责。

8.3　单位或团体设置业余电台的申办程序

根据《业余无线电台管理办法》，凡经正式注册登记的单位、团体（以下简称“单位”）都可以申请设置业余电台，其申办程序和个人设置业余电台的申办程序是相同的。

单位申请设置业余电台时，需明确“电台负责人”和“技术负责人”。电台负责人应熟悉无线电管理规定，技术负责人应具备个人设置业余电台的基本条件。

在申办单位设置的业余无线电台时，除提交《业余无线电台设置、使用申请表》、符合要求的电台设备外，还应提交单位营业执照等资料复印件，以及业余无线电台技术负责人为本单位工作人员的说明材料。

单位设置的业余无线电台，其电台执照上载明设台单位全称、组织机构身份标识码，以及电台负责人和技术负责人的姓名和身份证号码等信息（式样见图8-4）。

单位设置业余无线电台的呼号和个人设置业余无线电台的呼号组成方式一样，均由无线电管理机构根据设置时间的先后按照普通业余无线电台顺序指配呼号。

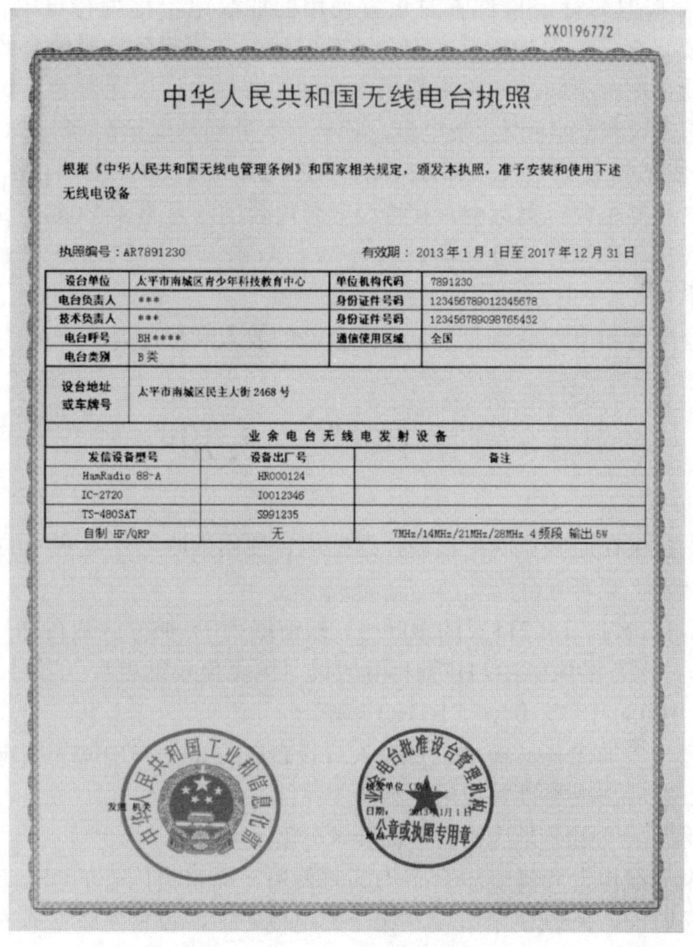
XX0196772

中华人民共和国无线电台执照

根据《中华人民共和国无线电管理条例》和国家相关规定，颁发本执照，准予安装和使用下述无线电设备

执照编号：AR7891230　　有效期：2013 年 1 月 1 日至 2017 年 12 月 31 日

设台单位	太平市南城区青少年科技教育中心	单位机构代码	7891230
电台负责人	***	身份证件号码	123456789012345678
技术负责人	***	身份证件号码	123456789098765432
电台呼号	BH****	通信使用区域	全国
电台类别	B类		
设台地址或车牌号	太平市南城区民主大街 2468 号		

业余电台无线电发射设备

发信设备型号	设备出厂号	备注
HamRadio 88-A	HR000124	
IC-2720	I0012346	
TS-480SAT	S991235	
自制 HF/QRP	无	7MHz/14MHz/21MHz/28MHz 4频段 输出5W

发照机关　　中华人民共和国工业和信息化部

业余电台批准设台管理机构

核发单位（盖章）：

日期：

公章或执照专用章

图 8-4　单位业余无线电台执照式样

2013年以前，我国将业余电台分类为“个人业余电台”和“集体业余电台”等类别，并将集体业余电台呼号的前缀规定为“BY”，“BY台”成为集体业余电台的代名词。至2004年底，我国各地共建立了200多个BY台，这些电台在推动业余电台活动健康有序发展、培养青少年的无线电兴趣等方面曾经发挥了巨大的作用，积累了许多宝贵的经验，不少BY台至今还活跃于空中。根据《业余无线电台管理办法》的规定，2012年以后单位设置的业余电台不再冠以BY呼号前缀。为便于读者了解这一段历史和备查，我国部分BY业余电台见电子资源。

8.4 特殊业余无线电台站

业余信标台、空间业余无线电台以及为试验特殊通信技术、需要临时超过文件规定的发射功率限值等使用的业余电台称为特殊业余电台站。设立特殊业余无线电台站需经国家无线电管理机构审批。设台个人或设台单位应事先向所在地无线电管理机构提出申请，经地方无线电管理机构报请国家无线电管理机构批准并核发电台执照后，方可按照批准的时间、地点等限定条件设置使用。具体申请程序请参考本章8.2节和8.3节。

无线电爱好者常把为特定事件临时设置使用的业余电台称为特设电台（Special event station）。在举办奥运会，或遇国际重大纪念活动时我们常可听到这类电台的信号。它们的呼号往往与平常的业余电台不同，一般带有当次活动的特征，所以比较容易辨认。如2008年北京奥运会时，我国曾设有5个特设业余电台，呼号后缀分别是奥运会字头“O”加“北、京、欢、迎、你”5个汉语拼音的字头（即BT1OB、BT1OJ、BT1OH、BT1OY、BT1ON）；2014年在南京举办第二届夏季青年奥运会，其特设业余电台的呼号是B4YOG，其后缀取自青年奥运会英文缩写，2014年韩国仁川亚运会特设台DT17AGI，呼号冠字后的“17AGI”就是第17届仁川亚运会的字头。

申办这类业余电台和申办特殊业余无线电台站的要求和程序是一样的。

8.5 竞赛中的临时专用呼号

有一些业余电台仅在通联竞赛中出现，这些电台使用的呼号“竞赛中的临时专用呼号”，爱好者们习惯简称为“竞赛呼号”。

竞赛呼号主要有1×1、1×2格式的短呼号，即前缀为B，加分区数再加后缀（1个或2个字符），例如“B4R”，还有参加IARU HF锦标赛时的“国家俱乐部电台”呼号，即前缀为B，加分区数再加后缀为HQ的呼号，例如“B1HQ”等。

要使用竞赛呼号参加比赛，应由设台个人或设台单位事先向中国无线电协会提出申请，并在获得其书面批准后按规定设置使用。

竞赛呼号使用期限仅限于当次比赛，需要“一赛一申请”。

由于特殊业余无线电台和竞赛电台多为临时使用，而来自国外的QSL卡片交换请求则会延续数年甚至更长时间，所以在申请设立这一类电台之前，设台主体必须有妥善处理QSL卡片工作的长期安排，以免在国际上造成不良影响。

8.6　如何申办和使用业余无线电中继台

业余无线电中继台（Repeater，以下简称“业余中继台”）是爱好者进行移动通信和应急通信的重要工具。随着我国V/U段业余电台的快速增长，如何有序地设置和使用业余无线电中继台已经备受社会关注。

业余中继台是业余无线电台的一种，它的申请设置办法和各类普通业余无线电台的要求一样。

申请设置业余中继台时，需在《业余无线电台设置、使用申请表》相关栏目中勾选有关项目，准确填报上、下行频率等技术参数。这些参数将被载明在电台执照上。设置人或单位取得该中继台的业余无线电台执照后方可按执照核定项目开通使用。单位设置的业余中继台执照式样如图8-5所示。

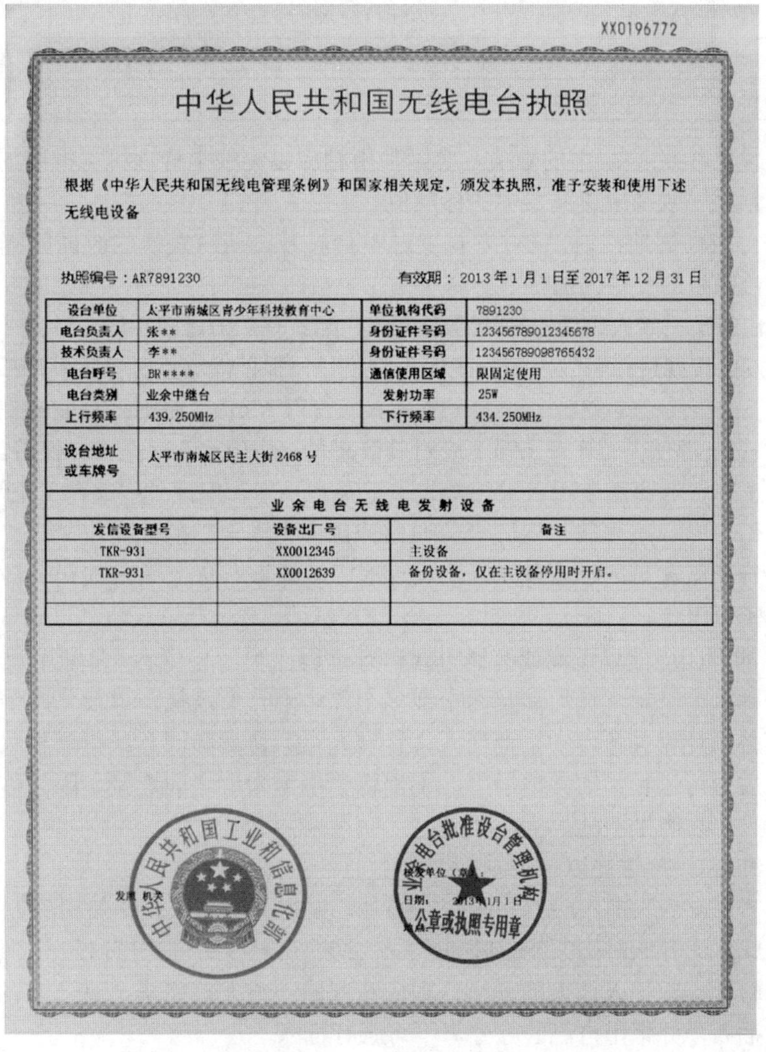

XX0196772

中华人民共和国无线电台执照

根据《中华人民共和国无线电管理条例》和国家相关规定，颁发本执照，准予安装和使用下述无线电设备

执照编号：AR7891230　　　　有效期：2013 年 1 月 1 日至 2017 年 12 月 31 日

设台单位	太平市南城区青少年科技教育中心	单位机构代码	7891230
电台负责人	张**	身份证件号码	123456789012345678
技术负责人	李**	身份证件号码	123456789098765432
电台呼号	BR****	通信使用区域	限固定使用
电台类别	业余中继台	发射功率	25W
上行频率	439.250MHz	下行频率	434.250MHz
设台地址或车牌号	太平市南城区民主大街 2468 号		

业余电台无线电发射设备

发信设备型号	设备出厂号	备注
TKR-931	XX0012345	主设备
TKR-931	XX0012639	备份设备，仅在主设备停用时开启。

发证机关

中华人民共和国工业和信息化部

公章或执照专用章

图 8-5　单位设置的业余中继台执照式样（固定电台）

设置业余中继台应遵循以下原则。

（1）在同一地区同一频段，原则上只设置一个业余中继台。地方无线电管理机构一般会根据当地已有业余中继台的情况进行协调处理。

（2）业余中继台的设置和技术参数等应当符合国家以及设台地地方无线电管理机构的规定。

（3）业余中继台应当向其覆盖区内所有业余无线电台提供平等服务，并将使用业余中继台所需的各项技术参数公开。

（4）业余中继台不得以任何名义进行变相商业运营或者收取使用费用。

（5）业余中继台选用的频率以及双工频差应符合相关技术规范。

按国际惯例，“中继台”允许使用的频率、功率及上、下行之间的频差如表8-1所示。

表8-1　中继台允许使用的频率、功率及频差

频段	高段	低段	频差	功率
29MHz	29.610～29.700MHz	29.520～29.590MHz	±100kHz	10W
50MHz	53.500～54.000MHz	52.000～52.500MHz	±1.5MHz	10W
144MHz	145.200～145.800MHz	144.60～145.20MHz	±600kHz	10W
430MHz	438～440MHz	433～435MHz	±5MHz	10W
1200MHz	1282～1288MHz	1270～1276MHz	±12MHz	5W

各地申请时可参照表8-1中的数值，实际使用则应以无线电管理机构批准的数值为准。但各频段使用的频差一般都应遵循表中的标准值。

业余中继台应当周期性地以CW方式发送本台呼号，两次发送的时间间隔不得超过10分钟。业余中继台呼号的前缀为BR。

业余中继台应当设专人负责监控和管理工作，配备有效的遥控手段，业余中继台的设置人应当对无线电发射设备进行有效监控，确保正常工作，保证能够及时停止其造成的有害干扰。

通常情况下，一个“中继台”的安全责任人（管理人员），原则上只能管理一个频段的一个“中继台”。安全责任人（管理人员）应对其管理的“中继台”负全责，保持经常性的维护、管理和监听等工作，对违法使用者进行劝告、记录和录音，保证“中继台”正常有序地运行。遇有“紧急通信”时，应协调、保证紧急通信使用“中继台”的优先权。当“中继台”受到恶意干扰、强行使用和可能导致危及社会秩序时，安全责任人（管理人员）应及时、果断地采取技术措施予以阻止。

“中继台”的开闭应能以无线或有线方式进行远程控制。“中继台”常使用亚音频（CTCSS）等技术手段抑制带内干扰。任何涉及两个或多个“中继台”连接，以及“中继台”连接到其他设备时，都必须经相关各方安全责任人（管理人员）协调和同意或得到相关地域无线电管理机构的批准后方可进行。通常情况下，不提倡“中继台”之间连接，因为这将降低“中继台”的使用率且容易产生不良干扰。

使用“中继台”，应遵守以下规则。

（1）使用“中继台”前，应首先聆听2～3秒，确定无其他人正在使用后方可呼叫。

（2）呼叫或联络开始时必须使用呼号全称，沟通后至少每隔2分钟报一次呼号。

（3）如确有要事需插入他人的联络，则应在联络一方发信完毕，另一方发信之前，以简洁明了的语言插入，并报出自己的呼号，不可强行插入。

（4）在通信过程中，应尽量避免发送超过1分钟的连续信息，收信、发信交替时，要留有

1～2秒的间隙，以便于他人有要事可以插入。

（5）联络双方可用单频点直接通信时，应尽量不使用“中继台”。

（6）除有特殊规定外，目前使用“中继台”均应以语言模式为主，不提倡其他模式的通信，通信内容必须符合业余电台管理的有关法规。

（7）应严格遵循紧急通信、手持机、车载台、固定台的使用顺序和强信号让弱信号，以及本地信号让外地信号的原则，遇有应急通信，一般通信不得占用“中继台”频率。

（8）尊重“中继台”安全责任人（管理人员）的实时管理和服务。

各地设置或批准设置业余中继台的单位或机构及时向CRAC提供所设置或者所批准的业余中继台的主要信息，以便汇总公布。信息填报注意事项见附录13之（3）。

8.7　业余电台涉外交流活动方面的有关规定

业余电台的联络是世界性的，这一特点决定了其活动本身就具有涉外性质。和世界各国爱好者的空中联络、QSL卡片和信件交往乃至直接见面等情况随时可能遇到，所以我们应该熟悉业余电台在涉外交流活动方面的有关规定。

2004年3月，我国中央人民政府和香港特别行政区签订了业余无线电台的互惠协议，从2004年6月10日开始，中国香港永久性居民凭香港的业余电台牌照可在内地申请设置或操作相应等级的业余电台（申请办法参见本章8.7.2节）；内地的业余无线电操作者到中国香港可凭有效的《操作证书》业余无线电台执照，申请设置或操作中国香港相应等级的业余电台。《内地业余无线电操作者逗留或到访香港特别行政区时申请业余电台牌照及操作授权证明的指引》《香港业余电台牌照的操作权限——操作频率及功率限制》及《内地居民来港申请业余电台牌照/操作授权证明表格》分别见附录15之（1）、（2）、（3）。

8.7.1　有关外籍人员在华操作的规定

任何人在本国领土以外的地方设立和使用无线电发射设备，必须经双方政府签订协议或文件同意。持本国业余电台执照到外国设置、操作业余电台，必须遵循两国政府间签订的互惠协议。根据我国《业余无线电台管理办法》，中华人民共和国境外的组织或者个人在境内设置、使用业余无线电台，其所在的国家或者地区与中华人民共和国签订相关协议的，按照协议办理；未签订相关协议的，按照《业余无线电台管理办法》的规定办理。

除我国内地与香港特别行政区之间签署了业余无线电互惠协议外，目前我国尚未和其他任何国家和地区有这方面的协议。所以，对尚未与我国签订业余无线电互惠协议的国家和地区的爱好者，应按照我国《业余无线电台管理办法》的规定办理。

一是申请办理《来访者业余无线电台临时操作证书》，在境内既有的业余电台上操作。

来华的非中华人民共和国公民，可以凭本人护照及在本国（或本地区）所持有的有效业余电台执照，向中国无线电协会申请办理《来访者业余无线电台临时操作证书》，凭临时操作证书在国内已有业余电台上进行“客座操作”，并按照《业余无线电台管理办法》的规定使用既有业余电台的呼号。

二是申请设置个人业余无线电台。

在华工作学习的境外业余无线电爱好者，无论其是否持有其本国或本地区业余电台执照，都可以按我国《业余无线电台管理办法》的规定，参加我国的业余无线电台操作技术能力验证考核，在获得《操作证书》后，像中国公民一样申请设置个人业余无线电台，使用中国电台执照所指配的呼号进行操作。

8.7.2　境外爱好者如何申请、办理《来访者业余无线电台临时操作证书》

中国无线电协会制定了《来访者业余无线电台临时操作证书》申请办法（见附录16）。凡持有有效业余电台操作证到访中华人民共和国的业余无线电爱好者，均可以申请与本人操作级别相似的中国《来访者业余无线电台临时操作证书》。此证仅为其在已有的中华人民共和国业余电台上进行合法操作的资格证明，而非许可另外设置业余无线电台。

《来访者业余无线电台临时操作证书》由中国无线电协会业余无线电分会（CRAC）签发。爱好者应通过电子邮件方式向CRAC申请，邮箱地址是：licensing@crac.org.cn。

申请《来访者业余无线电台临时操作证书》需提供下列材料。

（1）载有申请者签署遵守中国无线电法律和规则的承诺申请表。

（2）文本格式的来访者本人信息（txt或doc格式）。

（3）有效旅行证书和中国签证的图像副本（pdf或jpg格式，图像垂直边像素不低于1000）。

（4）本人有效业余电台执照的图像副本（pdf或jpg格式，图像垂直边像素不低于1000）。

（5）身份证照片（pdf或jpg格式，图像垂直边像素不低于600）。

（6）CRAC可能需要的其他信息。

CRAC将通过电子邮件把《来访者业余无线电台临时操作证书》的图像副本发给被批准的申请者以供下载打印。批准信息也将会在CRAC网站上公布并作为有效性检查的官方参考。

除申请者要求直接到CRAC办公室来领取外，不向申请者邮寄实物证书。《来访者业余无线电台临时操作证书》样式（正面）见图8-6。

申请办理来访者业余无线电台临时操作证书不需要服务费用。

图8-6　《来访者业余无线电台临时操作证书》样式（正面）

2015年9月，我国工业和信息化部发布了《关于香港特别行政区永久性居民在内地设置和使用业余电台有关事项的通告》（见附录16），使香港特别行政区的爱好者在内地从事业余电台活动更加方便。

附　录

附录1　《中华人民共和国无线电管理条例》

（1993年9月11日　中华人民共和国国务院、中华人民共和国中央军事委员会令第128号发布，2016年11月11日中华人民共和国国务院、中华人民共和国中央军事委员会令第672号修订）

第一章　总　则

第一条　为了加强无线电管理，维护空中电波秩序，有效开发、利用无线电频谱资源，保证各种无线电业务的正常进行，制定本条例。

第二条　在中华人民共和国境内使用无线电频率，设置、使用无线电台（站），研制、生产、进口、销售和维修无线电发射设备，以及使用辐射无线电波的非无线电设备，应当遵守本条例。

第三条　无线电频谱资源属于国家所有。国家对无线电频谱资源实行统一规划、合理开发、有偿使用的原则。

第四条　无线电管理工作在国务院、中央军事委员会的统一领导下分工管理、分级负责，贯彻科学管理、保护资源、保障安全、促进发展的方针。

第五条　国家鼓励、支持对无线电频谱资源的科学技术研究和先进技术的推广应用，提高无线电频谱资源的利用效率。

第六条　任何单位或者个人不得擅自使用无线电频率，不得对依法开展的无线电业务造成有害干扰，不得利用无线电台（站）进行违法犯罪活动。

第七条　根据维护国家安全、保障国家重大任务、处置重大突发事件等需要，国家可以实施无线电管制。

第二章　管理机构及其职责

第八条　国家无线电管理机构负责全国无线电管理工作，依据职责拟订无线电管理的方针、政策，统一管理无线电频率和无线电台（站），负责无线电监测、干扰查处和涉外无线电管理等工作，协调处理无线电管理相关事宜。

第九条　中国人民解放军电磁频谱管理机构负责军事系统的无线电管理工作，参与拟订国家有关无线电管理的方针、政策。

第十条　省、自治区、直辖市无线电管理机构在国家无线电管理机构和省、自治区、直辖市人民政府领导下，负责本行政区域除军事系统外的无线电管理工作，根据审批权限实施无线电频率使用许可，审查无线电台（站）的建设布局和台址，核发无线电台执照及无线电台识别码（含呼号，下同），负责本行政区域无线电监测和干扰查处，协调处理本行政区域无线电管理相关事宜。

省、自治区无线电管理机构根据工作需要可以在本行政区域内设立派出机构。派出机构在省、自治区无线电管理机构的授权范围内履行职责。

第十一条　军地建立无线电管理协调机制，共同划分无线电频率，协商处理涉及军事系统与非军事系统间的无线电管理事宜。无线电管理重大问题报国务院、中央军事委员会决定。

第十二条　国务院有关部门的无线电管理机构在国家无线电管理机构的业务指导下，负责本系统（行业）的无线电管理工作，贯彻执行国家无线电管理的方针、政策和法律、行政法规、规章，依照本条例规定和国务院规定的部门职权，管理国家无线电管理机构分配给本系统（行业）使用的航空、水上无线电专用频率，规划本系统（行业）无线电台（站）的建设布局和台址，核发制式无线电台执照及无线电台识别码。

第三章　频率管理

第十三条　国家无线电管理机构负责制定无线电频率划分规定，并向社会公布。

制定无线电频率划分规定应当征求国务院有关部门和军队有关单位的意见，充分考虑国家安全和经济社会、科学技术发展以及频谱资源有效利用的需要。

第十四条　使用无线电频率应当取得许可，但下列频率除外：

（一）业余无线电台、公众对讲机、制式无线电台使用的频率；

（二）国际安全与遇险系统，用于航空、水上移动业务和无线电导航业务的国际固定频率；

（三）国家无线电管理机构规定的微功率短距离无线电发射设备使用的频率。

第十五条　取得无线电频率使用许可，应当符合下列条件：

（一）所申请的无线电频率符合无线电频率划分和使用规定，有明确具体的用途；

（二）使用无线电频率的技术方案可行；

（三）有相应的专业技术人员；

（四）对依法使用的其他无线电频率不会产生有害干扰。

第十六条　无线电管理机构应当自受理无线电频率使用许可申请之日起20个工作日内审查完毕，依照本条例第十五条规定的条件，并综合考虑国家安全需要和可用频率的情况，作出许可或者不予许可的决定。予以许可的，颁发无线电频率使用许可证；不予许可的，书面通知申请人并说明理由。

无线电频率使用许可证应当载明无线电频率的用途、使用范围、使用率要求、使用期限等事项。

第十七条　地面公众移动通信使用频率等商用无线电频率的使用许可，可以依照有关法律、行政法规的规定采取招标、拍卖的方式。

无线电管理机构采取招标、拍卖的方式确定中标人、买受人后，应当作出许可的决定，并依法向中标人、买受人颁发无线电频率使用许可证。

第十八条　无线电频率使用许可由国家无线电管理机构实施。国家无线电管理机构确定范围内的无线电频率使用许可，由省、自治区、直辖市无线电管理机构实施。

国家无线电管理机构分配给交通运输、渔业、海洋系统（行业）使用的水上无线电专用频率，由所在地省、自治区、直辖市无线电管理机构分别会同相关主管部门实施许可；国家无线电管理机构分配给民用航空系统使用的航空无线电专用频率，由国务院民用航空主管部门实施许可。

第十九条　无线电频率使用许可的期限不得超过10年。

无线电频率使用期限届满后需要继续使用的，应当在期限届满30个工作日前向作出许可决定的无线电管理机构提出延续申请。受理申请的无线电管理机构应当依照本条例第十五条、第十六条的规定进行审查并作出决定。

无线电频率使用期限届满前拟终止使用无线电频率的，应当及时向作出许可决定的无线电管理机构办理注销手续。

第二十条　转让无线电频率使用权的，受让人应当符合本条例第十五条规定的条件，并提交双方转让协议，依照本条例第十六条规定的程序报请无线电管理机构批准。

第二十一条　使用无线电频率应当按照国家有关规定缴纳无线电频率占用费。

无线电频率占用费的项目、标准，由国务院财政部门、价格主管部门制定。

第二十二条　国际电信联盟依照国际规则规划给我国使用的卫星无线电频率，由国家无线电管理机构统一分配给使用单位。

申请使用国际电信联盟非规划的卫星无线电频率，应当通过国家无线电管理机构统一提出申请。国家无线电管理机构应当及时组织有关单位进行必要的国内协调，并依照国际规则开展国际申报、协调、登记工作。

第二十三条　组建卫星通信网需要使用卫星无线电频率的，除应当符合本条例第十五条规定的条件外，还应当提供拟使用的空间无线电台、卫星轨道位置和卫星覆盖范围等信息，以及完成国内协调并开展必要国际协调的证明材料等。

第二十四条　使用其他国家、地区的卫星无线电频率开展业务，应当遵守我国卫星无线电频率管理的规定，并完成与我国申报的卫星无线电频率的协调。

第二十五条　建设卫星工程，应当在项目规划阶段对拟使用的卫星无线电频率进行可行性论证；建设须经国务院、中央军事委员会批准的卫星工程，应当在项目规划阶段与国家无线电管理机构协商确定拟使用的卫星无线电频率。

第二十六条　除因不可抗力外，取得无线电频率使用许可后超过2年不使用或者使用率达不到许可证规定要求的，作出许可决定的无线电管理机构有权撤销无线电频率使用许可，收回无线电频率。

第四章　无线电台（站）管理

第二十七条　设置、使用无线电台（站）应当向无线电管理机构申请取得无线电台执照，但设置、使用下列无线电台（站）的除外：

（一）地面公众移动通信终端；

（二）单收无线电台（站）；

（三）国家无线电管理机构规定的微功率短距离无线电台（站）。

第二十八条　除本条例第二十九条规定的业余无线电台外，设置、使用无线电台（站），应当符合下列条件：

（一）有可用的无线电频率；

（二）所使用的无线电发射设备依法取得无线电发射设备型号核准证且符合国家规定的产品质量要求；

（三）有熟悉无线电管理规定、具备相关业务技能的人员；

（四）有明确具体的用途，且技术方案可行；

（五）有能够保证无线电台（站）正常使用的电磁环境，拟设置的无线电台（站）对依法使用的其他无线电台（站）不会产生有害干扰。

申请设置、使用空间无线电台，除应当符合前款规定的条件外，还应当有可利用的卫星无线电频率和卫星轨道资源。

第二十九条　申请设置、使用业余无线电台的，应当熟悉无线电管理规定，具有相应的操作技术能力，所使用的无线电发射设备应当符合国家标准和国家无线电管理的有关规定。

第三十条　设置、使用有固定台址的无线电台（站），由无线电台（站）所在地的省、自治区、直辖市无线电管理机构实施许可。设置、使用没有固定台址的无线电台，由申请人住所地的省、自治区、直辖市无线电管理机构实施许可。

设置、使用空间无线电台、卫星测控（导航）站、卫星关口站、卫星国际专线地球站、15瓦以上的短波无线电台（站）以及涉及国家主权、安全的其他重要无线电台（站），由国家无线电管理机构实施许可。

第三十一条　无线电管理机构应当自受理申请之日起30个工作日内审查完毕，依照本条例第二十八条、第二十九条规定的条件，作出许可或者不予许可的决定。予以许可的，颁发无线电台执照，需要使用无线电台识别码的，同时核发无线电台识别码；不予许可的，书面通知申请人并说明理由。

无线电台（站）需要变更、增加无线电台识别码的，由无线电管理机构核发。

第三十二条　无线电台执照应当载明无线电台（站）的台址、使用频率、发射功率、有效期、使用要求等事项。

无线电台执照的样式由国家无线电管理机构统一规定。

第三十三条　无线电台（站）使用的无线电频率需要取得无线电频率使用许可的，其无线电台执照有效期不得超过无线电频率使用许可证规定的期限；依照本条例第十四条规定不需要取得无线电频率使用许可的，其无线电台执照有效期不得超过5年。

无线电台执照有效期届满后需要继续使用无线电台（站）的，应当在期限届满30个工作日前向作出许可决定的无线电管理机构申请更换无线电台执照。受理申请的无线电管理机构应当依照本条例第三十一条的规定作出决定。

第三十四条　国家无线电管理机构向国际电信联盟统一申请无线电台识别码序列，并对无线电台识别码进行编制和分配。

第三十五条　建设固定台址的无线电台（站）的选址，应当符合城乡规划的要求，避开影响其功能发挥的建筑物、设施等。地方人民政府制定、修改城乡规划，安排可能影响大型无线电台（站）功能发挥的建设项目的，应当考虑其功能发挥的需要，并征求所在地无线电管理机构和军队电磁频谱管理机构的意见。

设置大型无线电台（站）、地面公众移动通信基站，其台址布局规划应当符合资源共享和电磁环境保护的要求。

第三十六条　船舶、航空器、铁路机车（含动车组列车，下同）设置、使用制式无线电台应当符合国家有关规定，由国务院有关部门的无线电管理机构颁发无线电台执照；需要使用无线电台识别码的，同时核发无线电台识别码。国务院有关部门应当将制式无线电台执照及无线电台识别码的核发情况定期通报国家无线电管理机构。

船舶、航空器、铁路机车设置、使用非制式无线电台的管理办法，由国家无线电管理机构会同国务院有关部门制定。

第三十七条 遇有危及国家安全、公共安全、生命财产安全的紧急情况或者为了保障重大社会活动的特殊需要，可以不经批准临时设置、使用无线电台（站），但是应当及时向无线电台（站）所在地无线电管理机构报告，并在紧急情况消除或者重大社会活动结束后及时关闭。

第三十八条 无线电台（站）应当按照无线电台执照规定的许可事项和条件设置、使用；变更许可事项的，应当向作出许可决定的无线电管理机构办理变更手续。

无线电台（站）终止使用的，应当及时向作出许可决定的无线电管理机构办理注销手续，交回无线电台执照，拆除无线电台（站）及天线等附属设备。

第三十九条 使用无线电台（站）的单位或者个人应当对无线电台（站）进行定期维护，保证其性能指标符合国家标准和国家无线电管理的有关规定，避免对其他依法设置、使用的无线电台（站）产生有害干扰。

第四十条 使用无线电台（站）的单位或者个人应当遵守国家环境保护的规定，采取必要措施防止无线电波发射产生的电磁辐射污染环境。

第四十一条 使用无线电台（站）的单位或者个人不得故意收发无线电台执照许可事项之外的无线电信号，不得传播、公布或者利用无意接收的信息。

业余无线电台只能用于相互通信、技术研究和自我训练，并在业余业务或者卫星业余业务专用频率范围内收发信号，但是参与重大自然灾害等突发事件应急处置的除外。

第五章 无线电发射设备管理

第四十二条 研制无线电发射设备使用的无线电频率，应当符合国家无线电频率划分规定。

第四十三条 生产或者进口在国内销售、使用的无线电发射设备，应当符合产品质量等法律法规、国家标准和国家无线电管理的有关规定。

第四十四条 除微功率短距离无线电发射设备外，生产或者进口在国内销售、使用的其他无线电发射设备，应当向国家无线电管理机构申请型号核准。无线电发射设备型号核准目录由国家无线电管理机构公布。

生产或者进口应当取得型号核准的无线电发射设备，除应当符合本条例第四十三条的规定外，还应当符合无线电发射设备型号核准证核定的技术指标，并在设备上标注型号核准代码。

第四十五条 取得无线电发射设备型号核准，应当符合下列条件：

（一）申请人有相应的生产能力、技术力量、质量保证体系；

（二）无线电发射设备的工作频率、功率等技术指标符合国家标准和国家无线电管理的有关规定。

第四十六条 国家无线电管理机构应当依法对申请型号核准的无线电发射设备是否符合本条例第四十五条规定的条件进行审查，自受理申请之日起30个工作日内作出核准或者不予核准的决定。予以核准的，颁发无线电发射设备型号核准证；不予核准的，书面通知申请人并说明理由。

国家无线电管理机构应当定期将无线电发射设备型号核准的情况向社会公布。

第四十七条 进口依照本条例第四十四条的规定应当取得型号核准的无线电发射设备，进口货物收货人、携带无线电发射设备入境的人员、寄递无线电发射设备的收件人，应当主动向海关申报，凭无线电发射设备型号核准证办理通关手续。

进行体育比赛、科学实验等活动，需要携带、寄递依照本条例第四十四条的规定应当取得型号核准而未取得型号核准的无线电发射设备临时进关的，应当经无线电管理机构批准，凭批准文件办理通关手续。

第四十八条　销售依照本条例第四十四条的规定应当取得型号核准的无线电发射设备，应当向省、自治区、直辖市无线电管理机构办理销售备案。不得销售未依照本条例规定标注型号核准代码的无线电发射设备。

第四十九条　维修无线电发射设备，不得改变无线电发射设备型号核准证核定的技术指标。

第五十条　研制、生产、销售和维修大功率无线电发射设备，应当采取措施有效抑制电波发射，不得对依法设置、使用的无线电台（站）产生有害干扰。进行实效发射试验的，应当依照本条例第三十条的规定向省、自治区、直辖市无线电管理机构申请办理临时设置、使用无线电台（站）手续。

第六章　涉外无线电管理

第五十一条　无线电频率协调的涉外事宜，以及我国境内电台与境外电台的相互有害干扰，由国家无线电管理机构会同有关单位与有关的国际组织或者国家、地区协调处理。

需要向国际电信联盟或者其他国家、地区提供无线电管理相关资料的，由国家无线电管理机构统一办理。

第五十二条　在边境地区设置、使用无线电台（站），应当遵守我国与相关国家、地区签订的无线电频率协调协议。

第五十三条　外国领导人访华、各国驻华使领馆和享有外交特权与豁免的国际组织驻华代表机构需要设置、使用无线电台（站）的，应当通过外交途径经国家无线电管理机构批准。

除使用外交邮袋装运外，外国领导人访华、各国驻华使领馆和享有外交特权与豁免的国际组织驻华代表机构携带、寄递或者以其他方式运输依照本条例第四十四条的规定应当取得型号核准而未取得型号核准的无线电发射设备入境的，应当通过外交途径经国家无线电管理机构批准后办理通关手续。

其他境外组织或者个人在我国境内设置、使用无线电台（站）的，应当按照我国有关规定经相关业务主管部门报请无线电管理机构批准；携带、寄递或者以其他方式运输依照本条例第四十四条的规定应当取得型号核准而未取得型号核准的无线电发射设备入境的，应当按照我国有关规定经相关业务主管部门报无线电管理机构批准后，到海关办理无线电发射设备入境手续，但国家无线电管理机构规定不需要批准的除外。

第五十四条　外国船舶（含海上平台）、航空器、铁路机车、车辆等设置的无线电台在我国境内使用，应当遵守我国的法律、法规和我国缔结或者参加的国际条约。

第五十五条　境外组织或者个人不得在我国境内进行电波参数测试或者电波监测。

任何单位或者个人不得向境外组织或者个人提供涉及国家安全的境内电波参数资料。

第七章　无线电监测和电波秩序维护

第五十六条　无线电管理机构应当定期对无线电频率的使用情况和在用的无线电台（站）进行检查和检测，保障无线电台（站）的正常使用，维护正常的无线电波秩序。

第五十七条　国家无线电监测中心和省、自治区、直辖市无线电监测站作为无线电管理技术机构，分别在国家无线电管理机构和省、自治区、直辖市无线电管理机构领导下，对无线电信号实施监测，查找无线电干扰源和未经许可设置、使用的无线电台（站）。

第五十八条　国务院有关部门的无线电监测站负责对本系统（行业）的无线电信号实施监测。

第五十九条　工业、科学、医疗设备，电气化运输系统、高压电力线和其他电器装置产生的无线电波辐射，应当符合国家标准和国家无线电管理的有关规定。

制定辐射无线电波的非无线电设备的国家标准和技术规范，应当征求国家无线电管理机构的意见。

第六十条　辐射无线电波的非无线电设备对已依法设置、使用的无线电台（站）产生有害干扰的，设备所有者或者使用者应当采取措施予以消除。

第六十一条　经无线电管理机构确定的产生无线电波辐射的工程设施，可能对已依法设置、使用的无线电台（站）造成有害干扰的，其选址定点由地方人民政府城乡规划主管部门和省、自治区、直辖市无线电管理机构协商确定。

第六十二条　建设射电天文台、气象雷达站、卫星测控（导航）站、机场等需要电磁环境特殊保护的项目，项目建设单位应当在确定工程选址前对其选址进行电磁兼容分析和论证，并征求无线电管理机构的意见；未进行电磁兼容分析和论证，或者未征求、采纳无线电管理机构的意见的，不得向无线电管理机构提出排除有害干扰的要求。

第六十三条　在已建射电天文台、气象雷达站、卫星测控（导航）站、机场的周边区域，不得新建阻断无线电信号传输的高大建筑、设施，不得设置、使用干扰其正常使用的设施、设备。无线电管理机构应当会同城乡规划主管部门和其他有关部门制定具体的保护措施并向社会公布。

第六十四条　国家对船舶、航天器、航空器、铁路机车专用的无线电导航、遇险救助和安全通信等涉及人身安全的无线电频率予以特别保护。任何无线电发射设备和辐射无线电波的非无线电设备对其产生有害干扰的，应当立即消除有害干扰。

第六十五条　依法设置、使用的无线电台（站）受到有害干扰的，可以向无线电管理机构投诉。受理投诉的无线电管理机构应当及时处理，并将处理情况告知投诉人。

处理无线电频率相互有害干扰，应当遵循频带外让频带内、次要业务让主要业务、后用让先用、无规划让有规划的原则。

第六十六条　无线电管理机构可以要求产生有害干扰的无线电台（站）采取维修无线电发射设备、校准发射频率或者降低功率等措施消除有害干扰；无法消除有害干扰的，可以责令产生有害干扰的无线电台（站）暂停发射。

第六十七条　对非法的无线电发射活动，无线电管理机构可以暂扣无线电发射设备或者查封无线电台（站），必要时可以采取技术性阻断措施；无线电管理机构在无线电监测、检查工作中发现涉嫌违法犯罪活动的，应当及时通报公安机关并配合调查处理。

第六十八条　省、自治区、直辖市无线电管理机构应当加强对生产、销售无线电发射设备的监督检查，依法查处违法行为。县级以上地方人民政府产品质量监督部门、工商行政管理部门应当配合监督检查，并及时向无线电管理机构通报其在产品质量监督、市场监管执法过程中发现的违法生产、销售无线电发射设备的行为。

第六十九条　无线电管理机构和无线电监测中心（站）的工作人员应当对履行职责过程

中知悉的通信秘密和无线电信号保密。

第八章　法律责任

第七十条　违反本条例规定，未经许可擅自使用无线电频率，或者擅自设置、使用无线电台（站）的，由无线电管理机构责令改正，没收从事违法活动的设备和违法所得，可以并处5万元以下的罚款；拒不改正的，并处5万元以上20万元以下的罚款；擅自设置、使用无线电台（站）从事诈骗等违法活动，尚不构成犯罪的，并处20万元以上50万元以下的罚款。

第七十一条　违反本条例规定，擅自转让无线电频率的，由无线电管理机构责令改正，没收违法所得；拒不改正的，并处违法所得1倍以上3倍以下的罚款；没有违法所得或者违法所得不足10万元的，处1万元以上10万元以下的罚款；造成严重后果的，吊销无线电频率使用许可证。

第七十二条　违反本条例规定，有下列行为之一的，由无线电管理机构责令改正，没收违法所得，可以并处3万元以下的罚款；造成严重后果的，吊销无线电台执照，并处3万元以上10万元以下的罚款：

（一）不按照无线电台执照规定的许可事项和要求设置、使用无线电台（站）；

（二）故意收发无线电台执照许可事项之外的无线电信号，传播、公布或者利用无意接收的信息；

（三）擅自编制、使用无线电台识别码。

第七十三条　违反本条例规定，使用无线电发射设备、辐射无线电波的非无线电设备干扰无线电业务正常进行的，由无线电管理机构责令改正，拒不改正的，没收产生有害干扰的设备，并处5万元以上20万元以下的罚款，吊销无线电台执照；对船舶、航天器、航空器、铁路机车专用无线电导航、遇险救助和安全通信等涉及人身安全的无线电频率产生有害干扰的，并处20万元以上50万元以下的罚款。

第七十四条　未按照国家有关规定缴纳无线电频率占用费的，由无线电管理机构责令限期缴纳；逾期不缴纳的，自滞纳之日起按日加收0.05%的滞纳金。

第七十五条　违反本条例规定，有下列行为之一的，由无线电管理机构责令改正；拒不改正的，没收从事违法活动的设备，并处3万元以上10万元以下的罚款；造成严重后果的，并处10万元以上30万元以下的罚款：

（一）研制、生产、销售和维修大功率无线电发射设备，未采取有效措施抑制电波发射；

（二）境外组织或者个人在我国境内进行电波参数测试或者电波监测；

（三）向境外组织或者个人提供涉及国家安全的境内电波参数资料。

第七十六条　违反本条例规定，生产或者进口在国内销售、使用的无线电发射设备未取得型号核准的，由无线电管理机构责令改正，处5万元以上20万元以下的罚款；拒不改正的，没收未取得型号核准的无线电发射设备，并处20万元以上100万元以下的罚款。

第七十七条　销售依照本条例第四十四条的规定应当取得型号核准的无线电发射设备未向无线电管理机构办理销售备案的，由无线电管理机构责令改正；拒不改正的，处1万元以上3万元以下的罚款。

第七十八条　销售依照本条例第四十四条的规定应当取得型号核准而未取得型号核准的无线电发射设备的，由无线电管理机构责令改正，没收违法销售的无线电发射设备和违法所得，可以并处违法销售的设备货值10%以下的罚款；拒不改正的，并处违法销售的设备货值

10%以上30%以下的罚款。

第七十九条 维修无线电发射设备改变无线电发射设备型号核准证核定的技术指标的，由无线电管理机构责令改正；拒不改正的，处1万元以上3万元以下的罚款。

第八十条 生产、销售无线电发射设备违反产品质量管理法律法规的，由产品质量监督部门依法处罚。

进口无线电发射设备，携带、寄递或者以其他方式运输无线电发射设备入境，违反海关监管法律法规的，由海关依法处罚。

第八十一条 违反本条例规定，构成违反治安管理行为的，依法给予治安管理处罚；构成犯罪的，依法追究刑事责任。

第八十二条 无线电管理机构及其工作人员不依照本条例规定履行职责的，对负有责任的领导人员和其他直接责任人员依法给予处分。

第九章 附 则

第八十三条 实施本条例规定的许可需要完成有关国内、国际协调或者履行国际规则规定程序的，进行协调以及履行程序的时间不计算在许可审查期限内。

第八十四条 军事系统无线电管理，按照军队有关规定执行。

涉及广播电视的无线电管理，法律、行政法规另有规定的，依照其规定执行。

第八十五条 本条例自2016年12月1日起施行。

附录2 卡片局各区分局负责人及各省（自治区、直辖市）联络站联系人

由CRAC于2019年12月发布

为方便业余无线电爱好者领取经卡片局转来的QSL卡片，CRAC委托了部分有意愿的业余无线电爱好者及机构，承担QSL卡片局各区分局和各省联络站相关工作（具体信息见附表）。CRAC卡片局相关工作由BA1GG负责，并由其联系各区卡片分局，各区卡片分局联系本区各省联络站。

自该信息发布之日起，业余无线电爱好者可以联系所在省（自治区、直辖市）联络站联系人，咨询领取经卡片局转发给自己的QSL卡片事宜，各区分局负责人、各省（自治区、直辖市）联络站联系人见附表1、附表2。

附表1 各区分局负责人

区分局	负责人	机构
1区分局	BG1DYY 董海涛	世纪金宇通讯
2区分局	BH2RO 李青阳	
3区分局	BA3AO 张 猛	天津市无线电协会
4区分局	BG9XD 虞晨星	上海海姆通讯
5区分局	BD5ABC 王志强	浙江省业余无线电协会
6区分局	BD6AHP 张 雷	安徽省无线电技术协会
7区分局	BA7CK 陈清澈	湖南省无线电协会
8区分局	BA8MM 于东锋	贵州省业余无线电协会
9区分局	BG9GXM 田力咸	
0区分局	暂缺	

附表2 各省（自治区、直辖市）联络站联系人

省（自治区、直辖市）	联系人	地址
北京	BG1DYY 董海涛	北京市海淀区中关村大街32号新中发电子市场4层4112世纪金宇通讯 联系电话：82501776、62519456
黑龙江	BD2ALF 李 峰	哈尔滨市松北区滨水大道8801号 黑龙江冰雪体育职业学院现代教育技术中心 联系电话：13945174430
吉林	BG2IUR 孙德志	联系电话：13689735267
辽宁	BH2RO 李青阳	联系电话：15204070564
天津	BA3AO 张 猛	天津市无线电协会（天津市南开区水上公园北道26号）
内蒙古	BG3ITB 陈广泉	内蒙古自治区呼和浩特市新城区车站后街道北1小区 联系电话：18604717535

续表

省（自治区、直辖市）	联系人	地址
河 北	BD3NHK 邹丹丹	联系电话：13932291900
山 西	BG3UPA 赵志军	联系电话：13903436131
上 海	BG9XD 虞晨星	上海市闵行区春申路1955号A栋陇盛大厦815室海姆通讯 联系电话：13816932045
山 东	BA4MY 马 震	联系电话：13969111944
江 苏	BA4REB 李 彬	江苏省无线电和定向运动协会（南京市鼓楼区五台山1-3号）
浙 江	BD5ABC 王志强	联系电话：13857119853
江 西	BD5IQ 徐 猛	江西省南昌市西湖区站前路7号南昌铁路局运输部 联系电话：13870683391
福 建	BG5TLS 张 鸣	QQ：342741290
安 徽	BD6AHP 张 雷	联系电话：15305502152
河 南	BD6KA 王瑞福	联系电话：13525437815
湖 北	BA6QH 阮东升	湖北省武汉市汉阳区洲头二路瑶绮园29号洲头市场监管所 联系电话：13517225324
湖 南	BA7CK 陈清澈	湖南省无线电协会（湖南省长沙市芙蓉区八一路387号湖南信息大厦2717） 联系电话：0731-84587073
广 东	BA7IO 杨文军	惠州市业余无线电协会（惠州惠城区下角东路5号佳供4楼）
广 西	BA7QT 廖建军	广西百色市右江区龙旺花园46-1号
海 南	BD7YC 冼 波	联系电话：18907653668
四 川	BA8CY 陈 勇	联系电话：028-85220219
重 庆	BG8GAM 邱 涛	联系电话：13708364353（微信同号）
贵 州	BA8MM 于东锋	联系电话：13885172611
云 南	BD8SN 申建军	联系电话：13708860072
陕 西	BD9AC 管中文	联系电话：13319220635
甘 肃	BG9GXM 田力咸	甘肃省兰州市城关区定西南路129号甘肃新华印刷厂 联系电话：13919219292
宁 夏	BG9OF 王 斌	联系电话：13037964846
青 海	BG9XD 虞晨星	联系电话：13816932045
新 疆	BD0AS 徐华然	
西 藏	BG0GL 杜 宁	

附录3　我国部分BY业余电台呼号

序号	呼号	电台名称	序号	呼号	电台名称
1	BYØAA	新疆维吾尔自治区无线电运动协会业余电台	31	BY1KJ	北京市西城区第88中学业余电台
2	BY1CRA	中国无线电协会业余无线电分会业余电台	32	BY1NT	北京市西城区月坛小学业余电台
3	BY1AWL	北京市第一五六中学业余电台	33	BY1PK	中国无线电运动协会业余电台
4	BY1AYY	北京市西城区中古友谊小学业余电台	34	BY1QH	清华大学业余电台
5	BY1BFL	北京市西城外国语学校集体业余电台	35	BY1QHY	北京清河营小学业余电台
6	* BY1BH	北京市少年宫红领巾业余电台	36	BY1QZH	北京市第七中学业余电台
7	* BY1BJ	北京市无线电运动协会业余电台	37	BY1RDF	中国人民大学附属中学业余电台
8	BY1BPU	北京工业大学业余电台	38	BY1SFX	北京石油学院附属中学业余电台
9	BY1BQK	北京青少年科技活动中心业余电台	39	BY1SK	北京市西城区青少年科技馆业余电台
10	BY1BWZ	北京市西城区百万庄小学业余电台	40	BY1SW	中华商科学校业余电台
11	BY1BY	北京邮电大学业余电台	41	BY1TE	北京铁路职工子弟第二中学业余电台
12	BY1BYX	北京市永新电子公司业余电台	42	BY1WXD	《无线电》杂志业余电台
13	BY1BZH	北京市第八中学业余电台	43	BY1WXJ	北京文兴街小学业余电台
14	*BY1CIE	中国电子学会业余电台	44	BY1XH	北京市海淀区星火小学业余电台
15	BY1CJL	北京市陈经纶中学业余电台	45	BY1XK	北京市西城区青少年科技馆业余电台
16	* BY1CKJ	北京市东城区青少年科技馆业余电台	46	BY1XZG	北京市西城区电子电器职业高中业余电台
17	BY1DK	北京钢铁学院附中业余电台	47	BY2AA	黑龙江省体委业余电台
18	BY1DKF	北京钢铁学院附中分校业余电台	48	BY2HIT	哈尔滨工业大学业余电台
19	BY1DL	北京送变电公司子弟学校业余电台	49	BY2JCY	长春邮电学院业余电台
20	BY1DPX	北京市东方培新学校业余电台	50	BY2JDG	长春市东光电子技术应用研究所业余电台
21	BY1DX	北京市朝阳区青少年活动中心业余电台	51	BY2JYD	吉林省延边大学物理系业余电台
22	BY1ESX	北京第二实验小学业余电台	52	BY2QLY	辽宁电子工业学校业余电台
23	BY1FSJ	北京市西城区福绥境少年之家业余电台	53	BY2RSA	辽宁省无线电运动协会业余电台
24	BY1FWY	北京市西城区阜城门外第一小学业余电台	54	BY2RSY	辽宁省沈阳市第116中学业余电台
25	BY1HCG	北京市西城区黄城根小学业余电台	55	BY2SY	辽宁省世界语协会暨科学技术协会业余电台
26	BY1HDF	北京市海淀区青少年科技辅导员协会少年之家业余电台	56	BY3AA	天津市无线电运动协会暨青少年科技中心业余电台
27	BY1JLF	北京市陈经纶中学分校业余电台	57	BY3AB	天津市河西区青少年业余电台
28	BY1JM	北京市丰台区角门中学业余电台	58	BY3AC	天津市红桥区青少年业余电台
29	BY1JTS	北京市酒仙桥二中业余电台	59	BY3AD	天津市东丽区青少年业余电台
30	BY1KFX	北京科技大学附属小学业余电台	60	BY3AE	天津市大港区青少年科技活动中心业余电台

续表

序号	呼号	电台名称	序号	呼号	电台名称
61	BY3AF	天津市宝坻区青少年业余电台	97	BY4BJA	上海市静安区青少年活动中心业余电台
62	BY3AG	天津市大港油田集团公司文体中心青少年宫业余电台	98	BY4BJQ	上海市浦东新区少年科技指导站业余电台（金桥站）
63	BY3AH	天津市河东区青少年业余电台	99	BY4BJY	上海市杨浦区教育局业余电台
64	BY3AI	天津渤海石油公司第一中学业余电台	100	BY4BKJ	上海市闸北区彭浦青少年科技馆业余电台
65	BY3AJ	天津市科技馆业余电台	101	BY4BLW	上海市卢湾区少年科技指导站业余电台
66	BY3AK	天津市第十四中学业余电台	102	BY4BMH	上海市闵行区少年科技指导站业余电台
67	BY3AL	天津市津南区青少年业余电台	103	BY4BNS	上海市黄浦区青少年活动中心业余电台
68	BY3AM	天津市河西区少年宫业余电台	104	BY4BPT	上海市普陀区青少年活动中心业余电台
69	BY3AN	天津市实验中学业余电台	105	BY4BSJ	上海市松江区青少年活动中心业余电台
70	BY3AO	天津市上海道小学业余电台	106	BY4BSK	上海市黄浦区少年宫业余电台
71	BY3AP	天津市和平区万全道小学业余电台	107	BY4BSN	上海市浦东新区少年科技指导站业余电台
72	BY3AQ	天津市五十五中学业余电台	108	BY4BZB	上海市闸北区少年科技指导站业余电台
73	BY3AR	天津市河东区第一中心小学业余电台	109	BY4CA	上海市卢湾区向明中学业余电台
74	BY3AS	天津市河东区昆仑路小学业余电台	110	BY4CB	上海市第六十七中学业余电台
75	BY3AT	天津市河东区津华中学业余电台	111	BY4CC	上海市黄浦区第一中心小学业余电台
76	BY3AU	天津市第二十一中学业余电台	112	BY4CCM	上海市崇明区崇明中学业余电台
77	BY3AV	天津市闵候路小学业余电台	113	BY4CD	上海市光明中学业余电台
78	BY3CC	天津市和平区青少年科技宫业余电台	114	BY4CFD	上海市复旦大学附属中学业余电台
79	BY4AA	上海市无线电运动协会业余电台	115	BY4CJA	上海市静安区第一中心小学业余电台
80	BY4AEE	华东师范大学业余电台	116	BY4CJD	上海市交通大学附属中学业余电台
81	BY4AHY	上海海运学校业余电台	117	BY4CJP	上海市建平中学业余电台
82	BY4AJT	上海交通大学业余电台	118	BY4CJQ	上海市建庆中学业余电台
83	BY4ALC	中国福利会少年宫业余电台	119	BY4CJT	上海市浦东新区金童小学业余电台
84	BY4ALM	上海小主人报业余电台	120	BY4CLY	上海市卢湾区第一中心小学业余电台
85	BY4AOH	上海市奥林匹克俱乐部业余电台	121	BY4CNA	上海市建青实验中学业余电台
86	BY4AOM	上海市电子学会业余电台	122	BY4CPA	上海市杨浦区少年宫业余电台
87	BY4ATU	上海师范大学业余电台	123	BY4CQB	上海市七宝中学业余电台
88	BY4AY	上海市青少年科技教育中心业余电台	124	BY4CRE	上海市瑞金二路小学业余电台
89	BY4BA	上海市杨浦区无线电运动协会业余电台	125	BY4CSR	上海市松江区第二中学业余电台
90	BY4BB	上海市卢湾区体育俱乐部业余电台	126	BY4CSZ	上海市上海中学业余电台
91	BY4BC	上海市徐汇区青少年活动中心业余电台	127	BY4CTZ	上海市同洲模范中学业余电台
92	BY4BCN	上海市长宁区少年科技指导站业余电台	128	BY4CWW	上海师大附属外国语中学业余电台
93	BY4BCS	上海市浦东新区少年科技指导站业余电台（川沙站）	129	BY4CWY	上海市位育中学业余电台
94	BY4BD	上海市杨浦区少年科技指导站业余电台	130	BY4CXH	上海市长宁区向红小学业余电台
95	BY4BHK	上海市虹口区青少年活动中心业余电台	131	BY4CXZ	上海市新中高级中学业余电台
96	BY4BHP	上海市黄浦区青少年活动中心业余电台	132	BY4CYL	上海市第三女子中学业余电台

续表

序号	呼号	电台名称	序号	呼号	电台名称
133	BY4HAM	上海市海姆无线电通信设备有限公司业余电台	166	*BY4WNG	东南大学业余电台
134	BY4JIU	济南市第13中学业余电台	167	BY4WUA	江苏省镇江市第六中学业余电台
135	BY4JQ	山东省无线电运动协会暨济南市青少年业余电台	168	BY4WZS	镇江实验学校业余电台
136	BY4JX	济南市新苑小学业余电台	169	*BY4XAS	连云港泛美润滑油有限公司业余电台
137	BY4KEN	山东青岛科恩公司业余电台	170	BY4XC	连云港东海县横沟中心小学业余电台
138	BY4KH	山东省新泰市科海电子服务中心业余电台	171	BY4XHO	江苏省赣榆区海头中学海鸥业余电台
139	BY4LB	青岛市无线电运动协会凌波公司业余电台	172	BY4XRA	连云港市无线电运动协会业余电台
140	BY4LQD	青岛市无线电运动协会业余电台	173	BY4XS	连云港市无线电运动协会阳光俱乐部业余电台
141	BY4MBG	青岛市儿童少年活动中心业余电台	174	BY4XSL	连云港市石梁河中心小学业余电台
142	BY4PGD	山东工业大学业余电台	175	BY5FF	杭州市第十四中学业余电台
143	BY4QA	常州市无线电运动协会业余电台	176	BY5HEY	杭州世界语协会江干区少年宫业余电台
144	BY4RB	镇江市无线电运动协会业余电台	177	BY5HWB	杭州市青少年活动中心西子鸟业余电台
145	*BY4RBA	南京市第十二中学业余电台	178	BY5HZ	杭州市无线电运动协会业余电台
146	*BY4RBB	南京市中学生业余电台	179	BY5NC	南昌市无线电运动协会业余电台
147	BY4RCC	南京市青少年无线电科普基地业余电台	180	BY5QA	福州市教学实验中心业余电台
148	BY4RJZ	南京市第九中学业余电台	181	BY5QB	福州第二中学业余电台
149	*BY4RN	南京无线电运动协会业余电台	182	BY5QC	福州市旅游职业学校业余电台
150	*BY4RND	南京大学附属中学业余电台	183	BY5QE	福州国际语言职业学校业余电台
151	BY4RRR	南京市第三中学业余电台	184	BY5QF	福州市少年宫业余电台
152	BY4RSA	江苏省无线电和定向运动协会业余电台	185	BY5QFB	福州英华学校业余电台
153	BY4RWT	南京市五塘中学业余电台	186	BY5QFC	福州市对外友好协会业余电台
154	BY4RXX	南京派力应用人才培训中心业余电台	187	BY5QG	福州则徐中学业余电台
155	BY4SHX	张家港市合兴初级中学业余电台	188	BY5QI	福州格致中学业余电台
156	BY4SJX	江苏昆山市锦溪小学红领巾业余电台	189	BY5QK	福州市青少年科技馆业余电台
157	*BY4STV	苏州市电视机厂业余电台	190	BY5QMU	福州闽江大学业余电台
158	BY4SZ	苏州市无线电运动协会业余电台	191	BY5QN	福州第八中学业余电台
159	*BY4TAA	无锡市无线电运动协会业余电台	192	BY5QW	福州市第三中学业余电台
160	*BY4TAB	无锡市少年宫业余电台	193	BY5RA	福州市无线电运动协会业余电台
161	BY4TC	太仓市无线电运动协会业余电台	194	BY5RC	福建师范大学物理系业余电台
162	BY4UAF	兴化市安丰高级中学中学生业余电台	195	BY5RCS	福州市苍山区少年宫业余电台
163	BY4UNT	南通市无线电运动协会业余电台	196	BY5RF	福建省少年业余电台
164	BY4VAM	江苏省徐州市彭城职业大学业余电台	197	BY5RSA	福建省无线电运动协会业余电台
165	BY4WA	江苏农业职业技术学院业余电台	198	BY5RT	福建师范大学附属中学业余电台

续表

序号	呼号	电台名称	序号	呼号	电台名称
199	BY5RY	福建省福清市第一中学业余电台	220	BY7KJ	东莞市东城区职业中学业余电台
200	BY5SA	福建省厦门市第一中学业余电台	221	*BY7KM	广州市盲人学校业余无线电台
201	BY5SM	福建省厦门市思明区小飞鹭业余电台	222	*BY7KQ	广东省青少年科技活动中心业余电台
202	BY5SM	福州市第十一中学业余电台	223	*BY7KR	广东省东莞莞城第二中学业余电台
203	BY5TA	福建省漳州市第一中学业余电台	224	*BY7KS	广东省东莞中学业余电台
204	BY5TS	福州市台江区少年宫业余电台	225	*BY7KT	广州市无线电运动协会业余电台
205	BY5TU	福建省漳州市青少年宫业余电台	226	*BY7KY	广州从化英豪学校业余电台
206	BY5VZ	福州市第一中学业余电台	227	BY7KZ	东莞市篁村职业中学业余电台
207	BY5WS	福建省三明市青少年宫业余电台	228	BY7QA	广西河池市金城江铁路中学业余电台
208	BY6HY	华东冶金学院大学生业余电台	229	*BY7QNR	南宁铁路分局业余电台
209	BY6LY	洛阳市无线电运动协会业余电台	230	BY7SBN	广西北海市科学技术协会业余电台
210	BY6QS	武汉市青山区科技辅导站业余电台	231	BY7STC	广西青少年科技中心业余电台
211	BY6RC	武汉市第一职业高中业余电台	232	BY7WGL	广西桂林市无线电运动协会业余电台
212	BY4SRA	湖北沙市市无线电运动协会业余电台	233	BY8AA	四川省无线电运动协会业余电台
213	BY7HL	长沙市无线电运动协会业余电台	234	BY8AB	四川省川棉一厂子弟中学业余电台
214	BY7HNU	湖南大学学生业余电台	235	*BY8AC	成都市青少年业余电台
215	*BY7HY	岳阳市无线电运动协会业余电台	236	*BY8MA	贵州省无线电运动协会业余电台
216	BY7HYX	湖南省娄底第一小学业余电台	237	*BY8SKM	云南省昆明无线电运动协会业余电台
217	BY7KF	华南师范大学附中业余电台	238	BY9AA	西安无线电业余俱乐部业余电台
218	BY7KG	广东省东莞市青少年业余电台	239	BY9GA	甘肃省无线电运动协会业余电台
219	BY7KH	广州市海珠区少年宫业余电台			

说明：本表在2004年3月前我国BY电台资料基础上略作增减。其中部分电台呼号前有“*”标志者为2004年3月前暂停发射，以后又有不少电台陆续停止发射，地址也多有变化，现仍列入此表，以作历史资料备查。

附录4　我国普通邮件及港澳台地区函件资费表（节选）

1．国内普通邮件资费表

来源：根据中国邮政2019年发布的各地区国内邮政资费表综合整理。

业务种类	计费单位	资费标准/元	
		本埠（县）	外埠
信函	首重100g内，每重20g（不足20g按20g计算）	0.80	1.20
	续重101～2000g每重100g（不足100g按100g计算）	1.20	2.00
明信片	每件	0.80	

2．港澳台地区函件资费表（节选）

来源：中国邮政网。

函件种类	质量级别	基本资费/元
信函	20g及20g以下	1.50
	20g以上至50g	2.80
	50g以上至100g	4.00
	100g以上至250g	8.50
	250g以上至500g	16.70
	500g以上至1000g	31.70
	1000g以上至2000g	55.80
明信片	每件	3.50

附录5 各类无线电通信业务通用的Q简语（节录）

（按字母顺序排列）

说明：有“*”者为业余无线电通信中常用简语，“【 】”内为业余无线电通信中常用含义。

	简语	问句	答句或报告
*	QRA	你台的名称是什么？	我台的名称是……
	QRB	你离我台多远？	我台离你约……海里（或千米）。
	QRD	你到哪里去，从哪里来？	我到……去，从……来。
	QRE	你预计何时到达……（或经过……地方）？	我预计到达……（或经过……）的时候是……点钟。
	QRF	你是否正在返回……（地方）？	我正在返回……（地方）。
	QRG	我（或……） 的准确频率是多少？	你（或……）的准确频率是……kHz（或MHz）。
	QRH	我的频率稳定吗？	你的频率稳定/不稳定。
	QRI	我发送的音调如何？	你发送的音调…… （1）良好 （2）不稳 （3）不好
	QRK	我（或……）的信号清晰度怎样？	你（或……）信号清晰度是…… （1）劣（2）差（3）可（4）良（5）优
*	QRL	你忙吗？	我很忙（或与……很忙），请不要干扰。
*	QRM	你受到他台干扰吗？	我现在正受到……干扰。 （1）无 （2）稍有 （3）中等的 （4）严重的 （5）极端的
*	QRN	你受到天电干扰吗？	我正受到……天电干扰。 （1）无 （2）稍有 （3）中等的 （4）严重的 （5）极端的
	QRO	要我增加发信机功率吗？	请增加发信机功率。
*	QRP	要我减低发信机功率吗？	请减低发信机功率。 【小功率发信机】
	QRQ	要我发得快点吗？	请发得快点。
	QRR	你已准备好用自动操作吗？	我已准备好用自动操作。

	简语	问句	答句或报告
*	QRS	要我发得慢一些吗？	请发得慢一些。
*	QRT	要我停止拍发吗？	请停止拍发。
*	QRU	你有什么发给我吗？	我没有什么发给你（无事了）。
*	QRV	你准备好了吗？	我已准备好。
	QRW	要我通知……你正用……kHz（或MHz）在呼叫他吗？	请通知……我正用……kHz（或MHz）在呼叫他。
	QRY	我应该轮到第几……（关于通信方面的）	你应该轮到第……号（或根据其他指示）。（关于通信方面的）
*	QRZ	谁在呼叫我？	……正在（用……kHz或……MHz）呼叫你。
	QSA	我（或……）的信号强度怎样？	你（或……）的信号强度是…… （1）几乎不能收听 （2）弱 （3）还好 （4）好 （5）很好
	QSB	我的信号有衰落吗？	你的信号有衰落。
	QSC	你船是货轮吗？	我船是货轮。
	QSD	我的电键发报有毛病吗？	你的电键发报有毛病。
	QSE	救生艇漂移的估计距离是多少？	救生艇漂移的估计距离是……（数字及单位）。
	QSF	你已进行援救了吗？	我已进行援救，现在正往……基地去（有……人受伤需要救护车）。
	QSG	要我每次连发……份电报吗？	请每次连发……份电报。
	QSH	你能用你的测向设备返航吗？	我能用我的测向设备（在……电台上）返航。
	QSI		在你发报时我未能插入。
	QSK	在你所发信号中间能否收听到我？如果能，我能插入你的发送吗？	在我所发信号中间能收听到你；你可以插入我的发送。
*	QSL	你能承认收妥吗？【能确认QSL卡片吗？】	我现在承认收妥。【确认QSL卡片】
	QSM	要我将发给你的最末一份电报（或以前的几份电报）重发吗？	将你发给我的最末一份电报（或电报号数……）重发。
	QSN	你在……kHz（或MHz）上听到我（或……台）吗？	我已在……kHz（或MHz）上听到你（或……）。
*	QSO	你是否能和……直接（或必须经过接转）通信？	我能和……直接（或经过……接转）通信。【直接联络】
*	QSP	你可否免费转发到……？	我可以免费转发到……
	QSQ	你们船上有无医生（或……人是否在你们船上）？	我船上有一个医生（或……人在船上）。
	QSR	要我在呼叫频率上重复呼叫吗？	请在呼叫频率上重复呼叫：没有听到你

简语	问句	答句或报告
		(或有干扰)。
QSS	你将用什么工作频率?	我将用……kHz工作频率(通常只要报明频率的最后3位数字)。
QSU	要我用这个频率(或用……kHz或MHz)(用……类发射)拍发或答复吗?	请用这个频率(或用……kHz或MHz)(用……类发射)拍发或答复。
QSV	要我用这个频率(或……kHz或MHz)拍发一连串的V字吗?	请用这个频率(或用……kHz或MHz)拍发一连串的V字。
QSW	你将用这个频率(或……kHz或……MHz)(用……类发射)拍发吗?	我将用这个频率(或……kHz或……MHz)(用……类发射)拍发。
QSX	你将用……kHz(或MHz)收听……(呼号)吗?	我正用……kHz(或MHz)收听……
* QSY	要我改用别的频率拍发吗?	请改用别的频率(或……kHz或MHz)拍发。
QSZ	要我将每字或每组拍发一次以上吗?	请将每字或每组拍发两次(或……次)。
QTA	要我取消第……号电报吗?	请取消第……号电报。
QTB	我计算的字数和你的相符吗?	你计算的字数和我的不符;我将重发每字或每组的第一个字母或数字。
QTC	你有多少份电报要发?	我有……份电报发给你(或发给……)。
QTD	救援的船只或救援航空器救获了什么?	……(识别号)救获了…… (1)……(数目)幸存者 (2)残余物资 (3)……(数目)具尸体
QTE	我离你的真方位是多少度?	你离我的真方位是……度,在……点钟时。
	或我离……(呼号)的真方位是多少度?	你离……(呼号)的真方位是……度,在……点钟时。
	或……(呼号)离……(呼号)的真方位是多少度?	……(呼号)离……(呼号)的真方位是……度,在……点钟时。
QTF	你可以将你控制的测向电台所测得的我的位置见告吗?	我控制的测向电台所测得的你的位置是纬度……经度……(或其他标明方位的方法)类别……在……点钟。
QTG	你可以拍发历时十秒的长划两次,每次后面接着你的呼号(重复……次)(在……kHz或MHz上)吗?	我将拍发历时十秒的长划两次,后面接着该台的呼号(重复……次)(在……kHz或MHz)。
	或你可以请求……拍发历时十秒的长划两次,后面接着该台的呼号(重复……次)(在……kHz或MHz上)吗?	我已经请求……拍发历时十秒的长划两次,后面接着该台的呼号(重复……次)(在……kHz或MHz)。
* QTH	你的位置在哪个经度和纬度(根据其他标志)?	我的位置是纬度……经度……(或根据其他标志)。
QTI	你的真航向是多少度?	我的真航向是……度。

简语	问句	答句或报告
QTJ	你的速度是多少？	我的速度是……海里（或每小时……千米，或每小时……法定英里）。
QTK	你的航空器对地面的速度是多少？	我的航空器对地面的速度是……海里（或每小时……千米，或每小时……法定英里）。
QTL	你的真艏向是多少度？	我的真艏向是……度。
QTM	你的磁艏向是多少度？	我的磁艏向是……度。
QTN	你在什么时候离开……（地方）？	我离开……（地方）时是……点钟。
QTO	你已经离开船坞（或港口）了吗？ 或你是否起飞了？	我已经离开船坞（或港口）。 我已在飞。
QTP	你将驶进船坞（或港口）吗？ 或你就要降落（或着陆）吗？	我将驶进船坞（或港口）。 我就要降落（或着陆）。
* QTQ	你能用国际信号电码和我台通信吗？	我将用国际信号电码和你台通信。
QTR	现在的准确时间是什么？	现在的准确时间是……点钟。
QTS	你能不能在……kHz（或MHz）上拍发你的呼号，以便现在（或在……点钟）进行调谐或测量你的频率？	我将在……kHz（或MHz）上拍发我的呼号，以便现在（或在……点钟）进行调谐或测量我的频率。
QTT		随后的识别信号是附在另一个传输上。
QTU	你台开放业务的时间是哪几个小时？	我台开放业务的时间是自……到……点钟。
QTV	要我在……kHz（或MHz）上（自……点至……点钟）守听你吗？	请在……kHz（或MHz）上（自……至……点钟）守候我。
QTW	遇险幸存者情况如何？	遇险幸存者处于……情况并急需……
QTX	你可以继续和我通信直到另行通知时为止（或直到……点钟）吗？	我愿继续和你通信直到另行通知时为止（或直到……点钟）。
QTY	你是否正在前往出事地点？如果是，你预计在什么时候到达？	我正前往出事地点；预计在……点钟（……日期）到达。
QTZ	你正在继续搜索吗？	我正在继续搜索……（航空器、船舶、救生艇、埋存者或残余物）。
QUA	你得到了……（呼号）的消息吗？	有……（呼号）的消息。
QUB	你能否按照下列的次序供给我有关的资料：地面风的速度和用真度数表示的风向、能见度、目前的气候和在……（观测地点）地面上空云量、云层的形态和高度？	以下是你所要求的资料：（应标明速度和距离所用的单位）。
QUL	你能告诉我在……（地方或坐标）观测到的波浪情况吗？	在……（地方或坐标）的波浪情况是……
QUM	我可以恢复正常工作吗？	可以恢复正常工作。
QUN	凡在我邻近的……（或在纬度……经度……邻近）（或在……邻近）的船只是否可以把位置、真航向	我的位置、真航向和速度是……

简语	问句	答句或报告
	和速度报告？	
QUO	要我在纬度……经度……附近（或按照任何其他标志）搜索……吗？ （1）航空器 （2）船舶 （3）救生艇	请在纬度……经度……附近（或按照任何其他标志）搜索…… （1）航空器 （2）船舶 （3）救生艇
QUP	你能用…… （1）探照灯 （2）黑烟痕迹 （3）焰火光 来表示你台位置吗？	我的位置是用…… （1）探照灯 （2）黑烟痕迹 （3）焰火光 来表示的。
QUQ	要我把探照灯直射在云上，可能时把它时明时灭，直到发现你们的航空器，那时逆风斜倾这光柱在水上（或陆上），以便利你的着陆吗？	请把探照灯直射在云上，可能时把它时明时灭，直到发现我们的航空器，那时逆风斜倾这光柱在水上（或陆上），以便利我的着陆。

附录6　无线电通信常用缩语表（节录）

说明：有“*”者为业余无线电通信中常用缩语。

		缩语	原词	含义
A	*	AA	All After	……以后
	*	AB	All Before	……以前
	*	ABT	About	关于、大约
	*	AC	Alternation Current	交流电
		ADD	Addition	增加
	*	ADR，ADS	Address	地址
	*	AF	Africa	非洲
		AF	Audio Frequency	音频
	*	AFTRNN	Afternoon	下午
	*	AGN	Again	又、再
		AHD	Ahead	向前、继续下去
	*	AHR，ANR	Another	另外的
	*	AL	All	全部
	*	ALY	Always	经常
		AM	Amplitude Modulation	幅度调制（调幅）
	*	AM	Morning	上午
		ANI	Any	任何
	*	ANS	Answer	回答
	*	ANT	Antenna	天线
		APR	April	四月
	*	AR	End of message	电报结束符号
	*	AS	Wait	等待
	*	ASM	Wait a minute	稍等、等一会儿
	*	AS	Asia	亚洲
B		BALUN	Balanced-to-unbalanced	平衡—不平衡转换
		BC	Broadcast	广播
		BF	Before	以前
		BFO	Beat-Frequency Oscillator	差拍振荡器
		BCI	Broadcast Interference	广播干扰
		BCK	Back	回、背
	*	BCUZ，BEC	Because	因为
		BDA	Birthday	生日
	*	BGN	Begin	开始

		缩语	原词	含义
		BJT	Beijing Time	北京时间
	*	BK	Break，Break in	打断、在通信过程中插入
		BKG	Breaking	打断、闯入
		BLW	Below	在下面、向下
		BN	Been	是
		BOZ	Both	双方
		BTN	Between	之间
		BTR	Better	好一些
		BUG	Semi-Automatic key	半自动电键
		BUK	Book	书
	*	BURO	Bureau	管理局
C		C	Yes	对、是的
		CB	Citizens Band	民用波段
	*	CDNT	Couldn't	不能
	*	CFM	Confirm	确认、认为
	*	CH	Channel	频道
	*	CK	Check	检查
	*	CL	Call	呼叫
		CLD	Called	呼叫过
		CLG	Calling	正在呼叫
	*	CLR	Clear	清楚的
		CN	Can	能够
	*	CNDX	Condition	情况
	*	CNT	Can not	不能
		CNTY	Country	国家
		CNU	Can you	你能否
		COAX	Coaxal Cable to Connector	连接（同轴）电缆
	*	CQ	General Call to all station	普遍呼叫
	*	CRD	Card	卡片
	*	CRT	Correction	改正
		CS	Call Sign	呼号
	*	CUAGN	See you again	再见
		CUL	See you later	再见
	*	CW	Continuous Wave	等幅电报
	*	CY	Copy	抄收、复印件
D		DA	Day	白天、一天
		DBL	Double	双重的、加倍的
		DC	Direct Current	直流电
		DXN	Direction	方向

		缩语	原词	含义
		DCT	Direct	直接的
	*	DE	From	从……来
		DEC	December	十二月
	*	DEG	Degrees	度数
		DIF，DIFF	Difference	不同、差别
	*	DN	Down	向下、往下
		DNT	Do not	不
	*	DR	Dear	亲爱的
		DSNT	Does not	不
	*	DX	Long distance	远距离
		DXPDN	DX expedition	远征
E		E	East	东
	*	EL，ELE，ELS	Antenna Element（s）	天线单元
	*	ES	And	和
	*	EU	Europe	欧洲
F		FAX	Facsimile	传真
	*	FB	Fine business	很好
		FEB	February	二月
	*	FM	From	从……来
		FM	Frequency Modulation	频率调制（调频）
		FND	Found	找到、建立
		FONE	Telephone	电话
	*	FQ，FREQ	Frequency	频率
		FSK	Frequency-Shift Keying	频移键控
G	*	GA	Go ahead	发过来
	*	GA	Good Afternoon	下午好
	*	GB	Goodbye	再见
		GD，GUD	Good	好
	*	GD	Good day	日安
	*	GE	Good evening	晚上好
		GG	Going	去、离去
		GHz	Giga Hertz	吉赫（千兆赫）
	*	GL	Good luck	幸运
	*	GLD	Glad	高兴
	*	GM	Good morning	早上好
		GMT	Greenwich mean time	格林尼治时间
		GN	Good night	晚安
		GND	Ground	地
		GV	Give	给

		缩语	原词	含义
H		HAM	Amateur	业余无线电爱好者
		HED	He would	他将
	*	HF	High Frequency	高频（3～30MHz）
	*	HI	Laugh	笑
		HLO	Hello	喂、你好
	*	HPE	Hope	希望
	*	HPI	Happy	愉快
	*	HR	Here	这里
		HR	Hour	小时
		HRD	Heard	听到
	*	HV	Have	有
		HVNT	Have not	没有
	*	HW	How	怎么样、如何
I		IARU	International Amateur Radio Union	国际业余无线电联盟
		IC	Integrated Circuit	集成电路
		IF	Intermediate Frequency	中频、中间频率
		IMPT	Important	重要的
	*	INFO	Information	消息、资料
		INPT	Input	输入
		IRC	International Reply Coupon	国际邮资兑换券
		ITU	International Telecommunication Union	国际电信联盟
J		JAN	January	一月
		JUL	July	七月
		JUN	June	六月
K	*	K	Go Ahead	发过来、请回答
		k	Kilo	千
		kHz	Kilohertz	千赫
	*	KN	Go Ahead	请回答（只限被呼叫的台）
		KNW	Know	知道
	*	KP	Keep	保持
L		LIL	Little	小
		LIS	License	执照
		LKG	Looking	看、寻找
	*	LOG	Logbook	日志
		LSB	Lower Sideband	下边带
	*	LSN	Listen	听
		LTR	Letter	信、字母
		LUK	Look	看
		LV	Leave	离开

		缩语	原词	含义
		LW	Long Wave	长波
M		M	Meter	米
		M	Minute	分钟
		MA	Mill Amperes	毫安
		MAG	Magazine	杂志
		MAR	March	三月
		MAX	Maximum	最大的、顶点
		MAY	May	五月
	*	MGR	Manager	管理人、经理
		MHz	Megahertz	兆赫
		MI，MY	My	我的
	*	MIC，Mike	Microphone	话筒
		MIN	Minute	分钟
		MIN	Minimum	最小的、最低
		ML	Mail	邮件、邮寄
		MNI	Many	许多
		MNL	Manual	手工、手册
		MOD	Modulator	调制器
		Modem	Modulator/demodulator	调制/解调器
	*	MRI	Merry	愉快
	*	MSG	Message	电报、消息
		MT	Meet	会见
		MTG	Meeting	会议
N		N	North	北
	*	NA	North America	北美洲
		NCS	Net Control Station	网络控制台
		ND	Nothing doing	没事
		NG	Not good	不好
	*	NIL	I have nothing for you	和你没事了
		NITE	Night	晚上
		NN	Noon	中午
		NOV	November	十一月
	*	NR	Near	近、近的
	*	NR	Number	数字、序号
	*	NW	Now	现在
		NY	New York	纽约
O		OB	Old boy	老朋友
		OC	Old chap	老朋友
	*	OC	Oceania	大洋洲

		缩语	原词	含义
		OCT	October	十月
	*	OK	All right	完全正确
	*	OM	Old man	老朋友、老兄
	*	OP，OPR	Operator	操作者
		OSC	Oscillator	振荡器
		OT	Old timer	老手
P		PA	Power Amplifier	功率放大器
	*	PBL	Probable	可能的
	*	PBL	Problem	问题
	*	PH	Phone	电话
	*	PLS，PSE	please	请
	*	PM	Afternoon	下午
	*	P.O.Box	Post office box	邮政信箱
		PSBL	Possible	可能的
		PTT	Push-to-talk	收、发信转换控制
	*	PWR	Power	功率、电源
R	*	R	Roger	明白
	*	R	Received	收到了
		R	Resistance	电阻
	*	RCVR，RX	Receiver	接收机
		RD	Road	路
		RDI	Ready	准备好了
		RDO	Radio station	无线电台
		RF	Radio Frequency	射频（高频）
		RFC	Radio-Frequency Choke	高频扼流圈
	*	RIG	Station equipment	电台设备
		RIT	Receiver Incremental Tuning	收信频率微调
	*	RMKS	Remarks	备注
	*	RPT	Repeat	重复
	*	RPRT	Report	报告
	*	RTTY	Radio teletype	无线电传打字
S		S	South	南
	*	SA	South American	南美洲
		SAE	Self-Addressed envelope	写好回信地址的信封
		SASE	Self-Addressed Stamped envelope	写好回信地址并贴好邮票的信封
	*	SD	Send	送、寄
		SEP	September	九月
		SHP	Sharp	尖
	*	SHT	Short	短

		缩语	原词	含义
	*	SK	Stop keying	结束联络、再见
	*	SKED	Schedule	预约日期
	*	SN	Soon	快、立即
	*	SOS	Save our ship（Souls）	呼救
	*	SRI	Sorry	对不起
	*	SSB	Single sideband	单边带
	*	SSTV	Slow-Scan Television	慢扫描电视
		STL	Still	仍旧
	*	STN	Station	台、站
		SUM	Some	一些
		SVC	Service	业务
		SW	Short Wave	短波
	*	SWL	Short Wave Listener	收听台
	*	SWR	Standing-Wave Ratio	驻波比
T	*	T	Zero	零（0）
		TBL	Trouble	问题、麻烦
	*	TEMP	Temperature	温度
	*	TEST	Contest	竞赛
		THR	Their	他们的
	*	TKS，TNX	Thanks	多谢
	*	TU	Thank you	谢谢你
	*	TMW	Tomorrow	明天
		T/R	Transmit/Receive	收/发
	*	TRX	Transceiver	收发信机
		TV	Television	电视
		TVI	Television Interference	电视干扰
	*	TX	Transmitter	发信机
U	*	U	You	你
		UHF	Ultra-High Frequency	特高频（300～3000MHz）
	*	UP	Upward in frequency	调高频率
	*	UR	Your	你的、你们的
		URS	Yours	你的、你们的
		USB	Upper sideband	上边带
	*	UTC	Universal Time Coordinate	世界协调时
V		V	Volt，Voltage	伏特、电压
		VCO	Voltage-Controlled Oscillator	压控振荡器
		VERT	Vertical	垂直的
		VFB	Very fine business	非常好
		VFO	Variable Frequency Oscillator	可变频率振荡器

		缩语	原词	含义
		VHF	Very-High Frequency	甚高频（30～300MHz）
		VOX	Voice-Operated Switch	声控开关
	*	VXO	Variable crystal oscillator	可变频率晶体振荡器
		VY	Very	很
W		W	West	西
		W	Watt	瓦特
		W	Word	词
		WATSA	What do you say？	你说什么？
		WK	Work	工作
	*	WKD	Worked	工作过
		WKG	Working	正在工作
	*	WL	Will	将、愿
		WUD	Would	将、愿
	*	WX	Weather	天气
X		XCUS	Excuse	原谅
	*	XCVR	Transceiver	收发信机
	*	XMAS	Christmas	圣诞节
		XMTR	Transmitter	发信机
	*	XYL	Wife	妻子
Y	*	YD，YDA，YDY	Yesterday	昨天
		YF	Wife	妻子
	*	YL	Young lady	女士
	*	YR	Year	年
	*	YR	Your	你的
Z	*	Z	UTC time	零时区的标志，即世界协调时
	*	73	Best regards	致敬、问候
	*	88	Love and kisses	爱、吻

附录7之（1）　CRSAØ～9区奖状式样

附录7之（2） CRSAØ～9区奖状申请表

CRSA（Ø～9）AWARD APPLICATION FORM

First name		Nationality	
Family name		Callsign	

CFM QSO WITH						
NO	Callsign	Date	UTC	MHz	RST	2-WAY
Ø						
1						
2						
3						
4						
5						
6						
7						
8						
9						
Certified by 2 other HAMs						

附录8　DXCC基本证书式样

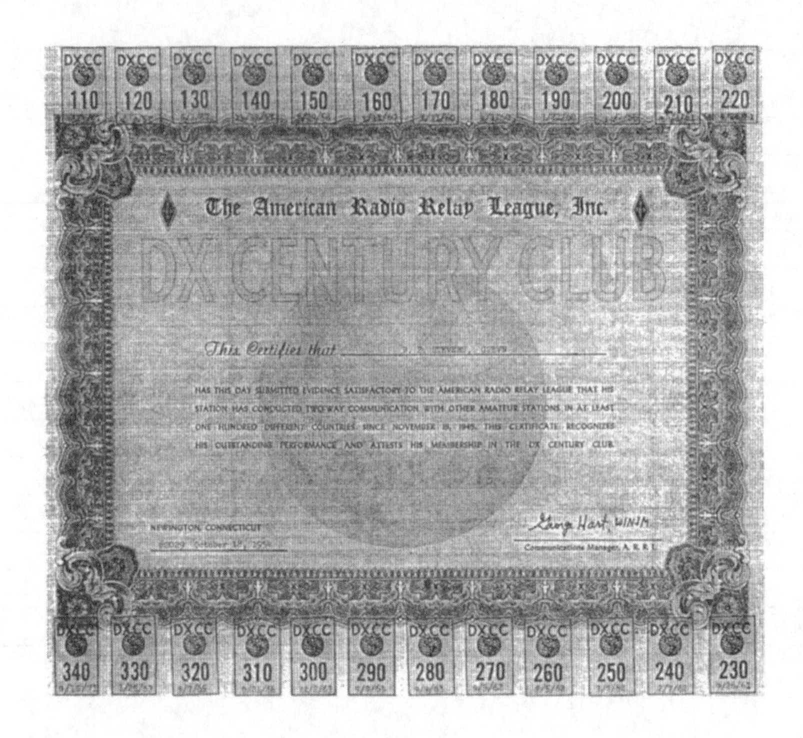

附录9　五波段WAS奖状式样

附录10 计算通信方位角和大圆距离的BASIC程序

```
10 CLS
20 PRINT TAB（6）“《计算通信方位角和大圆距离程序》”
30 PRINT STRING $（45，45）
40 DEF FNDEG=D+SGN（D）*（M/60+S/3600）
50 DEF FNACS=PI/2-2*ATN（X/（1+SQR（1-X*X）））
60 INPUT“发信点经度（度，分，秒）=”；D，M，S：TLONGD=FNDEG
70 INPUT“发信点纬度（度，分，秒）=”；D，M，S：TLATD=FNDEG
80 INPUT“收信点经度（度，分，秒）=”；D，M，S：RLONGD=FNDEG
90 INPUT“收信点纬度（度，分，秒）=”；D，M，S：RLATD=FNDEG
100 PI=3.1 41 59265#：PI2=2*PI：RO=6370
110 R2D=1 80/PI：D2R=PI/1 80
120 TLONG=TLONGD*D2R：TLAT=TLATD*D2R
130 RLONG=RLONGD*D2R：RLAT=RLATD*D2R
140 IF TLONG<0 THEN TLONG=PI2+TLONG
150 IF RLONG<0 THEN RLONG=PI2+RLONG
160 DLONG=TLONG-RLONG
170 IF ABS（DLONG）>PI THEN DLONG=DLONG-PI2*SGN（DLONG）
180 X=sin（TLAT）*sin（RLAT）+cos（TLAT）*cos（RLAT）*cos（DLONG）
190 GCD=FNACS
200 IF GCD<.0000001 THEN GCD=.0000001
210 IF（cos（TLAT）-.0000001）>0 GOTO 240
220 IF TLAT=>0 THEN BTR=0 ELSE BTR=PI
230 GOTO 270
240 X=（sin（RLAT）-sin（TLAT）*cos（GCD））/（cos（TLAT）*sin（GCD））
250 BTR=FNACS
260 IF DLONG>0 THEN BTR=PI2-BTR
270 IF（cos（RLAT）-.0000001）>0 GOTO 300
280 IF RLAT>=0 THEN BRT=0 ELSE BRT=PI
290 GOTO 330
300 X=（sin（TLAT）-sin（RLAT）*cos（GCD））/（cos（RLAT）*sin（GCD））
310 BRT=FNACS
320 IF DLONG<0 THEN BRT=PI2-BRT
330 GCDKM=GCD*RO
340 BTRD=BTR*R2D
350 BRTD=BRT*R2D
360 PRINT STRING$ （50，42）
```

```
370  PRINT“大圆距离为”；GCDKM；“（km）”
380  X＝BTRD：GOSUB  470
390  PRINT“发信点对收信点的方位角为”；D；“度”；M；“分”；S；“秒”
400  X＝BRTD：GOSUB  470
410  PRINT“收信点对发信点的方位角为”；D；“度”；M；“分”；S；“秒”
420  PRINT  STRING$  （50，42）
430  INPUT“您是否对其他收信点继续计算？（Y  OR  N）”，A$
440  IF  A$＝“Y”OR  A$＝“y”GOTO  80
450  IF  A$＝“N”OR  A$＝“N”THEN  END
460  GOTO  430
470  D＝INT（X）：M＝INT（(X–D）*60)：S＝（X–D–M/60）*3600
480  RETURN
```

计算实例：计算兰州市对上海市的方位角和大圆距离

```
RUN↙
《计算通信方位角和大圆距离程序》
发信点经度（度，分，秒）＝? 103，45，0↙
发信点纬度（度，分，秒）＝? 36，2，0↙
收信点经度（度，分，秒）＝? 121，29，0↙
收信点纬度（度，分，秒）＝? 31，14，0↙
大圆距离为1723（km）
发信点对收信点的方位角为102度56分
收信点对发信点的方位角为292度49分
您是否对其他收信点继续计算？（Y  OR  N）N↙
```

附录11　国际电信联盟《无线电规则》有关业余无线电部分的摘录

第1条　名词与定义

无线电业余业务的定义

1.56　供业余无线电爱好者进行自我训练、相互通信和技术研究的无线电通信业务。业余无线电爱好者系指正式批准的、对无线电技术有兴趣的人，其兴趣纯系个人爱好而不涉及谋取利润。

无线电卫星业余业务的定义

1.57　利用卫星上的空间电台开展与业余业务相同目的的无线电通信业务。

第25条　第1部分——业余业务

25.1　§1　应允许各个国家业余电台之间的无线电通信，除非一个国家的主管部门宣布反对这样的无线电通信。

25.2　§2　1）不同国家业余电台之间的传输应限于第1.56款所定义的业余业务以及有关个人的情况。

25.2A　1A）　不同国家业余电台之间的发射不应以隐藏其意义为目的进行编码，卫星业余业务中地面电台与空间电台之间交换的控制信号除外。

25.3　2）业余电台仅在应急事件或者减轻灾害时才可用于代表第三者进行国际通信的发射。主管部门可以根据自己的权力决定本规定的适用性。

25.4　（SUP_WRC-03）

25.5　§3　1）主管部门可以决定申请操作业余电台执照的人，是否能演示其具有发送和抄收莫尔斯电码信号的能力。

25.6　2）主管部门应测验任何希望操作业余电台人员的操作和技术资格。这些能力标准的指导可以从最新的ITU-RM.1544建议中找到。

ITU-R M.1544建议：

业余无线电爱好者的最低资格

——无线电法规：国内、国际

——无线电通信方法：无线电报、无线电话、数据及图像

——无线电理论：发射机、接收机、天线及传播、测量

——无线电辐射安全

——电磁兼容性

——避免和解决无线电频率干扰

25.7　§4　　业余电台的最大功率应由有关主管部门确定。

25.8　§5　1）《组织法》《公约》和本规定中所有相关条款和规定都适用于业余电台。

25.9　2）业余电台在发信过程中应以短间隔周期发送其呼号。

25.9A　鼓励管理部门采取必要步骤以允许业余电台准备满足支援救灾通信的需要。

25.9B　管理部门可以决定是否允许一个已经取得另一个主管当局颁发的操作业余电台的执照的人，在临时到他领地时操作业余电台，并可以设置条件和限制。

第25条　第2部分——业余卫星业务

25.10　§6　只要适用，本条款第1部分的规定应相同地施加于卫星业余业务。

25.11　§7　授权业余业务空间电台的主管部门应确保在发射前建立足够的地面控制电台，以保证卫星业余业务的电台产生的任何有害干扰都能立即消除（参见22.1 §1对空间业务的规定）。

附：第22条

空间业务

第1节　停止发射

22.1 §1　空间电台应当装有保证随时按照本规则的规定要求停止发射时，通过遥控指令立即停止某无线电发射的装置。

附录12之（1）《业余无线电台管理办法》

业余无线电台管理办法

（2024年1月18日中华人民共和国工业和信息化部令第67号公布，自2024年3月1日起施行）

第一章　总则

第一条　为了加强业余无线电台管理，维护空中电波秩序，保证相关无线电业务的正常进行，根据《中华人民共和国无线电管理条例》和相关法律、行政法规，制定本办法。

第二条　在中华人民共和国境内设置、使用业余无线电台以及实施相关的监督管理，适用本办法。

本办法所称业余无线电台，是指为开展业余业务（含卫星业余业务）使用的一个或者多个发信机、收信机，或者发信机与收信机的组合（包括附属设备）。

第三条　业余无线电台只能用于相互通信、技术研究和自我训练，并在业余业务频率范围内收发信号，不得用于谋取商业利益。

为突发事件应急处置的需要，业余无线电台可以与非业余无线电台通信，但通信内容应当限于与突发事件应急处置直接相关的紧急事务。

未经批准，业余无线电台不得以任何形式进行广播或者发射通播性质的信号。

第四条　国家无线电管理机构负责全国业余无线电台设置、使用的监督管理。

省、自治区、直辖市无线电管理机构依照本办法负责本行政区域业余无线电台设置、使用的监督管理。

国家无线电管理机构和省、自治区、直辖市无线电管理机构统称无线电管理机构。

第五条　国家鼓励和支持业余无线电通信技术的科学研究、科普宣传和教育教学等活动。

第二章　许可管理

第六条　设置、使用业余无线电台，应当向无线电管理机构提出申请，取得业余无线电台执照。

遇有危及国家安全、公共安全、生命财产安全等紧急情况，可以不经批准临时设置、使用业余无线电台，但应当在48小时内向电台所在地的无线电管理机构报告，并在紧急情况消除后及时关闭。

第七条　设置、使用业余无线电台，应当具备以下条件：

（一）熟悉无线电管理规定；

（二）具有相应的操作技术能力，依照本办法通过相应的操作技术能力验证；

（三）使用的无线电发射设备依法取得型号核准（型号核准证载明的频率范围包含业余业务频段）；或者使用的自制、改装、拼装等未取得型号核准的无线电发射设备符合国家标准和国家无线电管理规定，且无线电发射频率范围仅限于业余业务频段。

第八条　未成年人可以设置、使用工作在30～3000MHz频段且最大发射功率不大于25瓦的业余无线电台。

第九条　设置业余中继台，其台址布局应当符合资源共享、集约的要求。

省、自治区、直辖市无线电管理机构应当制定本行政区域业余中继台设置、使用规划，明确设台地点、使用频率、技术参数等设置、使用和运行维护要求，并向社会公布。

业余中继台服务区域超出本行政区域的，应当与相关省、自治区、直辖市无线电管理机构做好协调。

第十条 设置、使用有固定台址的业余无线电台，应当向电台所在地的省、自治区、直辖市无线电管理机构提出申请。设置、使用没有固定台址的业余无线电台，应当向申请人住所地的省、自治区、直辖市无线电管理机构提出申请。

设置、使用15瓦以上短波业余无线电台以及涉及国家主权、安全的其他重要业余无线电台，应当向国家无线电管理机构提出申请。

第十一条　个人设置、使用业余无线电台，应当向无线电管理机构提交下列材料：

（一）申请表（样式见附件1）；

（二）身份证明复印件；

（三）使用依法取得型号核准的无线电发射设备的，提交含有型号核准代码、出厂序列号等信息的无线电发射设备照片；使用自制、改装、拼装等未取得型号核准的无线电发射设备的，提交该设备该符合本办法第七条第三项规定条件的说明材料。

申请人为未成年人的，还应当提交其监护人身份证明复印件，以及申请人与监护人关系的说明材料。

第十二条　单位设置、使用业余无线电台的，除提交本办法第十一条第一款第一项、第三项规定的材料外，还应当提交单位营业执照等复印件，以及业余无线电台技术负责人为本单位工作人员的说明材料。

第十三条　无线电管理机构应当依法对申请材料进行审查。

申请材料不齐全、不符合法定形式的，无线电管理机构应当当场或者在5个工作日内一次性告知申请人需要补正的全部内容，逾期不告知的，自收到申请材料之日起即为受理；申请材料齐全、符合法定形式的，或者申请人按照要求补正全部申请材料的，应当予以受理，并向申请人出具受理通知书。

无线电管理机构应当自受理申请之日起30个工作日作出许可或者不予许可的决定。予以许可的，颁发业余无线电台执照；不予许可的，书面通知申请人并说明理由。

第十四条　设置、使用业余无线电台拟使用自制、改装、拼装等未取得型号核准的无线电发射设备的，无线电管理机构应当对该设备是否符合本办法第七条第三项规定的条件进行技术检测。

无线电管理机构开展技术检测，不得收取任何费用。

第十五条　设置、使用业余无线电台拟使用《中华人民共和国无线电频率划分规定》确定为次要业务，或者与其他无线电业务共同划分为主要业务的业余业务频率的，无线电管理机构应当根据当地无线电台（站）设置和相关无线电频率使用等情况，开展必要的频率协调。

第十六条　设置、使用15瓦以上短波业余无线电台以及涉及国家主权、安全的其他重要业余无线电台的，国家无线电管理机构作出许可决定前，可以委托电台所在地或者申请人住所地的省、自治区、直辖市无线电管理机构对业余无线电台的使用方式、技术条件、安装环境等进行现场核查。

第十七条 无线电管理机构依法开展技术检测、频率协调等所需时间，不计算在本办法第十三条第三款规定的审查期限内，但应当将所需时间告知申请人。

第十八条 无线电管理机构颁发业余无线电台执照，应当同时向申请人核发业余无线电台呼号，但申请人已取得业余中继台、业余信标台呼号以外的其他业余无线电台呼号的，无线电管理机构不再核发新的业余无线电台呼号。

第十九条 业余无线电台执照应当载明电台设置、使用人，操作技术能力类别、编号，电台呼号、台址/设置区域、使用频率、发射功率，执照编号、颁发日期、有效期、发证机关，以及特别规定事项等；业余中继台、业余信标台执照还应当载明工作模式等事项。

业余无线电台执照可以采用纸质或者电子形式，两者具有同等法律效力，样式由国家无线电管理机构统一规定。

第二十条 业余无线电台执照的有效期不超过5年。

业余无线电台执照有效期届满后需要继续使用业余无线电台的，应当在期限届满30个工作日前向作出许可决定的无线电管理机构申请更换业余无线电台执照。

无线电管理机构应当依法进行审查，作出是否延续的决定。准予延续的，更换业余无线电台执照；不予延续的，书面通知申请人并说明理由。

第二十一条 变更业余无线电台执照载明事项的，应当向作出许可决定的无线电管理机构申请办理变更手续。

第二十二条 终止使用业余无线电台的，应当及时向作出许可决定的无线电管理机构办理业余无线电台执照注销手续，交回执照并自执照注销之日起60个工作日内拆除业余无线电台及天线等附属设备并妥善处理。

第二十三条 业余无线电台呼号停止使用的，应当依法予以注销。

除业余中继台、业余信标台呼号外，其他业余无线电台呼号注销1年后，无线电管理机构可以将相关电台呼号重新投入分配。

电台呼号重新投入分配前，申请人再次申请设置、使用业余无线电台，无线电管理机构经审查决定颁发业余无线电台执照的，应当同时核发申请人已注销的电台呼号。

第二十四条 没有固定台址的业余无线电台设置区域超出申请人住所地所在省、自治区、直辖市行政区域的，作出许可决定的无线电管理机构应当将无线电台执照颁发、呼号核发等有关信息通报相关的省、自治区、直辖市无线电管理机构。

第三章 操作技术能力验证

第二十五条 业余无线电台操作技术能力分为A类、B类和C类。

第二十六条 参加A类业余无线电台操作技术能力验证的人员，应当熟悉无线电管理规定，具有一定的业余无线电台操作技术能力。

参加B类业余无线电台操作技术能力验证的人员，应当依法取得业余无线电台执照6个月以上，且具有相应的实际操作经验。

参加C类业余无线电台操作技术能力验证的人员，应当依法取得载明30MHz以下频段的业余无线电台执照18个月以上，且具有相应的实际操作经验。

第二十七条 国家无线电管理机构可以组织实施A类、B类和C类业余无线电台操作技术能力验证。省、自治区、直辖市无线电管理机构可以组织实施A类、B类业余无线电台操作技术能力验证。

业余无线电台操作技术能力验证题库以及验证标准由国家无线电管理机构制定并根据需要适时更新，向社会公布。

第二十八条　无线电管理机构或者其委托的机构组织业余无线电台操作技术能力验证，应当提前向社会公布验证时间、验证要求等有关事项；不得向参加验证的人员收取费用。

第二十九条　参加业余无线电台操作技术能力验证成绩合格的，由无线电管理机构颁发业余无线电台操作技术能力验证证书。

验证证书可以采用纸质或者电子形式，两者具有同等法律效力，样式由国家无线电管理机构统一规定。

第三十条　取得A类业余无线电台操作技术能力验证证书的，可以申请设置、使用工作在30～3000MHz频段且最大发射功率不大于25瓦的业余无线电台。

取得B类业余无线电台操作技术能力验证证书的，可以申请设置、使用工作在30MHz以下频段且最大发射功率小于15瓦，或者工作在30MHz以上频段且最大发射功率不大于25瓦的业余无线电台。

取得C类业余无线电台操作技术能力验证证书的，可以申请设置、使用工作在30MHz频段以下且最大发射功率不大于1000瓦，或者工作在30MHz以上频段且最大发射功率不大于25瓦的业余无线电台。

第四章　设置、使用要求

第三十一条　设置、使用业余无线电台，应当符合业余无线电台执照载明的事项和要求，遵守国家无线电管理有关规定。

第三十二条　业余无线电台使用的无线电频率为次要业务划分的，不得对使用主要业务频率划分的合法无线电台（站）产生有害干扰，不得对来自使用主要业务频率划分的合法无线电台（站）的有害干扰提出保护要求。

违反前款规定产生有害干扰的，应当立即停止发射，待干扰消除后方可继续使用。

第三十三条　使用业余无线电台的单位或者个人应当定期维护业余无线电台，保证其性能指标符合国家标准和国家无线电管理的有关规定，避免对其他依法设置、使用的无线电台（站）产生有害干扰。

第三十四条　使用业余无线电台的单位或者个人应当遵守国家环境保护的有关规定，采取必要措施防止无线电波发射产生的电磁辐射污染环境。

第三十五条　使用业余无线电台的单位或者个人应当在通信过程中使用明语或者业余无线电领域公认的缩略语、简语，以及公开的技术体制和通信协议。

第三十六条　使用业余无线电台的单位或者个人应当如实将通信时间、通信频率、通信模式和通信对象等内容记入业余无线电台日志并保留2年以上。

第三十七条　使用业余无线电台的单位或者个人应当在每次通信建立以及结束时发送本业余无线电台呼号，在通信过程中不定期（间隔不超过10分钟）发送本业余无线电台呼号。

鼓励业余无线电台在通联期间通过技术手段自动发送电台呼号。

第三十八条　未取得相应业余无线电台执照或者相应操作技术能力的人员，为提高业余无线电台操作技术能力的需要，可以在他人依法设置的业余无线电台上进行发射操作实习。

发射操作实习应当由业余无线电台设置、使用人或者其技术负责人现场监督指导；使用的频率范围和发射功率应当在B类业余无线电台操作技术能力验证证书确定的范围内，且不得超过现场监督指导人员依法取得的业余无线电台操作技术能力验证证书确定的范围。

第三十九条　在他人依法设置的业余无线电台上进行发射操作的，应当使用所操作业余无线电台的呼号或者实际操作人员取得的呼号。使用实际操作人员取得的呼号的，业余无线电台通联期间发送呼号的格式应当符合国内国际相关要求。

第四十条　参加或者举办业余无线电通联比赛以及其他重大业余无线电活动的，经比赛（活动）主办方（牵头单位）报国家无线电管理机构批准，可以临时使用符合国际规则的其他业余无线电台呼号。

第四十一条　取得C类业余无线电台操作技术能力验证证书且取得业余无线电台执照的人员，因开展特殊技术试验、通联等活动，确需超出业余无线电台执照载明的功率限值使用业余无线电台的，经颁发业余无线电台执照的无线电管理机构批准，可以临时在特定时间、地点以特定功率等限定条件开展电台操作。

第四十二条　依法设置的业余中继台应当向其覆盖区域内的业余无线电台提供平等的服务。

第四十三条　任何单位或者个人不得使用业余无线电台从事下列活动：

（一）通过任何形式发布、传播法律、行政法规禁止发布、传播的信息；

（二）违反本办法规定用于谋取商业利益等超出业余无线电台使用属性之外的目的；

（三）故意干扰、阻碍其他无线电台（站）通信；

（四）故意收发业余无线电台执照载明事项之外的无线电信号；

（五）传播、公布或者利用无意接收的信息；

（六）擅自编制、使用业余无线电台呼号；

（七）涂改、倒卖、出租或者出借业余无线电台执照；

（八）向境外组织或者个人提供涉及国家安全的境内电波参数资料；

（九）法律、行政法规禁止的其他活动。

第五章　电波秩序维护

第四十四条　无线电管理机构应当定期对在用的业余无线电台进行检查和检测。业余无线电台设置、使用人应当接受并配合检查、检测。

第四十五条　依法设置、使用的业余无线电台受到有害干扰的，可以向业余无线电台使用地或者作出许可决定的无线电管理机构投诉；受到境外无线电有害干扰的，可以向国家无线电管理机构投诉。

受理投诉的无线电管理机构应当及时处理，并将处理情况告知投诉人。

第四十六条　无线电管理机构可以要求产生有害干扰的业余无线电台采取有效措施消除有害干扰；有害干扰无法消除的，可以责令产生有害干扰的业余无线电台暂停发射。

对于非法的无线电发射活动，无线电管理机构可以暂扣无线电发射设备或者查封业余无线电台，必要时可以采取技术性阻断措施；发现涉嫌违法犯罪活动的，无线电管理机构应当及时通报公安机关并配合调查处理。

第六章　法律责任

第四十七条　未经许可擅自设置、使用业余无线电台的，由无线电管理机构依照《中华人民共和国无线电管理条例》第七十条的规定处理。

第四十八条　有下列行为之一的，由无线电管理机构依照《中华人民共和国无线电管理条例》第七十二条的规定处理：

（一）故意收发业余无线电台执照载明事项之外的无线电信号，传播、公布或者利用无意接收的信息的；

（二）擅自编制、使用业余无线电台呼号的；

（三）未经批准进行广播或者发射通播性质的信号，超出业余无线电台使用属性之外的目的使用业余无线电台，未按照规定记录或者保留业余无线电台日志，以及其他未按照业余无线电台执照载明事项设置、使用业余无线电台的。

第四十九条　违法使用业余无线电台干扰无线电业务正常进行的，由无线电管理机构依照《中华人民共和国无线电管理条例》第七十三条的规定处理。

第五十条　向境外组织或者个人提供涉及国家安全的境内电波参数资料的，由无线电管理机构依照《中华人民共和国无线电管理条例》第七十五条的规定处理。

第五十一条　隐瞒有关情况、提供虚假材料或者虚假承诺申请业余无线电台设置、使用许可，或者以欺骗、贿赂等不正当手段取得业余无线电台执照的，由无线电管理机构依照《中华人民共和国行政许可法》第七十八条、第七十九条等规定处理。

第五十二条　违反本办法规定，构成违反治安管理行为的，依法给予治安管理处罚；构成犯罪的，依法追究刑事责任。

第五十三条　无线电管理机构及其工作人员不依照《中华人民共和国无线电管理条例》和本办法履行职责的，对负有责任的领导人员和其他直接责任人员依法给予处分。

第七章　附则

第五十四条　本办法中下列用语的含义：

（一）业余中继台，是指通过对业余无线电信号接收和放大转发，扩大通联范围的业余无线电台；

（二）业余信标台，是指通过发射信标信号，辅助验证电波传播条件的单发业余无线电台。

第五十五条　业余无线电台使用业余业务频率，无需取得无线电频率使用许可，免收无线电频率占用费。

第五十六条　设置、使用开展卫星业余业务的空间无线电台，应当遵守空间无线电管理有关规定。

第五十七条　省、自治区无线电管理机构根据工作需要在本行政区域内设立派出机构的，派出机构在省、自治区无线电管理机构授权的范围内履行业余无线电台监督管理职责。

第五十八条　本办法自2024年3月1日起施行。2012年11月5日公布的《业余无线电台管理办法》（工业和信息化部令第22号）同时废止。

本办法施行前依法取得业余无线电台执照的，在执照有效期内可以按照执照载明的参数使用业余无线电台；本办法施行前依法取得B类业余无线电台操作技术能力验证证书的，可以按照本办法第十条规定的许可权限申请设置、使用工作在30MHz以下频段且最大发射功率不大于100瓦，或者工作在30MHz以上频段且最大发射功率不大于25瓦的业余无线电台。

下面是附件1：业余无线电台设置、使用申请表和附件2：业余无线电台呼号编制和核发要求。

附件1　业余无线电台设置、使用申请表

一、申请人基本信息						
申请人						
统一社会信用代码						说明
身份证明类型		号码				
联系人		手机号码		电子邮箱		邮政编码
		通信地址				
技术负责人		身份证明类型		号码		说明
		手机号码		电子邮箱		
申请人或技术负责人操作技术能力类别		□A　□B　□C		编　号		

二、业余无线电台基本信息												
台站名称					申请类别		□ 新设　□ 变更　□ 延续					
使用方式	□ 固定　□ 车载　□ 背负或手持				台址/设置区域							
地理坐标	北纬	度	分	秒	东经	度	分	秒	车牌号码			
电台种类	□ 一般　□ 业余中继台　□ 业余信标台　□ 其他（具体说明：　　）											
台站首次启用日期	年	月	日	申请使用期限	年	月	日	至	年	月	日	
是否同时申请呼号	□ 是　□ 否	原指配呼号		原电台执照编号								

三、业余无线电台基本参数						
序号	发射设备型号核准代码	设备出厂序列号	占用带宽（□kHz　□MHz）	天线增益/dBi	极化方式	天线距地高度/m
1						
2						
3						

申请使用的频率（标“*”的业余业务频段为次要业务划分）

工作频段/kHz	135.7～137.8*		5351.5～5366.5*		10100～10150*		18068～18168		28000～29700	
	1800～2000		7000～7100		14000～14250		21000～21450		—	—
	3500～3900		7100～7200		14250～14350		24890～24990		—	—
	最大发射功率/W：									
工作频段/MHz	50～54		430～440*		2300～2450*		5650～5725*		—	—
	144～146		1240～1260*		3300～3400*		5725～5830*		—	—
	146～148		1260～1300*		3400～3500*		5830～5850*		—	—
	最大发射功率/W：									

续表

工作频段GHz	10～10.4*		24.05～24.25*		78～79*		134～136		——	—
	10.4～10.45*		47～47.2		79～81*		136～141*		——	—
	10.45～10.5*		76～77.5*		81～81.5*		241～248*		——	—
	24～24.05		77.5～78		122.25～123*		248～250		——	—
	最大发射功率 / W：									
其他特别说明										

四、业余中继台、业余信标台等业余无线电台附加信息说明

调制方式	□ 数字		□ 模拟	

五、申请人承诺

本人（单位）申请设置、使用业余无线电台，特此承诺如下：

1. 申请表中填写的所有内容真实、准确。
2. 本人（技术负责人）具有与申请设置、使用业余无线电台相适应的操作技术能力。
3. 申请设置、使用业余无线电台所使用的无线电发射设备满足以下条件：
   (1) 使用的无线电发射设备型号核准证明可用于业余业务（型号核准证载明的频率范围包含业余业务频段）。
   (2) 使用自制、改装、拼装等无线电发射设备满足国家标准和国家无线电管理有关规定，且发射频率范围仅限于业余业务频段。
4. 严格按照业余无线电台执照载明的参数开展工作，不故意收发无线电台执照许可事项之外的无线电信号，不传播、公布或者利用无意接收的信息，不利用业余无线电台谋取商业利益、不进行违法犯罪活动，自觉接受无线电管理机构的监督检查。
5. 本人承诺申请设置、使用业余无线电台符合城乡规划要求和电磁环境保护等相关规定，并对业余无线电台的无线电发射设备及附属天线、设备等的使用安全负责。
6. 本人承诺对申请设置、使用的业余无线电台进行定期维护，避免对其他依法设置、使用的无线电台 (站)产生有害干扰，采取必要措施防止无线电波发射产生的电磁辐射污染环境。
7. 本人承诺严格按照《业余无线电台管理办法》及相关无线电管理规定要求设置、使用业余无线电台，不影响公众利益和他人利益。

申请人（单位）签字（盖章）：

年　　月　　日

六、以下信息由许可本业余无线电台的无线电管理机构填写

本业余无线电台档案号		本业余无线电台类别
核发本业余无线电台呼号		颁发业余无线电台执照编号
备注		

如本表空间不够，可自行续表，并请编号：第　页/共　页　　　　工业和信息化部制 2024 年

填表说明

1．本表适用于业余无线电台的设置、使用申请。

2．设置、使用多个业余无线电台的，每个业余无线电台均需要单独填写本表。一个业余无线电台包含多个无线电发射设备的，可以只填一张申请表。

3．本表第一部分为申请人基本信息，除有特殊说明外均为必填项，由申请人按下列要求填写。

（1）申请人栏，请填写设置、使用业余无线电台的单位或者个人全称。

（2）统一社会信用代码、身份证明类型、号码栏，单位申请设置、使用业余无线电台的，须在统一社会信用代码栏逐位填写统一社会信用代码。个人申请设置、使用业余无线电台的，须首先在身份证明类型栏填写有效证件类型的相应代码（编码规则见下表），然后在号码栏逐位填写身份证明号码。使用代码Q的，请在右侧的说明栏标明该有效身份证件的类型。

代码	有效证件类型
S	中华人民共和国居民身份证、临时居民身份证或者户口簿、外国人永久居留身份证
J	中国人民解放军军人身份证件、中国人民武装警察身份证件
T	港澳台居民居住证、港澳台居民出入境证件（包括港澳居民来往内地通行证、台湾居民来往大陆通行证）
W	外国公民护照
Q	法律、行政法规和国家规定的其他有效身份证件

（3）联系人、手机号码、电子邮箱、通信地址、邮政编码栏，请填写办理此次业余无线电台设置、使用的联系人姓名、手机号码、电子邮箱、通信地址、邮政编码。联系人可以与申请人为同一人。

（4）技术负责人、手机号码、电子邮箱、身份证明类型、号码栏，如个人申请设置、使用业余无线电台，此栏可不填。如单位申请设置、使用业余无线电台，此栏必填。请填写办理此次业余无线电台设置、使用的单位技术负责人姓名、手机号码、电子邮箱、身份证明类型、号码，其中身份证明类型和号码栏同填表说明第 3 点第（2）条。技术负责人应当为申请单位工作人员。

（5）申请人或技术负责人操作技术能力类别、编号栏，如个人申请设置、使用业余无线电台，请在对应操作技术能力类别前的“□”内填写“√”，并在后续表格填写相应操作技术能力编号。

如单位申请设置、使用业余无线电台，请填写单位技术负责人操作技术能力类别和编号。如拥有多个等级的操作技术能力，仅填写最高等级操作技术能力类别及编号。

4．本表第二部分为业余无线电台基本信息，除有特殊说明外均为必填项，由申请人按下列要求填写。

（1）台站名称栏，请填写业余无线电台的具体名称。建议采用“申请人+频段+业余无线电台”的方式填写台站名称，如“张三超短波业余无线电台”。

（2）申请类别栏，新设业余无线电台的，请在“□新设”对应方框内填写“√”，以此类推。

（3）使用方式栏，固定使用的，请在“□固定”对应方框内填写“√”，以此类推。

（4）台址/设置区域栏，对于有固定台址的业余无线电台，请在此栏填写其所在地详细地址，具体格式如：××省（自治区、直辖市）××市（县、区）××乡镇（街道）××门牌号。对于没有固定台址的业余无线电台，请填写拟设置、使用业余无线电台的设置范围，例如“北京市”“全国”。对于没有固定台址的业余无线电台，其设置区域超出申请人住所地所在省、自治区、直辖市行政区域的，申请人还应当向无线电管理机构提交跨区域设置业余无线电台必要性的说明材料。

（5）地理坐标栏，对于申请以固定方式设置、使用的业余无线电台，请填写设置、使用地点的地理经度和纬度（WGS-84 坐标系），其中秒位应精确到小数点后一位。对于申请以其他方式设置、使用的业余无线电台（如车载、背负或手持），请在此栏相应空格内填写短横线“-”。

（6）车牌号码栏，对于申请以车载方式设置、使用的业余无线电台，请填写相应车牌号码。对于以其他方式设置、使用的业余无线电台（如固定、背负或手持）的，请在此栏相应空格内填写短横线“-”。

（7）电台种类栏，如为一般业余无线电台，请在“□一般”对应方框内填写“√”，以此类推。如电台种类选择“其他”，则需要在具体说明中填写业余无线电台具体用途。

（8）台站首次启用日期栏，办理业余无线电台延续使用或变更手续时，需填写本业余无线电台第一次启用的日期（本业余无线电台第一次获颁的无线电台执照上载明的有效期起始时）。办理新设业余无线电台时，无须填写此栏。

（9）申请使用期限栏，请填写拟申请使用本业余无线电台的期限起讫。按照《中华人民共和国无线电管理条例》规定，业余无线电台执照有效期不得超过5年。

（10）是否同时申请呼号、原指配呼号栏，如在申请设置、使用业余无线电台的同时需要申请核发新的业余无线电台呼号，请在“□是”对应方框内填写“√”，并在原指配呼号栏中填“新申请”字样。如申请人已取得过除业余中继台、业余信标台呼号以外的业余无线电台呼号，请在“□否”对应方框内填写“√”，并在原指配呼号栏中填写已获得的业余无线电台呼号。需要特别说明的是，申请人已取得除业余中继台、业余信标台呼号以外的其他业余无线台呼号的，无线电管理机构不再同时核发新的业余无线电台呼号。

（11）原电台执照编号栏，如果申请延续使用或变更业余无线电台的，须在本栏中填写原电台执照编号。办理新设业余无线电台时，本栏填写“新申请”字样。

5．本表第三部分为业余无线电台基本参数，除有特殊说明外均为必填项，由申请人按下列要求填写。

（1）发射设备型号核准代码栏，是指经过国家无线电管理机构型号核准后获得的唯一代码。申请人使用自制、改装、拼装等无线电发射设备申请设置、使用业余无线电台的，此栏填写“自制”等。填写型号核准代码的，本部分后面的占用带宽栏可不填写。

（2）设备出厂序列号栏，请填写业余无线电发射设备的出厂序列号。申请人使用自制、改装、拼装等无线电发射设备申请设置、使用业余无线电台的，此栏填写“自制”等。

（3）占用带宽栏，请选择发射占用带宽的单位，在对应方框内填写“√”，并填写发射占用带宽的数值。

（4）天线增益栏，请填写发射天线增益，单位为dBi。若天线增益为相对于半波阵子的增益，应进行换算：各向同性增益=相对于半波阵子的增益+2.1（dBi）。如果拟设台站的收发天线不同，应在本部分其他特别说明栏中说明。

（5）极化方式栏，请据实填写“水平线极化”“垂直线极化”“右旋圆极化”左旋圆极化”“其他极化”等。

（6）天线距地高度栏，请填写天线距地面的高度（非海拔高度，包括架设天线的建筑物的高度），单位为米（m）。无固定台址的业余无线电台无须填写。

（7）工作频段和最大发射功率栏，请逐一勾选拟使用的无线电频率（在对应频段后面的方框内填写“√”），并在最大发射功率栏填写此频段最大发射功率。如某些频段最大发射功率、占用带宽等参数有特殊说明的，请在本部分其他特别说明栏中填写。需要特别说明的是，申请使用的频率范围和最大发射功率，不得超出申请人（技术负责人）所持有的业余无线电台操作技术能力验证证书所规定的限值。

（8）其他特别说明栏，申请人认为应填写的其他必要说明。如一个业余无线电台使用多种天线类型，应在该栏分别说明每种类型天线的天线名称、天线增益和极化方式，相应地本部分天线增益栏和极化方式栏可填写业余无线电台主用天线的增益和极化方式。

（9）对于一个业余无线电台使用多个无线电发射设备的情况，应逐行填写全部设备的无线电发射设备型号核准代码、设备出厂序列号、占用带宽、天线增益、极化方式、天线距地高度，第一个无线电发射设备单独填写工作频段和最大发射功率栏，其余设备的工作频段和最大发射功率栏可另附页。

6．本表第四部分为业余中继台、业余信标台等业余无线电台附加信息说明，除有特殊说明外均为必填项。对于其中的调制方式栏，请根据业余无线电台实际可能使用的调制方式选择“数字”或“模拟”调制（或两者都选），并在对应方框内填写“√”，同时请填写主载波的全部调制方式。

7．向无线电管理机构提交本表前，申请人须在本表右下角部分签字（申请人为单位的，应加盖公章；申请人为未成年人的，应同时由其监护人签字，并注明与被监护人的关系），并写明申请日期。

8．本表第五部分由许可本业余无线电台的无线电管理机构填写。

（1）本业余无线电台档案号栏，由许可本业余无线电台的无线电管理机构负责编制，是本业余无线电台的唯一标识。设置、使用人申请延续使用、变更业余无线电台时，该电台档案号保持不变。该号码由 12 位数字组成，即：行政区划代码（4 位）+流水号（8 位）。其中：

国家无线电管理机构作出设置、使用业余无线电台许可时，行政区划代码统一使用 0000。

省级无线电管理机构作出设置、使用业余无线电台许可时，其行政区划代码依照《工业和信息化部办公厅关于启用新版〈中华人民共和国无线电台执照（地面无线电业务）〉的通知》（工信厅无〔2018〕99 号）执行。

流水号由作出设置、使用业余无线电台许可的无线电管理机构自 00000001 开始，按自然顺序编制，下一年度流水号接上一年度继续编制。业余无线电台档案号与其他地面业务无线电台档案号依顺序编制。

（2）本业余无线电台类别栏，是用于区分业余无线电台的基本类别，由 2 位字母表示。详细编码规则依照《工业和信息化部办公厅关于启用新版〈中华人民共和国无线电台执照（地面无线电业务）〉的通知》（工信厅无〔2018〕99 号）执行。业余无线电台基本类别字母表示为“AT”。

（3）核发本业余无线电台呼号栏，请填写新核发或已核发的业余无线电台呼号。

（4）颁发业余无线电台执照编号栏，由许可本业余无线电台的无线电管理机构填写颁发给该业余无线电台的电台执照的编号。

（5）备注栏，由许可本业余无线电台的无线电管理机构填写相应信息。

9．如本表空间不够，由业余无线电台设置、使用人自行续表，并在表格最后一行“/”左侧填写该表的顺序号，右侧填写表的总数。例如，2/4 表示此表号下共有 4 张申请表，此表为第2张表。

附件2 业余无线电台呼号编制和核发要求

业余无线电台呼号一般由呼号前缀、电台种类、分区编号、呼号后缀四部分组成。

呼号前缀（呼号第一部分）由一位字母组成，为国际电信联盟分配的呼号前缀字母 B。

电台种类（呼号第二部分）由一位字母组成，用于区分不同序列的呼号后缀或表示某些特定种类的业余无线电台。字母 G、H、I、D、A、B、C、E、F、K、L 用于一般业余无线电台呼号；字母 J 用于空间业余无线电台呼号；字母 R 用于业余中继台和业余信标台呼号。字母 S、T、Y、Z 以及其他字母序列的业余无线电台呼号由国家无线电管理机构保留。

分区编号（呼号第三部分）由一位数字组成，用于表示业余无线电台分区号。空间业余无线电台分区号为1。

呼号后缀（呼号第四部分）由1～4位的字母或者字母和数字的组合组成。其中，1位、4位呼号后缀，以及带有数字的呼号后缀由国家无线电管理机构保留。QOA～QUZ及SOS、XXX、TTT等可能与遇险信号或类似性质的其他信号混淆的字母组合不用作呼号后缀。

各省、自治区、直辖市无线电管理机构可以核发的业余无线电台呼号号段见下表。

<table>
<tr><th rowspan="3">省（自治区、直辖市）</th><th colspan="7">业余无线电台呼号</th></tr>
<tr><th rowspan="2">呼号前缀
（第一部分）</th><th rowspan="2">电台种类
(第二部分)</th><th rowspan="2">分区编号
（第三部分）</th><th colspan="4">呼号后缀（第四部分）</th></tr>
<tr><th>双字母组合</th><th>数量</th><th>三字母组合</th><th>数量</th></tr>
<tr><td>北 京</td><td rowspan="18">B</td><td rowspan="18">一般业余
无线电台：G、H、I、
D、A、B、
C、E、F、
K、L
业余中继台、业余信标台：
R</td><td>1</td><td>AA～XZ</td><td>624</td><td>AAA～XZZ</td><td>16039</td></tr>
<tr><td>黑龙江</td><td rowspan="3">2</td><td>AA～HZ</td><td>208</td><td>AAA～HZZ</td><td>5408</td></tr>
<tr><td>吉 林</td><td>IA～PZ</td><td>208</td><td>IAA～PZZ</td><td>5408</td></tr>
<tr><td>辽 宁</td><td>QA～XZ</td><td>208</td><td>QAA～XZZ</td><td>5223</td></tr>
<tr><td>天 津</td><td rowspan="4">3</td><td>AA～FZ</td><td>156</td><td>AAA～FZZ</td><td>4056</td></tr>
<tr><td>内蒙古</td><td>GA～LZ</td><td>156</td><td>GAA～LZZ</td><td>4056</td></tr>
<tr><td>河 北</td><td>MA～RZ</td><td>156</td><td>MAA～RZZ</td><td>4056</td></tr>
<tr><td>山 西</td><td>SA～XZ</td><td>156</td><td>SAA～XZZ</td><td>4054</td></tr>
<tr><td>上 海</td><td rowspan="3">4</td><td>AA～HZ</td><td>208</td><td>AAA～HZZ</td><td>5408</td></tr>
<tr><td>山 东</td><td>IA～PZ</td><td>208</td><td>IAA～PZZ</td><td>5408</td></tr>
<tr><td>江 苏</td><td>QA～XZ</td><td>208</td><td>QAA～XZZ</td><td>5223</td></tr>
<tr><td>浙 江</td><td rowspan="3">5</td><td>AA～HZ</td><td>208</td><td>AAA～HZZ</td><td>5408</td></tr>
<tr><td>江 西</td><td>IA～PZ</td><td>208</td><td>IAA～PZZ</td><td>5408</td></tr>
<tr><td>福 建</td><td>QA～XZ</td><td>208</td><td>QAA～XZZ</td><td>5223</td></tr>
<tr><td>安 徽</td><td rowspan="3">6</td><td>AA～HZ</td><td>208</td><td>AAA～HZZ</td><td>5408</td></tr>
<tr><td>河 南</td><td>IA～PZ</td><td>208</td><td>IAA～PZZ</td><td>5408</td></tr>
<tr><td>湖 北</td><td>QA～XZ</td><td>208</td><td>QAA～XZZ</td><td>5223</td></tr>
<tr><td>湖 南</td><td>7</td><td>AA～HZ</td><td>208</td><td>AAA～HZZ</td><td>5408</td></tr>
</table>

续表

广东	B	一般业余无线电台：G、H、I、D、A、B、C、E、F、K、L 业余中继台、业余信标台：R	7	IA～PZ	208	IAA～PZZ	5408
广西				QA～XZ	208	QAA～XZZ	5223
海南				YA～ZZ	52	YAA～ZZZ	1352
四川			8	AA～FZ	156	AAA～FZZ	4056
重庆				GA～LZ	156	GAA～LZZ	4056
贵州				MA～RZ	156	MAA～RZZ	4056
云南				SA～XZ	156	SAA～XZZ	4054
陕西			9	AA～FZ	156	AAA～FZZ	4056
甘肃				GA～LZ	156	GAA～LZZ	4056
宁夏				MA～RZ	156	MAA～RZZ	4056
青海				SA～XZ	156	SAA～XZZ	4054
新疆			0	AA～FZ	156	AAA～FZZ	4056
西藏				GA～LZ	156	GAA～LZZ	4056

注：各省、自治区、直辖市无线电管理机构在核发一般业余无线电台呼号时，呼号第二部分应按照 G、H、I、D、A、B、C、E、F、K、L 顺序，第四部分应按照双字母、三字母组合顺序依次编制并核发业余无线电台呼号

附录12之（2）《中华人民共和国无线电管制规定》

（2010年8月31日由国务院总理、中央军委主席签发的“中华人民共和国国务院、中华人民共和国中央军委第579号令”发布）

第一条 为了保障无线电管制的有效实施，维护国家安全和社会公共利益，制定本规定。

第二条 本规定所称无线电管制，是指在特定时间和特定区域内，依法采取限制或者禁止无线电台（站）、无线电发射设备和辐射无线电波的非无线电设备的使用，以及对特定的无线电频率实施技术阻断等措施，对无线电波的发射、辐射和传播实施的强制性管理。

第三条 根据维护国家安全、保障国家重大任务、处置重大突发事件等需要，国家可以实施无线电管制。

在全国范围内或者跨省、自治区、直辖市实施无线电管制，由国务院和中央军事委员会决定。

在省、自治区、直辖市范围内实施无线电管制，由省、自治区、直辖市人民政府和相关军区决定，并报国务院和中央军事委员会备案。

第四条 实施无线电管制，应当遵循科学筹划、合理实施的原则，最大限度地减轻无线电管制对国民经济和人民群众生产生活造成的影响。

第五条 国家无线电管理机构和军队电磁频谱管理机构，应当根据无线电管制需要，会同国务院有关部门，制定全国范围的无线电管制预案，报国务院和中央军事委员会批准。

省、自治区、直辖市无线电管理机构和军区电磁频谱管理机构，应当根据全国范围的无线电管制预案，会同省、自治区、直辖市人民政府有关部门，制定本区域的无线电管制预案，报省、自治区、直辖市人民政府和军区批准。

第六条 决定实施无线电管制的机关应当在开始实施无线电管制10日前发布无线电管制命令，明确无线电管制的区域、对象、起止时间、频率范围以及其他有关要求。但是，紧急情况下需要立即实施无线电管制的除外。

第七条 国务院和中央军事委员会决定在全国范围内或者跨省、自治区、直辖市实施无线电管制的，由国家无线电管理机构和军队电磁频谱管理机构会同国务院公安等有关部门组成无线电管制协调机构，负责无线电管制的组织、协调工作。

在省、自治区、直辖市范围内实施无线电管制的，由省、自治区、直辖市无线电管理机构和军区电磁频谱管理机构会同公安等有关部门组成无线电管制协调机构，负责无线电管制的组织、协调工作。

第八条 无线电管制协调机构应当根据无线电管制命令发布无线电管制指令。

国家无线电管理机构和军队电磁频谱管理机构，省、自治区、直辖市无线电管理机构和军区电磁频谱管理机构，依照无线电管制指令，根据各自的管理职责，可以采取下列无线电管制措施：

（一）对无线电台（站）、无线电发射设备和辐射无线电波的非无线电设备进行清查、检测；

（二）对电磁环境进行监测，对无线电台（站）、无线电发射设备和辐射无线电波的非无线电设备的使用情况进行监督；

（三）采取电磁干扰等技术阻断措施；

（四）限制或者禁止无线电台（站）、无线电发射设备和辐射无线电波的非无线电设备的使用。

第九条　实施无线电管制期间，无线电管制区域内拥有、使用或者管理无线电台（站）、无线电发射设备和辐射无线电波的非无线电设备的单位或者个人，应当服从无线电管制命令和无线电管制指令。

第十条　实施无线电管制期间，有关地方人民政府，交通运输、铁路、广播电视、气象、渔业、通信、电力等部门和单位，军队、武装警察部队的有关单位，应当协助国家无线电管理机构和军队电磁频谱管理机构或者省、自治区、直辖市无线电管理机构和军区电磁频谱管理机构实施无线电管制。

第十一条　无线电管制结束，决定实施无线电管制的机关应当及时发布无线电管制结束通告；无线电管制命令已经明确无线电管制终止时间的，可以不再发布无线电管制结束通告。

第十二条　违反无线电管制命令和无线电管制指令的，由国家无线电管理机构或者省、自治区、直辖市无线电管理机构责令改正；拒不改正的，可以关闭、查封、暂扣或者拆除相关设备；情节严重的，吊销无线电台（站）执照和无线电频率使用许可证；违反治安管理规定的，由公安机关依法给予处罚。

军队、武装警察部队的有关单位违反无线电管制命令和无线电管制指令的，由军队电磁频谱管理机构或者军区电磁频谱管理机构责令改正；情节严重的，依照中央军事委员会的有关规定，对直接负责的主管人员和其他直接责任人员给予处分。

第十三条　本规定自2010年11月1日起施行。

附录13之（1） 业余无线电台操作技术能力验证暂行办法

（国无协〔2013〕1号）

为做好业余无线电台管理配套服务工作，根据工业和信息化部《业余无线电台管理办法》（工业和信息化部令第22号）的有关规定并受工业和信息化部委托（工信部无[2013]43号），制订各类别业余无线电台操作技术能力验证办法如下。

一、业余无线电台操作技术能力的验证考核通过闭卷考试等形式进行。验证合格证明为《中国无线电协会业余电台操作证书》（下简称《操作证书》），由中国无线电协会统一印制和编号。

二、申请人初次申请业余无线电台操作技术能力考核，须首先参加A类业余无线电台操作技术能力考试；取得A类《操作证书》六个月后可以申请参加B类操作技术能力考试；取得B类《操作证书》并且设置B类业余无线电台二年后，可以申请参加C类操作技术能力考试。

三、业余无线电台操作技术能力考试（以下简称考试）的试题由中国无线电协会的专用计算机程序从《业余无线电台操作技术能力考试题库》中随机提取。

四、受各省、自治区、直辖市无线电管理机构委托的业余无线电台操作技术能力验证考试机构（以下简称考试机构），以及按各地相应退出机制取消委托资格的考试机构，在中国无线电协会业余无线电工作委员会网站上予以公告。

五、考试机构应当事先公布年度考试计划以及参加考试报名时间、方式（报名地点或电子邮箱）、须提交的材料、费用及考试地点、方式等相关信息。

六、考试机构可以根据考场具体条件，选择计算机机考或纸面试卷中的一种作为考试方式。

七、申请人可以自行选择报考地点。

八、考试机构需为每场考试指定考试负责人，考试负责人负责考试验证工作的正常开展和考试的公正性。

九、中国无线电协会业余无线电工作委员会负责业余无线电台操作技术能力考试验证工作的技术指导。

中国无线电协会

二〇一三年三月一日

附录13之（2） 关于修订《各类别业余无线电台操作技术能力验证考核暂行标准》的通知

（国无协〔2018〕13号）

为进一步做好业余无线电台管理配套服务工作，考虑到业余无线电台操作技术能力验证考核工作实施以来的实际情况，经工业和信息化部无线电管理局同意，对现行《各类别业余无线电台操作技术能力验证考核暂行标准》修订如下。

一、业余无线电台操作技术能力验证考核使用经工业和信息化部无线电管理局组织审定的题库，由中国无线电协会编制的专用考试程序形成随机试卷。

二、A类操作技术能力考试试卷共30题，答题时间不超过40分钟，答对25题（含）以上为合格；

B类操作技术能力考试试卷共50题，答题时间不超过60分钟，答对40题（含）以上为合格；

C类操作技术能力考试试卷共80题，答题时间不超过90分钟，答对60题（含）以上为合格。

本暂行标准自发布之日起施行，我会2013年11月15日发布的《各类别业余无线电台操作技术能力验证考核暂行标准》（国无协〔2013〕26号）同时废止。

中国无线电协会

2018年4月27日

附录13之（3）　业余无线电中继台信息填报注意事项

（CRAC发表于 2015年04月03日）

提交数据格式为：台址-省自治区直辖市，地市县，呼号，上行/下行频率（单位默认为MHz），工作模式及主要参数，电台执照编号。

希望各地设置或批准设置业余中继台的单位或机构及时向CRAC提供所设置或者所批准的业余中继台的主要信息，以便汇总公布。

为保证信息的准确性、避免无效的重复处理，CRAC将仅接受由批准设台的业余无线电管理机构或者其委托的业余电台管理配套服务工作联络员从内部工作渠道提供的业余中继台信息，或者由设台申请人、设台单位设台时所申报的技术负责人通过电子邮件提交的业余中继台信息。设台申请人或申请单位提供信息时，必须附有清晰的业余中继台电台执照图像文件（jpg格式）。其他来源的信息概不予汇总。不符合要求格式的信息也将不予汇总。

提交的业余中继台信息应存入一个.txt文本文件，作为邮件的附件。邮件标题和.txt信息文件的文件名前缀均应为：6位提交日期（yymmdd）、省份、简体汉字“中继台信息”、中继台呼号的区号加后缀。如信息文件包含不止一个中继台的，多个呼号之间用短横“-”分隔。具体如下。

邮件标题：150327浙江中继台信息5AB-5AC-5AD-5AE。

信息文件名：150327浙江中继台信息5AB-5AC-5AD-5AE.txt。

设台申请人或申请单位提供信息时，所附的电台执照文件名的前缀格式同上，例如，

执照图像文件名：150327浙江中继台信息5AB.jpg。

中继台信息的格式可参考上述浙江温州的信息。

中继台信息文件中每个中继台由一行中英文字符表示，其内容包括：台址-省自治区直辖市，台址-地市县，台址-具体地址，呼号，下行/上行频率（单位默认为MHz），工作模式及主要参数，电台执照编号。各数据项之间用逗号（英文或中文半角）分隔，一个数据项内部不得出现逗号，下行频率和上行频率之间用左斜线“/”分隔，工作频率及主要参数为使用中继台所必须了解的技术信息，如调制方式或数字制式、开启信令等。模拟调频中继台为FM，如使用CTCSS静噪系统（哑音）的，必须在“/”后注明哑音频率，单位默认为Hz。数字中继台的参数暂用“数字-”、厂商或常用系统名称表示，如“数字-摩托罗拉”“数字-八重洲C4FM”等。

附录14 CRAC业余频率使用及应急频点推荐规划

<table>
<tr><th rowspan="2">频段</th><th rowspan="2">通信方式</th><th rowspan="2">频率单位</th><th rowspan="2">频率范围</th><th colspan="2">应急通信主控/共用呼叫频率</th></tr>
<tr><th>国内通信</th><th>IARU R3</th></tr>
<tr><td>135kHz</td><td>CW/NB</td><td>kHz</td><td>135.7～137.8</td><td>—</td><td>—</td></tr>
<tr><td rowspan="3">1.8MHz</td><td>CW</td><td rowspan="3">MHz</td><td>1.800～2.000</td><td rowspan="3">—</td><td rowspan="3">—</td></tr>
<tr><td>RTTY DX窗口</td><td>1.830～1.834</td></tr>
<tr><td>无线电话</td><td>1.840～2.000</td></tr>
<tr><td rowspan="4">3.5MHz</td><td>CW</td><td rowspan="4">MHz</td><td>3.500～3.900</td><td rowspan="4">3.600</td><td rowspan="4">3.600</td></tr>
<tr><td>CW DX窗口</td><td>3.500～3.510</td></tr>
<tr><td>无线电话</td><td>3.535～3.900</td></tr>
<tr><td>无线电话DX窗口</td><td>3.775～3.800</td></tr>
<tr><td rowspan="3">7MHz</td><td>CW</td><td rowspan="3">MHz</td><td>7.000～7.025</td><td rowspan="3">7.030(CW/NB)
7.050(SSB)</td><td rowspan="3">7.110</td></tr>
<tr><td>窄带</td><td>7.025～7.040</td></tr>
<tr><td>无线电话</td><td>7.030～7.200</td></tr>
<tr><td rowspan="2">10MHz</td><td>CW</td><td rowspan="2">MHz</td><td>10.100～10.150</td><td rowspan="2">10.145(CW/NB)</td><td rowspan="2">—</td></tr>
<tr><td>窄带</td><td>10.140～10.150</td></tr>
<tr><td rowspan="6">14MHz</td><td>CW</td><td rowspan="6">MHz</td><td>14.000～14.350</td><td rowspan="6">14.050(CW/VB)
14.27 0(SSB)</td><td rowspan="6">14.300</td></tr>
<tr><td rowspan="2">窄带</td><td>14.070～14.095（传统）</td></tr>
<tr><td>14.095～14.112（Packet等）</td></tr>
<tr><td>信标保护频带</td><td>14.0995～14.1005</td></tr>
<tr><td>无线电话</td><td>14.100～14.350</td></tr>
<tr><td>SSTV推荐频率</td><td>14.225～14.235</td></tr>
<tr><td rowspan="4">18MHz</td><td>CW</td><td rowspan="4">MHz</td><td>18.068～18.168</td><td rowspan="4">18.160</td><td rowspan="4">18.160</td></tr>
<tr><td>窄带</td><td>18.100～18.110</td></tr>
<tr><td>信标保护频带</td><td>18.1095～18.1105</td></tr>
<tr><td>无线电话</td><td>18.110～18.168</td></tr>
<tr><td rowspan="5">21MHz</td><td>CW</td><td rowspan="5">MHz</td><td>21.000～21.450</td><td rowspan="5">21.080(CW/NB)
21.40 0(SSB)</td><td rowspan="5">21.360</td></tr>
<tr><td>窄带</td><td>21.070～21.125</td></tr>
<tr><td>信标保护频带</td><td>21.1495～21.1505</td></tr>
<tr><td>无线电话</td><td>21.125～21.450</td></tr>
<tr><td>SSTV推荐频率</td><td>21.335～21.345</td></tr>
<tr><td rowspan="4">24MHz</td><td>CW</td><td rowspan="4">MHz</td><td>24.890～24.990</td><td rowspan="4">—</td><td rowspan="4">—</td></tr>
<tr><td>窄带</td><td>24.920～24.930</td></tr>
<tr><td>信标保护频带</td><td>24.9295～29.9305</td></tr>
<tr><td>无线电话</td><td>24.930～24.990</td></tr>
</table>

续表

频段	通信方式	频率单位	频率范围	应急通信主控/共用呼叫频率	
				国内通信	IARU R3
28MHz	CW	MHz	28.000～29.700	28.080(CW/NB) 28.40 0(SSB) 29.60 0(FM)	—
	窄带		28.050～28.150		
	信标保护频带		27.700～28.700		
	无线电话		28.300～29.300		
	SSTV推荐频率		28.675～28.685		
	业余卫星		29.300～29.510		
	宽带		29.510～29.700		
50MHz	CW	MHz	50.000～54.000	—	—
	信标保护频带		50.050～50.100		
	CW、无线电话、窄带、宽带		50.100～54.000		
144MHz	EME	MHz	144.000～144.035	145.000 本地中继频率 APRS频率	—
	CW、无线电话、窄带、宽带		144.035～145.800		
	业余卫星		145.800～146.000		
	各种方式		146.000～148.000		
430MHz	CW、无线电话、窄带、宽带	MHz	430.000～431.900	435.000 本地中继频率 APRS频率	—
	EME		431.900～432.240		
	CW、无线电话、窄带、宽带		432.240～435.000		
	业余卫星		435.000～438.000		
	CW、无线电话、窄带、宽带		438.000～439.000		

附录15之（1）《内地业余无线电操作者逗留或到访香港特别行政区时申请业余电台牌照及操作授权证明的指引》

一、通则

此指引旨在向内地的业余无线电操作者解释有关香港特别行政区（以下简称香港）的业余无线电服务以及如何申请香港的业余电台牌照和操作授权证明。

在香港拥有及使用无线电仪器均受香港《电信条例》（第106章）的规定所限制。业余无线电操作者如欲操作及管有业余电台，必须持有由香港通讯事务管理局（通讯局）发出的业余电台牌照及操作授权证明。

香港通讯局认可由中华人民共和国工业和信息化部发出的业余无线电台执照及其委托中国无线电协会颁发的业余电台操作证书。内地的业余无线电爱好者需同时持有由内地无线电管理机构发出的业余无线电台执照和由中国无线电协会颁发的业余电台操作证书才可向通讯局申请领取香港业余电台牌照和/或操作授权证明，以便合法在香港设置个人业余无线电台和操作业余无线电仪器。若访港人士只欲操作业余无线电器材，可只申请操作授权证明；若同时有意在香港管有及设立业余电台，则需同时申请业余电台牌照。

访香港人士如果继续停留香港超过操作授权证明和/或业余电台牌照的有效期，则可申请续发操作授权证明和/或业余电台牌照。

获发操作授权证明后，在香港停留短于一年者，可以在其内地的呼号前面加上VR2/以作在香港的呼号使用。如在香港停留超过一年及持有香港身份证者，可重新向通讯局申请在VR2系列内一个本地呼号使用。

二、香港业余电台牌照

香港业余电台牌照的操作权限载于附件1。

持有B类或C类内地业余无线电台执照及操作证明的人士，可申请领取香港业余电台牌照和/或操作授权证明，以便在香港设置及操作如附件1的操作权限的业余电台。

持有A类内地业余无线电台执照及操作证明的人士，亦可申请领取香港业余电台牌照和/或操作授权证明，但操作权限只限于附件1内50.00～52.11MHz、144～146MHz和430.0～437.2MHz的有关频带。

三、怎样申请

申请人须把下列文件邮递或以专人送交通讯事务管理局办公室：

a．填妥的申请表（附件2，该表格可于本局网页下载或于本局发牌组索取）；

b．申请人的内地居民身份证、往来港澳通行证（或其他旅游证件）和香港身份证（如领有）复印本；

c．申请人由工业和信息化部无线电管理局发出的有效业余无线电台执照复印本，及由中国无线电协会发出的有效业余无线电台操作证书复印本；

d．所需的申请操作授权证明和/或业余电台牌照费用，可以现金或抬头为“通讯事务管理局”的划线支票缴付。

上述文件应送交：

香港　湾仔

皇后大道东213号

胡忠大厦26楼

通讯事务管理局牌照组

电话：＋85229616772

传真：＋85221809828

四、牌照有效期及费用

业余电台牌照有效期为1年，年费为港币150元。

操作授权证明的有效期为5年，费用为港币160元。

五、进口业余无线电器材

若访香港人士有意入口或出口业余无线电器材，必须事先向通讯局申请入口或出口许可证，否则有关器材可能被海关扣押。在申请出口或入口许可证时，必须列明器材的详细数据，例如型号、牌子、频带、发射模式、编号、留港期间及附上出口或入口许可证的指明费用。申请人应在器材运抵香港前确定它们可获发牌。若对许可证或发牌事宜有疑问，请联络通讯事务管理局办公室牌照组[地址和电话记在第三段（d.）]。

六、查询

如对此指引有任何疑问，欢迎联络：

香港　湾仔

皇后大道东213号

胡忠大厦20楼

通讯事务管理局办公室支援服务分组

电话：＋85229616603

传真：＋85228035113

电邮：support_services@ofta.gov.hk

下面是香港业余电台牌照的操作权限——操作频率及功率限制［见附录15之（2）］和《内地居民来港申请业余电台牌照/操作授权证明表格》［见附录15之（3）］。

附录15之（2） 香港业余电台牌照的操作权限——操作频率及功率限制

业余电台牌照 （Amateur Station Licence） 牌照号码 （Licence No.）

<table>
<tr><th>1</th><th>2</th><th>3</th><th colspan="2">4</th></tr>
<tr><th rowspan="2">频带/MHz
（Frequency Bands In MHz）</th><th rowspan="2">频率划分
（Frequency Allocation）
（见备注1）（See Note1）</th><th rowspan="2">许可发射类别
（Class of Emission Permitted）
（见备注2）（See Note2）</th><th colspan="2">最大功率/dBW
（Maximum Power in dBW）
（见备注3）（See Note3）</th></tr>
<tr><th>载波
（carrier）</th><th>峰包功率
（PEP）</th></tr>
<tr><td>1. 8～2. 0;3. 5～3. 9</td><td>主要，业余业务（primary，Amateur service）</td><td rowspan="5"></td><td rowspan="10">20</td><td rowspan="10">26</td></tr>
<tr><td>7. 0～7. 1</td><td>主要，业余和卫星业余业务（primary，Amateur and Amateur satellite service）</td></tr>
<tr><td>10. 1～10. 15</td><td>次要，业余业务（secondary，Amateur service）</td></tr>
<tr><td>14. 0～14. 25</td><td>主要，业余和卫星业余业务（primary，Amateur and Amateur satellite service）</td></tr>
<tr><td>14. 25～14. 35</td><td>主要，业余业务（primary，Amateur service）</td></tr>
<tr><td>18. 068～18. 168</td><td>主要，业余和卫星业余业务（primary，Amateur and Amateur satellite service）</td><td rowspan="2">莫尔斯电报（Morse）
语音通信（Telephony）</td></tr>
<tr><td>21. 0～21. 45</td><td>主要，业余和卫星业余业务（primary，Amateur and Amateur satellite service）</td></tr>
<tr><td>24. 89～24. 99</td><td>主要，业余和卫星业余业务（primary，Amateur and Amateur satellite service）</td><td rowspan="5">无线电电传印字机（RTTY）
数据（Data）
图文传真（Facsimile）
慢扫描电视（SSTV）</td></tr>
<tr><td>28. 0～29. 7</td><td>主要，业余和卫星业余业务（primary，Amateur and Amateur satellite service）</td></tr>
<tr><td>50. 00～51. 50
52.025～52. 11</td><td>主要，业余业务（primary，Amateur service）</td></tr>
<tr><td>144. 0～146. 0</td><td>主要，业余和卫星业余业务（primary，Amateur and Amateur satellite service）</td><td>14
（14/7*）</td><td>20</td></tr>
<tr><td>430. 0～431. 0
435. 0～436. 0
437. 0～437. 2</td><td>次要，业余业务（secondary，Amateur service）
次要，业余和卫星业余业务（secondary，Amateur and Amateur satellite service）
次要，卫星业余业务（secondary，Amateur satellite service）</td><td>20(14/7*)</td><td>26</td></tr>
<tr><td>5725～5850</td><td>次要，业余业务，使用者须接受工业，科学及医疗（工科医）使用者所产生的干扰（secondary，Amateur service，users must accept interference from ISM users）</td><td>电视及脉冲—只限于频率在5.725MHz以上</td><td>6#</td><td>—</td></tr>
<tr><td>10450～10500</td><td>次要，业余和卫星业余业务（secondary，Amateur and Amateur satellite service）</td><td></td><td>7</td><td>13</td></tr>
<tr><td>24000～24250</td><td>次要，业余业务，使用者须接受工业，科学及医疗（工科医）使用者所产生的干扰（secondary，Amateur service，users must accept interference from ISM users）</td><td></td><td rowspan="5">20</td><td rowspan="5">26</td></tr>
<tr><td>47000～47200</td><td>主要，业余和卫星业余业务（primary，Amateur and Amateur satellite service）</td><td rowspan="4">电视及脉冲一只限于频率在5.725MHz以上</td></tr>
<tr><td>76000～77500</td><td>次要，业余和卫星业余业务 （secondary，Amateur and Amateur satellite service）</td></tr>
<tr><td>77500～78000</td><td>主要，业余和卫星业余业务（primary，Amateur and Amateur satellite service）</td></tr>
<tr><td>78000～81000</td><td>次要，业余和卫星业余业务 （secondary，Amateur and Amateur satellite service）</td></tr>
</table>

*见备注3（乙）See Note3（b） # 见备注3（丙）See Note3（c）

附表1备注

(NOTES TO THE SCHEDULE 1)

(1) 频率划分

(甲) 主要业务：在对任何其他认可的主要业务不构成干扰的条件下，一个频带可以划分给业余业务和/ 或卫星业余业务作主要业务之用。

(乙) 次要业务：在下列条件下，一个频带可以划分给业余业务和/ 或卫星业余业务作次要业务之用：

(i) 不得对已经指配或将来可能指配频率的主要业务或许可业务电台产生干扰。

(ii) 不得要求保护不受来自已经指配或将来可能指配频率的主要业务或许可业务电台的干扰。

(丙) 应急通信：遇有天灾时，非业余电台亦可使用划分作业余业务之用的3.5MHz、7.0MHz、10.1MHz、14.0MHz、18.0MHz、21.0MHz、24.8MHz及144MHz的频带，以配合灾区的国际应急通信需要。

(2) 许可发射类别

根据国际电信联盟所出版的《无线电规则》，发射类别是以每组三个的字符加以标识。此处所界定的发射类型是根据第三个字符划分的。

(甲) 连续载波（CW)：于主载波上以开/ 合键调幅方式并供人工收听接收的发射类别。

莫尔斯电报：采用任何以“A”作结的发射类别并供人工收听接收的莫尔斯电报技术。

语音通信：采用任何以“E”作结的发射类别的语音通信。

电视：采用任何以“F”作结的发射类别的电视。此类型只可在1GHz以上的频段中使用。

无线电电传印字机（RTTY)：采用任何以“B”作结的发射类别的自动接收的电报技术，包括使用国际电报电话咨询委员会的任何认可密码的电传印字机，以及供自动接收的莫尔斯报文。

数据：采用任何以“D”作结的发射类别的数据。《无线电规则》规定，不同国家的业余电台互发信息时，须使用明语。因此所有发射均只可使用国际电报电话咨询委员会的认可密码（使用明语)。

图文传真：采用任何以“C”作结的发射类别图文传真。

慢扫描电视：在窄带宽中采用任何以“F”作结的发射类别的电视。

(乙) 同时采用以上任何发射类型的组合，例如电话技术和数据，以“W”作结的发射类别。

(丙) 脉冲：采用任何以“P”作结的发射类别的脉冲。此类型只可在1GHz以上的频带中使用。

(3) 最大功率

(甲) 最大功率是指供应给天线的无线电射频功率。最大功率会以载波功率规定。对具有抑制、可变或减幅载波的发射，有关功率会在线性的情况下由峰包功率（PEP）决定。至于脉冲发射，平均功率不得超过载波功率，而峰值功率则不得超过为该频带所定的PEP。

（乙）144～146MHz频带和430～440MHz的划分频带的移动操作，最大有效辐射功率限制为14dBW。而手提式操作，最大有效辐射功率限制为7dBW。

（丙）5.725～5. 850GHz频带的操作，最大等量全向辐射功率限制为6dBW。

（丁）发射带宽必须确保能最有效地使用有关频谱：一般来说，带宽必须保持在科技及有关业务可容许的最低值。若使用带宽扩展技术，则必须采用符合有效地使用频谱的最低频谱功率密度。不过，无论使用何种发射类别，所拟发射占用的带宽，须符合在认可频带以外不可超过其平均发射功率1%的规定。这1%不包括谐波和寄生发射所包含的功率。

附录15之（3）《内地居民来港申请业余电台牌照/操作授权证明表格》

在填写此表格前，请先阅读以下附注和在通讯事务管理局网页上的《内地业余无线电操作者逗留或到访香港特别行政区时申请业余台牌照及操作授权证明指引》。

1. 此表格内所有有关项目均须详细填写。英文请用正楷书写，同时应在适当的方格内划上“√”号。每一次申请只能用一张表格。
2. 填妥的表格，应连同有关的文件正本，亲自交往香港湾仔皇后大道东213号胡忠大厦26字楼通讯事务管理局。如用邮寄申请，请附上有关证明文件复印本，并在信封上注明“内地居民来港申请业余电台牌照/操作授权证明”。
3. 申请时间为星期一至星期五的上午九时至下午十二时半及下午二时至下午五时，及星期六上午九时至正午十二时，公众假期休息。如有任何查询请致电（852）2961 6772。
4. 业余牌照年费为港币壹佰伍拾元整。缴费时请用现金或抬头为“通讯事务管理局”的划线支票。
5. 操作授权证明（ATO）将会发给合格申请人。签发费用为港币一百六十元，有效期为五年。

如在此表格中作虚构陈述，则本局可能会拒绝你的申请。 如在获通讯事务管理局发给牌照之前拥有、设立或使用任何无线电装备即属于违法行为。

甲栏：申请人资料	本栏不必填写 For Official Use only
1. 姓名（先生/女士）： 中文 英文-（姓氏先行） 2. 中文电码： 3. 香港身份证号码（如有）： 4. 内地居民身份证号码： 5. 往来港澳通行证（或其他旅游证件）号码： 6. 出生日期（日/月/年）：______/______/______ 7. 香港通信地址：______ 8. 内地通讯信地址：______ 9. 在香港设台地址：______ 10. 电话号码：______ 11. 传真号码：______ 12. 电子邮件地址：______	申请日期 （Application Date）： 核对人员 （Verified by）： 呼号 （Call Sign）： 牌照号码： （License No.）： 档案号码： （File No.）： 操作授权 证号码 （ATO No.）： 收据号码 （Receipt No.）： 缴费日期 （Payment Date）：

乙栏：监护人资料（如申请人未满十八岁）　注意：监护人必须年满十八岁

1. 监护人姓名（先生/女士*）

______________________________　______________________

中文　　　　　　　　　　　　英文-姓氏先行

2. 中文电码：______________香港身份证号码（如有）：______________

3. 关系：____________监护人签名：______________日期：__________

如申请人未满十八岁，须呈交监护人的香港身份证　（如有）复印本　　*将不适用者删除

OFTAA2XX（03）

丙栏：申请类别

申请业余电台牌照及/或操作授权证明：　　　　□业余电台牌照　　□操作授权证明

CRSA发出的个人业余电台操作证书号码：______________等级：______________

发证日期：______________有效期至：______________

国内业余无线电台执照号码：______________国内业余无线电台呼号：______________

签发日期：______________有效期至：______________

请附上有关证明文件的复印本

丁栏：选择

1. 呼号

停留香港超过一年的申请人，可选择香港呼号。

将会停留超过一年的证明______________________________（请提供证明文件的复印本）。

a. 内地申请人在香港使用的呼号形式如下：

在“VR2”后面加上由“U”至“Z”其中的一个英文字母和最后再由任何两个英文字母所组成。

b. 请填写三个你优先选择的呼号。如不填写，呼号将由通讯事务管理局编排。

第一选择：______________第二选择：______________第三选择：______________

2. 选择是否在操作授权证明印上香港身份证号码

你可自由选择是否在操作授权证明上印上香港身份证号码，该资料可被你所属的业余无线电会用作核对身份或其他有关联用途。操作授权证明须放在安全及可靠的地方。但须留意印在操作授权证明上的个人资料有可能会被其他无授权的人士意外地或用别的方法取得。如你在下面方格内作出不同意在操作授权证明上印上身份证号码的指示，或在下面方格内不作任何指示，操作授权证明上将不会显示你的香港身份证号码。

□　操作授权证明印上香港身份证号码

□　操作授权证明不要印上香港身份证号码

戊栏：申请人声明

致：通讯事务管理局总监

兹声明本人在此表格内所提供的资料均属真实及正确。

申请人签名：______________________　日期：______________________

本栏不必填写

文书主任（收入）：

请收取

□　业余电台牌照费一佰五十元HK$150

□　操作授权证明费一佰六十元HK$160

____

核准人员签名

所须文件

递交申请书时请一并附上以下文件。

□ 请出示你的香港身份证（如有）、内地居民身份证和旅游证件。

□ 如申请人未满18岁，请出示你的监护人的香港身份证（如有）或内地居民身份证和旅游证件复印本。

□ CRSA发出的个人业余无线电台操作证书。

□ 国内业余无线电台执照。

□ 应缴的牌照费用（请用现金或抬头为“通讯事务管理局”的划线支票）。

申请人须知（补充资料）

1. 通过本表格提供个人资料，属自愿性质。若你没有提供足够资料，本局可能无法办理你的申请。
2. 你所填写的个人资料，将被通讯事务管理局用以处理你的申请。
3. 你在本申请表上所填写的个人资料，可能会披露给其他与评审申请有关的政府部门/机构。
4. 你有权要求查阅和改正你的个人资料。你查阅资料的权利包括取得本申请表上所载个人资料的复印本，唯索取这些资料时或须缴费。
5. 如对通过本申请表所收集的个人资料有疑问，包括如何提出查阅和改正个人资料的要求，请联络：

香港湾仔电话：　　　　　＋85229616752
皇后大道东213号传真：　　＋85228035112
胡忠大厦29楼
通讯事务管理局
[经办人：公共事务经理]

6. 请把你的操作授权证明放在安全及稳妥的地方。

附录16之（1）《来访者业余无线电台临时操作证书》申请办法

（国无协〔2013〕3号）

为方便境外业余无线电爱好者在我国境内临时操作业余无线电台、促进业余无线电爱好者之间的交流，根据工业和信息化部《业余无线电台管理办法》（工业和信息化部令第22号）的有关规定并受工业和信息化部委托（工信部无〔2013〕43号），现就关于申请《来访者业余无线电台临时操作证书》（以下简称《临时证书》）的办法明确如下。

一、访问我国的境外业余无线电爱好者，在持有境外相关无线电主管部门颁发的有效业余无线电台操作资格证明，了解并承诺遵守我国境内相关管理规定的条件下，可以核发与本人操作资格相对应的《临时证书》。

二、《临时证书》仅作为持有人在我国境内业余无线电台临时操作的技术能力证明，不作为在我国境内设置业余无线电台的凭证。

三、中国无线电协会业余无线电工作委员会（以下简称CRAC）负责通过邮箱（licensing@crac.org.cn）以电子方式受理《临时证书》申请。

四、申请《临时证书》需要提供下列资料。

（一）本人签署的申请函（中文或英文，pdf或jpg格式）。

（二）来访者信息表（中文或英文）：

含姓氏、名字、性别、出生日期、有效旅行证件名称、拟在境内停留的日期区间和拟操作地点、境内联络方式（如有），以及常用电子邮箱和其他联系方式（doc或txt格式）。

（三）本人有效旅行证件个人资料页以及入境签注页的复印件（pdf或jpg格式，较长边分辨率不低于1000像素）。

（四）本人持有的境外相关无线电主管部门颁发的有效业余无线电台操作资格证明的复印件（pdf或jpg格式，较长边分辨率不低于1000像素）。

（五）本人证件照片电子版（jpg格式，较长边分辨率不低于600像素）。

（六）《遵守中华人民共和国无线电管理规定承诺书》（注：可从CRAC网站下载并本人签字）。

五、必要时，CRAC可要求申请人补充提供相关的境外业余无线电台操作资格资料。

六、经核准颁发《临时证书》后，CRAC以电子邮件方式通知申请人，并发出《临时证书》的电子版，其核发信息同时由CRAC网站公布。

七、不能及时到CRAC领取《临时证书》原件的，可以配合CRAC网站的核发信息使用其电子版的打印件。

八、申请人所在的国家或者地区与中华人民共和国签订相关协议的，按照协议办理。

中国无线电协会

2013年3月1日

附录16之（2） 工业和信息化部关于香港特别行政区永久性居民在内地设置和使用业余无线电台有关事项的通告

【发布时间：2015年09月25日】

为加强内地与香港特别行政区（以下简称香港）业余无线电爱好者的交流，满足香港业余无线电爱好者在内地操作业余电台的需要，现就香港永久性居民在内地设置和使用业余电台有关事项通告如下：

一、根据《中华人民共和国无线电管理条例》《业余无线电台管理办法》和《工业和信息化部关于实施“业余无线电台管理办法”若干事项的通知》等规定，在内地设置业余无线电台（以下简称业余电台）应当办理设台审批手续，取得业余电台执照；使用业余电台应当取得业余电台操作技术能力证明（以下简称操作证明）。

二、内地无线电管理机构认可由香港通讯事务管理局颁发的业余电台牌照。

三、持有香港通讯事务管理局颁发的业余电台牌照的香港永久性居民，可凭下列材料向中国无线电协会申请领取操作证明：

（一）本人的香港永久性居民身份证和往来内地通行证（或旅游证件等）的复印件；

（二）本人已填妥的《香港永久性居民来内地办理业余无线电台操作证明申请表》（见附件1）；

（三）本人的香港业余电台牌照的复印件；

（四）本人的相片1张（37mm×50mm）或电子相片。

按上述流程办理操作证明的，如满足核发条件，中国无线电协会将为其核发B类操作证明，有效期为5年。申请人可以通过邮寄方式办理操作证明。

四、取得操作证明的香港永久性居民在内地对既有业余电台进行操作期间，可以使用所操作业余电台的呼号，也可以使用“字母B、操作地业余电台分区号、符号/、本人在香港业余电台呼号”作为呼号。发射频率及发射功率不得超越所操作业余电台及B类业余电台的相应范围。

五、持有内地操作证明的香港永久性居民，若申请在内地设置业余电台（业余信标台、空间业余无线电台等特殊业余无线电台除外），申请人持下列材料向拟设台地省、自治区、直辖市无线电管理机构申请领取业余电台执照：

（一）本人的香港永久性居民身份证，在内地逗留或工作居住的证明材料（港澳居民往来内地通行证等）；

（二）中国无线电协会出具的操作证明；

（三）本人已填妥的《业余无线电台设置（变更）申请表》和《业余无线电台技术资料申报表》（见附件）；

（四）本人的香港业余电台牌照。

按上述流程申请设置业余电台的，如满足核发条件，将由设台地省、自治区、直辖市无线电管理机构为其核发业余电台执照，有效期为1年。

六、香港永久性居民在内地连续居住或工作时间不满1年或者没有固定居所的，可以申请设置A类业余电台，办理电台执照后，使用格式为“字母B、操作地业余电台分区号、符号/、本人在香港业余电台呼号”的电台呼号，不另指配B字头系列业余电台呼号。

七、香港永久性居民在内地连续居住或工作时间达到1年或以上，并有固定居所的（须提供相关证明），可以申请设置B类或A类业余电台，办理电台执照，可以使用格式为“字母B、操作地业余电台分区号、符号/、本人在香港业余电台呼号”的电台呼号，也可以在申请设台时提交的“业余无线电台设置（变更）申请表”的“④其他说明事项”中注明“同时申请核配呼号”，申请核配符合设台地呼号组成规则的B 字头系列业余电台呼号。

八、香港永久性居民拟携带供自用的业余无线电发射设备入境的，应按照有关规定向入境地、居住地或拟设台地所属省、自治区、直辖市无线电管理机构办理进关审批手续。如发射设备已在香港通讯事务管理局颁发的业余电台牌照中列明，在内地办理业余电台执照时可以免检。

九、香港永久性居民在内地设置和使用业余电台的其他管理事项，按照《业余无线电台管理办法》等有关规定执行。

十、本通告自发布之日起执行，以往规定与本通告内容不一致的按本通告执行。如遇国家有关政策调整，将适时修订相关内容。

附录17 A类业余电台操作证书考试内容提要

说明：本内容提要根据中国无线电协会业余无线电工作委员会（CRAC）所编《业余无线电台操作技术能力验证题库》中的A类操作技术能力验证题目整理而成。读者可从CRAC网站资料下载页面阅读和下载最新版本的《业余无线电台操作证书考试题库》电子版文本和《各类业余电台操作证书模拟考试程序》。为便于系统学习和理解考试内容，建议读者阅读以下参考材料。

（1）主要参考文件

《中华人民共和国无线电管理条例》（见附录1）。

《业余无线电台管理办法》[见附录12之（1）]。

《中华人民共和国无线电频率划分规定》（从无线电管理机构网站上查阅）。

《中华人民共和国无线电管制规定》[见附录12之（2）]。

《业余无线电台操作技术能力验证暂行办法》[见附录13之（1）]。

《各类别业余无线电台操作技术能力验证考核暂行标准》[附录13之（2）]。

《电磁辐射无防护规定》（国家标准）。

（2）主要参考资料

《业余无线电通信》（第六版），由人民邮电出版社出版发行。

《中国业余无线电》（上册，技术篇·操作篇），由深圳出版发行集团公司和海天出版社出版发行。

1．关于无线电管理体制和政策

（1）我国无线电管理的最高法律文件是《中华人民共和国无线电管理条例》，其立法机关是国务院和中央军事委员会。

（2）我国业余无线电台管理的最高法律文件是《业余无线电台管理办法》，其立法机关是工业和信息化部。

（3）我国依法负责对业余无线电台实施监督管理的机构是国家无线电管理机构和地方无线电管理机构，其中《业余无线电台管理办法》所说的“地方无线电管理机构”指的是省、自治区、直辖市无线电管理机构。

（4）依据《中华人民共和国物权法》，无线电频谱资源属于国家所有，无线电频率的使用必须得到各级无线电管理机构的批准。

（5）依法设置的业余无线电台受国家法律保护。国家鼓励和支持业余无线电台开展无线电通信技术研究、普及活动以及突发重大自然灾害等紧急情况下的应急通信活动。

2．关于业余无线电业务定义

（1）业余无线电业务的定义及业余电台的法定用途：供业余无线电爱好者自我训练、相互通信和技术研究。

（2）我国对无线电管理术语“业余业务”“卫星业余业务”和“业余无线电台”作出具体定义的法规文件是《中华人民共和国无线电频率划分规定》。

3．业余电台设置使用对象

（1）业余无线电台的设置使用对象是业余无线电爱好者，即经正式批准的、对无线电技术有兴趣的人，其兴趣纯系个人爱好而不涉及谋取利润。

（2）符合业余无线电爱好者基本条件的人群是对无线电技术有兴趣并经无线电管理机构批准设置使用业余无线电台的人。

（3）个人提出设置使用业余无线电台申请，就是表示自己对无线电技术发生了兴趣，确认了自己在有关业余无线电台活动中的身份是业余无线电爱好者。

4．业余电台分类管理

（1）我国将业余电台分为A、B、C 3类，并对其实施分类管理。不同类别业余无线电台的主要区别在于允许发射的频率范围和最大发射功率。

（2）A类业余电台：可以在30～3000MHz范围内的各业余业务和卫星业余业务频段内发射工作，且最大发射功率不大于25W；B类业余电台：可以在各业余业务和卫星业余业务频段内发射工作，30MHz以下频段最大发射功率不大于15W，30MHz以上频段最大发射功率不大于25W；C类业余电台：可以在各业余业务和卫星业余业务频段内发射工作，30MHz以下频段最大发射功率不大于1000W，30MHz以上频段最大发射功率不大于25W。

5．申请设置和使用业余电台的条件

（1）申请设置和使用业余电台的基本条件：熟悉无线电管理规定、具备国家规定的操作技术能力、发射设备符合国家技术标准、法律和行政法规规定的其他条件。

（2）独立操作具有发信功能业余无线电台的基本条件：具备《业余无线电台操作证书》。操作业余无线电台不受年龄限制。

（3）申请设台基本条件中的“具备国家规定的操作技术能力”其标志为取得相应操作技术能力证明，即中国无线电协会颁发的业余无线电台操作证书。

6．业余电台操作技术能力

（1）负责组织A类和B类业余无线电台所需操作技术能力的验证的机构是国家无线电管理机构和地方无线电管理机构（或其委托单位）。

（2）各类业余无线电台操作技术能力证明文件是中国无线电协会颁发的“业余无线电台操作证书”。

7．业余电台设台审批流程

（1）合法设置业余电台的必要步骤：按《业余无线电台管理办法》的规定办理设置审批手续，并取得业余电台执照。

（2）申请设置使用配备有多台发射设备的业余无线电台，应该视为一个业余电台，指配一个电台呼号，但所有设备均应经过核定并将参数载入电台执照。

（3）个人申请设置业余无线电台应当提交的书面材料为《业余无线电台设置、使用申请表》，身份证和操作证书的原件、复印件。

（4）中继台、信标台、空间台和技术参数需要超出管理办法规定的电台属于特殊业余无

线电台。

（5）申请设置特殊业余电台的办法需由地方无线电管理机构受理和初审后交国家无线电管理机构审批。

（6）负责受理设置业余无线电台申请的机构为设台地地方无线电管理机构或其正式委托的代理受理服务机构。

（7）设置在省、自治区、直辖市范围内通信的业余无线电台，审批机构为设台地的地方无线电管理机构，设置通信范围涉及两个以上的省、自治区、直辖市或者涉及境外的一般业余无线电台，审批机构是国家无线电管理机构或其委托的设台地的地方无线电管理机构。

（8）按照在省、自治区、直辖市范围内通信所申请设置的业余无线电台，如想要将通信范围扩大至涉及两个以上的省、自治区、直辖市或者涉及境外，或者要到设台地以外进行异地发射操作，须先向核发执照的无线电管理机构申请办理变更手续，按相关流程经国家无线电管理机构或其委托的设台地的地方无线电管理机构批准后，换发业余无线电台执照。

（9）业余无线电台执照有效期届满后需要继续使用的，应当在有效期届满30个工作日前向核发执照的无线电管理机构申请办理延续手续。

（10）终止使用业余无线电台的，应当向下列机构申请注销执照：核发业余无线电台执照的无线电管理机构。

（11）经地方无线电管理机构批准设置的业余无线电台，设台地迁入其他省、自治区或者直辖市时，应先到原核发执照的无线电管理机构办理申请注销原业余无线电台，再到迁入地的地方无线电管理机构办理申请设置业余无线电台的手续。

（12）经国家无线电管理机构批准设置的业余无线电台，设台地迁入其他省、自治区或者直辖市时，应先到原核发执照的无线电管理机构申请办理注销手续，缴回原电台执照，领取国家无线电管理机构已批准设台的证明，凭证明到迁入地的地方无线电管理机构完成申请变更手续，领取新电台执照。

8．无线电发射设备技术指标

（1）业余电台的无线电发射设备应符合国家规定的频率容限、杂散发射最大允许功率电平。

（2）业余无线电台专用无线电发射设备的重要特征是发射频率不得超出业余频段。

（3）业余无线电台使用的发射设备必须符合的条件是商品设备应当具备《无线电发射设备型号核准证》，自制、改装、拼装设备应通过国家相关技术标准的检测。

（4）对业余无线电台专用无线电发射设备进行型号核准的依据为国家《无线电频率划分规定》中有关无线电发射设备技术指标的规定，其发射频率必须满足的条件是发射频率不能超越业余业务或者卫星业余业务频段。

（5）频率容限是发射设备的重要指标，常用单位为Hz，频率容限通常为百万分之几（赫兹）；杂散域发射功率是发射设备的重要指标，常用单位有绝对功率dBm、低于载波发射功率的分贝值dBc、低于PEP发射功率的相对值dB。

（6）辐射是指任何源的能量流以无线电波的形式向外发出。闪电产生的电磁波干扰也是一种辐射。

（7）发射是指由无线电发信电台产生的辐射或辐射产物。业余电台向周围发送的杂散产物也是一种发射。

（8）杂散发射是指必要带宽之外的一个或多个频率的发射，其发射电平可降低而不致影响相应信息的传输。如果一台发射机，工作频率为145.000MHz，但在435.000MHz的频率上也有发射，这种发射就属于杂散发射。

9. 无线电频率管理——原则

（1）业余无线电台使用的频率应当符合《中华人民共和国无线电频率划分规定》；业余无线电台在业余业务、卫星业余业务作为次要业务使用的频率或者与其他主要业务共同使用的频率上发射操作时，应注意遵守无线电管理机构对该频率的使用规定。

（2）业余无线电台在无线电管理机构核准其使用的频段内享有平等的频率使用权。

（3）"划分"频率是指在无线电管理中，由国家将某个特定的频带列入频率划分表，规定该频带可在指定的条件下供业余业务或者卫星业余业务使用的过程。

（4）"分配"频率是指在无线电管理中，将无线电频率或频道规定由一个或多个部门，在指定的区域内供地面或空间无线电通信业务在指定条件下使用的过程。

（5）"指配"频率是指在无线电管理中，将无线电频率或频道批准给具体的业余无线电台在规定条件下使用的过程。

（6）在频率划分表中，一个频带被标明划分给多种业务时，这些业务被分别规定为"主要业务"和"次要业务"。

（7）当业余业务和卫星业余业务在一个频带中规定为"次要业务"时，业余无线电台应该遵循的规则是不得对主要业务电台产生有害干扰，不得对来自主要业务电台的有害干扰提出保护要求，但可要求保护不受来自同一业务或其他次要业务电台的有害干扰。

10. 无线电频率管理——常识和业余无线电频率

（1）VHF段的频率范围是30～300MHz；UHF段的频率范围是300～3000MHz；HF段的频率范围是3～30MHz。

（2）我国分配给业余业务和卫星业余业务专用的频段有7MHz、14MHz、21MHz、28MHz、47GHz。

（3）我国分配给业余业务和卫星业余业务与其他业务共用，并且业余业务和卫星业余业务作为主要业务的VHF和UHF的频段有50MHz、144MHz。

（4）我国分配给业余业务和卫星业余业务与其他业务共用，并且业余业务和卫星业余业务作为次要业务的1200MHz以下频段有135.7kHz、10.1MHz、430MHz。

（5）2m业余波段的频率范围为144～148MHz；其中144～146MHz的唯一主要业务为业余业务和卫星业余业务，146～148MHz为次要业务。

（6）0.7m业余波段的频率范围为430～440MHz，业余业务和卫星业余业务的使用状态分别为次要业务。

（7）在我国和多数其他国家的频率分配中，业余业务在430～440MHz频段中作为次要业务与其他业务共用。这个频段中我国分配的主要业务是无线电定位和航空无线电导航。

（8）VHF业余无线电台在144MHz频段进行本地联络时应避免占用的频率为：144～144.035MHz和145.8～146MHz。

（9）UHF业余无线电台在430MHz频段进行本地联络时应避免占用的频率为：431.9～432.240MHz和435～438MHz。

（10）145.8～146MHz、435～438MHz、430MHz业余频段是留给业余卫星通信使用的，语音及其他通信方式不应占用。

11. 监督检查处罚

（1）业余无线电台设置使用人应当接受无线电管理机构或者其委托单位的对业余无线电台及其使用情况的监督检查。

（2）对擅自设置、使用业余无线电台的单位或个人，国家无线电管理机构或者地方无线电管理机构可以根据其具体情况给予警告、查封或者没收设备、没收非法所得；情节严重的，可以并处一千元以上、五千元以下的罚款。

（3）业余电台干扰无线电业务的，或业余电台随意变更核定项目、发送和接收与业余无线电无关的信号的，国家无线电管理机构或者地方无线电管理机构可以根据其具体情况给予设置业余无线电台的单位或个人警告、查封或者没收设备、没收非法所得；情节严重的，可以并处一千元以上、五千元以下的罚款。

（4）超出核定范围使用频率或者有其他违反频率管理有关规定的行为的，无线电管理机构可以根据其具体情况给予设置业余无线电台的单位或个人将责令其限期改正，可以处警告或者三万元以下的罚款。

（5）对涂改、仿制、伪造、倒卖、出租、出借业余无线电台执照，或者以其他形式非法转让业余无线电台执照的；或以不正当手段取得业余无线电台执照的；对向负责监督检查的无线电管理机构隐瞒有关情况、提供虚假材料或者拒绝提供反映其活动情况的真实材料的，无线电管理机构将责令限期改正，可以处警告或者三万元以下的罚款。

（6）对违法使用业余无线电台造成严重后果的，无线电管理机构将责令限期改正，可以处警告或者三万元以下的罚款。

（7）根据《中华人民共和国刑法》违反国家规定，擅自设置、使用无线电台（站），或者擅自占用频率，经责令停止使用后拒不停止使用，干扰无线电通信正常进行，造成严重后果的，可被判犯扰乱无线电通信管理秩序罪，处三年以下有期徒刑、拘役或者管制，并处或者单处罚金。

12. 无线电管制

（1）定义：无线电管制是指在特定时间和特定区域内依法采取的对无线电波的发射、辐射和传播实施的强制性管理。

（2）在特定时间和特定区域内实施无线电管制时，与业余无线电有关的管理措施包括限制或者禁止业余无线电台（站）的使用，以及对特定的无线电频率实施技术阻断等。

（3）决定实施无线电管制的机构：在全国范围内或者跨省、自治区、直辖市实施，由国务院和中央军事委员会决定；在省、自治区、直辖市范围内实施，由省、自治区、直辖市人民政府和相关军区决定。

（4）违反无线电管制命令和无线电管制指令的，由国家无线电管理机构或者省、自治区、直辖市无线电管理机构处理；违反治安管理规定者由公安机关处理。

（5）业余电台违反无线电管制命令和无线电管制指令的，可以依法规受到下列处罚：责令改正；拒不改正的，关闭、查封、暂扣或者拆除相关设备；情节严重的，吊销电台执照；违反治安管理规定的，由公安机关处罚。

13. 业余电台呼号

（1）业余无线电台呼号的指配流程是无线电管理机构核发业余无线电台执照时，同时指配业余无线电台呼号。

（2）各地业余无线电台呼号前缀字母和后缀字符的可用范围由国家无线电管理机构编制和分配。

（3）无线电管理机构已经为申请人指配业余无线电台呼号后，不再另行指配其他业余无线电台呼号，爱好者也不可以申请另行指配业余无线电台呼号。

（4）业余无线电爱好者不可要求设台地所在地方无线电管理机构给予指配超出已分配给该地方的前缀字母和后缀字符可用范围的业余无线电台呼号；特殊业余无线电台呼号只能由国家无线电管理机构指配。

（5）正确使用业余无线电台呼号的办法：应当在每次通信建立及结束时，主动报出本台呼号，在发射过程中至少每10分钟报出本台呼号一次；对于通信对方，也应使用对方电台的呼号加以标识。这里的“呼号”是指完整的电台呼号。

（6）某业余无线电爱好者，自己所设置的业余无线电台呼号为BH1ZZZ，现在把业余电台带往设台地以外的地点进行发射操作，这种操作称为“异地发射操作”。

（7）如果自己所设置的业余无线电台呼号为BH1ZZZ，现在到BH3YYY作客并在该台进行发射操作，这种发射操作称为“客席发射操作”，这时该爱好者可以使用BH3YYY或者B3/BH1ZZZ呼号。

（8）设台地迁入其他省、自治区或者直辖市时，业余电台呼号的指配方法为：由设台人选择：方法一，注销原电台呼号，指配迁入地的新电台呼号；方法二，申请在迁入地继续指配原来的电台呼号。

（9）设台地迁入其他省、自治区或者直辖市时，如果申请继续指配原来的电台呼号，应该先到原核发执照的无线电管理机构申请办理注销手续，缴回原电台执照，取得由迁入地指配原业余无线电台呼号的书面同意，再到迁入地的地方无线电管理机构办理相应的手续、重新指配原电台呼号，领取新的电台执照。

（10）迁入其他省、自治区并办妥了由迁入地无线电管理机构指配使用原电台呼号手续后，应按照“异地发射操作”的要求使用原电台呼号。

14. 业余电台的使用

（1）业余无线电台的通信对象应当限于业余无线电台。在业余无线电台中转发广播电台、互联网聊天、电话通话、其他电台的联络信号，或在业余专用频率上听到出自非业余电台的人为干扰发射而按下话筒向该发射者宣传无线电管理法规知识的做法都属于错误行为。

（2）“未经核发业余无线电台执照的无线电管理机构批准，业余无线电台不得以任何方式进行广播或者发射通播性质的信号”的规定，在未得到相应无线电管理机构的批准时播发公益性通知和技术训练讲座的行为属于违法行为。

（3）业余无线电台在通信过程中，任何时候都应当使用明语及业余无线电领域公认的缩略语和简语。

（4）业余无线电台实验新的编码、调制方式、数字通信协议或者交换尚未公开格式的数据文件，正确做法是事先尽可能采取各种办法向信号可能覆盖范围内的业余无线电爱好者公开有关技术细节，并提交给核发其业余无线电台执照的地方无线电管理机构。

（5）由国家无线电管理机构审批的业余无线电台在设台地以外的地点进行异地发射操作时，应该注意既要符合业余电台执照所核定的各项参数约束，又要遵守操作所在地的地方无线电管理机构的相关规定。

（6）已经获得《业余电台操作证书》但还没有获准设置自己的业余电台的人可以到其他业余电台进行发射操作，使用所操作业余电台的呼号，由该业余电台的设台人对操作不妥而造成的有害干扰负责。

（7）尚未考得《业余电台操作证书》的人在接受业余电台培训中实习发射操作应遵守的条件是必须已接受法规等基础培训、必须由电台负责人现场辅导、必须在执照核定范围以及国家规定的操作权限内、进行短时间体验性发射操作实习。

（8）业余无线电台设置人应对其无线电发射设备承担的法定责任为应当确保其无线电发射设备处于正常工作状态，避免对其他无线电业务造成有害干扰。

（9）业余无线电爱好者不得接收和发射与业余业务和卫星业余业务无关的信号。

（10）国家禁止利用业余无线电台从事发布、传播违反法律或者公共道德的信息的行为，严禁利用业余无线电台从事商业或者其他营利活动，严禁阻碍其他无线电台通信。

（11）为确保业余无线电活动有序开展，不影响整个社会的无线电通信的安全和有效及人员生命财产安全，业余无线电台设置、使用人负有加强自律的法定责任。

（12）国际电信联盟规定的确定发射电台辐射功率的原则是发射电台只应辐射为保证满意服务所必要的功率。

（13）业余电台通信在受到违法电台或者不明电台的有害干扰时，正确的做法是不予理睬，收集有关信息并向无线电管理机构举报。

（14）按照我国规定，购置使用公众对讲机不需取得批准。但业余无线电台不能用于与公众对讲机通信。

15. 业余无线电应急通信

只有在突发重大自然灾害等紧急情况下，业余无线电台才可以和非业余无线电台进行规定内容的通信。通信内容应限于与抢险救灾直接相关的紧急事务或者应急救援相关部门交办的任务。

16. 业余电台日志和QSL卡片

（1）法规和国际业余无线电惯例要求业余电台日志记载的必要基本内容是通信日期（DATE）、通信时间（TIME）、通信频率（FREQ）、通信模式（MODE）、对方呼号（CALL）、双方信号报告（RST）。

（2）迫切需要对方回寄卡片时，应直接向对方地址邮寄卡片并附加SASE。

（3）不是作为联络或收听证明而交换QSL卡片时，应填上“Eye ball QSO”等有关说明，不应赠送空白卡片。

17. 业余中继台

（1）业余中继台的设置和技术参数等应符合国家以及设台地的地方无线电管理机构的规定。

（2）业余中继台必备的技术措施为设专人负责监控和管理工作，配备有效的遥控手段，保证当造成有害干扰时及时停止发射。

（3）业余中继台应向其覆盖区域内的所有业余无线电台提供平等的服务，并将使用业余中继台所需的各项技术参数公开。

（4）选择144MHz或430MHz业余模拟调频中继台同频段收发频差的原则是采用业余无线电标准频差，即144MHz频段600kHz，430MHz频段5MHz。

（5）使用业余中继台的原则是除必要的短暂通信外，应保持业余中继台具有足够的空闲时间，以便随时响应突发灾害应急呼叫。

（6）想要在中继上呼叫另一个电台的呼号，正确做法是呼叫对方的呼号，并报出自己的呼号。

18．业余电台通信程序

（1）业余电台在发起呼叫前不可缺少的操作步骤是先守听一段时间，再询问“有人使用频率吗”，以确保没有其他电台正在使用频率。

（2）业余电台在发射调试信号进行发射功率和天线驻波比等检查时必须注意先将频率设置到无人使用的空闲频率、偏离常用的热点频率。

（3）CQ的意思是非特指地呼叫任何一部电台。

（4）业余电台BH1ZZZ用语音发起CQ（呼叫）的正确格式为：CQ、CQ、CQ，BH1ZZZ呼叫，Bravo Hotel One Zulu Zulu Zulu呼叫，BH1ZZZ呼叫，听到请回答。

（5）业余电台BH1ZZZ用英语呼叫BH8YYY的正确格式为：Bravo Hotel Eight Yankee Yankee Yankee，Bravo Hotel Eight Yankee Yankee Yankee，Bravo Hotel Eight Yankee Yankee Yankee.This is Bravo Hotel One Zulu Zulu Zulu. Bravo Hotel One Zulu Zulu Zulu，Bravo Hotel One Zulu Zulu Zulu is calling. I'm standing by.

（6）希望加入两个电台正在通信中的谈话，正确的方法为：在双方对话的间隙，短暂发射一次“Break in！”或“插入！”，如得到响应，再说明本台呼号“***请求插入”，等对方正式表示邀请后，方能加入。

（7）回答一个CQ（呼叫）的正确做法是先报出对方的呼号，再报出自己的呼号。

（8）业余电台之间进行通信，本台呼号、对方呼号、信号报告是必须相互正确发送和接收的信息。

19．业余电台最常用Q简语及其表达的意思

QRZ：谁在呼叫我。

QRM：我遇到他台干扰。

QRN：我遇到天电干扰。

QSL：我给你收据（QSL卡片）、我已收妥。

QTH：××××我的电台位置是××××。

20．业余电台最常用缩语及其代表的意思

ANT（天线），ARDF（业余无线电测向），FREQ（频率），GND（地线，地面），
OM（老朋友），RIG（电台设备），RCVR、RX（收信机），TX、XMTR（发信机），
XCVR（收发信机），WX（天气），73（向对方的致意、美好的祝愿），Roger（明白）。

21．天线知识

常用的天线种类及其缩写有偶极天线（DP）、垂直接地天线（GP）、定向天线（BEAM）、八木天线（YAGI）、垂直天线（VER）。

22．业余无线电通信的时间表示法

（1）已知北京时间，相应的UTC应为北京时间的小时数减8，如小时数小于0，则小时数加24，日期改为前一天。

（2）已知UTC，相应的北京时间应为UTC的小时数加8，如小时数大于24，则小时数减24，日期改为后一天。

23．业余无线电分区

（1）我国所属的“CQ分区”有23、24、27；我国所属的“ITU分区”有33、42、43、44、50。

（2）业余无线电通信常用一个由一串字母和数字组成的“网格定位”来确定地理位置。

（3）业余无线电常用梅登黑德网格定位（Maidenhead Grid Square Locator）系统表示网格定位。这是一种根据经纬度坐标对地球表面进行网格划分和命名，用以标示地理位置的系统。业余无线电通信常用的梅登黑德网格定位系统网格名称的格式为4字符（2个字母和2位数字）或6字符（2个字母和2位数字再加2个字母）。

（4）梅登黑德网格定位系统网格名称的长度是4字符或6字符，两者定位精度不同，差别在于两者网格大小不同，4字符网格为经度2度和纬度1度，6字符网格为经度5分和纬度2.5分；4字符网格精确到国家分区，6字符网格精确到国家的城市或县乡；4字符网格根据国际呼号系列区分，6字符网格在4字符基础上加以经纬度细分。

24．无线电系统原理——基本数学和计量

（1）基本单位

电流的单位：安（培）。

电压的单位：伏（特）。

电阻的单位：欧（姆）。

电功率的单位：瓦（特）。

（2）无线电技术常用计量

无线电常用度量单位的词头K的意义为：10^{3}（表示10的3次方）。

m的意义为：10^{-3}（表示10的负3次方）。

M的意义为：10^{6}（表示10的6次方）。

μ的意义为：10^{-6}（表示10的负6次方）。

G的意义为：10^{9}（表示10的9次方）。

n的意义为：10^{-9}（表示10的负9次方）。

T的意义为：10^{12}（表示10的12次方）。

p的意义为：10^{-12}（表示10的负12次方）。

（3）音频所指的频率范围大致在16Hz～20kHz。

（4）5W可以表示为37dBm，0.25W可以表示为54dBμ，0.4kW可以表示为86dBμ。

25．无线电系统原理——基本电学和电路

（1）电源两端电压的方向是从电源的正极到负极。

（2）直流电路欧姆定律：流过电阻的电流I，与两端的电压U成正比，与阻值R成反比。

（3）峰-峰值为100V的正弦交流电压，其有效值电压约为35.4V，其平均值电压为0V。

（4）峰值为100V的正弦交流电压，其有效值电压约为70.7V，其平均值电压为0V。

（5）相位差通常用来描述两个或多个同频率正弦信号之间的时间滞后或超前关系。

（6）电源（或信号源）内阻对电路的影响是使电源（或信号源）的实际输出电压降低。

（7）电阻元件的“额定功率”参数是指该元件正常工作时所能承受的最大功率。

（8）频率可以用来描述交流电每秒改变方向的次数。

（9）只向一个方向流动的电流叫作直流。

（10）电能消耗的速率称为电功率。

26．无线电系统原理——通信系统

（1）接收天线系统的作用是把空间的有用电磁波转换为射频电压电流信号，发射天线的作用是把无线电发射机输出的射频信号电流转换为空间的电磁波。

（2）可以组成完整无线电接收系统的功能部件组合是接收天线、解调器、输出部件。保证业余无线电通信接收机优良接收能力的主要因素是良好的抗干扰能力、足够高的灵敏度、尽量低的本机噪声和信号失真。

（3）可以组成完整无线电发信系统的功能部件组合是射频振荡器、调制器、发射天线。

（4）无线电发射机调制部件的作用是以原始信号控制射频信号的幅度、频率、相位参数。

（5）无线电干扰中符合国家或国际上规定的干扰允许值和共用标准的干扰不属于有害干扰。

（6）一个频率为F的简单正弦波信号的频谱包含频率为F的一个频率分量，或者说只包含一个频率分量的信号是简单正弦波。

（7）在整个频谱内具有连续的均匀频率分量的信号是单个无限窄脉冲。

（8）包含多个频率分量的信号通过滤波器会发生频率失真现象。

（9）无线电发射机的效率是指输出到天线系统的信号功率与发射机所消耗的电源功率之比。业余无线电发射机的效率总是明显低于1。所损耗能量绝大部分转化为热量，极小部分转化为无用信号的电磁辐射。

（10）接收机灵敏度指标数值大小所反映的意义是灵敏度指标数值越小，接收最小信号的能力越强。

（11）接收机“选择性”表述了接收机区分不同信号的能力；“接收机过载”通常是指输入信号过于强大，导致机内产生附加干扰。

（12）收信机静噪灵敏度是指能够使静噪电路退出静噪状态的射频信号最小输入电平。

（13）调频发射机在发射的语音信号上附加一个人耳听不到的低频音频，用来打开接收机的静噪。这一技术的常用名词是CTCSS。

（14）“衰减”和“衰落”是无线电通信技术中常用的名词。其中“衰减”是指信号通过信道或电路后功率减少，“衰落”是指信号通过信道或电路后发生幅度随时间而起伏。

（15）无线电发信机在无调制情况下，在一个射频周期内供给天线馈线的平均功率称为载波功率。

（16）业余无线电通信最常用的3种基本调制方法是幅度调制（调幅）、频率调制（调频）、相位调制（调相），其缩写分别为AM、FM和PM。

（17）最容易用来表达和解释模拟FM原理的是频谱图，一个FM语音信号在频谱仪上显示为一条固定的垂直线，左右伴随一组对称的随语音出现和变化的垂直线。

（18）用通常的调频方式进行语音通信，必要带宽约为6.25kHz。对于给定的FM发射设备，决定其射频输出信号实际占用带宽的因素是所传输信号的最高频率越高、幅度越大，射频输出占用带宽越宽。其中，被调制信号的幅度决定了FM信号的频偏。

（19）SSB（单边带）语音调制常被用于长距离弱信号的VHF或UHF联络；FM方式被VHF和UHF业余电台本地通信所广泛使用。

（20）在给业余收发信机供电的整流电源中，由于开关电源中变压器的工作频率高得多，可以缩小磁性材料截面和减少线圈匝数，从而可以做得比变压器直接降压整流的线性电源轻巧。

27. 无线电系统原理——天线

（1）由半波长偶极天线和馈电电缆构成的天馈系统，理想的工作状态是天线上只有驻波，馈线上只有行波。

（2）通常把垂直偶极天线或者垂直接地天线称为“全向天线”，是因为它们在水平方向没有指向性，但在立体空间有方向性。

（3）在零仰角附近具有主辐射瓣的垂直接地天线，其振子的电气长度应为λ/4的奇数倍。振子电气长度为λ/4的垂直接地天线的最大辐射方向在水平方向没有指向性，在垂直方向指向水平面。

（4）垂直接地（GP）天线的构造为电气长度为λ/4的垂直振子加一个“接地”反射体，因其简单而被大量应用于手持和车载业余电台，但这种天线的实际工作情况往往与理论值相差较大，尤其在频率较低的频段。最常见的原因是缺乏有效的接地反射体。改善办法是GP天线必须有足够大的接地反射体来形成振子镜像，否则谐振频率和阻抗都将与理论值有显著偏差，应尽量用大面积金属体与天线的接地端直接连接。

（5）天线增益是指天线在最大辐射方向上的辐射功率密度与相同条件下基准天线的辐射功率密度之比，或者相对于参考天线，在某一方向上信号强度的增加。

（6）以dBi为单位的增益指标其意义为“相对于无方向性点源天线的增益”，即最大辐射方向上的辐射功率密度与理想点源天线的辐射功率密度之比。

（7）以dBd为单位的增益指标其意义为“相对于半波长偶极子天线的增益”，即最大辐射方向上的辐射功率密度与半波长偶极振子的最大辐射功率密度之比。

（8）天线如果使用以dB为单位的增益指标，由于没有表达清楚计算增益所采用的比较基准，所以缺乏实际意义。

（9）天线增益指标实例：两款VHF垂直全向天线，用作发射。甲天线增益为4.5dBd，乙天线增益为5.85dBi，它们在远处某接收天线中形成的信号功率差为甲信号比乙信号强0.8dB；同样的天线，甲天线增益2.9dBd，乙天线增益为5.85dBi，它们在远处某接收天线中形成的信号功率差为乙信号比甲信号强0.8dB。

（10）多数手持电台使用的“橡皮天线”相较于全尺寸天线，其发射频率和接收效率较低。

28. 无线电系统原理——馈线

（1）射频同轴电缆在业余电台中的主要用处是将无线电信号从发射机传送到天线。

（2）在为业余电台选购射频电缆作为天线馈线时，最重要的两项电气参数是特性阻抗和工作频率下单位长度的传输功率损耗。

（3）在业余无线电通信中，“驻波比”通常用来衡量负载与传输线的匹配质量。当天线与馈线完美匹配时，在驻波表中显示的驻波比是1∶1。

（4）馈线中的功率损耗会变成热量。在使用同轴电缆连接天线时，为使能量更有效地传送、减少损耗，最好有一个较低的驻波比。

（5）在电缆外面套铁氧体磁环可以减少在音频同轴电缆屏蔽层外皮中的感应射频电流。

（6）假负载的主要作用是在测试设备时不让无线电信号真正地发射出去。

（7）同轴电缆损害的最常见的原因是电缆受潮，所以我们要求同轴电缆的外皮能抵挡紫外线，以尽量避免电缆的外皮被紫外线破坏而使水分渗入。

（8）和固体电介质同轴电缆相比，空气电介质同轴电缆的劣势是它要采取特别的手段来防止水分进入电缆。

（9）业余无线电普遍使用的同轴电缆的特性阻抗是50Ω。

（10）同轴电缆使用方便，与周围环境之间的相互影响小，所以在业余无线电界使用同轴电缆比较多。

（11）通过同轴电缆的信号频率越高，产生的损耗越高。

（12）对400MHz以上的信号，通常会使用N型同轴电缆连接器。

（13）天线与馈线的连接头接触不良有可能导致驻波比读数不稳定。

（14）空气介质同轴硬电缆在VHF和UHF的损耗最小。

29. 无线电系统原理——无线电波

（1）在空间中传播的电磁波，一般被称为无线电波。无线电波由电场和磁场两个组成部分，在无线电工程文章中常用RF来代表各种类型的无线电波。

无线电波的传播速度和光速一样，在真空中的速度大致为3×10^8m/s，也可表述为无线电波在自由空间中的速度约为3×10^8m/s。

（2）在一个周期内，电磁波走过一定的距离，这个距离叫作波长。电磁波频率和波长的关系是，如果频率增加，则波长变短。在已知电磁波频率的情况下，用300除以频率的兆赫（MHz）可以得到以m为单位的波长。

（3）电波在天线导线中的传播速度大约是在真空中传播速度的0.95倍，常用业余频段的电波在同轴电缆中的传播速度大约是在真空中传播速度的0.65倍。

（4）无线电波在自由空间中的传播路径损耗与距离的平方成正比，与频率的平方成正比。

（5）无线电波按传播方式主要有地面波、天波、空间波、散射波等种类。

（6）地波是沿地面传播的无线电波，其衰减因子取决于电波频率、地面导电率和传播距离。

（7）决定超短波视距传播距离极限的主要因素是发射天线和接收天线离地面的相对高度值。

（8）突发E电离层反射有可能使你能收到从上千千米以外的距离传播过来的VHF信号。

（9）由于多径传播，各路径到达的信号相位时延不同而产生互相干涉，会造成在相距不远的两点接收同一个远方信号，信号强度发生很大差别，且差别随两点间距离的增大呈周期性变化。

（10）多径效应会造成直射和经地面反射等多条路径到达的电波相位不同，电波互相叠加或抵消造成衰落，出现即使在空旷平地，接收到的本地VHF/UHF信号强度也可能会随着接收位置的移动而发生变化的现象。多径传播可能使UHF或VHF数据通信的误码率增大。

（11）直立天线发射的电磁波电场垂直于地面。

（12）VHF和UHF信号均属于非电离辐射。

30．无线电系统原理——与电台操作有关的常识

（1）收发信机面板上或设置菜单中常见符号及其代表功能如下。

VOX——发信机声控，接入后将根据对话筒有无语音输入的判别自动控制收发转换。

PTT——按键发射，有信号（一般为对地接通）时发射机由等待转为发射。

SQL——静噪控制，检测到接收信号低于一定电平时关断音频输出（可在没有信号的情况下关闭音频输出，使其不会输出噪声）。

NFM——窄带调频方式，适用于信道带宽25kHz/12.5kHz的通信信号。

WFM——宽带调频方式，适用于接收信道带宽在180kHz左右的广播信号。

DTM——双音多频编码，由8个音调频率中的两个频率组合成的控制信号，代表16种状态之一，用于遥控和传输数字等简单字符。

CTCSS——亚音调静噪，即从67～250.3Hz的38个亚音调频率中选取一个作为选通信号，代表38种状态之一，接收机没有收到特定的选通信号时自动关闭音频输出。

“全频偏”和“半频偏”选择——分别表示信道间隔为25kHz或者12.5kHz。

LED——发光二极管。

LCD——液晶显示器。

（2）对调频信号进行解调的过程称为鉴频。因为鉴频输出大小只取决于射频信号的频偏，而且正常信号的幅度会被限幅电路切齐到同样大小，所以在FM语音通信时单凭接收机听到对方语音的音量大小并不能准确判断对方信号的强弱。

（3）调频接收机没有接收到信号时，会输出强烈的噪声。这种噪声是由天线背景噪声和机内电路噪声的随机频率变化经鉴频形成，其大小与天线接收到的背景噪声幅度无关。

（4）用设置在NFM方式的对讲机接收WFM信号虽然可以听到信号，但当调制信号幅度较大、音调较高时会发生明显非线性失真。而用设置在WFM方式的对讲机接收NFM信号，其效果是可以正常听到信号，但声音比较小。

（5）如果业余中继台发射机被断断续续的干扰信号启动，夹杂着不清楚的语音，根据覆盖区内其他业余电台的监听，确定中继台上行频率并没有电台工作。则有可能是中继台附近的两个其他发射机的强信号在中继台上行频率造成了互调干扰。

（6）业余电台在进行业余卫星通信时使用超过常规要求的发射功率，造成的结果是过强的上行信号会使卫星转发器压低对其他信道的转发功率，严重影响别人通信，所以必须反对。

（7）电台的电源电压不足、所处的位置不好和发射频率不准确，都有可能使你的调频电台发射的信号听起来失真严重、可辨度差。

31．无线电系统原理——实用电气和无线电知识

（1）在实际应用中，电压表应并联至电路中，电流表通常串联至电路中。

（2）大致判断一个干电池是否已经失效，应该使用万用电表的电压挡；用电压表检查一节干电池两端电压，未使用时测得1.5V左右，用旧后测得1.2V左右，表明该旧干电池的电动势为1.5V。一个新的干电池的标称电压是1.5V。移动车载电台通常使用的电源电压约为12V。

（3）欧姆表用来测量电阻的阻值。测量一个元件是否短路，应该使用万用电表的电阻挡。

用电阻挡试图测量电压有可能损坏万用表。

（4）通信或家用设备的劣质开关电源会对无线电接收机造成电磁干扰，其源头主要是开关电路的谐波辐射。

（5）家用微波炉一般的工作频带是UHF（特高频）。

（6）熔断器可以在电路电流严重过载时保护电路不受损坏；耳机可以用来代替普通的扬声器，使在嘈杂的环境中能更好地抄收信号。

（7）碱性电池、镍镉电池、铅酸电池和锂离子电池都不能充电。

（8）整流器可以把交变电流变成变化的直流；变压器常被用来把220V的市电转换成更低的电压交流电。

（9）利用无线电测向技术可以用来定位无线电噪声源或者恶意干扰源。

（10）人们常将蓄电池与汽车的蓄电池并联，并且在电网停电的状况下发动汽车的办法是给一个12V的铅酸蓄电池充电。

32. 安全防护技术

（1）防雷装置的作用是防止雷电危害。传统防雷装置主要由接闪器（避雷针）、引下线、接地体等部分组成。

（2）防雷接地的作用是把接闪器引入的雷击电流有效地泄入大地。

（3）对防雷接地的基本要求是要有单独的接地体，接地电阻的阻值要小，接闪器到接地体之间的引下线应尽量短而粗。

（4）单支避雷针的保护范围大致为以避雷针为顶点的顶角为45°的圆锥体体内的空间。

（5）安全电压是指不能使人直接致死或致残的电压。一般环境条件下允许持续接触的“安全特低电压”上限为24V。

（6）触及裸露的射频导线时，与触及相同电压的直流或50Hz交流导线相比，对人身安全影响的大致差别是致死危险性下降，但皮肤容易灼伤。

（7）如遇设备、电线或者电源失火，正确的处置方法是立即切断电源，使用二氧化碳灭火器灭火。

（8）必须带电检修由市电供电的无线电设备时，应做到双脚与地绝缘，单手操作，另一只手不触摸机壳等任何与电路设备有关的金属物品。

（9）当两手分别接触电压有效值相同但频率不同的电路两端时，对人体生命安全威胁由大到小的排序为工频交流电、HF射频交流电、UHF射频交流电。

（10）电路中的保险丝可以起到过载时切断电路的作用。把较小熔断电流的保险丝擅自换成大熔断电流保险丝是错误的，这样做有可能造成在过大的电流时不能切断电路甚至可能导致火灾。

（11）防止设备外壳带电的措施包括将所有的交流供电设备全部连接至一个安全地线、安装漏电保护断路器、所有使用交流供电的设备的电源线都使用带有单独保护地线端的三线插头等。

（12）在为同轴电缆馈线安装避雷器时，应当注意要将所有避雷器的地线接到同一个金属板上，然后将这个金属板接到室外的接地极。

（13）如果通风不良，有爆炸风险的气体会聚集，这是常规的12V铅酸蓄电池潜在的危险。如果铅酸蓄电池的充电和放电进行过快，电池可能会过热，甚至释放出可燃气体并有可能引起爆炸。

（14）检修时应注意，拔掉设备电源的电源线以后，高电压的电容仍可能造成电击。

（15）在自制由220V交流供电的设备时，必要的安全措施是在交流电源入口火线端串联保险丝。

附录18　在轨业余卫星状态表

（报告时间：2020年9月16—21日）

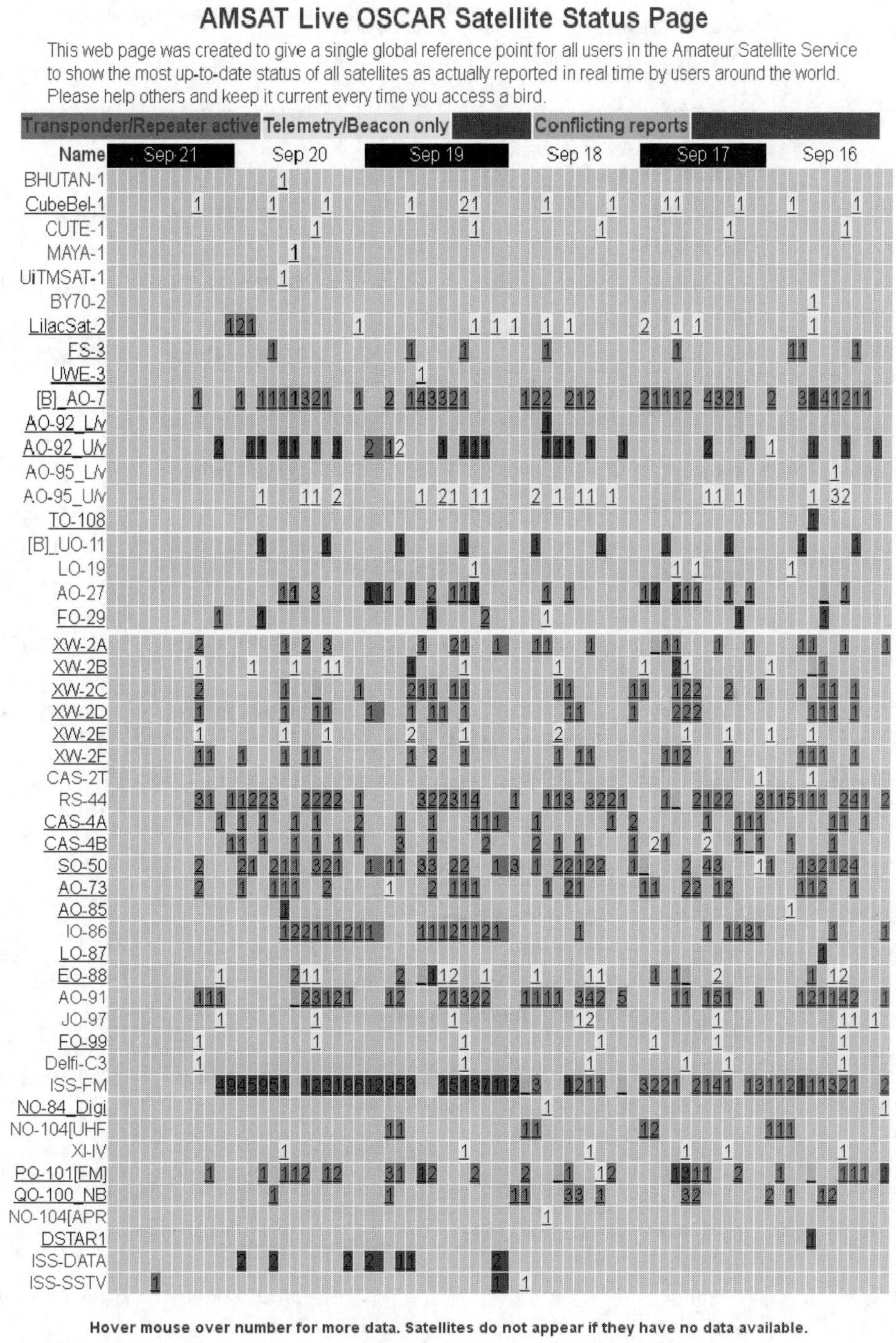

AMSAT Live OSCAR Satellite Status Page

This web page was created to give a single global reference point for all users in the Amateur Satellite Service to show the most up-to-date status of all satellites as actually reported in real time by users around the world. Please help others and keep it current every time you access a bird.

Transponder/Repeater active | Telemetry/Beacon only | Conflicting reports

Name	Sep 21	Sep 20	Sep 19	Sep 18	Sep 17	Sep 16
BHUTAN-1		1				
CubeBel-1	1	1 1	1 21	1 1	11 1	1 1
CUTE-1		1	1	1	1	1
MAYA-1		1				
UiTMSAT-1		1				
BY70-2						1
LilacSat-2	121	1	1 1	1 1 1	2 1 1	1
FS-3		1	1 1	1	1	11 1
UWE-3			1			
[B]_AO-7	1	1 1111321 1	2 143321	122 212	21112 4321	2 31412111
AO-92_L/v				1		
AO-92_U/v	2	11 11 1 1	2 12 1 111	111 1 1	2 1	1 1 1 1
AO-95_L/v						1
AO-95_U/v		1 11 2	1 21 11	2 1 11 1	11 1	1 32
TO-108						1
[B]_UO-11		1 1	1 1	1 1	1 1	1 1
LO-19			1		1 1	1
AO-27		11 3	1 1 1 2 111	1 1	11 211 1 1	_ 1
FO-29	1	1	1 2	1	1	1
XW-2A	2	1 2 3	1 21 1	11 1	_11 1 1	11 1 1
XW-2B	1	1 1 11	1 1	1	1 21	1 _1
XW-2C	2	1 _ 1	211 11	11	11 122 2 1	1 11 1
XW-2D	1	1 11	1 1 11 1	11 1	222	111 1
XW-2E	1	1 1	2 1	2	1 1	1 1
XW-2F	11	1 1 11	1 2 1	1 11	112 1	111 1
CAS-2T					1	1
RS-44	31	11223 2222 1	322314	1 113 3221	1_ 2122	3115111 241 2
CAS-4A	1	1 1 1 1 2	1 1 111	1 1 2	1 111	11 1
CAS-4B	11	1 1 1 1 1	3 1 2	2 1 1 1	21 2 1_1	1 1
SO-50	2	21 211 321	1 11 33 22 1	3 1 22122	1_ 2 43 11	132124
AO-73	2	1 111 2	1 2 111	1 21	11 22 12	112 1
AO-85		1				1
IO-86		122111211	11121121	1	1 1131	1 1
LO-87						1
EO-88	1	211	2 _112 1	1 11	1 1_ 2	1 12
AO-91	111	_23121	12 21322	1111 342 5	11 151 1	121142 1
JO-97	1	1	1	12	1	11 1
FO-99	1	1	1	1	1 1	1
Delfi-C3	1		1	1	1 1	1
ISS-FM	4945951	12219612953	15137112_3	1211 _	3221 2141	13112111321 2
NO-84_Digi				1		1
NO-104[UHF			11	11	12	111
XI-IV		1	1	1	1 1	1
PO-101[FM]	1	1 112 12	31 12 2	2 _1 12	1311 2	1 _ 111 1
QO-100_NB		1	1	11 33 1	32	2 1 12
NO-104[APR				1		
DSTAR1						1
ISS-DATA		2 2 2	2 11 2			
ISS-SSTV	1		1	1		

Hover mouse over number for more data. Satellites do not appear if they have no data available.

编者注：本图表来源AMSAT网站。

附录19 我国岛屿的IOTA编号表

岛组编号及呼号前缀	岛组名（岛名）	纬度（北纬）	经度（东经）
AS-158 BY2	辽宁东部组 长山列岛（包括大长山、广鹿、海洋、小长山等岛）、大鹿、大山、大王家、石城列岛、小鹿、小王家（均位于辽东半岛以东）	38°40'～39°50'N	121°10'～124°10'E
AS-151 BY2	辽宁西部组 菊花、东西蚂蚁、猪岛（均位于辽东半岛以西，分界线在辽东半岛端东经121°10'）	38°40'～40°55'N	119°50'～122°16'E
AS-134 BY3	河北/天津组 三河、石臼砣	38°16'～39°59'N	117°33'～119°50'E
AS-160 BY4	山东西北组 芙蓉	37°09'～38°18'N	117°50'～120°00'E
AS-146 BY4	山东东北组 庙岛群岛（北长山、北隍城、长岛、大黑山、大秦、庙岛、南隍城、砣矶、小秦）（庙岛群岛又称长山列岛）	37°00'～38°27'N	120°00'～122°45'E
AS-150 BY4	山东南部组 长门岩、朝莲、大公、灵山、前里沿、苏山	35°04'～37°00'N	119°18'～122°36'E
AS-135 BY4	江苏组 秦山岛、前三岛（平岛、车牛山岛、达山岛）、东西连岛	31°40'～35°04'N	119°11'～121°56'E
AS-136 BY4	上海组 长兴、崇明、横沙	30°43'～31°52'N	121°19'～121°56'E
AS-137 BY5	浙江北部组 白山、菊山列岛、奇衢列岛、嵊泗列岛、檀头山、檀序山、王盘山、舟山群岛	29°00'～30°55'N	120°20'～123°00'E
AS-141 BY5	浙江南部组 半面山、北关、北矶山、北龙山、赤头山、大门、东矶山、洞头、高岛、平头山、南矶山、霓屿、皮山、缺二呑、三栓山、台州列岛、头门山、一江山、屿山列岛、七星（27°07'N浙江管辖）	27°08'～29°00'N	120°27'～122°15'E
AS-138 BY5	福建组 潮屿、大练、大嵛山、东乡、浮鹰、鹭鸶屿、南定、南日、平潭、四双列岛、台山列岛、五渠屿、兄弟屿、西阳	23°30'～27°08'N	117°11'～120°45'E
AS-129 BY7	广东东部组 北尖、担杆、南澳、大趾足、三门列岛、外伶仃、南平岛（117°19'E广东管辖）	21°42'～23°42'N	113°51'～117°11'E
AS-131 BY7	广东西部组 大横琴、大金、大门、大万山、高栏、桂山、荷包、黄茅、菊澳、罗豆山、南澎、内伶仃、牛头、三灶、上川、下川、五柱洲	20°12'～22°45'N	109°35'～113°51'E
AS-139 BY7	广西组 涠洲、斜阳	20°12'～21°40'N	108°00'～109°46'E

岛组编号及呼号前缀	岛组名（岛名）	纬度（北纬）	经度（东经）
AS-094 BY7	海南组（海南岛） 大舟、海南、齐洲列岛	18°00'～20°12'N	108°30'～111°30'E
AS-143 BY7	海南组（西沙群岛） （包括永兴岛）	15°00'～17°30'N	111°00'～113°00'E
AS-116 BS7	黄岩岛	15°04'～15°10'N	117°45'～117°55'E
AS-051 BY7	南沙群岛	06°00'～12°00'N	111°00'～117°00'E
AS-006 VR2	香港组 （仅限香港本岛及附属岛屿，QSL卡片上必须表明是在岛上操作或有相关说明）	22°07'～22°34'N	113°49'～114°25'E
AS-075 XX9	澳门组 （仅限路环岛、氹仔岛，QSL卡片上必须表明是在岛上操作或有相关说明）	22°04'～22°16'N	113°32'～113°40'E
AS-020 BV	（a）台湾岛 [主岛及其沿海岛屿，但属下列（b）～（f）的岛组者除外]	21°50'～25°21'N	120°00'～122°00'E
AS-155 BV	（b）台湾沿海岛屿（小兰屿、花瓶屿、龟山岛、兰屿、小琉球、绿岛、棉花屿、彭佳屿、基隆屿）	21°35'～25°55'N	119°55'～122°15'E
AS-103 BV	（c）澎湖列岛（七梅屿、吉贝屿、花屿、东吉屿、西吉屿、猫屿、白沙岛、澎湖岛、渔翁岛、草屿、望安岛、将军澳屿）	23°08'～23°48'N	119°15'～119°45'E
AS-102 BV	（d）金门岛	24°21'～24°31'N	118°12'～118°36'E
AS-113 BV	（e）马祖岛	25°56'～26°25'N	119°55'～120°38'E
AS-110 BQ9	（f）东沙群岛	20°35'～20°50'N	116°35'～116°55'E
*AS-NEW B	钓鱼岛 钓鱼岛、黄尾屿、赤尾屿及附属岛屿	25°40'～26°00'N	123°25'～124°40'E

注：*尚未取得岛组编号。

附录20　业余无线电测向机的设计与制作

1. 对测向机电路的一般要求

本附录中“测向机”均指专门用于业余无线电测向活动、天线系统具有良好方向特性、便携且易于在运动中操控的无线电接收设备。

根据国际业余无线电联盟（IARU）制定的业余无线电测向规则，测向机接收频率范围应包含3.5～3.6MHz和144～146MHz两个不同的业余频段。3.5MHz波段（即80m波段）测向机工作于CW（等幅电报）模式，144MHz波段（即2m波段）测向机工作于AM（调幅）模式。

测向机的输出终端应能清晰表示所收信号的强弱变化。目前国内外测向机均以音频输出为基本方式，人们主要通过耳机中音量大小来判断信号的变化，也有辅以指针式或液晶显示的仪表指示，目的是信号在接近发射机时放大器饱和或人耳对大音量变化趋于迟钝时，仍可通过仪表指示观察到信号强度的变化。

测向机接收灵敏度可根据实际需要设计，市售产品分“短距离”和“长距离”两类。短距离测向机适用于与电台相距不过千米的“短距离测向”，灵敏度在数十微伏级即可，长距离测向机适用于寻找发射功率不足2W、相距5km或更远的电台信号的长距离测向，接收灵敏度要达到微伏级。

对于选择性的要求，短距离测向同时有11个电台连续发信，其中3.5MHz波段测向电台之间最小频率间隔为10kHz，144MHz波段电台频率间隔为100kHz。3.5MHz发射的是单频率电报信号，要做到能够清晰分辨不是很难。而国内144MHz测向电台发射的是键控方波音频调制信号，杂散发射和频带宽度指标都不高，为能在电台附近大场强信号下仍能清晰分辨不同电台，对测向机中频滤波器性能的要求还是比较高的。

测向机电路与一般收信机最大的不同是对增益控制的特殊要求。测向过程同时也是接收信号由弱到强的过程，人们通过同一点位上信号强弱变化来判断所找电台的方位，通过移动过程中信号增强的程度和变化率来估计它与电台之间的距离。一般收信机均采用AGC（自动增益控制）或限幅电路来避免过载和保持输出恒定，但对于测向机而言则是不可取的。所以，测向机电路均需设置手动增益控制电路，以保证测向机在接近电台过程中输出信号不饱和、不限幅，操作者还可以通过手动增益衰减量来判断它与电台之间的距离。为便于操作，测向机通常通过一个旋钮同时控制高放和中放级增益，用于长距离测向的测向机一般还增加一个简单分段式ATT开关。

2. 3.5MHz测向机天线

（1）环形天线

使用环形天线的测向机外观如图1（a）和图1（b）所示。图1（a）中将环形天线安装在测向机的顶部，这是较为经典的做法。由于这种结构的整机尺寸较大，在测向过程中为了能使环形天线平面朝向前方，手腕需持续保持弯曲，容易疲劳，所以限制了环形天线测向机的推广应用。图1（b）将环形天线安装在测向机的侧面，在不增加测向机总体长度的情况下可以将环形天线做得更大、效率更高，使用起来也更加顺手。图2展示了环形天线的基本结构。

环形铝管不仅起着支撑天线线圈的作用，同时也是测向天线特需的杂散电场屏蔽层。圆环必须留有1mm左右的缝隙，如短路则天线失效，缝隙过大会影响方向性。环形铝管用外径8mm、壁厚1mm铝管制作，线圈用0.07×15多股纱包漆包线穿绕。从原理上讲，线圈直径越大、圈数越多，天线效率越高，但尺寸过大使用不方便，圈数则受电感量和分布电容的限制无法增加。图1（a）所示的测向机环形天线的直径为150mm，5圈，勉强可用。图1（b）中环形天线的直径为200mm，7圈，效果良好。顶置环形天线的线圈的穿绕应从环的中间孔进出，如图2所示；侧置环形天线的开口在上面，可直接从铝管开口处穿线。穿绕时可在纱包线端部系一段长度为5mm左右的铁丝，继而用强磁铁从铝管外吸引铁丝带动纱包线穿行。

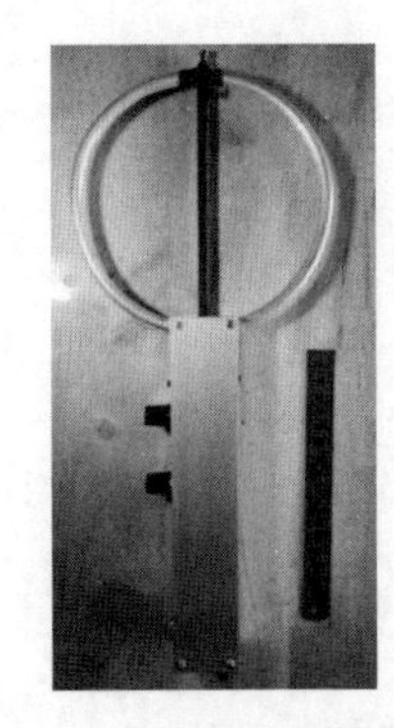

图1（a）　测向机外观

图1（b）将环形天线安装在侧面的测向机

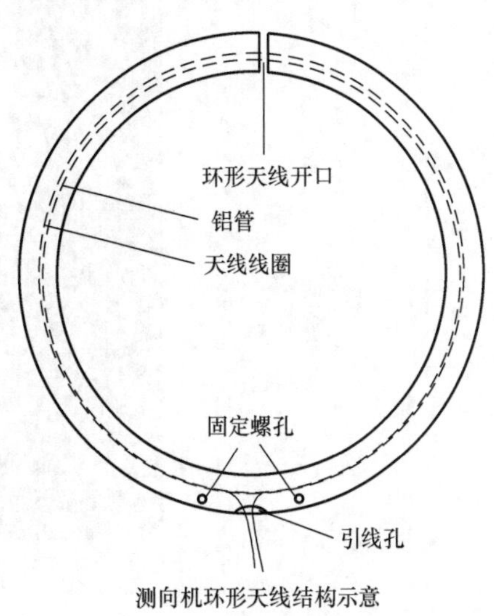

图2　环形天线的基本结构

（2）磁棒天线

磁棒天线测向机外观见图3。

磁棒以圆形截面镍锌短波磁棒为好。从原理上讲，磁棒长度与截面积的比值越大、方向性越好，磁棒截面积越大、天线效率越高，在截面积相同的情况下，磁棒越长、方向性更好。图3所示的测向机采用的是直径为10mm、长为140mm的短波磁棒。为屏蔽杂散电场，高性能测向机均采用内、外双重屏蔽措施。内屏蔽紧贴磁棒，如图4所示，用厚度为0.2mm的铜箔片做成。

外屏蔽做在磁棒保护罩上，可以利用金属机壳本身或如图5那样用铜箔制作。外屏蔽不宜紧贴线圈，否则影响天线效率。内、外屏蔽层均必须留有不大于1mm的缝隙，且两屏蔽层的缝隙应处于同一平面上，屏蔽层均需要连接电路公共端。外屏蔽常比磁棒窄，屏蔽越宽、效果越明显，但整机的灵敏度会受到影响。

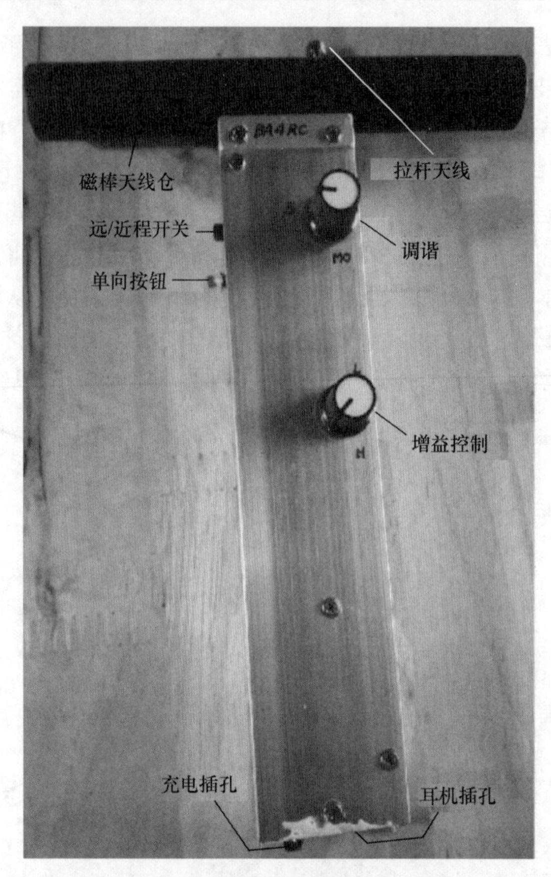

图3　磁棒天线测向机外观

图4　磁棒天线内屏蔽

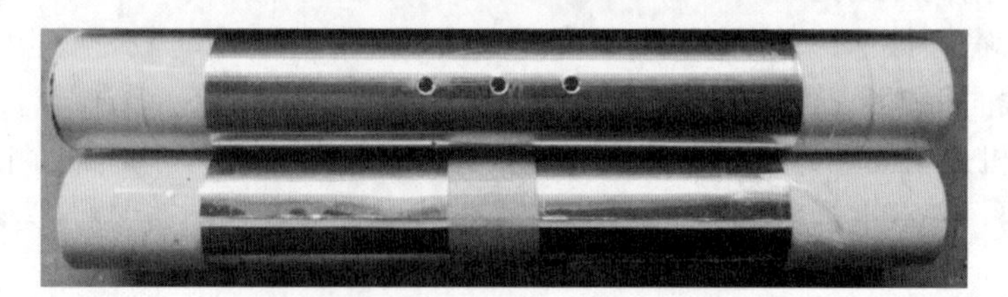

图5　粘贴于磁棒仓上的外屏蔽

为追求更好的方向性，天线线圈常采用分段绕制、对称固定在磁棒中部的方法，如图6所示。

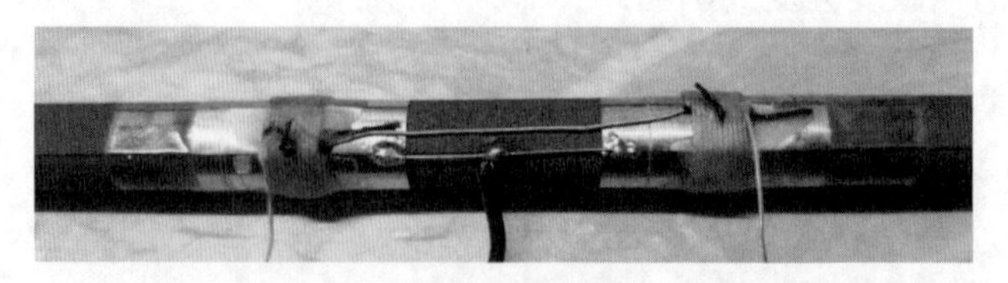

图6　分段对称绕制于内屏蔽上的线圈

磁棒仓应该用热缩套管加封，固定螺钉应和外屏蔽紧密接触，注意磁棒线圈应处于磁棒仓内中轴线上不可倾斜，磁棒周围应填充减震材料，磁棒仓两端应予以密封。此外，线圈的两根引线应留有同样的长度，以备接入电路时需要相互交换。磁棒仓组件外观如图7和图8所示。

图 7　将磁棒天线安装在塑封之后的磁棒仓内

图 8　将磁棒仓与机壳结合在一起

（3）直立天线

环形天线和磁棒天线的方向图是一样的，呈“8”字形（见图9）。从图9可见，当天线线圈的平面和发射机方向间的夹角为90°或270°（此时磁棒天线的轴线和发射机方向间的夹角为0°或180°）时感应到的信号最小，据此可以判定发射机位置在信号最小时天线所示方向线上，但仅此还不能确定其位置究竟在方向线的哪一端，也即这两种天线都具有“双向特性”。为了能在双向“方向线”基础上确定发射机在哪一端上，测向机电路通过“单/双向开关”接入一根直立天线，将两种具有不同方向特性天线的信号电平叠加，两种天线合成方向图如图10所示。从图10可知，当线圈平面与电波方向夹角为0°或180°，也即环形天线的环平面指向（或背向）电台方向，或磁棒天线轴线与电台方向夹角为90°或270°，且两种天线的感应电势幅度相同、相位相同或相反时，可获得理想的“心脏形”方向图，依此可确定电台位置在方向线的前方还是后方。我们把测向机朝向电台方向时叠加信号强的一面称为“大音面”。交换天线线圈引线两端位置可以改变测向机的大音面。

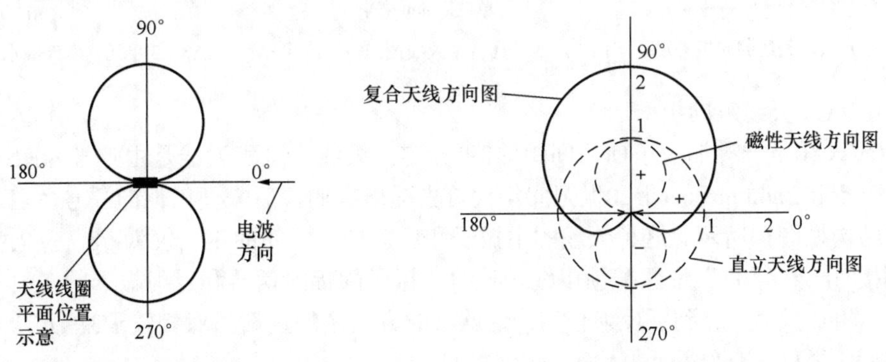

图 9　环形/磁棒天线水平面方向图　　图 10　复合天线水平面方向图

在实际应用中，直立天线一般采用拉杆天线，这是因为直立天线和环形（或磁棒）天线在信号场强变化时各自的感应电势并非等比例变化，在环形（或磁棒）天线感应电势确定的情况下，为求获得尽量好的单方向性，实用的办法就是通过改变直立天线的长度来和环形（或磁棒）天线感应信号“匹配”。当然，也可以对信号进行数字化处理以实现自动匹配，但这将使电路复杂许多。在测向机上不同安装位置直立天线对其性能是有影响的。应尽量减少直立天线和高放、本地振荡电路间的额外耦合以及对地的分布电容，在采用贴片元件且直立天线接近贴片元件面安装时或采用金属机壳时，这时可能产生的负面影响更是不容忽视的。在这一方面，环形天线优于磁棒天线。

3. 144MHz测向天线

144MHz业余无线电测向机的天线主要有两种：一是3单元定向天线（八木天线，见本书6.1.2节常用天线），二是缩短间距的2单元定向天线（HB9CV天线）。

（1）3单元八木天线测向机

天线及整机外观如图11所示。其中有源振子和反射振子分别通过接插件安装在机身前后端两侧，引向振子安装在机身前端的支撑杆上。为便于携带，6根振子均可拆卸，多数测向机的支撑杆也可拆卸。为便于越野运动中使用，振子导体部分一般采用弹性导电材料制作，常见的有宽度为8mm左右的薄钢带（如钢卷尺基材）、直径为1.5mm左右的钢丝等，外面加以绝缘材料覆盖。测向机基本尺寸见图12，图13为3单元八木天线水平面方向图。

3单元八木天线的优点是其方向性比较好，主瓣较窄，增益较高，振子加工成本较低，适于批量生产；其缺点是体积大，增加了运动中使用的体力支出。

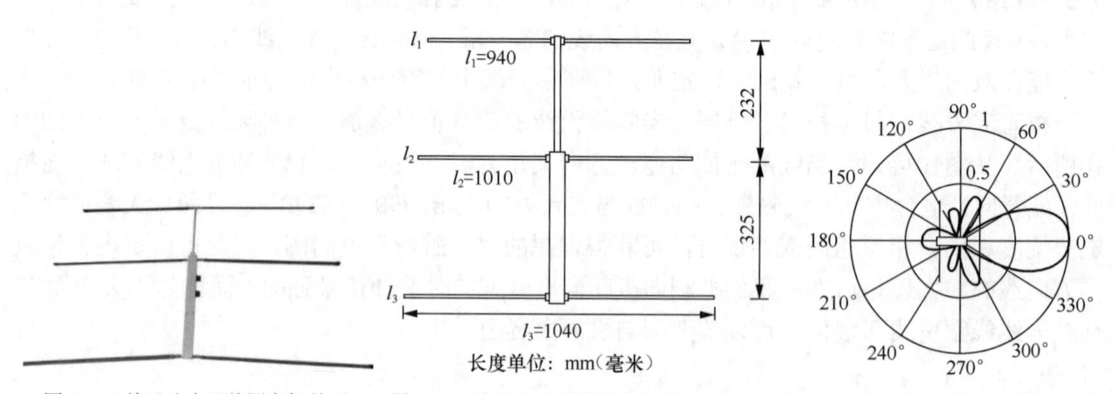

图11　3单元八木天线测向机外观　　图12　3单元八木天线测向机基本尺寸　　图13　3单元八木天线水平面方向图

（2）HB9CV天线测向机

HB9CV天线是一种缩短了前后间距的2单元定向天线。这种天线是由呼号为HB9CV的瑞士爱好者Rudolf Baumgartner于20世纪50年代首先提出来的，后来便以他的呼号命名。

天线结构如图14所示。这种天线的主振子和反射振子之间的距离仅为$\lambda/8$。反向振子和主振子之间接有一根“Γ”形匹配馈电线，使得主振子的辐射信号和反射振子的辐射信号相位正好相反，相互抵消，起到了反射作用。这款天线方向图的主瓣虽然相较于3单元八木天线要宽，但前后比很好，且结构小巧。

HB9CV天线测向机整机结构主要有两种形式，一种是如图15所示的在机身上固定“工”字形支架加4段振子的“半可拆卸式”，另一种是如图16所示的4根振子分别通过接插件直接安装在机身上的“完全可拆卸式”。后一种方法使这种测向机更加便于携带因而备受测向爱好者欢迎。

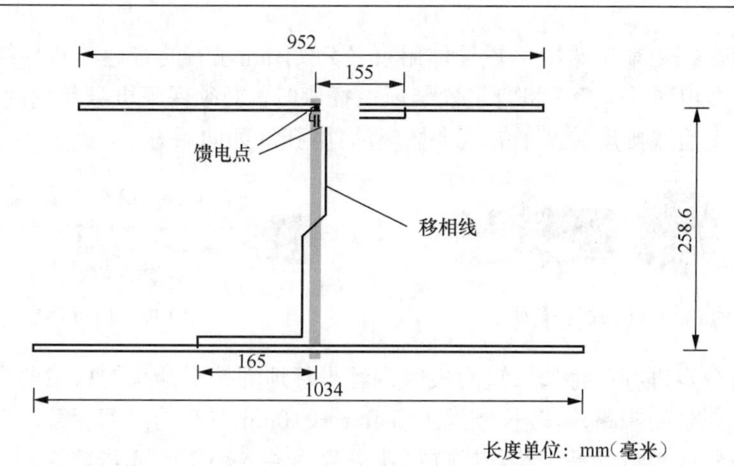

图 14　HB9CV 天线结构示意

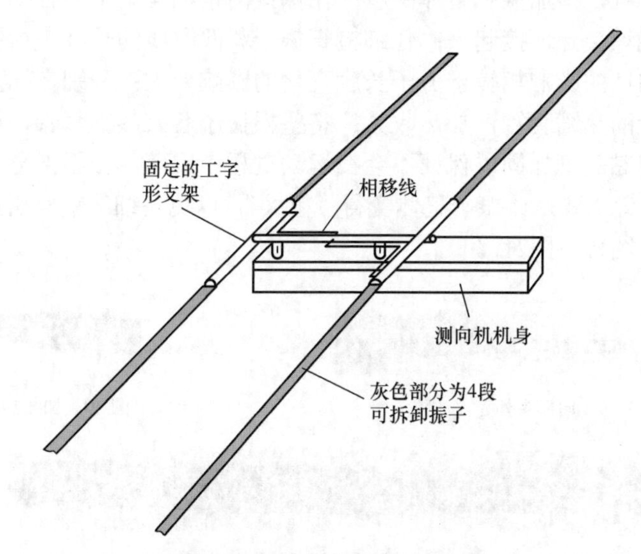

图 15　HB9CV 天线半可拆卸测向机

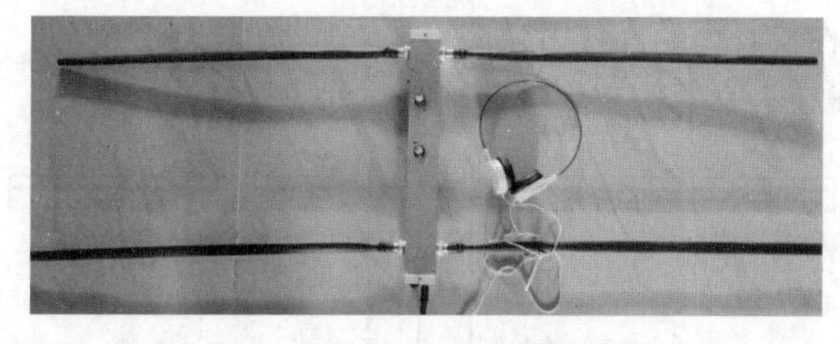

图 16　HB9CV 天线可拆卸测向机

① 可拆卸振子的制作方法

振子长导体采用直径为1.5mm的磷铜丝制作。磷铜丝有弹性，不易折弯，可以与接插件焊接，导电性能良好。振子短导体可以使用磷铜丝，也可以使用普通单芯导线。笔者试验结果是后者制作较为容易且性能基本一样。接插件采用2芯航空插头和插座，如图17所示。每部测向机需要2对不同长度的振子，每对振子都由相同的一长一短两根导体构成，较长的磷铜丝与插头的1脚相连。这样做的好处是左右振子可以交换，使用更为方便，如图18所示。短导体用磷铜丝制作的好处是同时可加强振子根部的刚性，能减小运动中振子的晃动幅度；其缺点是增加工艺难度。在后期试验中，短导体用直径为0.1mm左右的普通单芯导线并且紧靠长导体，实测效果基本相同。注意在机身上安装航空插座时，必须保证机身前端两个插座的1脚孔均朝向前方，机身后端接反射振子的两个插座的1脚孔均朝向后方。

图 17　GX16-2 插头和插座　　图 18　振子结构

振子制作可分步进行：将长、短两根磷铜丝平行地焊接于插头的1、2两个焊脚上；为防止铜丝和插头金属外壳短路，在2根铜丝上各套一段10mm左右的热缩套管；安装航空插头的金属外壳并检查与两根铜丝是否绝缘；向插头外壳内注入环氧胶或热熔胶，目的是尽量减少振子晃动对焊点的影响，增加振子整体强度；在保持两根铜丝基本平行的状态下把短铜丝端和长铜丝上的匹配线焊接点连接起来；仔细检查振子和匹配线的长度是否准确——匹配线长度对天线前后比方向性的影响相较于振子长度变化的影响要大；分别在插头部分、平行线部分分别套上不同直径的热缩套管，加热收紧；将整根振子套入热缩套管，根部和端部收缩，必要时在套管根部用黏胶剂加固以保证不会在运动过程中脱落，振子部分的套管则保留其扁平状态。最后这个套管主要是让振子整体变得“粗大”，以免尖细的铜丝引起不必要的安全事故。制作过程可参照图19～图21。

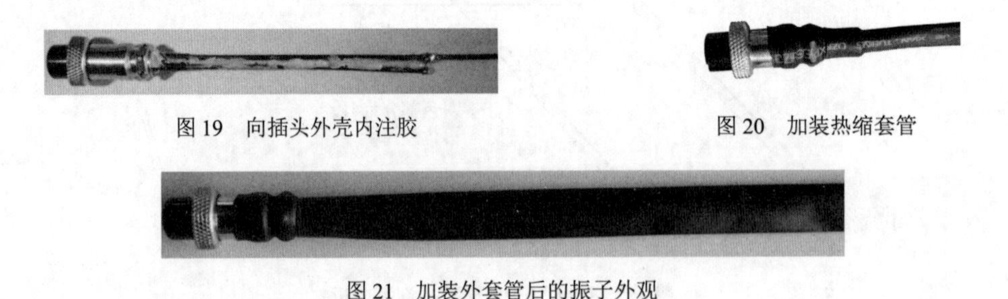

图 19　向插头外壳内注胶　　图 20　加装热缩套管

图 21　加装外套管后的振子外观

② 振子及匹配线在机身内的连接方法

振子插座、移相线在机身内的实际安装连接方法见图22。

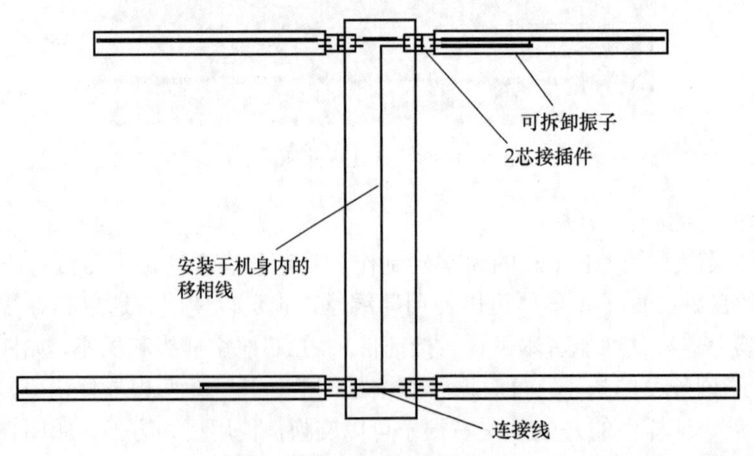

图 22　HB9CV 天线安装连接示意

4. 实用电路介绍

（1）3.5MHz集成电路测向机

这款测向机具有灵敏度高、增益控制范围大、电路简单可靠的特点，可应用于各类业余无线电测向竞赛活动。电路原理图见图23。

本机采用一级场效应管高频放大，集成电路ULN2204包括了本振、混频、中放、差拍检波和低频放大，一个独立的差拍振荡电路。

场效应管高放电路几乎是当今测向机电路的标配，原因是其动态范围大和增益可控。图23电路中通过调整W2-1电位器施加于Q1漏极的电压改变其工作状态，可较大范围改变电路增益直至D极电压低于场效应管“夹断电压”，使漏极电流为OA。接入C1和R2可以避免栅极电路直流成分流经天线回路形成的磁场对磁棒天线方向性可能造成的不良影响。

ULN2204是流行于20世纪80年代的单片AM/FM收音机集成电路，由于同类产品多，存世量至今仍较大，且价格低廉，质量可靠。之所以选用这片“古董级”集成电路，是因为其内部各部分电路基本独立，便于选择利用，特别是具有测向机必需的中放增益控制端口（图8中IC1的16脚及W2-2、R11等相关元件）。

本机差拍振荡电路采用455kHz两端陶瓷滤波器为电感元件。此电路的优点是简单可靠无须调整，而且相对独立，在进行电路板设计时便于灵活安排。与LC振荡器不同，此电路的振荡信号是通过空间电磁波耦合至中频放大输出级的。为获得稳定的振荡信号，在进行PCB设计时，安排了一根一端和Q2发射极相通，另一端开路的“机内天线”，从Q2发射极延伸到T4中频变压器底部，为保证有足够强度，开路线终端绘成了“回”字形。

图中TR1为3.5MHz测向机特有的 “直立天线调相电阻”。根据前文所述可知，只有当直立天线和环形/磁棒天线二者的感应电势相位相同或相反、幅度相等时，才能合成理想的“心脏形”方向图。但直立天线的电抗呈容性，并不理想。为此，人为加入此电阻，以增加电阻的阻值，降低容抗比例。此电阻的阻值大则相位条件趋于理想，但同时也会降低直立天线的感应电势，使“幅度相等”的条件难以满足。所以调相电阻的阻值需要调整。调整方法是，在离发射机一定的距离上（如10m），拉杆天线拉出一半左右，调整TR1使测向机单向性能最好。

本机音频放大电路为固定音量输出，这是为了让音量始终能正确反映信号的强弱变化，使测向者能根据音量变化判断电波方向和所寻找电台的距离。

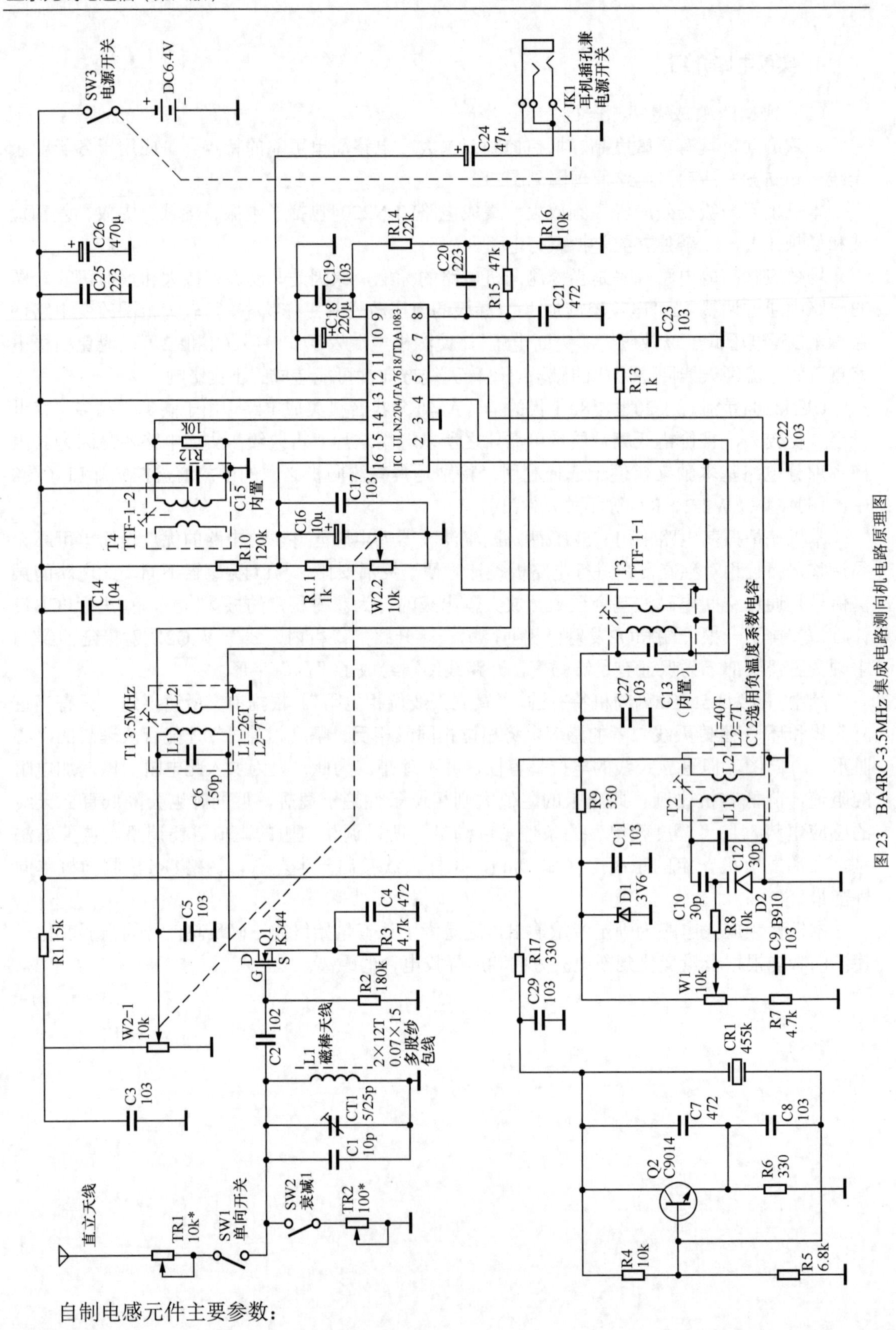

图 23 BA4RC-3.5MHz 集成电路测向机电路原理图

自制电感元件主要参数：

T1——3.5MHz高频放大线圈，7×7骨架有磁罩高频磁芯，ϕ0.07漆包线，初级26T，次级7T；

T2——本地振荡线圈，骨架和磁芯材料同T1，初级40T，电感量约32μH（仅供参考，笔者测量仪表准确度有限），次级4～7T；

T3、T4——465kHz中频变压器，选用市售成品。

关于测向机电源——电压高则放大器动态范围较大，有利于电路性能的充分发挥，因而不建议低于4.5V。普通7号电池容量不大，续航时间短，也不建议使用。本机选用两节14500五号磷酸铁锂电池，6.4V。这种电池容量较大，续航时间较长，体积适中，可反复充电，价格也不算高。

（2）144MHz集成电路测向机

整机电路如图24所示。本机采用了一级场效应管高频放大、NE612本振和混频，中放采用了MC1490通用放大器集成电路（IC2），音频放大则采用了价格低廉的LM312。

市面上有许多可用于VHF波段收信机的集成电路，但大都设有限幅放大功能，当高频放大电路因输入信号增强而进入饱和状态或限幅输出状态时，测向机便失去了方向性。所以场效应管几乎成了当今测向机高放电路的“标配”。本机采用高频性能良好的K544场效应管（Q1）。尽管如此，如何避免高放电路在电台附近饱和过载仍然是144MHz集成电路测向机必须面对的难题。本机高放增益控制采用两项措施，一是通过电位器W1-1控制Q1漏极电流直至其进入“夹断”状态，二是在天线输入回路上串联了开关SW1，此开关闭合时信号直通，为“远程”状态；开关断开时信号经C1被衰减，为“近程”状态。开关方式控制衰减具有快捷、定量的特点，因而被普遍应用于长距离测向机上。

本机选用NE612（IC1）担任本机振荡和变频任务。这个集成电路是为45MHz无绳电话前级设计的，具有输入灵敏度高（−119dBm，信噪比12dB）、频率范围合适（最高振荡频率200MHz）、工作电压低（4.5～8V）、稳定可靠、外围电路简单等优点。但也有对大于−15dBm输入信号限幅（IC自带+5dBm限幅放大器）这一对测向机不利的问题，不过由于本机高放衰减控制简单有效，这一问题得到基本解决。

采用MC1490中放是一个新的尝试。此集成电路适于低电压供电，用其做成的10.7MHz、100kHz带宽放大器增益可达55dB。更重要的是，该集成电路留有可外接的正向增益控制端（见图24中IC2引脚5及相关元件）。

和前述3.5MHz测向机不同的是，插入了10.7MHz和50kHz带宽的窄带陶瓷滤波器及其匹配电路（Q2、X1及相关元件）以满足短距离测向多频点发射机同时工作的环境。为避免中放信号过载，可对Q2和IC2的中频放大器增益通过W1-2和W1-1高放增益控制电位器同步调整。

144MHz测向机的高放及本振线圈均用7×7有磁芯尼龙骨架制作，其中高放绕圈初级2T+2T，次级2T，本振线圈3T。10.7MHz中频变压器可选用市售成品。

本机振荡频率应在133.100～135.400MHz，调整L2以确定最高频率，调整TR1以确定最低频率。可以参照本书第7章7.1.4节介绍，用“RTL-SDR（软件定义无线电接收机）”监测测向机本振信号，在正常情况下，将电视棒接收天线放置于离测向机振荡器约5cm距离处，能从频谱图上看泄露的振荡信号并可据此准确调整。

T1、T2、T3这3个高放谐振线圈应在扫频仪监测下进行调试，测向机高放部分频率特性曲线中心频率为145MHz，−3dB宽度不窄于2MHz，增益应不低于25dB。

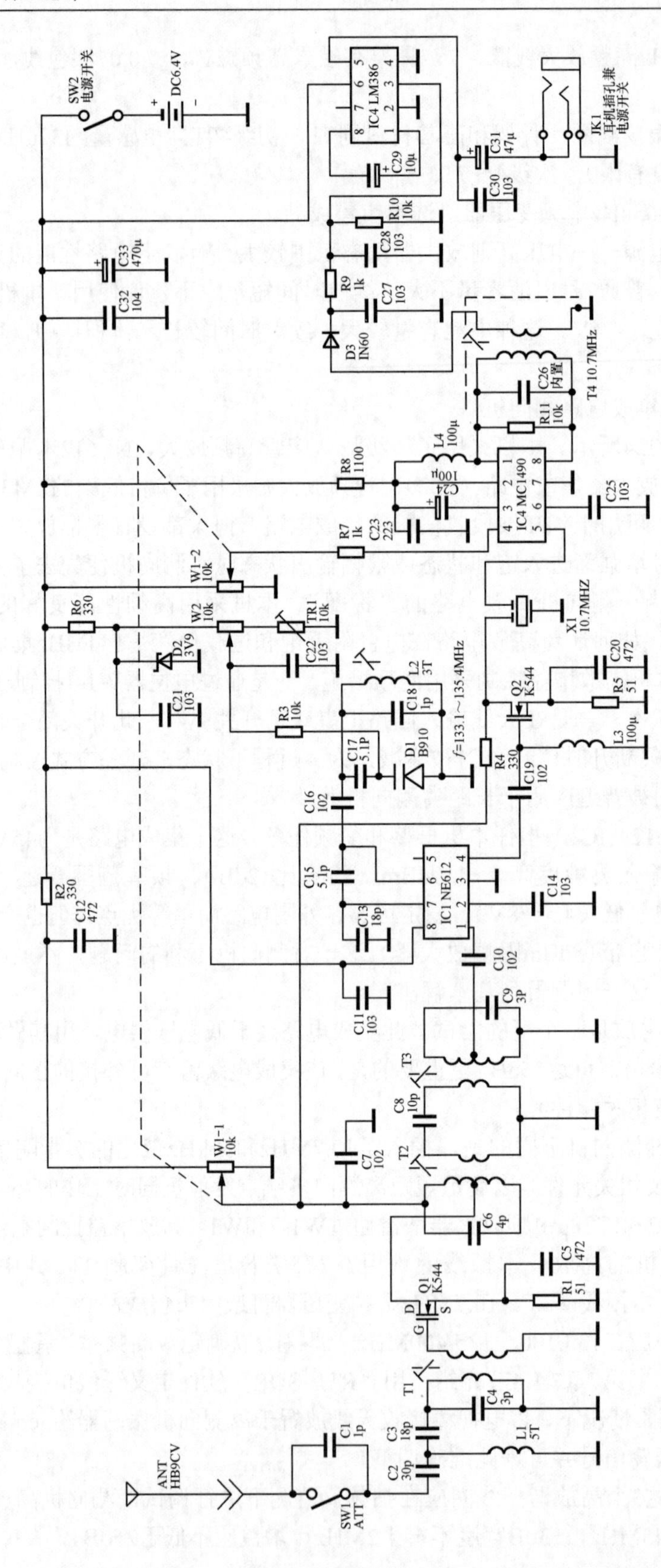

图 24 BA4RC-144MHz 集成电路测向机电原理图